KB156379

대칭과
아름다운 우주

"이 책을 펼쳐 우주의 장엄한 아름다움을 감상하라."
브라이언 그린, 『엘러건트 유니버스』·『우주의 구조』의 저자

대칭과 아름다운 우주

리언 레더먼 · 크리스토퍼 힐 지음
안기연 옮김

symmetry
and the beautiful universe

승산

『대칭과 아름다운 우주』에 쏟아진 찬사

과학으로 자연을 이해하는 데 대칭이 차지하는 중요성을 이토록 완벽히 파악한 책은 처음이다. 리언 레더먼과 크리스토퍼 힐은 전문적인 영역에 갇혀 있던 가장 심오한 과학적 개념을 명확하게 끌어내 일상생활과 그 바탕에 놓인 난해한 과학과의 연관성을 탐구한다. 이 책은 진리를 밝히는 아름다움의 힘에 관한 찬사이다.

톰 지그프리트 | 『Dallas Morning News』의 과학부 편집장, 『우주, 또 하나의 컴퓨터』 저자

수많은 사람들과 마찬가지로 나 역시 자연적인 세계와 만들어진 세계의 대칭에 흥미를 느껴 왔다. 당신이 물리학자이건 수학자이건, 시인이건 예술가이건, 『대칭과 아름다운 우주』를 읽은 뒤에는 세계를 바라보는 시각이 바뀔 것이다.

로저 바이비 | 미국 생물학교육과정연구회(BSCS) 사무총장

아래로는 쿼크에서 위로는 우주까지, 대칭은 자연의 세계를 형성한다. 힐과 레더먼이 쓴 매혹적이면서도 쉽게 읽히는 이 책은 대칭과 같은 단순하고 우아한 개념이 어떻게 우주의 구성에 중요한 의미를 갖는지 궁금해 하는 독자의 호기심을 채워 준다.

록키 콜브 | 페르미연구소의 우주론 학자

레더먼과 힐은 대칭을 자신들의 첫 번째 지침으로 삼아, 물리학과 우주론의 여행에 독자들을 데려간다. 귀중하고 꼭 필요한 견해가 담긴 책이다.

마이클 리오던 | 『쿼크 사냥The Hunting of the Quark』 저자

물리학 아닌 다른 분야의 과학자도 이 책을 읽기 전에는 십중팔구 대칭이 무엇인지를 기껏해야 어렴풋하게만 알고 있었을 가능성이 크다. 많은 사람에게 대칭이라는 단어는 '어떤' 의미로 다가오지만, 무엇이 대칭이고 무엇이 대칭이 아닌지 그 핵심을 아는 이는 매우 드물다. 이 책을 읽고, 그대도 대칭의 정수를 아는 이의 대열에 합류하라.

모리스 키 | 아마존 독자서평

이 책은 날카로우면서도 아름답다. 과학자들의 전기와 주제, 에미 뇌터의 삶은 장엄하고 광대한 주제를 완벽하게 이끌어 낸다. 이 책의 부록만으로도 책의 가격을 수업료로 지불할 가치가 있다. 내 학생들이 변호사, 의사, 정치가, 작곡가로 성장하며 평생 자연의 수수께끼를 들여다볼 때 두고두고 참고할 만하다.

빌 몬델로 | 아마존 독자서평

물리학 지식을 일반인에게 전달하는 것에 관한 한, 지금까지 내가 읽어온 어떤 다른 책이나 글보다도 뛰어나다. 특히 이 책의 부록, 군론에 관한 설명을 읽기를 권한다. 이것은 수학적 추상화 과정이 새로운 상황에서 어떻게 적용되는지를 보여 주는 탁월한 개론이다.

에드워드 스트라서 | 아마존 독자서평

전문가 서평

최기운 | 카이스트 물리학과 교수

현대 물리학에 의하면 자연의 근본법칙은 대칭성의 원리에 의해 결정되며 우주의 탄생과 진화는 그 대칭성이 구현되는 방법에 따라 달라진다. 『대칭과 아름다운 우주』는 물리학만이 가진 아름다움을 대중에게 친숙하게 전달하면서도 현대물리학에서 가장 중요한 화두인 '대칭' 이라는 개념을 집중적으로 다루었다.

아인슈타인의 상대성 이론은 대중에게 비교적 잘 알려진 편이지만, 그 이론을 탄생시킨 핵심 아이디어인 '대칭' 은 그만큼 논의가 되지 못했다. 학생들이 대칭의 개념에 관심을 가진다면, 그와 관련된 수학과 과학을 더 친숙하게 이해할 수 있을 것이다. 국내의 일반적인 중고등학교 교육 과정에서 대칭성의 추상적 아름다움과 원리를 학생 스스로 배워 가기는 쉽지 않은데, 『대칭과 아름다운 우주』가 좋은 길잡이가 되리라고 본다. 노벨상을 받은 입자물리학자 리언 레더먼 교수와 저명한 이론물리학자 크리스토퍼 힐 교수의 과학 대중화에 대한 의지가 국내 학생들에게도 닿게 된 것은 기쁜 일이다.

대칭은 물리학자들이 자연현상을 기술하는 기존의 이론의 모순을 찾아내고 더 궁극적인 심오한 원리를 어떤 과정을 통해 발견해내는지를 보여주는 훌륭한 주제라고 생각한다. 『대칭과 아름다운 우주』는 시공간에 대한 우리의 관념을 바꾼 상대성이론에서부터 만물을 하나의 최종 이론으로 기술하려는 소립자물리학이 발전하는 과정에 대칭성의 원리가 어떤 역할을 하는지 재미있는 사례를 들어 설명하고 있다. 많은 이들이 이 책을 통해 자연법칙이 보여주는 아름다움에 함께 경탄하고 이를 가능하게 한 인간의 지적 성취에 대한 자부심을 공유하는 기회를 가지길 바란다.

현승준 | 연세 대학교 물리학과 교수

물리학의 중요한 주제 중 하나는 물체의 운동과 상태를 무엇이 결정하는가를 아는 것인데, 이를 두고 두 번의 패러다임 전환이 있었다. 하나는 갈릴레오가 시작하고 뉴턴이 완성한 고전물리 세계관이다. 여기서 핵심 개념은 '힘', 곧 물체 사이의 상호작용이다. 물체의 운동은 외부에서 작용하는 힘이 결정하므로 작용하는 힘만 알면 물체의 상태를 기술할 수 있다는 관점이다. 결국 자연에 존재하는 기본 힘은 중력, 전자기력, 약력, 강력 네 가지인 것으로 밝혀졌지만 왜 이들이 존재하는지, 더 다양한 힘이 존재할지 여부는 알 수는 없었다.

이 책의 주제인 '대칭'의 중요성과 아름다움은 두 번째 패러다임, 아인슈타인으로부터 시작된 특수상대론적 세계관에서 대두된다. 이 관점을 따르면 물체의 운동과 상태를 결정하는 핵심 개념은 대칭이며, 네 가지 힘이 어디서 비롯되었는지도 설명할 수 있다. 자연이 대칭성을 가진다고 가정하면 필연적으로 특정한 형태의 힘만이 존재할 수밖에 없다고 설명된다. 이 관점에서 자연은 더욱 우아하고 아름다운 존재로 보인다. 물리학자는 보편성과 필연성에서 특히 경이를 느끼기 때문이다.

실험 기술의 발달로 이론물리학과 우주론에 새로운 사실이 속속 발견되고 있다. 현재 우주가 가속팽창 중이며, 지금까지 알려진 물질은 전체 우주의 겨우 4%에 불과하고 96%는 미지의 암흑 물질과 암흑 에너지라는 놀라운 사실이 밝혀진 것도 불과 최근 몇 년의 일이다. 앞으로도 인류가 만들어낸 가장 거대한 실험 장치인 유럽 입자물리연구소CERN의 강입자충돌기LHC에서는 향후 10년 간 전례 없는 자료들을 쏟아낼 것이다. 그 결과들은, 일반상대성이론과 양자역학이 어떻게 결합될 것인가 그리고 기존의 네 가지 힘을 더 근본적인 하나의 힘 또는 대칭 체계로 설명할 수 있는가의 문제와 직결될 것이다.

이 책은 조만간 자연과 우주에 대한 이해를 한 단계 높이게 될지도 모르는 이 시점에 걸맞은 책으로 보인다. 대학교에서 비전공자를 대상으로 이론물리학 강의를 진행한다면 『대칭과 아름다운 우주』를 첫 번째 참고도서로 놓고 싶다.

브롱크스의 앨버트 G. 공립학교에,
그리고 제임스먼로 고등학교에 계셨던 선생님들께
리언이 이 책을 바칩니다.

부모님 루스 힐, 길버트 힐께 크리스토퍼가 이 책을 바칩니다.

차례

7장 상대성

8장 반사

9장 깨어진 대칭

10장 양자역학

11장 빛의 숨겨진 대칭

감사의 글

우리에게 철학, 영감, 기쁨과 함께 날카로운 비평을 주시고, 책이 형태를 갖추어 가는 단계에서 원고의 다양한 부분들을 읽어 주신 섀리 버테인, 캐롤 브랜트, 로널드 포드, 스탠커 조바노빅, 길버트 힐, 도널드 로렉, 닐 늎런, 로라 닉커슨, 아이린 프리츠커, 보니 슈니타, 수전 텃널에게 감사드린다. 영감 어린 조언과 도움을 준 물리학 학계 동료들, 특히 앤디 베레바스, 빌 바르덴, 로저 딕슨, 조쉬 프리먼, 드래스코 조바노빅, 크리스 퀴그, 스테판 파크, 알 스테빈스에게 감사드린다.

멋진 삽화를 그려 주신 시어 페렐과 브린모어 대학교 기록 보관소의 시각자료 전문가인 바바라 브룹에게도 감사드린다.

특히 이 책이 결실을 보기까지 아낌없는 노력을 주신 인내심 있고 헌신적인 편집자 벤저민 켈러와 린다 그린스펀 레건에게 감사드린다.

우리의 웹 사이트(http://www.emmynoether.com)를 방문하여, 그 내용에 대해 전자우편으로 조언해 주신 수많은 분께도 우리는 큰 도움을 받았다. 웹 사이트에 게재된 글들은 이 책이 택한 접근 방식의 시험대 역할을 했다. 특히 페르미연구소의 토요일 오전 물리 프로그램에 참가한 7,000여 명의 학생에게 진심에서 우러나오는 감사를 드린다. 그들에게는 이 책의 일부 내용에 대한 강연이 처음으로 이루어졌으며, 이 책을 쓰게 된 동기도 그 학생들에서 비롯되었다. 그들의 안녕을 기원한다. 우리 미래가 결정적으로 그 아이들에게 달려 있기 때문이다.

머리말

대칭이란 무엇인가

대칭은 어디에나 존재한다. 자연이 디자인한 수많은 패턴 속에서 무수히 많은 모습으로 나타난다. 대칭은 음악, 춤, 시, 건축 등 모든 형태의 예술에서 핵심 요소이며, 주요하고 결정적인 주제가 되곤 한다. 대칭은 모든 종류의 과학에 스며 있으며 화학, 생물학, 생리학, 천문학에서는 확고한 지위를 누린다. 대칭은 물질의 구조라는 내적 세계, 우주라는 바깥 세계, 수학이라는 추상 세계에 걸쳐 두루 존재한다. 자연에 대한 가장 근본적인 서술이라고 할 수 있는 물리학의 기본 법칙들은 대칭을 바탕으로 한다.

어린 시절, 우리는 경험을 통해 대칭을 처음으로 접한다. 우리는 대칭을 보고 대칭을 들으며 대칭적 상호 관계를 보이는 상황이나 사건을 경험한다. 꽃잎, 빛을 받아 반짝이는 조개껍데기, 달걀, 아름드리나무의 가지, 잎의 잎

맥, 눈송이, 하늘과 바다를 가르는 수평선 속에서 우리는 우아한 대칭을 본다. 태양에서, 달에서, 그들이 밤낮을 이동하며 하늘 위에 그리는 완벽하게 대칭인 궤도에서 우리는 이상적인 대칭적 원반과 마주한다. 노래나 새소리 속 단순한 음의 반복 진행을 듣고, 북소리에서도 대칭을 느낀다. 한 유기체의 생의 주기에서, 매년 주기적으로 반복되는 계절 속에서도 대칭은 목격된다.

몇천 년 동안 인간은 본능적으로 대칭과 완전함을 동일시해 왔다. 고대 건축가는 건물의 설계와 구성에 대칭을 넣었다. 고대 그리스의 신전이든 파라오의 기하학적 무덤이든 중세의 성당이든 각각의 건축물에는 '신' 이 자신이 살 곳으로 정했으리라 생각했을 장소의 양식을 반영하였다. 『일리아스』, 『오뒷세이아』, 『아이네이스』와 같은 명작 속 고전 시가는 대칭적이고 서정적인 장단을 사용하여 뮤즈와 여신을 찬양한다. 장엄한 성당의 서까래 아래에서 메아리치는 바흐의 웅장한 오르간 푸가 속 수학적 대칭은 천상에서 지상으로 내려오며 온 공간에 퍼져 나가는 듯하다. 대칭은 마치 수평선 아래 바닷속으로 사그라드는 저녁 해를 보는 듯한 분위기를 불러일으킨다. 주변에서 대칭을 지각하고 관찰할 때마다 우주 만물의 바탕에는 완벽한 질서와 조화가 있다는 확신이 든다. 대칭을 통해 우리는 외부의 우주에 작용하면서 마음속에 공명하는 분명한 논리를 지각한다.

'대칭' 을 정의해 보라고 했을 때 학생들의 답은 대체로 모두 옳다. "대칭이란 무엇일까?"라는 질문에 필자들이 들은 답은 이랬다.

"정삼각형의 세 변의 길이가 모두 같다는 성질, 또는 세 각의 크기가 모두 같다는 성질 등을 가리키는 말입니다."

"비율이 서로 똑같은 사물을 가리킵니다."

"어디에서 보든 똑같이 보이는 사물을 말합니다."

"두 눈과 귀처럼 어떤 대상에서 똑같이 보이는 부분입니다."

이러한 답변 대부분은 대칭에 대한 시각적 인상이다. 그러나 답들에 추상 개념이 공통으로 들어있음이 보인다. '똑같음'이 이들 정의 속의 공통 요소다. '대칭'이라는 단어의 일반적인 정의를 다음 설명으로 시작할 수 있다.

[대칭 symmetry] 명사 . 사물 간 등가를 표현하는 말.

대칭은 수학의 가장 기본적인 개념 — 등가equivalence —과 밀접한 연관이 있다. 두 사물이 동일하다면, 곧 수학적으로 등가라면 그들이 같다equal 고 말하고 보편적인 기호인 등호(=)를 사용한다. 따라서 대칭은 사물 간의 동등equality의 표현이다. 여기서 사물이란 서로 다른 대상objects이거나, 어떤 대상의 서로 다른 부분들일 수도 있다. 또는 하나의 대상에 무언가 일을 하기 전과 후의 대상의 모습일 수도 있다.

'물리계'란 원자 하나와 같이 임의의 단일 입자이거나 분자, 조약돌, 사람, 행성, 우주처럼 복잡한 입자의 집합으로, 물리법칙에 따라 움직이거나 행동한다. 물리학이라는 프리즘으로 보면 본질적으로 무엇이든지 물리계이다. 물리계에 어떤 변화를 주었을 때 변화가 일어난 후에도 계가 전과 같다면, 그 계는 '대칭을 가진다'라고 말한다. 물리에서는 그 변화를 가리켜 대칭 연산symmetry operation 또는 대칭 변환symmetry transformation이라고 한다. 어떤 계가 변환을 거치고 난 뒤에도 똑같은 상태로 남아 있다면 그 계는 '변환에 대해 불변'이라고 한다.

따라서 과학자는 대칭을 이렇게 정의한다. 대칭이란 어떠한 변환에 대하여 대상이나 계가 갖는 불변성이다. 불변성이란 계의 형태, 겉모습, 구성, 배열 등의 동일성 또는 항구성이고, 변환은 계를 일정한 상태에서 그와 동등한 다른 상태로 옮길 때 작용하는 추상적인 행위이다. 보통 주어진 계를 그와 동등한 상태로 보내기 위해 적용할 수 있는 변환의 종류는 다양하다.

무늬 없는 중국식 꽃병은 기하학적 대칭을 보여 주는 간단한 예이다. 탁자 위에 꽃병을 놓고 임의의 각만큼 (예를 들면 37.742도쯤) 회전하면 꽃병의 모양이나 물리적 구성상의 변화는 전혀 일어나지 않는다. 꽃병의 '전'과 '후'의 사진은 같다. 꽃병은 그 중심을 관통하는 가상의 선을 중심으로 한 모든 회전에 대해 불변이며, 이 가상의 선을 대칭축이라고 한다. 이 예는 대칭에 대한 수학적 정의가 우리의 인지적, 정서적 경험과 일치하며 대칭이 꽃병의 형태와 모양의 아름다움을 한층 부각한다는 사실을 간단히 보여 준다.

음악 속 대칭

보이진 않지만 우리와 친숙한 것 속에 들어 있는 대칭을 생각해 보자. 지금까지 이야기해 왔듯, 대칭은 어디에나 존재하며 예술, 그중에서도 특히 숭고한 형태인 음악에도 존재한다.

바흐 시대의 서양 음악은 르네상스 시대에서 물려받은, 비교적 개요가 단순한 초기 바로크 형식에서 벗어나 진보하고 있었다. 음악은 새로운 시대 — 더 풍부한 느낌과 정서적 내용과 분위기, 곧 아펙트affekt가 있는 시대 — 로 들어서고 있었으며 형태, 구조, 구성도 진화해 갔다.

1700년에 15살이었던 소년 바흐는 오늘날 독일의 함부르크 시 북쪽에서 30마일 떨어진 뤼네부르크 시의 성 미하엘 학교에서 장학금을 받으며 공부했다.[1] 그는 무료로 수업을 듣고 기숙사 방과 식사를 제공받았으며, 일요 예배와 결혼식, 장례식과 기타 축제 행사에서의 연주를 비롯하여 교회의 성가대 활동을 통한 수당도 받았다. 그는 소프라노로 활동하였으나 몇 년 뒤 장학금 기간이 끝났고 변성기가 찾아오면서 학교를 떠났다.

뤼네부르크 시에는 젊은 음악 학도에게 필요한 음악적, 지적 자극이 풍부했다. 여기에서 바흐는 처음으로 새로운 '대칭' 적 작곡 형식을 접하게 되었는데, 이 형식은 프랑수아 쿠프랭과 같은 프랑스 작곡가 시대의 음악 구조에서 등장했다. 프랑스 작가들의 손 아래에서 음악은 구조와 형식이 더욱 인간적이고 친밀해지고, 미묘하고 모호해졌으며, 구애 의식 — 춤 — 과 같은 보통의 인간사를 다루는 곡이 점점 늘어났다. 춤과 마찬가지로, 음악 속 대칭도 더 많아지고 있었다.[2]

단순하고 규칙적인 북소리는 반복적인 리듬, 곧 시간 대칭이다. 북소리의 리듬은 같은 간격으로 시간을 떼어 낸다. 앞서 대칭을 정의했던 식으로 말하면, 북소리와 북소리 사이의 동등성은, '시간의 흐름' 에, 또한 '연산' 이나 '변환' 에 대해서도 불변이다. 심장 박동의 생리적 대칭은 이와 관련된 또 다른 예이다. 따라서 부정맥은 비대칭이다. 북소리는 심장 박동, 곧 생명의 리듬을 표현한다. 음악은 북소리의 리듬에서 진화하였다.

초창기의 전형적인 작곡 형식은 하나의 주제 — X라고 부르자 — 를 주어진 조성에서 계속 반복하는 것이었다. 잘 알려진 요한 파헬벨의 『카논 D장조』를 생각해 보라. 파헬벨은 바흐보다 정확히 25년 먼저 태어나 18세기 음악 형식의 발전에 참여했다. 파헬벨의 『카논 D장조』는 초기 바로크 음악의 대칭을 보여 준다. 이 카논은 D–A–Bm–F#m–G–D–G–A 순으로 조가 진행되는데, 하나의 주제 형식을 가지고 연속적이고 시계처럼 정확한 박자를 끊임없이 반복한다. 재치 있는 변주와 아슬아슬한 꾸밈음이 연주되는 동안 성부는 들어오고 나가며, 화음을 이룬다.

물론 이 형식도 문제 없이 훌륭하다. 현대의 작곡가들도 의도하는 분위기를 내기 위해 이 형식들을 사용하고 있다. 가령 20세기 작곡가 라벨의 『볼레로』에서 카논은 끊임없이 주제가 반복되리라는 기대감을 높이며 절정의 최후로 나아간다. 그러나 바흐의 시기에, 음악은 최초의 겹세도막 형식 등 복합 형식을 표현하며 더 복잡한 대칭 패턴으로 진화하기 시작했다.[3]

이러한 곡에는 악장이라는 구조가 들어있는데, 악장은 춤의 모방이었으며, 춤은 자연에서 일어나는 행위를 모방한 것이었다. 악장은 당시 유행하던 춤의 이름을 따서 알르망드, 쿠랑트, 사라반드, 지그, 푸가라고 불렸다. 하나의 곡에 존재하는 악장은 엄격한 규칙을 따라 대칭인 첫 번째 악장 X는 주요 주제로서, 으뜸음조를 딸림음조로 변화, 다시 말해 전조한다(예를 들어 으뜸음조인 C장조는 G장조로 전조한다). 같은 주제가 딸림음조로 계속되는 두 번째 악장 Y는 으뜸음조로 다시 전조한다(G장조에서 C장조로 되돌아와 끝난다). 이러한 XY 구조, 곧 두도막형식이라는 구조는 여러 작품에 걸쳐 또 다른 패턴으로 확장되는데, 예를 들어 XXYY 같이 확장된 형식은 겹두도막 형식이라 한다. 베토벤의 피아노 소나타에서 나타나는 소위 빈 알레그로소나타 양식은 후대에서 나타나는데 이와 같은 기본적인 대칭 패턴이 일반화된 것이다. 이때 Y는 딸림음조가 아닌 관계조, 대개는 관계 단조로 X를 재표현할 수 있으며(예를 들어 X가 으뜸음조 C장조로 표현된다면, Y는 X를 A단조로 재표현할 수 있다), 대개 X에 대한 주제 변주가 들어간다.

바흐는 이같은 새로운 개념들을 흡수하였으나, 그저 윤곽뿐이었던 이들 패턴보다 훨씬 더 많은 대칭을 음악에 불어 넣었다. 바흐의 작품 속에 등장하는 수많은 악장은 '악절', '작은악절' 형식으로 나뉘며, 곡의 전체 구조의 대칭을 반영하고 따라하는 비슷한 패턴이있다. 더 나아가 바흐의 작품에서는 (이전에 언급한) 앞뒤 기법이라는 뚜렷한 특징이 나타나는데 X와 Y 악절의 평행한 마디가 동일한 주제를 표현하면서 음의 진행을 거꾸로 하는 방식이다. 각각의 악절 자체는 대칭이면서 더 큰 구조를 이루는 부분이 된다. 수많은 시간과 공간의 척도로 만물의 다양한 모습을 표현하는 이 부분들은 전체 구조 속에서 계층을 이룬다.

첫 감상에서 바흐의 작품을 이해하기는 어렵다. 인내심을 가지고 보통은 여러 번을 들어야 장엄한 그의 내적 세계, 복잡한 계층 구조, 날개를 달고 비상하는 그 세계가 이해되기 시작한다. 그의 작품을 이해하기 시작하면 마치 새롭고 복잡한 우주를, 패턴 위에 패턴이 펼쳐지고 논리와 대칭의 원리를 바탕으로 결정된 우주를 경험하는 듯한 기분이 든다. 음악은 자신을 연주하는 악기를 초월한다. 장난감 피리나 신시사이저로 연주하는 바흐의 음악은 하프시코드나 거대한 파이프 오르간으로 연주할 때와 '같다'. 음악의 구조를 결정하는 궁극적인 요소는 (특정) 악기가 아니라 그 안에 깊숙이 존재하는 대칭 구조와 그들이 전체적으로 만들어 내는 아펙트이다.

지구는 둥글다

대칭은 창조성에 날개를 달아 준다. 대칭은 예술적 충동과 사고에 원리가 되어 질서를 만들고 물리적인 세계를 이해하기 위해 만든 가정의 근본이 된다. 이에 관한 또 하나의 훌륭한 예 — 지구가 둥글다는 사실의 발견 — 를 살펴보자. 이 발견은 콜럼버스의 항해와 세계 최초인 마젤란의 세계 일주 덕분에 기원후 2000년이 채 걸리지 않았다. 마젤란은 자신의 주장을 증명하기 위해 확인 실험을 했다(비록 그 자신은 필리핀인을 기독교로 개종하는 데

실패하여 여행에서 살아 돌아오지 못했지만[4]). 그러나 고대 그리스 수학자들은 달이나 태양처럼 지구 역시 구라는 사실을 이미 알고 있었으며 그 지름을 측정하기까지 했다.

그리스인은 지구가 때때로 달에 도달하는 태양 빛을 차단하여 월식을 일으킨다는 사실을 알았다. 월식이 일어나는 동안 지구가 달에 드리우는 그림자를 관찰함으로써 그들은 달과 태양처럼 지구 역시 둥글다는 사실을 알 수 있었다.

그리스의 학자이자 고대 이집트의 유명한 알렉산드리아 도서관 관장이었던 에라토스테네스는 기원전 240년경 먼 남쪽 도시 시에네(오늘날의 아스완)에 깊은 우물이 있음을 알았다. 일 년 중 낮이 가장 긴 하지 — 6월 21일 — 의 정오에는 시에네 우물에 비친 태양의 완전한 상을 볼 수 있었다. 따라서 그 순간에 태양은 정확히 시에네 상공을 지나고 있음이 틀림없었다. 그러나 그는 같은 날, 태양이 시에네에 북쪽으로 800km 떨어진 자신의 고향 알렉산드리아 상공을 똑바로 지나지 않았음을 알았다. 태양은 정확한 상공 지점인 천정에서 약 7도 정도 벗어났다. 에라토스테네스는 알렉산드리아와 시에네의 천정 방향이 7도 정도 차이가 난다는 결론을 내렸다. 기하학으로 그는 지구의 지름을 계산할 수 있었고 그 값이 12,800km임을 알았다.[5]

지구의 실제 지름은 측정 장소에 따라 약간씩 달라지는데 그 까닭은 지구가 양 극을 통과하는 지름보다 적도를 통과하는 지름이 더 긴 타원체이기 때문이다. 게다가 산과 조수 등 영향으로 오직 지구 지름의 '평균값average value' 만을 이야기할 수 있다. 적도에서 측정한 지구의 지름은 약 12,760km 이며 극 축을 기준으로 측정한 지름은 약 12,720km이다. 이 사실은 지구가 완전한 구라는 가정에 따라 에라토스테네스가 1퍼센트 내의 놀라운 정확도로 지구의 지름에 대해 올바른 결론을 내렸음을 의미한다. 이는 당시로서는 놀라운 과학적 성취였다. 그러나 앞서 언급한 대로, 사실 지구는 이상적인 추상기하학에서 기대하듯 완벽하게 대칭인 구가 아니다. 구의 대칭은 행성의 형태에 대한 근사일 뿐이며, 행성의 형태는 물질이 중력의 영향을 받으며 뭉쳐 하나의 크고 단단한 물체를 형성하는 과정에 따라 결정된다. 지구를 완벽한 구로 창조한 신성한 손이 있다고 결론 내리고, 그러한 결론을 '완벽한 구' 라는 종교적인 믿음과 연관 짓는 것은 옳지 않다.

설사 실제에 대한 근사에 불과하더라도, 대칭은 강력한 도구가 될 수 있다. 그 때문인지 인류는 사물이 완전한 대칭이거나 그러한 대칭을 가진다고 가정했지만, 그 대칭은 실제로는 환영일 뿐이거나 우연히 나타난 결과일때도 많았다. 프톨레마이오스의 천동설이 그 예로 종교와 결합한 이 이론은 1,500년 동안 영향력을 행사했다. 완전한 원과 구의 대칭은 신성한 것, 신이 설계한 것이므로 반드시 존재해야 하며 지구를 중심으로 하는 태양, 달, 별 그리고 행성들의 궤도 운동에서 바로 나타나야 했다.

실제로 행성의 움직임 속에는 대칭이 있다. 그러나 그 대칭은 감춰져 있으며 당시의 누구도 상상할 수 없었을 정도로 심오하다. 요하네스 케플러는 지혜와 끈기로 태양을 둘러싼 행성의 움직임을 묘사하는 정확한 원리를 찾아냈다. 언뜻 이 원리는 완전하지 못하며 구 대칭과 기하학의 권위로부터 꽤 멀리 벗어난 듯했다. 그렇지만 이 원리는 갈릴레오에서 뉴턴으로, 아인슈타인으로, 그리고 자연의 가장 깊고 가장 심오한 대칭들의 궁극적인 발견으로 이어지는 인류 역사상 가장 위대한 지성적 흐름의 막을 열었다.

수학과 물리학의 대칭

수학자들이 발전시켜 온 대칭에 관한 체계적인 사고방식은 이해하기 어렵지 않고 가지고 놀기에도 상당히 재미있다. 흡사 마술과도 같은 이 분야는 군론group theory이라고 한다. 군론은 19세기 프랑스 수학자 에바리스트 갈루아와 함께 시작되었으며, 군론의 초석을 마련한 이 수학자의 삶은 짧고도 비극적이었다.

갈루아는 정치적으로 급진파였으며, 페쇠 데르뱅비에의 약혼녀였던 아름다운 여인을 향한 폭풍같은 사랑에 빠졌다. 데르뱅비에는 훌륭한 사격솜씨로 유명했고, 갈루아와 자신의 약혼녀와의 관계를 알게 되자 그에게 권총 결투를 신청했다.[6] 결투 전날 밤 상대의 명성을 알고 있었던 갈루아는 고차 대수방정식(특히 5차 방정식)과 그 가해성(방정식에 일반해가 존재하는가 여부)을 결정하는 방법에 대한 자신의 수학 연구를 요약하여 노트에 휘갈겨 적었다. 그 연구의 중심에는 군론의 대수 구조가 있었다. 1832년 5월 30일 아침, 한 발의 총성과 함께 21세의 젊은 갈루아는 그 자리에서 넘어져 '결투장'에서 숨진 채 버려졌다. 전해지는 바로는 사실 그 결투는 급진파였던 갈루아를 암살하기 위한 음모였다고 한다. 다행히도 약 14년 후에 갈루아의 노트는 프랑스의 저명한 수학자 조제프 리우빌의 손에 들어갔고, 그것의 독창성과 중요성을 알아본 그는 기록 내용을 세상에 알렸다.

군론은 대칭의 수학적 언어이며, 자연의 실제 구조에서 근본적인 역할을 한다고 여겨질 만큼 중요하다.[7] 대칭은 자연의 힘들을 지배하며 기본 입자들의 모든 역학 과정에서 근본이 되는 조직 원리로 여겨진다. 실제로 현대 물리학에서 대칭은 가장 결정적인 개념으로 기능한다. 대칭 원리는 물리학의 기본 법칙에 영향을 주며 물질의 구조와 역학을 통제하고 자연의 근본적인 힘을 정의한다고 알려졌다. 자연은 가장 근본적인 단계에서 대칭으로 규정된다. 현재 인간이 그리는 자연에 대한 그림은 점진적으로 구성되어온 것이며, 대부분 20세기에 이루어졌지만 아직 미완성 상태이다. 그러나 대칭이 모든 것의 근본이라는 사실을 알기에는 이 정도로도 충분하다. 추상적인 개념의 대칭과 그것이 물리적 세계와 맺는 관계는 굳건하며 영속적이다.

도발적인 20세기 물리학의 한가운데에는 역사상 가장 위대한 여성 수학자인 에미 뇌터의 다소 비극적이고 금욕적인 삶이 자리한다. 그녀는 당시 학문의 중심지였던 독일의 괴팅겐대학교에서 수학했다. 그곳에서 당대 최고의 수학자였던 다비트 힐베르트와 함께 연구하였고 그녀의 연구는 알베르트 아인슈타인에게 많은 영향을 주었다. 그녀는 여성에게 일반적으로 부과되던 역할과는 전혀 거리가 먼 학문적 역할을 개척했고, 결국에는 유럽의 남성 중심 문화의 몰락을 보여준 산증인이 되었다. 그녀는 성차별의 난관을 뚫고 교수가 되었으나, 그 뒤 유대인이라는 이유로 면직되었다. 그녀는 깊은 슬픔 속에서 친구와 가족에게 작별을 고한 후 그들과는 다시 보지 못했으며, 그 뒤 몇 년의 여생을 펜실베이니아에 있는 브린모어대학교에서 보냈다.

괴팅겐에서 뇌터는 수학의 기본 구조를 연구해 명성을 얻었다. 그러나 그녀는 곧 이론물리학의 영역으로 발을 들여 자연에 관한 놀라운 수학 이론을 증명했다. 뇌터의 정리는 심오하며, 유명한 피타고라스의 정리만큼이나 인간의 정신 구조와 깊이 조우한다. 뇌터의 정리는 대칭과 물리학을 직접 연결한다. 그것은 자연을 바라보는 현대적인 개념들의 기본 틀을 조직하고 과학의 연구 방법까지도 규정한다. 또한 대칭이 어떻게 이 세계를 결정하는 물리적 과정을 지배하는지를 직접 알려 준다. 과학자에게 뇌터의 정리는 물질의 가장 깊숙한 구조를 조사하고 최소의 공간적 거리와 찰나의 시간을 탐구하면서 자연의 수수께끼를 해결하려 할 때 도움을 주는 등대이다.

이 일을 해내기 위해 과학자는 인류가 이제껏 개발했던 것 중 가장 강력한 현미경을 연구에 사용한다. 여기서 말하는 현미경은 거대한 입자가속기로, 일리노이 주 바타비아 시에 있는 페르미연구소의 테바트론Tevatron과 스위스 제네바의 강입자충돌기LHC 등이 있다. 테바트론은 양성자와 반양성자를 거대한 원 속에서 반대 방향으로, 1조 전자볼트의 에너지가 될 때까지 가속하는데 이는 마치 진공관에 1조 볼트의 배터리를 건 상태와 같다. 입자들은 정면 충돌한다. 양성자와 반양성자 내부의 쿼크와 반쿼크가 자신들끼리 충돌한다. 충돌 후 남은 잔해를 재구성해서 물리학자는 이제껏 관찰된 가장 짧은 거리 규모에서 물질의 구조에 관한 일종의 '사진'을 얻는다. 이들의 충돌은 물질의 근본적인 구성 요소와 그들의 행동을 지배하는 물리학의 기본 법칙을 드러낸다. 인류는 그들의 행동이 대칭의 지배를 받는다는 사실을 알아냈다.

최소 거리 규모의 물리학을 연구하면 자연의 힘이 통합되어 어떤 특성을 공유하기 시작함을 알 수 있는데 이 현상은 낮은 에너지 수준 혹은 낮은 배율에서는 관찰되지 않는다. 오늘날 이러한 통합, 곧 기본 힘들이 단일한 실체로 통일되는 현상은 우아하고 근본적인 대칭 원리의 결과임이 이해되었다. 게이지 불변gauge invariance이라는 이 원리는 미묘하다. 과학자들은 이 원리로 무장한 채 이제는 가장 최초의 순간의 우주를 상상할 수 있다. 쿼크, 경입자(렙톤), 기본적인 게이지 힘의 도가니에서 현대 우주론이 나왔다.

게이지 불변이라는 대칭 원리의 발견으로 가장 강력한 입자가속기로 볼 수 있는 것보다 1조 배나 더 작은 규모에 대한 이론이 가능해졌다. 또한 최초의 백만의 십억의 십억의 십억 분의 일 초라는 시간에 우주가 어떠했는지를 상상할 수 있게 되었다.

약 1/1,000,000,000,000,000,000,000,000,000,000,000(=10^{-33})인치와 같이 아주 짧은 거리에서는 양자 중력이 활성화되고 시간과 공간의 경계가 허물어지며 실재에 대한 일반적인 관념은 흔적도 없이 소멸한다. 여기에서 대칭 원리(그리고 곡면의 가능한 모양과 형태를 연구하는 위상수학 같이 대칭 원리와 관련된 수학개념들)를 사용하여 모든 힘의 완전한 통합이 결국 어디로 나아가는지 알아내기 위해 노력해야 한다.

이처럼 주목할 만한 새로운 아이디어를 이끌어 낸 초끈이론에는 기묘하면서도 중요한 수학적 체계인 M이론이 있다. 아직 M이론을 완전히 이해한 사람은 없지만 (M이 무엇을 뜻하는지를 제외하고) 그럼에도 이 이론은 인류의 두뇌에서 나온 이론 중에서 틀림없이 가장 대칭이 풍부한 논리 체계이며, 물리적인 우주에서 만물의 이론에 이르는 최선의 가설이다. 그렇지 않다면, 어쩌면 이 분투는 프톨레마이오스의 태양계처럼 자연에 감춰진 진정한 대칭을 확인하기 위한 과정일지도 모른다. 다음 세대에 또 다른 케플러같은 이가 그 정체를 밝힐 것이다.

대칭에 관한 생각이 어디서부터 비롯되었는지, 그 시작부터 시작하려 한다. 시계를 거꾸로 돌려 우주가 아직 매우 어리지만 아무 쓸모 없는 실패작처럼 보였던 때를 생각해 보자. 어떤 물질도 존재하지 않았으며, 아무 목적 없는 수소 가스 구름 몇 점 외에는 앞으로도 아무것도 존재하지 않을 듯 보이는 누더기 상태였을 때를 말이다. 어떻게 우주는 그 상태에서 현재의 모습이 되었을까?

이제 현대 과학이 이해하는 방식대로 우리 우주, 특히 지구의 역사를 탐구해 보자. 필자들은 프리즘 — '기원'이라는 바로 그 개념을 이해하기 위한 인류의 필사적인 모습을 들여다볼 수 있는 고대 그리스 신화의 프리즘 — 을 통해 이를 탐구하겠다. 원시 우주에서도 비교적 후기에 속하는, 우주의 천만 번째 생일 즈음부터 시작하려 한다. 더불어 신화와 과학의 눈으로 설명하는 행성 지구와 우리의 기원에 대해서도 생각해 보려 한다.

인간이 과학적 관측으로 얻는 통찰 대신 만들어낸 신화는 자연의 힘에 인간의 특성을 부여한다. 반면 우주의 과학적 역사는 망원경과 현미경(입자가속기)을 이용한 무수한 실험과 관찰과 측정, 궁극적으로는 이들을 종합하는 수학을 통해 예측되었다. 이제 우리는 시가(詩歌)와 전설이 물리학의 힘과 섞이고, 대조를 이루고, 연합하다 마지막에는 현대적인 이해와 방법론으로 하나되는 모습을 보게 될 것이다.

필자들의 목적은 이러한 지식의 그림이 — 어느 부분은 또렷하고, 초점이 잘 맞지만 다른 부분은 여전히 흐릿하고 저 멀리 떨어진 부분은 완전한 수수께끼에 싸인 그림이 — 보편적이고 확고부동한 물리법칙으로 그려진다는 사실을 보이는 것이다. 이 법칙들은 아직도 완전히 이해되지는 못했지만 우주의 경이적인 역사를 지탱하고 결정하며 통제한다. 물리법칙이 불변한다는 과학적 증거는 확고하며, 이 증거는 부분적으로 초창기 지구의 지질학적 기록에서 나온다. 초창기의 우주도 오늘날과 동일한 물리법칙의 지배를 받았다. 불변인 법칙은 심오하고 본질적인 대칭들로 구성되며 이들의 활동을 통해 자연의 경이적인 아름다움이 나타난다.

에미 뇌터를 기리며

에미 뇌터의 연구는 자연에 대한 인류의 수학적, 물리학적 이해를 자연의 모든 형태와 음악, 예술에 깃든 조화와 아름다움에 결합한다. 에미 뇌터는 훌륭한 수학적 정리로 인류의 지식에 가장 중대한 공헌을 했다. 그녀의 정리는 대칭과 물리학을 깔끔하고 명확하게 통합하여, 가장 극단적인 에너지와 거리의 규모에서 인류가 물질의 내적 세계로 침입할 수 있는 사고의 기반을 마련한다. 자연의 역동적인 법칙을 이해하는 과정에서 뇌터의 정리는 기하학의 이해에서 피타고라스의 정리가 한 역할만큼이나 중요하다고 할 수 있다.

사실 뇌터의 정리는 물리학과 수학을 통합하는 모든 논의 — 예를 들면 둘 다 어려운 과목인 수학과 물리학을 어느 한 쪽의 생생함도 잃지 않으면서 강의하는 방식에 대한 논의 — 에서 자연스럽게 중심이 된다. 그녀의 통찰은 어떤 하나의 강의뿐만 아니라 전체적인 기초 수준의 물리학, 수학, 여타 과학의 커리큘럼에 새로운 활력을 주는 접근법을 제시한다. 또한 수학과 대칭군의 새로운 개념을 탐구하고 수학을 다시 과학의 범주 안에 자연스럽게 끌어다 놓는다.

에미 뇌터의 빛나는 업적은 또한 중요한 사회적 의의가 있다. 그녀는 천재였고 역사상 가장 위대한 여성 수학자였다. 그녀의 이름은 그리 널리 알려지지 않았지만, 그녀는 여성에게 그리고 모든 사람에게, 과학자 되기를 희망하는가와는 별개로 더할 나위 없는 역할 모델이다.

그러나 고등학교 혹은 대학교에서 물리학 수업을 수강하는 여학생이라면 대부분 첫 수업부터 자신들이 남성의 세계로 굴러떨어졌다고 느낄 것이 분명하다. 갈릴레오, 뉴턴, 아인슈타인, 하이젠베르크, 슈뢰딩거, 페르미 같은 물리학 영웅들은 올림포스 산의 신들, 혹은 셰익스피어의 희곡이나 이탈리아 오페라 등장인물들과는 달리 성비의 균형이 맞지 않다. 소수의 여학생만이 이 과목에 흥미를 느낀다 해도 놀라운 일이 아니다. 그러나 물리학은 남성들만의 클럽, 혹은 마땅히 이루어져야 했지만 뭉그적거리며 미뤄진 뇌터의 교수 임용을 위해 싸웠던 다비트 힐베르트가 교수진의 태도를 보고 묘사했듯 '남탕'이어서는 안 된다. 지성의 추구에 헌신적인 사람이 발휘할 수 있는 능력과 통찰력에는 성별 간의 차이가 없다.

비록 오늘날에는 물리학자를 희망하는 젊은 여성의 수가 증가하고 있지만 아직도 그 수는 터무니없을 정도로 적다. 슬프게도 역사상 에미 뇌터를 비롯하여 마리 퀴리, 캐서린 허셸, 소피 제르맹, 그 밖에도 많은 위대한 여성 과학자와 수학자가 뛰어난 역할 모델을 제공했지만, 현대 과학계에서 특히 수학과 물리학에서 여성이 차지하는 비율은 여전히 매우 저조할 전망이라는 사실을 언급해야겠다. 뿌리 깊은 문화적 편견은 분명히 21세기에 와서도 존속한다. 과학계에서는 재능 있는 여성 집단이 이렇게 저조한 비율로 나타나는 현상을 더는 방관하거나 용인해서는 안 된다.

대칭의 눈으로 보면 갈릴레오 · 뉴턴 시대의 고전역학이 생생해진다. 또한 자연과 전위적 사상, 아인슈타인의 상대성이론, 게이지 대칭 아래에서의 모든 힘의 통일에 관한 오늘날의 사고가 나아가야 할 방향과 지침이 된다. 대칭은 초끈 이론으로 가는 길을 열기도 한다. 따라서 이러한 관점의 대중 물리학 서적이 시급히 나와야 한다. 이 일은 고등학교와 대학교의 학부 기초 과정에서 좀 더 나은 물리학 수업이 이루어지는 모습을 보고자 하는 바람과도 연결된다.

오늘날 이 세계는 압도적으로 복잡하며 인류는 그 어느 때보다도 절박하고 해결이 어려운 도전에 직면했다. 세상의 문제를 해결하기 위해 우리가 사용할 도구로 기초 분야의 연구와 진보된 기술이 필요하다. 여기에 밑거름이 될 과학적 화두는 대개 평범한 유권자의 이해 수준을 상당히 넘어선다. 따라서 우리는 과학과 공학, 수학의 기술적 분야에 대한 의식과 참여, 이해가 쇠퇴하는 현실에 저항하려 노력해야 한다. 한시라도 빨리 과학 분야에 종사하지 않는 사회 구성원, 민주적 과정을 통해 최후의 결정을 내리는 그들이 중요한 과학적 문제들을 더욱 잘 이해하게끔 노력해야 한다. 실제로 미래는 여기에 달려 있다.

에미 뇌터의 삶과 그녀가 여성 과학자로서 겪었던 어려움은, 사회에 관용과 다양성이 왜 필요한지, 왜 진리를 추구해야 하는지 시기 적절한 교훈을 우리에게 준다.

1장 타이탄의 자손

타이탄들은 제우스의 번개에 맞아 죽었다. 그리고 그 잿더미 속에서 인간이 탄생했다.
아서 쾨슬러, 『몽유병자들 The Sleepwalkers』

우주의 진화와 그에 대한 신화적 비유

우주 대폭발, 빅뱅이 일어난 지 천만 년이 지난 뒤 입자의 안개가 우주를 채웠다. 옅은 안개가 공간에 퍼졌고 그곳에는 가장 가벼운 원자들 — 대부분은 수소, 나머지는 헬륨 가스 — 만이 존재했다. 몇 가지 종류의 기본 입자도 격렬했던 창조의 순간 뒤에 남아 자유롭게 공간을 누비고 있었다. 우주가 칠흑같이 어둡고 얼음처럼 차가워지는 동안, 빅뱅의 여파로 방사된 한 줄기 희미한 적외선 빛만이 꺼져가는 잿더미 속의 불씨처럼 주위를 밝혔다.[1] 천만 번째 생일을 맞은 우주는 죽어가고 있는 듯했다.

우주에는 무언가를 만들어낼 재료가 아예 존재하지 않았다. 조개 껍데기, 나무, 빙산, 다비드 석고상, 도로, 기타 줄, 깃털, 두뇌, 석기, 바흐의 칸타타 원본이 쓰여질 종이 등과 같은 '사물' 은 존재할 수 없을 것 같았다. 실제로 그곳에는 조약돌이나 모래, 물, 호흡할 수 있는 행성의 대기란 존재하지 않았고, 그렇기에 행성은 더더욱 존재할 수 없었다. 확산하는 가스나 광대한 우주에서 정처 없이 떠돌아다니는 기본 입자에서는 견고한 물질이 생겨날 가능성이 전혀 없었다. 행성 또는 지구 위의 어떤 생명체가 태어나기엔 아직 너무 일렀던, 천만 년의 생일을 맞은 어둡고 차가운 우주는 형태도 없이 그저 사라지고 있는 듯했다.

오늘날에도 그 이유를 완벽히 알 수 없는, 미지의 수수께끼와 관련된 어떤 이유로, 원시 안개 속에서 기본 입자가 나타나면서 '무슨 일' 인가가 벌어졌다. 아마 그것은 아주 작은 입자의 덩어리가 우연히 형성된 정도에 지나지 않았을 것이다. 미세한 먼지 씨앗이 수증기를 응결시켜 캔자스 평원 위에 내리는 빗방울로 만들듯, 입자가 양자 운동으로 뒤섞여 최초의 작은 씨앗 구조를 형성한 정도였을 것이다. 그러나 중력이 작용하기에는 그 정도로도 충분했다. 저지할 수도 저항할 수도 없는 중력의 힘으로 안개 일부분은 거대한 구름으로 응축하기 시작했다. 거대한 수소 구름은 마치 육중한 소나기 구름처럼 소용돌이치면서 사납게 날뛰기 시작했다. 중력이 작용하면서 수축은 점점 더 강력해졌다. 아무런 형태도 없던 안개는 몇억 년 만에 완전한 변화를 겪었다. 거대한 둥근 물방울 모양의 원시은하가 희미하게 빛나는 몇십억 개의 유년기 별을 담은 채 빛나기 시작했다. 우주는 비로소 개화하기 시작했다.

최초의 은하는 앞으로 나타나게 될 모든 것의 어머니와 아버지, 할머니와 할아버지였다. 일부는 빛을 거의 낼 수 없는, 뜨거운 수소 가스로 만들어진 거대하고 부드러운 공에 불과했다. 또 다른 별은 태양보다 몇백 배나 무거우며 태초의 수소와 헬륨 연료를 사납게 먹어치워 눈부시게 파랑 빛을 발하는 초거성이 되었다. 이들 거인 별의 심층부에서는, 수소와 헬륨의 핵융합

과정을 통해 더욱 무거운 원자가 생성되었다.

별의 심층부는 압력과 온도가 극도로 높기 때문에 핵융합 과정이 촉진된다. 원자핵들이 결합하는 핵융합은 더욱 무거운 원자핵을 만든다. 두 개의 헬륨 원자핵이 압착되면 베릴륨 원자핵이 만들어진다. 또 다른 헬륨 원자핵이 추가되면 탄소 원자핵이 생성된다. 탄소 원자핵에 헬륨 원자핵을 더하면 산소 원자핵을 얻는다. 이런 식으로 계속된다. 이 과정을 통해 생산된 에너지는 연료가 되어 별이 찬란하게 빛날 수 있도록, 어둡고 공허한 우주에 강렬한 빛을 발산하게 한다.

핵융합이 연쇄적으로 진행되면서 점점 더 무거운 원자가 별 내부의 핵 용광로에서 생겨나며 이 연쇄 과정은 철(Fe) 원자 생성에 이르면 끝이 난다. 철은 가장 안정적인 원자핵으로서, 더 무거운 원소와 마찬가지로 다른 원자핵과 융합하여 더는 에너지를 산출하지 않는다. 철은 별이 이용 가능한 연료의 마지막 단계로서 별의 최후를 상징한다. 작은 별은 핵융합 연료를 소모하고 나면, 빛이 꺼지면서 차가운 죽음의 세계로 수축하여 보이지 않는 상태로 은하 속에서 영원히 잠든다. 반면 초거성의 운명은 훨씬 더 극적이고 강렬하다.

타이탄

모든 문명은 이 세계가 어떤 힘, 규칙, 법칙에 따라 어떤 과정을 거쳐 생겨났는지 알고자 한다. 누가 어떤 규칙으로 우주 전체를 창조했는가? 창조의 이야기는 어떤 언어로 전해져야 하는가? 이 모든 질문의 답을 찾을 수 있을까?

빅뱅에서 시작하여 몇십억 개의 별이 모여 어둠을 밝히는 은하의 탄생에 이르는 우주 진화의 역사는, 인간 — 어떤 평범한 은하에 속한 어떤 평범한 별의 주위를 궤도 운동하는 특정한 행성에서, 우주의 진화와는 사뭇 다른 규모로 일어난 진화의 산물 — 이 추론해냈다. 이러한 해석은 과학에 기반을 둔다. 그러나 인간 사고의 발달 과정에서도 '창조에 관한 생각의 진화'를 되돌아 보는 일은 값진 교훈을 준다. 현대 우주론의 개념적 씨앗은 초기 바빌로니아, 이집트, 그리스 신화와 같은 고대의 다신교 신화들 속에서도 발견된다. 이러한 신화를 통해 고대 사람들의 이성이 우주의 심오한 논리적 수수께끼를 어떻게 파악했는지 헤아려볼 수 있다.

오늘날 인간은 자연의 규칙에 대한 이해를 체계화했다. 그리고 이 규칙을 '물리법칙' 이라고 말한다. 자연법칙을 기술하는 언어는 수학이다. 과학자는 아직까지 그 법칙을 완전히 이해하지 못했으며, '과학적 방법' —자연에 관한 경험적으로 참인 진술을 다듬는, 관찰과 이성에 따른 논리적 과정 — 이라는 수단을 통해 불완전함을 채워나가야 한다는 사실을 안다. '논리적 과정' 에도 사실 불확실성이 가득하며 혼란에 쫓기고 오류에 걸려 넘어지며 관료주의로 지연되고 과학자의 자아가 방해하지만, 장기적으로 보았을 때 결국은 논리적 관점이 승리한다. 따라서 과학자는 불변의 자연법칙을 확립하려고 애를 쓴다. 우주 전체에 적용되는 확립된 물리법칙이 있으며 창조의 순간에도 현재와 같은 법칙들이 존재했으리라고 오늘날 믿는다 해도, 그것은 아직 관측상의 확신을 얻지 못한 과학적 가설일 뿐이다.

이와 마찬가지로 고대인도 자신들의 창조설을 정당화하는 불변의 규칙 체계를 찾았다. 창조를 일으킨 힘과 법칙에 대한 고대인들의 생각 역시 주변 세계를 관찰한 경험에 기반을 두었다. 그들의 규칙은 인간 본성의 '법칙' 이었고 인간 감정의 '규칙' 이었기에, 인간 행동의 결점을 포함했다. 이러한 행동 특성은 우주에서 부동의 제1원인, '신' 으로 투영되었다. 그들의 언어는 수학이 아닌 시(詩)였다.

고대 그리스 창조 신화에 등장하는 타이탄은 좀 별난 의미에서, 우주에서 최초로 형성되어 결국엔 초신성이 된 거인 별들을 비유한 것이다. 타이탄들은 수수께끼에 싸여 있는 제1세대 신으로서 '원로 신'이라 불리며 후에 등장하는 올림포스 산의 신을 낳은 부모와 조부모이다. 이 이야기 속에는 폭넓은 인간 특성이 의인화된 다양한 신이 등장한다. 그래서 신화는 음란함, 사랑, 난잡함, 근친상간, 약탈, 분노, 시기, 질투, 폭력, 그외 19세기 오페라에 등장하는 모든 것으로 가득하다. 또한, 이 이야기 속에서 만물에 관한 오늘날의 과학적 설명과 유사한 논리를 발견하게 된다.

그리스 신화에 수록된 바로는, 타이탄이 나타나기 전까지는 혼돈만이 존재했다. 호메로스가 살던 시대 — 기원전 8세기 — 에 헤시오도스라는 시인은 자신의 대서사시 『신통기』에서 가이아 여신(대지)이 혼돈에서 우연히 나타나 우라노스(하늘)를 낳았다고 썼다. 가이아는 헬레니즘 문명 등장 이전의 서구 고대 부족 문화에서 숭배하던 선사시대의 '대지의 어머니 신'으로 전해 내려온다.

> 진실로 최초에는 혼돈이 있었으나, 그다음으로 눈 덮인 올림포스 정상에 거주하는 모든 불멸의 신의 확고한 토대인 넓은 가슴을 가진 가이아[대지]가 생겨났고, 널따란 대지의 깊숙한 곳에 존재하는 어둠의 타르타로스[지옥]가, 모든 신과 그들에게 속한 모든 인간의 사지를 무력화시키고 이성과 현명한 조언을 조롱하는 불멸의 신 중 가장 매력적인 에로스[사랑]가 나타났다. 혼돈에서 에레보스[암흑]와 닉스[밤]가 나왔다. 닉스는 에레보스와 사랑으로 결합하여 임신하고 자식을 낳았는데 이들이 아이테르와 낮이다. 가이아는 처음에 별처럼 빛나는 우라노스[하늘]를 낳았고, 자신을 쏙 빼닮은 그로 하여금 자신의 온 둘레를 덮어 신성한

신들이 거주할 영원한 안식처가 되게 했다. 그리고 님프 여신들의 우아한 안식처가 될 기다란 언덕과 골짜기를 낳았다. 또한, 폰토스와 사랑 없는 결합으로 그의 거친 파도를 가진 황량한 바다를 낳았다. 그 후 그녀는 우라노스와의 사이에서 깊은 소용돌이를 가진 오케아노스와 코이오스, 크리오스와 히페리온과 이아페투스, 테이아와 레아, 테미스와 므네모시네, 금관을 쓴 포이베와 사랑스러운 테티스를 낳았다. 그 뒤에는 가장 막내이자 가장 말썽꾸러기인 교활한 크로노스가 태어났고 그는 호색한인 자신의 아버지를 증오했다.

가이아는 자신의 첫째 아들인 우라노스와 근친상간을 하여 자식을 낳았고 그 엄청난 몸집과 신장을 본 아버지는 자랑스럽다는 듯 그들에게 타이탄이라는 이름을 붙였다. 신화에 등장하는 가장 유명한 타이탄은 로마에서 농업의 신이자 제우스의 아버지인 크로노스, 오케아노스(대양), 므네모시네(기억), 테미스(정의), 세계를 자신의 어깨에 짊어진 아틀라스를 아들로 둔 이아페투스가 있다. 프로메테우스는 신들에게서 불을 훔쳐와 인류를 보호하고, 우주를 이해하려는 인간의 노력에 영감을 준 타이탄이었다. 타르타로스는 헤시오도스의 시에서 지하 세계의 신으로 등장하며 거대한 철망으로 둘러싸인 어둡고 음울한 금단의 장소인 지옥을 상징한다. 이곳에 온 사람은 영원히 탈출할 수 없으며 그 문은 우주에서 가장 무시무시한 괴물들이 지킨다. '모든 사물의 아래' 에 존재하는 것이 타르타로스의 숙명이었으나, 그의 지옥문은 화산에 닿을 정도로 솟아오를 수 있으며 다시 내려오기까지 9일이 걸린다. 타이탄은 후에 올림포스 산에서 세계를 지배하는 신들의 부모가 되었다. 그리스 신화에 나오는 다른 이들은 모두 타이탄의 후손이다.[2)]

유사한 것들끼리 아슬아슬하게 선을 그으면, 과학적 설명과 고대의 신화를 연결할 수 있다. 비록 헤시오도스는 이러한 관련성을 미리 알 수 없었을 테지만 말이다. 가이아의 어둠의 형제인 타르타로스는 오늘날 수많은 은하의 중심에 놓여 있으리라고 추측되는 거대한 블랙홀을 상징한다. 이들은 원시 가스 구름이 자체 압축되면서 형성된 우주의 구조이다. 화산에서 타르타로스에게 내려가는 여정은 불운한 우주 여행자가 거대한 블랙홀의 경계인 '사건의 지평선'으로 빨려 들어가 다시는 자신이 살던 우주와 고향으로 돌아갈 수 없게 되는 과정을 문학적으로 표현했다고 볼 수 있다. 한번 사건의 지평선을 넘게 되면 그는 영원히 블랙홀 속에 갇히는데, 사건의 지평선은 사납고 무시무시한 괴물들이 지키는 그 어떤 철문보다도 훨씬 강력하다. 그곳에서는 시간과 공간이 재배열되며 빛조차도 빠져나올 수 없다.

헤시오도스가 살던 시대는 초기 르네상스 시대와 같은 문예 부흥이 일어나기는 했지만 그리스 영웅 시대라고 불리는 문명에 머물러 있었다. 그리고 르네상스 시대와 마찬가지로 더욱 분석적이고 이성적인 시대이자 수학의 발달을 가져온 '계몽기'가 그 뒤를 따랐다. 고대 그리스의 이성 시대는 기원전 6세기에 살았던 위대한 수학자 피타고라스 학파의 등장과 함께 나타났다. 계몽기는 인류의 역사에서 전적으로 독특한 위치를 차지하는 장소와 시기였는데, 이때 정교해진 인간의 이성은 처음으로 물리적 세계가 수학으로 기술된다는 사실을 깨달았던 것이다.

피타고라스 학파는 기하학이라는 새로운 도구를 가지고 우주의 구조에 의문을 제기했다. 수학의 논리적 질서가 우리에게 보인다면, 우주는 어떻게 이러한 논리가 구체화하도록 만들어졌을까? 우주는 어떤 형태일까? 우주의 구성 요소들은 어떻게 움직일까? 모든 물질의 (원자) 구성은 어떻게 되어 있을까? 지구는 우주의 중심인가? 만약 그렇다면 지금까지 관찰된 행성의 움직임은 어떻게 설명할 수 있는가? 이러한 질문들에 답하려고 그리스인은 기하학과 논리를 완성했으며, 조수와 날씨, 생명체의 기원과 진화, 의학, 물질, 우주와 같은 자연 현상에 관한 정밀한 과학 이론을 발달시켰다.

이렇듯 주목할 만한 인류의 계몽기는 기원전 310년, 천재 철학자 아리스타르코스가 지은 과학적, 이론적 저서에서 조용히 그 절정에 올랐다. 자신의 선배인 헤라클레이데스가 일찍이 제시한 태양 중심설을 확장하여, 아리스타르코스는 지구를 포함한 태양의 주변을 도는 행성의 궤도와 지구 주변을 도는 달의 궤도의 실제 배치를 정확하게 기술했다. 그의 저작은 분실되었으나 그리스 과학자 아르키메데스와 로마 시대 철학자 플루타르코스가 언급한 덕분에 알려졌다. 이러한 역사적 사실은 코페르니쿠스와 케플러, 갈릴레오 시대보다 겨우 한발짝 뒤처진 시대로 묘사되는 그리스 과학철학의 정점과 황금기를 대표적으로 보여준다.[3)]

당시 한쪽에서는 태양 중심설을 기이하다고 여겼고, 후기 그리스 철학자는 결국 그 이론을 수용하지 않았다(물리법칙의 발견에 핵심이 되는 이 열쇠를 코페르니쿠스와 케플러가 재발견하기까지는 그 후 약 2,000년이 걸렸다). 철학의 본질이 변하고 수학과 과학의 이성주의에 대한 경외는 쇠퇴하였으며, 사회는 대격변을 겪으면서 플라톤과 아리스토텔레스 시대로 나아갔다. 이 두 철학자는 우주의 전체 구조를 그릇되게 인식했으며 이 때문에 물리학과 자연 현상에 대한 잘못된 개념이 널리 수용되었다. 결국에는 이러한 사상이 권위적인 가톨릭 교회의 교리로 신성시되었다.

피타고라스 학파는 놀라운 성취를 이루었지만, 우주의 '기원' 에 관한 이들의 세부적인 이해는 헤시오도스의 시적 비유에서 더 나아가지 못했다. 물론 당시에는 깊숙한 우주 공간을 과학적으로 의미 있게 관찰하기란 불가능했다. 사실 그리스 창조 신화는 놀랍게도 창조에 관한 논리적 의문에 답을 주고, 그 답은 옳다! 그리스 신화에서 격렬한 '특이' 사건으로 소개된 창조의 개념, 곧 우주가 혼돈, 불분명한 허무에서 갑작스럽게 출현했다는 생각은 넓게 보면 오늘날의 빅뱅 이론과 유사하다.

고대의 신화와 현대의 과학 이론 사이에 어떻게 이러한 충격적인 유사성이 존재할 수 있을까? 사실 실제 대안은 그리 많지 않다. 어떤 창조설이든 기본적으로는 하나의 논리적인 수수께끼에 대한 답이다. 우주는 그 자리에 항상 존재해왔거나 — 이때 창조와 관련된 의문은 이야기할 필요가 없다 — 어떤 특정한 순간에 창조되었다. 다소 선불교 같기도 한 제3의 가능성은, 실제는 허상이며 우리가 아는 우주는 의미 있는 어떤 방식으로도 창조되지 않았다는 가설이다. 이때에는 질문 그 자체에 의미가 없다. 그리스 신화는 창조라는 특이 사건을 내세워, 그 특별한 순간을 '설명'하여 수수께끼를 해결한다. 고대인들의 설명은 또한, 근본적인 '자연법칙'으로 창조의 격렬한 과정을 소상히 이해하려는 시도이기도 하다. 비록 그 법칙이 인간적인 감정, 신의 광포, 그들의 거친 행동을 의미한다고 해도 말이다. 가장 인간적인 특성인 선함과 악함도 그 법칙 속에 모두 표현된다. 사건들이 논리적으로 잇달아 일어난 뒤, 결국 오늘날의 지구가 나타나게 된다.

40여 년 만에, 현대 과학은 빅뱅이라 불리는 창조의 순간이 존재했다는 공통 의견에 도달했다. 헤시오도스의 신화가 올림포스 산 정상에서 시작하여 위에서 아래로 시적인 단편을 전달했다면, 과학은 자신만의 방법을 사용하여 고난 끝의 발견과 연구, 토론과 궁극적인 성공이라는 과정을 거치며 그 산을 끈기 있게 올라가야만 했다. 정상에 이르는 길은 쉽지 않았다. 근본적인 과정과 관측들에 관한 진실을 소상히 이해해야 했다. 절대온도 3도(2.7K)의 우주배경복사(빅뱅의 잔여물인 전자기파로 오늘날까지 존재한다)의 관측과 같은 발견은 빅뱅 이론을 증명하는 결정적인 과학적 증거이며, 뒤에 나온 최근의 수많은 발견을 통해 창조의 순간 무슨 일이 일어났는지를 한층 더 세부적으로 이해할 수 있게 되었다. 그러나 사실 창조를 이해하려면 물리학의 모든 발견이 필요하다. 실제로 세계에서 가장 우수한 현미경 — 입자가속기 — 을 통해 관찰한 결과가 망원경을 통해 관찰한 만큼이나 우주에 대해 더 많이 알게 해주었다. 약 140억 년 전에 빅뱅이라는 창조의 특이적 순간이 있었다는 점은 확실하다. 우리의 행성 지구는 실제로 일어난 사건들의 연쇄상에서 비교적 늦게 출현했다.

현대 과학의 관점에서 보면 우주는 물질의 '혼돈' 상태, 곧 구부러지고 뒤틀린 원시 시간과 공간 속에서 극한 온도와 압력으로 물질의 기본 구성요소들 — 쿼크, 경입자, 게이지 보손, 아직 미발견된 입자 — 이 맹렬히 모여든 플라스마 상태에서 출현했다. 후에 아인슈타인의 일반상대성이론으로 불리게 될 기하 법칙에 따라, 우주를 구성하는 성분들의 원초적인 에너지로 공간이 폭발했다. 우주와 그 구성물인 플라스마가 팽창함에 따라 공간은 차가워지며 응축되었고, 결국 수소와 헬륨, 전자기 복사 잔여 미립자들, 중성미자, 미지의 입자가 균일하게 뒤섞인 가스를 형성하며 보통의 물질로 자신을 변형시켰다. 이들 잔여 입자의 밀도 속에 존재했던 원시 '양자 요동'은 중력을 통해 수소 가스 구름에 전해져 그것을 응축시키고, 은하와 함께 초기 우주의 거대한 초거성을 만들었다. 타이탄들처럼 이들 초거성들도 후에 나타나게 될 무거운 원소와 행성, 태양을 비롯한 여러 별의 부모였다. 여기에서 시적 허용을 적용하여 앞으로도 가끔 이 초거성을 헤시오도스의 시 속 이름인 타이탄으로 부를 것이다.

탄소, 산소, 질소, 황, 규소, 철 등 — 조약돌과 지구, 이웃 행성과 태양, 궁극적으로는 생명체를 이루는 원료들 — 무거운 원소는 거대한 타이탄 속에서 탄생했다.[4] 이들 원소는 막대한 중력이 작용하는, 초거성들의 핵 속 깊숙이 자리한 용광로 안에서 핵융합과정을 거쳐 나왔다. 무거운 원소는 현대 우주의 원료가 되었으며, 이들이 없었다면 우주의 구조란 존재하지 않았다.

타이탄들이 부모 역할을 한 결과 마침내 행성이 형성되었다. 행성의 특성화된 조건은 차례로 지구 위 생명체의 진화와, 인간의 사고와 감정의 복잡미묘한 발달을 점진적으로 일으켰다.

최초의 별과 은하가 형성된 과정을 상상하는 일은 마치 옐로스톤 국립 공원에서 부글부글 끓는 칼데라를 감상하거나 알프스와 시에라 산맥이나 미국 남서부의 협곡과 같은 장엄한 자연 속으로 여행을 떠나는 것과 같다. 자연의 아름다움은 참된 과학적 설명 속에 생생하게 담긴 채 우리를 매혹한다. 최초의 우주 상태를 기록한 전설은 지구와 다른 행성에서 존재하는, 걸어 다녔거나 기어 다녔던 모든 생명체가 공유한다. 과학적 설명이라는 유산은 어떤 전설보다도 풍부한 의미가 있으며, 실제에서 더욱 불가사의하고, 설명에 담긴 우아한 논리는 우리를 더 편안하게 한다. 앞으로는 신화 속의 신들을 멀리한 채 실제의 우주에 집중할 것이다. 진짜 타이탄들의 전설은 이제부터 시작된다.

신들의 황혼

무거운 입자는 어떻게 자신이 태어났던 초거대 별들의 핵 속에서 해방되었을까? 사실, 거인 별들의 핵융합 용광로 내부는 결국 자신을 오염시켜 자멸했다. 가장 안정적인 원자인 철로 가득한 상태에서는 더는 핵융합을 진행할 수 없었다. 그래서 타이탄은 쓰러지기 시작했다. 새로 만들어진 무거운 원소들로 가득한 그들의 육중한 몸뚱이는 중력의 영향을 받아 자신의 내부로 움푹 꺼졌다. 중력에 대항하는 핵 엔진의 강렬한 복사파가 사라진 후 내부의 깊숙한 곳에서 별안간 급격한 변화가 일어났다. 중력에 의한 수축에 저항하여 거인의 몸무게를 지지하고 있던 철 원자는 마치 잠수함이 바닷속으로 서서히 가라앉듯 침몰하며 스스로 터졌다. 엄청난 압력과 밀도로 철 원자가 압착되었다. 그리고 우주는 순간적으로 이전에는 존재하지 않았던 새로운 물질의 상태를 창조했다.

원자는 중심에 놓인 조밀한 원자핵과 원자핵을 중심으로 궤도 운동하는 전자들로 구성된다. 원자핵은 양성자와 중성자로 이루어진다. 거인 별들이 수축의 단계에 접어들면 핵 속의 양성자와 전자들이 서로 압착된다. 일상 세계의 배후에서 평상시에는 그림자처럼 은밀히 숨어 있던 물리적 현상이 불쑥 전면에 나타난다. 약한상호작용이라 불리는 이 과정을 통해, 압착된 양성자와 전자는 재빨리 중성자로 바뀌며 그 중간 과정에서 중성미자라 불리는 기본 입자가 폭발하듯 생겨난다. 타이탄을 무너뜨린 약한상호작용의 주요 과정은 다음의 식으로 표현된다.

$$p^+ + e^- \longrightarrow n^0 + \nu_e.$$

말로 표현하자면 '양성자 더하기 전자는 중성자 더하기 전자중성미자로 전환된다' 이다.

타이탄의 핵이 수축하는 그 순간 약한상호작용은 중심 역할을 했다. 타이탄의 가장 안쪽에 있는 핵은 지름이 고작 16킬로미터에 불과하지만 질량이 태양과 비슷하여 밀도가 태양의 몇조 배에 달하는 극히 조밀한 순수 중성자 공으로 압축되었다. 중성미자는 핵 밖으로 끊임없이 흘러나왔다. 중성미자들이 외부로 터져 나오자 거대한 별의 바깥층이 폭발했다. 이는 빅뱅 이래로 가장 강렬하고 화려한 폭발인 초신성의 표시이다.

이렇게 무시무시한 '모든 폭발의 어머니' 가 입자 중에서도 가장 비활성적이고 가장 수수한 기본 입자인 중성미자와 관련된다는 사실은 놀라우면서도 모순적이다. 폭발적으로 분출된 중성미자와 함께 별의 바깥층 물질과 새로이 합성된 원소들이 모두 폭발하면서, 한 은하 내에서 빛나는 모든 별의 밝기보다 몇백만 배나 더 밝은 눈부신 섬광이 만들어진다. 수소에서 철에 이르는 모든 원소가 포함된 타이탄의 바깥층은 우주 공간 속으로 산산이 흩어져 날아간다. 밀도 높은 회전 중성자별이나 어쩌면 블랙홀일 수도 있는, 태양보다 질량이 무거운 순수 중성자핵이 타이탄의 미세한 잔재로 뒤에 남는다.

시간이 흐르면서 가스 구름과 먼지, 무거운 원소의 파편들 — 잔혹한 운명 속에서 죽어간 수많은 타이탄의 재 — 이 조금씩 축적되어 은하 주변을 둘러쌌다. 은하는 자신을 감싸 안으며 끝없이 펼쳐진 섬세한 팔을 가진 나선의 형태를 갖추게 되었다(그림 1의 소용돌이 은하를 보라). 바깥쪽 나선에서는 타이탄의 후손들, 곧 태양과 같은 더 작은 규모의 황색 별을 비롯하여 혜성, 행성, 소행성, 위성과 같은 제2세대 별들이 태어났다. 이들은 가스와 타이탄의 금속성 잔해로 구성되었고, 행성은 타이탄에서 형성된 원소들로 이루어진 암석으로 만들어졌다. 과연 타이탄의 자손들이었다.

일상적인 물질의 존재, 오늘날 우리가 거주하는 세계와 행성의 존재, 생명의 존재, 그리고 우리 '존재 자체'는 몇십억 년 전에 일어난 익명의 별들의 격렬한 최후, 곧 초신성이라는 잔혹한 폭발 속으로 원시 타이탄들이 사라져 간 결과이다. 모든 '일상의 물질'은 끔찍한 재앙 속에서 한꺼번에 생성되었다. 무거운 원소 형성은 오늘날에도 전 우주에서 진행되고 있다. 수많은 타이탄이 오늘날에도 존재하며 순수한 수소와 헬륨의 융합을 통해 빛을 발하면서, 은하 중심의 깊숙한 곳에서 살아가다가 가끔 폭발한다. 초신성은 마치 칠흑 같은 밤의 개똥벌레들처럼 머나먼 암흑 속 우주에서 번쩍이며, 저 멀리 몇백만 광년 떨어진 멀고 희미한 은하를 순간적으로 비추어

그림 1 사진에서 보이는 소용돌이 M51은하의 극도로 잘 발달한 나선 팔은 폭발한 별의 잔해와 미래의 별을 구성할 물질을 포함한다. 우리 은하계는 멀리서 보면 위 사진처럼 보일 것이다. (미국 항공우주국NASA, 허블 헤리티지 팀, 대학연합체AURA가 운영하는 미국우주망원경과학연구소 SCSci가 사진 제공.) 위 이미지는 허블 헤리티지 팀이 M51에 관한 허블우주망원경의 기록 정보를 통해 구성한 것이며, 여기에 애리조나 주 투손 시에 있는 국가 과학 재단의 킷픽 천문대에서 트래비스 렉터Travis Rector가 구경 0.9미터 망원경으로 지상에서 관측한 정보를 결합하였다.

준다.

그리고 지구에서 그리 멀지 않은 곳에서 죽어가고 있는 우리 은하의 몇몇 별은, 특히 불안정한 용골자리 에타η-Carinae는 언젠가는 갑작스런 최후와 함께 이 하늘을 밝힐 것이다.

지구

태양, 지구, 태양계 내의 다른 행성은 우주의 나이가 약 90억 년 정도 되었을 때 태어났다. 은하의 나선 팔에서 멀리 떨어진 곳, 먼지와 파편들로 구성된 구름 속에서, 태양계는 거대한 빗방울처럼 응축되었다. 혜성과 운석들의 폭격으로 파괴가 오랜 기간 지속되었고, 대규모의 지진과 화산 폭발 같은 격변들이 잇따랐다. 행성의 탄생과 유년기는 평탄하지 않았다. 태어난 지 25억 년이 지난 후, 지구의 육지는 단단해졌고 점차 가장 원시적인 생명체를 길러내기 시작했다. 지구에 생명이 나타나기 위해서는 화학 반응을 일으킬 조건, 정교한 분자를 다루고 생명을 이어가는 번식의 과정을 촉진할 조건들이 갖추어져야 했다. 격렬하고 역동적인 그 조건들이 갖추어지면서 생명체가 태어났다. 해조류가 번식하여 지구의 탄산수 바다를 점령했다.

우리의 푸른 고향이자 우리가 아는 모든 것의 요람인 지구의 당시 모습을 현재의 우리가 본다면 분명히 낯설고 먼 세계처럼 느낄 것이다. 어둡고 혹독하며 모질던 지구의 유년기가 끝나가고 있었다. 성숙과 안정의 시기가 시작되었다. 지구의 대기 속에는 해조류들이 대기와 바닷속의 풍부한 이산화탄소를 호흡하고 소화시킨 뒤 배출한 산소가 증가하기 시작했다. 지구는 아직 고등 생명체가 존재하기에는 험난한 환경이었으며 화산 활동도 활발했다.

지구는 또한, 20억 년 전에는 매우 높은 방사성을 띠었다. 타이탄은 철보다 훨씬 무거운 원자를 비롯하여 여러 원소를 생성해냈다. 이들은 타이탄들이 최후를 맞기 전 격렬했던 짧은 순간에 생겨났고 초신성의 사나운 핵폭발 뒤에는 방사능을 띤 파편이 되었다. 우라늄은 타이탄의 폭발에서 생겨난 가장 무거운 원소 중 하나였고, 지구가 처음 형성될 때 원시의 지구에 편입되었다. 우라늄이 우라노스라는 타이탄의 이름에서 유래했음을 주목하라. 우라늄은 따라서 타이탄의 후손인 지구의 자연스러운 구성 성분이다.

오늘날엔 다른 광물과 마찬가지로, 바위 틈새를 흐르며 확산하는 물의 용해작용을 통해 우라늄이 농축된 지역에서 우라늄을 채굴한다. 노란빛의 무거운 이 광석은 원자로와 핵무기를 만드는 데 주로 쓰였다. 과학자들은 핵속 양성자가 92개이면 모두 우라늄이라고 규정한다. 원자핵 속의 중성자 수는 다를 수 있으며 이 중성자의 개수에 따라 우라늄의 동위원소들이 생겨난다.

오늘날 광산에서 발견되는 우라늄의 형태는 대부분 ^{238}U(우라늄238로 읽는다)이며, 그것의 변종인 ^{235}U(우라늄235)는 미미한 비율로 나타난다. 235라는 숫자는 원자핵 속에 들어 있는 중성자 개수와 양성자 개수의 총합을 가리킨다. 따라서 ^{235}U의 중성자의 개수는 235 − 92 = 143이다. 오늘날 채굴되는 우라늄 광석에는 ^{238}U이 99.3퍼센트이고 ^{235}U의 함량은 0.7퍼센트 정도밖에 되지 않는다.

원자핵이 '쪼개지는' 과정을 핵분열이라고 한다. 핵분열은 철보다 훨씬 무거운 원소에서 일어나며, 많은 에너지가 그 과정에서 방출된다. 이때 방출된 에너지는 지속적, 폭주 연쇄반응을 일으켜 원자로나 핵무기를 작동시킨다. 원자로나 핵무기를 건설하려면 우라늄 혼합물에서 ^{235}U의 비중을 증가시켜 ^{238}U을 농축시켜야 한다. 농축된 우라늄 속에서, 원자핵 하나의 분열은 몇 개의 떠돌이 중성자와 가벼운 '딸원자핵'을 생성하고, 이 원자핵이 새로운 원자가 된다. 떠돌이 중성자들이 정처 없이 배회하다가 또 다른 우라늄 원자핵과 부딪히고 부딪힌 원자핵은 분열을 겪으며, 더 많은 딸원자핵과 더 많은 떠돌이 중성자와 더 많은 에너지가 생성된다.

적은 양의 분열성 물질만으로는 지속적 연쇄반응이 일어나지 않는다. 떠돌이 중성자는 대부분 또 다른 원자핵과 충돌하기 전까지 물질의 경계를 간단히 넘나든다. 지속적 연쇄반응이 나타나려면 충분한 농축 우라늄이 집중되어 '임계질량'에 이르러야 한다.

임계질량을 넘어서면 연쇄반응은 가속되어 폭발적으로 일어난다. 우라늄은 엄청난 온도로 가열되어 결국엔 용해되고 거품을 내며 격렬하게 끓어오르다가 흘러넘친다. 여기에 비핵성 폭발(또는 재래식 폭발) 압력을 동시에 주면 초임계질량은 폭발하게 되며, 이것이 원자폭탄(분열 폭탄)의 원리이다. 느리게 자동으로 지속하는 원자핵반응은 혼합물의 비율이 3퍼센트의 ^{235}U와 97퍼센트의 ^{238}U로 구성될 때 일어난다. 핵무기 제조용 우라늄은 ^{235}U의 비율이 상당히 높아 보통 90퍼센트 이상이다.

유년기 은하 속에서 수많은 타이탄이 폭발했을 때 생성된 우라늄의 두 동위원소의 양은 대략 같았으며, 이들은 은하의 나선을 만든 파편과 함께 우주 바깥으로 내던져졌다. 이 파편은 지구에 편입되었다. 그렇다면 왜 ^{235}U의 동위원소가 오늘날 광산에서 채굴되는 우라늄에서 차지하는 비율이 그토록 낮을까? 그 이유는 ^{238}U의 원자핵보다 더 불안정한 ^{235}U의 원자핵이 더 빠른 속도로 붕괴하기 때문이다.

물리학자들은 ^{235}U의 반감기가 현재 지구 나이의 약 6분의 1 정도인 7억 년임을 알아냈다. 곧 현재 ^{235}U 1그램은 7억 년 후에 반으로 줄어든다. 나머지 반은 다른 형태, 곧 붕괴 과정의 산물인 더 가벼운 원자들로 바뀐다. 반면, ^{238}U의 반감기는 45억 년으로 ^{235}U의 반감기보다 훨씬 길며 지구의 나이와 거의 같다. 따라서 지구가 더 오래 살수록 ^{235}U의 비율은 장수하는 ^{238}U의 비율보다 점점 더 줄어든다. 지구의 나이를 능가하여 장수하는 ^{238}U은 지구상에서 발견되는 우라늄 대부분을 차지하게 되었다.

그러나 20억 년 전에는 ^{235}U가 차지하는 비중이 오늘날보다 커서 함유량이 3퍼센트 이상이었다. 따라서 당시의 농축 우라늄(우라늄235의 농축 비율은 자연 상태에서는 0.72%에 불과하며 3%정도만 농축시켜도 경수로 등 목적에 따라 에너지원으로 사용 가능하다—옮긴이)은 인위적으로 만들지 않아도 지구상에 자연스럽게 존재하는 물질이었다. 농축 우라늄이 유년기 지구의 자연스러운 산물이었으므로, 어머니 신 가이아는 놀라운 일을 하였다. 자신만의 천연 원자로를 만든 것이다! 이 원자로는 바위 속의 갈라진 틈이나 균열 사이로 물이 흐르거나 확산하여 생긴 광범위한 얕은 수맥 속으로 자연스럽게 우라늄이 농축되어 형성된, 고농축 광물 저장 지역에서 창조되었다.

천연 원자로는 볼품없는 무정형의 얼룩 모양으로 마치 자연 발생적으로 체르노빌 사고가 일어나 녹아내린 참사 현장의 중심부 같았다. 바위 속에서 가열되고 끓어오르면서 용해된 방사성 폐기물을 내뱉기도 하고, 간헐천과 포효하는 분출구를 통해 방사성 가스와 증기를 뿜어냈다. 그들은 분열하여 연료를 공급받으면서 자신들의 방사능 폐기물에 오염되었다. 그 후 폐기물은 사방으로 흩어져 끓거나 감쇠하였고, 원자로는 또다시 가동되기 시작했다. 그렇게 천연 원자로는 몇백만 년에 걸쳐 가동을 시작하고 중단하는 과정을 끊임없이 반복했다. 결국 천연 원자로는 풍부한 농축 우라늄 연료를 고갈시킨 후 조용히 소멸했다.

오클로 천연 원자로

1971년, 고대의 천연 원자로 17개 중 하나의 유적이 서아프리카 가봉의 오클로 시에 있는 우라늄 광산의 한가운데에서 발견되었다. 오클로 천연 원자로는 활동하는 동안 오늘날의 원자력 발전소에 있는 원자로에서 나오는 것과 같은 방사능 폐기물을 발생시켰다. 오클로에 있는 17군데의 천연 원자로 자리 중, 한 곳만이 현재 뚜렷한 형태를 갖추고 있고 다른 14곳은 1972년 발견 당시 우라늄이 모두 채굴된 상태였다. 나머지 두 개의 원자로는 아직 탐사되지 않은 상태이다.[5)]

천연 원자로의 흔적은 지하 터널 벽에서 볼 수 있다. 이들은 석영유리가 이루는 희미한 줄무늬를 가진 신비한 연노란색 암석으로 나타나는데, 우라늄 산화물이 대부분을 차지한다. 석영은 결정화된 규소로서 과열된 지하수가 원자로의 핵을 통해 모래를 순환함으로써 생성된다. 오클로 원자로는 일반적인 핵분열의 모든 중간 생성물을 만들었는데 그중에는 유독성의 방사성 원소로서 무기 제조에도 사용되는 ^{239}Pu(플루토늄 239)도 있다. 플루토늄은 자체의 핵분열과정에서 농축된 우라늄과 함께 연소하였다. 플루토늄은 2만 4천 년이라는 상대적으로 짧은 반감기를 갖기 때문에 본래 지구가 생겨날 당시에는 파편들의 구름에 존재하지 않았다. 이 사실은 오클로 원자로들이 오늘날의 원자로와 같으며 플루토늄을 자체적으로 생산했었음을 증명한다.

오클로 원자로는 놀라운 자연 현상이다. 그들이 자발적으로 핵분열 연료를 연소시킬 때, 우주는 현재 나이보다 15퍼센트가량 젊었다. 이는 자연의 법칙이 영원히 변하지 않는다는 가설을 뒷받침한다. 20억 년 전의 우주와 자연법칙은 오늘날과는 어느 정도 달랐을까? 중력은 오늘날과 달랐을까?

그렇다면 더 약했을까, 더 강했을까? 자연의 전자기력은 그때나 지금이나 같았을까? 당시 원자핵반응 과정을 지배하던 법칙은 오늘날과 같았을까?

오클로 원자로들은 20억 년 전에도 그랬듯 자연의 근본 법칙과 역학이 관련된 섬세하면서도 놀라운 무대이다. 모든 원자로는 핵반응의 중간 산물로서 희귀한 원소를 창조한다. 이러한 산물은 별과 핵반응 원자로에서만 일어날 수 있는 극단적인 과정들, 엄밀한 자연법칙에 민감하게 반응하는 그 과정과 관련된다. 오늘날의 원자로가 존재하기 이전에, 지구상에서 이 원소들이 합성되었던 시기는 오클로 원자로들이 활동하던 때뿐이었다. 특히 사마륨(Sm)이라는 희귀 원소 역시 이때 합성되었다.

사마륨은 1879년, 프랑스인 폴 에밀 르코크 드 부아보드랑이 파리에서 발견하였다. 이 은색 무독성 금속은 눈부신 광택이 난다. 지구상에서 발견되는 사마륨 대부분은 태초의 타이탄들이 만들어냈다. 사마륨은 대개 여러 광물의 지질 층에서 발견되며, 보통 무거운 원소와 함께 나오지만 화학적으로 분리 가능하다. 이들은 영사기와 특정한 종류의 레이저에서 나오는 밝은 빛을 내며 원자로 건설에도 쓰인다.

오클로에 가면 천연 원자력 기술의 위업 속에 담긴 미묘하면서도 심오한 무언가를 깨닫게 된다. 20억 년 전 오클로의 천연 원자로에서 생성된 사마륨의 풍부한 양은 오늘날 그러리라고 예상한 그대로이다! 왜 이 사실이 그렇게도 놀라울까? 핵분열과정의 중간 산물인 사마륨의 생성 과정이 원자로 안에서 일어나는 복잡한 역학적 현상에 극도로 민감하다는 사실이 알려졌다. 오클로의 원자로들이 가동한 과거 그 시대의 기본 물리법칙이 지금의 그것과 조금의 차이라도 존재했다면 사마륨은 전혀 생성될 수 없었다. 따라서 중간 생성물인 사마륨의 양으로 볼 때 오클로는 20억 년 전의 우주가 오늘날과 같은 물리법칙을 따라야 했음을 보여주는 증거이다. 실제로, 측정된 오클로 유적의 사마륨 양을 통해 과학자들은 관련된 물리법칙이 우주 전체의 시간 동안 백만분의 일 이상은 변할 수 없었으리라고 추정하고 있다.[6)]

물리법칙의 안정성

시간이 지나면 어떤 식으로든 변하는 물리법칙은 기괴할뿐더러 예측하기에도 불안정하다. 만약 물리법칙이 시간에 따라 변한다면, 원자로의 사마륨 생산 과정에 영향을 주기 위해서 20억 년 전의 자연법칙은 어떻게 달라야 했을까? 이와 관련하여, 사마륨 원자핵의 질량이 지금과 아주 미세하게 달라져도 오클로 핵 원자로에서 생성이 중단되기에 충분했다는 사실이 밝혀졌다. 이론적으로 이러한 일이 일어날 수 있는 여러 가지 상황을 가정할 수 있지만 모두 자연법칙이 어떻게든 오늘날과 달라야만 가능하다. 예를 들어 20억 년 전에 전자나 양성자의 단위 전하량이 약간만 달랐더라도, 그 미세한 차이가 핵 속 양성자 간의 전자기 상호작용에 영향을 주었을 것이다. 이는 사마륨 원자핵의 질량을 그에 상응하는 양만큼 변화시켰을 것이다. 오클로 사마륨을 분석한 과학자들은 오클로가 우라늄을 연소하고 있을 당시의 단위 전하량이 천만분의 일 이상으로 다를 수는 없었음을 계산해냈다. 이는 오늘날 전하량의 값이 일 년에 1/100,000,000,000,000,000 다시 말해 10^{-17} 이상으로 변할 수 없음을 의미한다! 물리법칙의 불변성을 드러내면서 재확인하게 하는 예이다.

오클로뿐만이 아니다. 물리법칙의 안정성을 보여주는 또 다른 지표는 많다. 천문학자는 망원경으로 먼 은하를 응시하며 오늘날 지구의 실험실에서 일어나는 역학적 과정들이 시간적, 공간적으로 머나먼 세계에서도 동일하게 일어나고 있음을 알고 있다. 운석 속에 함유된 특정 원소들의 양을 보면 몇십억 년 전의 극도로 섬세한 과정들이 오늘날에도 똑같이 일어나고 있음을 알려 준다. 1970년대, 미국항공우주국의 화성 탐사선 바이킹호는 중력의 크기를 정밀하게 측정한 결과 중력이 시간에 따라 변하지 않는다는 결론을 내렸다. 모든 실험적 증거를 종합하면 자연법칙에 관한 타당한 가설을 세울 수 있다. 곧 **물리법칙은 일정하며 시간의 흐름에 따라 변하지 않는다.**

물리법칙의 영구불변성은 '대칭symmetry'이다. 과거를 되돌아볼 때, 다시 말해 망원경으로 우주 공간을 응시할 때나 고성능 현미경(입자가속기)을 들여다볼 때 우리가 보는 것은 모든 시간과 모든 공간에서 전 우주를 지배하는 동일한 물리법칙의 체계이다. 이들은 우주의 구조와 물질에 관한 근본적인 대칭이며 더 근본적인 수준에서는 우주를 지배하는 법칙들의 대칭이다. 대칭은 실제로 자연의 법칙과 물리법칙을 규정짓는 근본 원리이며 우주를 통제하는 근본 원리이다. 그리고 이제부터 보게 되겠지만 물리법칙의 불변성은 우리의 일상과 직접 관련 있다.

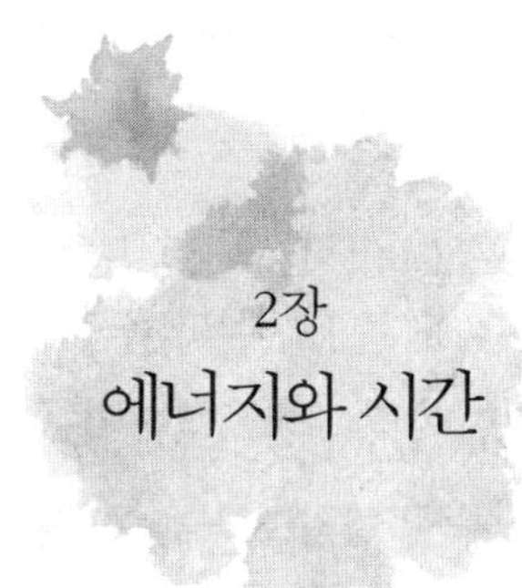

2장
에너지와 시간

에너지는 영원한 기쁨이다.
윌리엄 블레이크, 『천국과 지옥의 결혼』

절대로 일어날 수 없는 일

'애크미전력회사'란 존재하지 않으며, 존재한 적도 없었다. 이 회사가 다른 어떤 회사와 조금이라도 유사한 점이 있다면, 경영 중이든 그렇지 않든 과거에 존재했든 지금도 존재하든 살아 있건 죽었건 경영자이건 투자자이건 실제이건 허구이건 감옥에 있건 보석으로 풀려났건, 모두 단순한 우연일 뿐이다. 필자들은 물리에 관한 어떤 점을 설명하려고 애크미전력회사를 만들었다.

역사를 통틀어 애크미와 같은 회사는 틀림없이 셀 수 없을 만큼 많이 존재했다. 불행히도 그들은 자신들의 계획에 동참한 투자자들에게 막대한 부와 헛된 무언가를 약속한다. 애크미전력회사의 창립자를 비난하거나 그들이 입었을 부당한 손해를 대변할 생각은 없다. 사건 전체의 발단은 순수한 오해에서 비롯되었다. 그러나 일이 진행되면서, 감지할 수 없을 정도로 은밀하게 그들은 멈출 수 없게 되었고 추진력을 얻었다. 수많은 분석가, 은행가, 발기인, 선의를 가진 고결한 정치인이 회사가 약속한 수익을 굳게 믿은 채 그 소동에 뛰어들었다. 머지않아 애크미전력회사의 성공이 세상에 선포될 예정이었는데, 실제 성공 여부와 관계없이 딱히 다른 대안이 생각나지 않아서였다. 그러나 결국 늘 물리법칙이 최후의 심판을 내린다.

애크미전력회사는, '전력을 발생시키는 새로운 발전 방식'을 알아냈다는 한 무명 발명가의 주장을 들은 소규모의 부유한 투자자 집단이 설립하였다. 발명가는 자신의 지하 실험실에서 물리법칙이 시간에 따라 변하고 있음을 알아냈다. 그는 일주일간의 중력 변화, 특히 화요일 오전의 중력 변화를 눈여겨 관찰했다. 중력은 매주 화요일 오전 10시 정각에 어김없이 약해지는 모습을 보였다. 투자자들은 이 기묘한 '화요일 현상'에서 에너지를 창출하는 사업을 구상했다. 화요일마다 지구 표면에 작용하는 중력은 다른 날보다 더 약해지므로, 어떤 물질로 이루어졌든 더 적은 에너지를 사용하여 엄청난 질량 덩어리를 공중으로 끌어올릴 수 있었다. 그렇게 되면, 후에 그 덩어리는 낙하하면서 그것을 들어올릴 때 쓰인 에너지보다 더 많은 알짜 에너지를 반환한다.

이제 기술적인 부분을 간략히 언급하면 다음과 같다. 지구 표면의 중력은 중력가속도 g, 곧 조약돌 같은 물체가 피사의 사탑 같은 곳에서 떨어질 때 받는 가속도로 측정된다. 질량이 m인 물체가 지구 표면 위에서 받는 중력의 인력은 질량에 중력가속도를 곱한 값 mg이다. 모든 고등학교에서 물리 시간에 배우는 대로, 지구 중력에 의한 가속도 g는 미터-킬로그램-초 단위계에서 값이 대략 10단위이다.[1] 다시 말하면 대략 제곱초당 10미터, 곧 $10m/s^2$이다.[2] 이는 낙하한 지 1초 후, 공기 저항을 무시하면 어떤 질량이든 초당 10미터의 속력[3]을 얻는다는 뜻이다. 한마디로 중력이 증가하면 g값도 증가한다.

애크미의 발명가가 발표한 바로는, 매주 화요일 오전 10시 정각마다 g값은 몇 분 동안 일주일의 다른 날보다 현저히 작아진다. 따라서 사람들은 모두 화요일 오전 10시가 되면 몸무게가 덜 나간다. 이러한 효과는 애크미의 전매특허인 중력가속도 측정기 '지-미터'로 측정되었다. 지-미터는 애크미의 발명가가 자신의 지하 실험실에서 발명한 것으로, 그는 g를 매우 정확한 방식으로 측정할 수 있다고 주장한다.

애크미전력회사는 주식 백만 주를 상장하며 시작하여 거대한 수탑과 저수지, 거꾸로 돌아가며 펌프 역할을 할 수 있는 수력 터빈 발전기를 샀다. 땅에서 높이 솟아 있는 수탑은 상당량의 물을 담아둘 수 있었다. 따라서 고등학교 물리 시간에 배운 공식대로, 질량 m의 물을 높이 h인 수탑으로 끌어올리는 데 필요한 총 에너지는 m과 g와 h의 곱인 mgh이다.

화요일 오전 10시 정각에 지-미터는 중력이 약해졌음을, 곧 g값이 미터-킬로그램-초 단위계로 9단위가 되었음을 알려주었다. 수탑은 저수지에 가득한 물을 재빨리 퍼올렸다(그림 2). 전력회사는 송전선을 통해 수탑까지 물을 퍼올릴 수 있는 에너지를 공급받았다. 퍼올린 물은 다음 날까지 탑 안에 가두었다.

수요일에 지-미터는 중력이 다시 원래 세기로 돌아왔음을 알려주었다. 곧 g는 미터-킬로그램-초 단위계에서 기준값인 10단위로 돌아왔다. 밸브가 열리고 물은 파이프 시스템을 통해 탑에서 아래로 방출되어 애크미 터빈 발전기를 통과해 저수지로 돌아왔다. 수탑의 높이까지 끌어올린 물이 지녔던 중력 위치에너지는 이제 유용한 전기에너지로 전환되었다. 그러나 g는 이제 화요일(9단위)보다 그 값이 커졌기(10단위) 때문에, 물이 아래로 흐르면

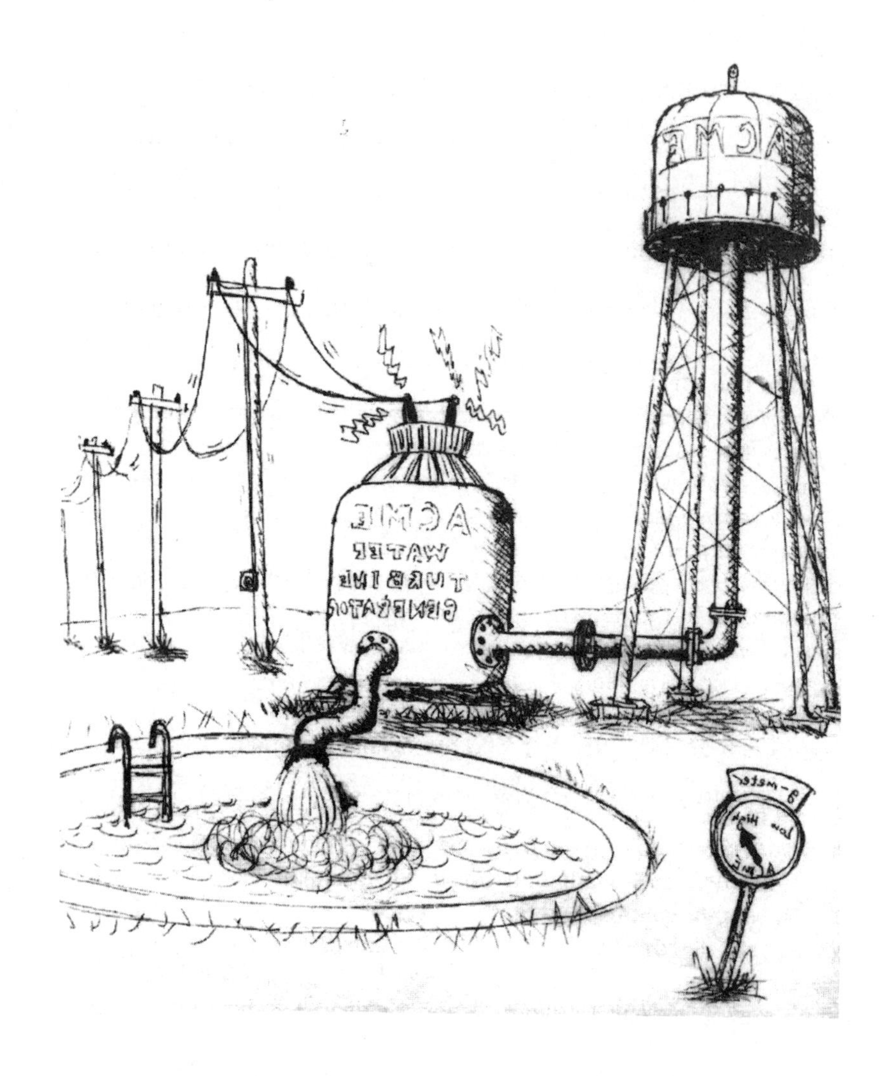

그림 2 애크미전력회사의 시험 설비는 높이가 h인 수탑, 효율이 100퍼센트인 터빈 발전기, 질량 m인 물을 탑으로 퍼올릴 터빈 발전기와 저수지로 구성된다. 지구 표면의 중력가속도 g를 측정하는 애크미 '지-미터'는 왼쪽 아래에 나와 있다. (삽화 크리스토퍼 힐.)

서 얻어진 에너지는 위로 퍼올릴 때 쓰인 원래의 에너지보다 컸다. 따라서 애크미전력회사는 이 시스템에서 m 곱하기 h 곱하기 '$g_{수요일} - g_{화요일}$', 곧 $mh(g_{수요일} - g_{화요일})$만큼의 여분의 에너지가 얻어진다고 주장했다.

오늘날 에너지는 에너지 1단위당 1달러의 가격이 매겨진 상품이나 마찬가지다. 이렇게 되돌아온 에너지는 물을 수탑까지 퍼올리는 데 쓰인 에너지의 비용을 보상할 수 있을 터이며, 추가로 남은 에너지는 매매를 통해 송전선망에 공급하면 순수 이윤을 얻을 수 있을 것이었다. 이러한 시스템은 부근의 도시와 시민에게 전기를 제공할 수 있었다. 애크미전력회사는 시간에 따른 중력의 변화를 이용하여 공짜 에너지를 생산할 수 있었다. 애크미전력회사는 소비한 에너지보다 더 많은 에너지를 모두 공짜로 무한정 생산하는 소위 공짜 에너지 기관을 창조했다![4]

혁신적인 발명에 관한 소문이 월 가를 휩쓸면서 애크미전력회사의 주가는 천정부지로 치솟았다. 회사의 경영자들은 말했다. "애크미가 계획한 최초의 시스템을 건설하고 가동하여, 모든 가입자 단체에 에너지를 수송하고 투자자들이 엄청난 순이익을 내는 일은 시간문제일 뿐이다." 수많은 고아와 미망인이 은행과 주식 중개인을 통해서 자신들의 귀중한 비상금을 이 '누워서 떡 먹기' 주식에 투자했다. 하룻밤 사이에 애크미의 주식은 월 가의 달콤한 연인이 되었다.

그러나 무언가 미심쩍었던 한 회계 감사는 미국 주식거래위원회에게 애크미전력회사의 시스템을 검증해 달라고 요청했다. 특히, 중력의 법칙이 시간에 종속임을 보여준 지-미터에 대해서는 신중하고 정밀한 실험이 여러 번 수행될 예정이었다. 6월에 위원회는 지-미터를 입수하여 산업기술시험원에 전달했다. 실험 결과는 10월경 공개될 예정이었다. 산업기술시험원의 결과와 함께, 애크미전력회사의 획기적인 발견과 용감한 발명가의 신원을 확인시켜줄 소식을 간절히 기다리는 투자자들이 방관자의 입장으로 후퇴했다가 다시 전진하면서 여름이 끝나갈 무렵 거품이 일었다.

마침내 10월이 다가왔다. 주주들은 대개 10월이 되면 불안해진다. 마크 트웨인의 작품 『바보 윌슨의 비극』의 주인공은 이렇게 말했었다. "10월 …… 이 달은 특히 주식 투자를 하기에 위험한 달이다. 그리고 7월, 1월, 9월, 4월, 11월, 5월, 3월, 6월, 12월, 8월, 2월도 위험하다."[5] 오랫동안 기다려온 지-미터에 대한 실험 결과가 나오기 전날, 애크미전력회사의 주식은 장이 마감될 때 일시적으로 폭락했다. 지-미터의 발명가가 전날 아침에 사라졌다는, 동유럽 어딘가에 도착하는 밤 비행기를 타고 떴다는 추문이 주식시장을 휩쓸었기 때문이다.

다음 날 산업기술시험원의 분석 결과는 거래가 시작되기 직전 발표될 예정이었다. 월 가는 숨을 죽이며 기다렸고 발표의 순간이 가까워지자 드럼소리가 들리는 듯했다. 마침내 산업기술시험원의 직원들이 결과를 읽어 내려갔고 그들의 이야기는 전파를 타고 전해졌다. 검증 결과 애크미전력회사의 그 유명한 지-미터는 실제로 화요일 아침 10시에 더 낮은 수치를 가리켰으나, 그것은 설계상의 잘못 때문이었다!

면밀한 분석 결과, 인근 도시에서는 매주 화요일 아침 10시 정각에 공습경보기를 검사했는데, 이 실험이 기기의 민감한 회로에 음파 진동을 일으켜 지-미터 기록계의 회로에 미세한 전압 감소가 나타났다. 이 때문에 g값이 잘못 표시되었고 이는 다시 중력의 세기 감소로 잘못 해석되었다. 이러한 시스템상의 오류를 수정한 후 실험자들은 매주 화요일마다 g값에는 아무런 변화가 없었음을 확인했다. 그들은 이 실험이나 다른 어떤 알려진 실험에서도 물리법칙이 시간에 따라 변하는 현상은 나타나지 않았다고 주장했다. 산업기술시험원은 그들이 작성한 보고서에서, 오클로의 천연 원자로의 발견을 인용하면서 이렇게 말했다. "우주가 존재해 온 시간 동안 단위 전하량의 값이 천만분의 일도 채 변하지 않았다, 오클로에서 발견된 결과를 바탕으로 추정할 때, 일주일 만에 중력의 세기가 10퍼센트가량 변할 가능성은 지극히 낮다. 비록 *g*가 전하와는 물리적으로 다른 양이라고 해도, 오클로의 결과는 잘못된 지-미터에 기록된 신호보다 훨씬 정확하며 물리법칙의 불변성을 강력하게 입증한다."

따라서, 애크미전력회사의 정교한 시스템은 여분의 전기에너지를 생산하지 않는다. 오히려 기계적 · 전기적 시스템에 내재한 비효율성 때문에 열, 기계 진동, 소음 같은 쓰레기가 생산되어 에너지를 잃었다. 물리법칙은 시간에 따라 변하지 않으며 일정하다.

애크미전력회사의 주식 거래는 위원회가 즉각 중단시켰다. 며칠 동안 한 주도 (법적으로) 거래되지 않았다. 며칠은 몇 주가 되었고 몇 주는 몇 달이 되었다. 마침내 거래가 재개되었을 때, 한때 세 자리 수로 고공비행하던 주식이자 각종 경제 주간지의 명예로운 특집 기사 주인공, 월 가의 달콤한 연인은 이제 휴지 조각이 되었다. 후에 미국주식거래위원회가 범죄 수사에 착수했을 때, 불운한 지-미터 발명가는 처음에는 자신도 지하 실험실에서 나타난 결과에 속았지만, 진실을 알게 된 후에는 투자 은행에 문제를 알렸다고 고백했다. 그러나 그때는 이미 애크미전력회사의 주식이 천정부지로 치솟고 있었고, 관계자들은 비밀회의를 열어 좋은 일을 망치지 말자는 결론을 내렸다.

후에, 애크미전력회사의 전직, 현직 CEO들과 CFO들, 회장, 이사회 구성원, 거액의 몇몇 투자자들이 산업기술시험원의 결과가 발표되기 몇 달 전, 자신들의 주식을 모두 팔았다는 (물론 모두 합법적으로 위장된 이유로) 사실이 밝혀졌다. 그러나 그들은 계속해서 "모든 일이 잘 진행되고 있습니다. 다음

4분기 때 애크미는 엄청난 양의 공짜 전기를 만들어내고 있을 것입니다. 조금만 기다려 보십시오!"라며 은퇴 자금을 회사 주식에 투자한 직장인과 투자자를 안심시켰다. 회사 관계자들은 지-미터 문제에 관해 사전에 알고 있었을 가능성을 전면 부인했다. 그러나 후선 지원 업무부의 한 재무 담당 직원은 이사회 회의 때 지-미터가 논의된 기록을 잘못 보관한 죄로 구속되었다.

애크미전력회사의 이야기는 여기까지이다.

장의 첫머리에서 언급했듯이, 애크미전력회사의 이야기는 허구일 뿐이다. 누군가는 이 이야기가 허무맹랑하며 투자자가 바보가 아닌 이상 이렇게 어리석은 사업 계획에 속아 주식을 사는 일은 현실에서 일어나지 않으리라고 생각한다. 그러나 실제로는 무수히 많은 영구기관과 공짜 에너지 기계가 고안되어 몇 세기 동안이나 투자자들을 현혹했다. 그러한 발명품은 수많은 특허를 받았고, 20세기 후반까지도 이러한 일이 계속되었다. 그들이 고안한 기계는 세부적인 구성에서 천차만별이다. 19세기 초반의 기계 중에는 컨베이어 벨트 위 양동이들 위로 떨어지는 물을 이용한 것도 있었는데, 물이 낙하하면서 양동이를 아래로 밀어 내리면 차례로 다음 양동이가 올라와 더 많은 물을 아래에 있는 양동이에 떨어뜨리는 식이었다. 펌프로 퍼낸 물이 피스톤을 운동시키고 그 피스톤이 더 많은 물을 퍼올려 그 물이 다시 그 피스톤을 운동시키는 기구도 있었다.

현대 영구기관과 공짜 에너지 기관은 겉에서 보면 더 복잡한 기술을 포함하는 때가 잦다. 예를 들면, 물의 전기분해를 이용하는 기관은 H_2O가 가득한 평범한 수돗물에 전류를 통과시켜 그것의 구성 성분인 H_2와 O_2기체로 분해한다. 이때 생성된 H_2와 O_2는 내연기관 속에서 화학적으로 결합(연소)하여 에너지와 H_2O, 곧 물을 배출한다. 전기분해는 분명히 가능한 일이며 고등학교 화학 시간에는 실험을 통해 종종 그것을 증명하기도 한다. 그러나 불행히도, 투자 단체에서는 전기분해의 개념을 '오해' 했고 이러한 오해 때문에 결과물인 H_2와 O_2를 연소하면 '원래 전기분해에 소비되었던 물보다 더 많은 에너지가 생성된다' 는 믿음까지 생겨났다. 이는 절대 사실이 아니다! 그리고 이러한 과정은 때때로 자동차에 동력을 공급하고 무공해 전류를 영구히 생성할 수 있는 무한 에너지원으로 주장됐다.

1970년대에 애크미처럼 공짜 에너지를 얻을 수 있다고 주장한 회사 중 한 곳이 투자자들의 이목을 끌었고, 어느 날 아침 거래가 개시되자 회사의 주가는 급등했다. 당시 캘리포니아 공과대학교, 일명 캘텍의 대학원생이었던 필자 크리스토퍼 힐은 세계적인 이론물리학자 리처드 파인만을 만나려고 물리학과 건물로 찾아갔다.

파인만은 당시 상황이 다소 즐겁다는 듯 이렇게 물었다. "어떻게 하면 제가 이 회사의 모든 주식을 공매도할 수 있을까요?" (공매도는 향후 주식이 떨어진다는 정보를 알고 있는 사람에게 유리한 투자 방법이다—옮긴이) 그때는 이미 주식 거래가 중단된 상태였다. 그러나 풋옵션(공매도와 거의 비슷한 투자 방법)은 아직 거래되는 듯했다. 파인만과 필자는 점심을 먹으면서 풋옵션을 어떻게 매매할 것인지를 상의했다. 그렇게 하려면 특별한 형식의 서류를 작성해야 하고 증권 중개인의 허가가 필요하다는 말에 파인만은 느닷없이 큰 소리로 외쳤다. "정말이지 이건 바보 같은 생각인데다가 시간 낭비일 뿐이야. 난 연구실로 돌아가서 물리 연구나 하겠네." 놀랍게도 그 회사의 주식 거래는 후에 재개되었지만 주가는 예상과는 달리 폭락하지 않았다. 사실은 한 번도 원래의 최저가로 떨어지지 않았다! 어찌 된 일인지, 투자자들은 영구기관과 공짜 에너지의 메커니즘이 불가능하다는 반론을 믿으려 하지 않았다. 풋옵션은 이렇다 할 쓸모 없이 만기 되었다. 이를 보아 주식시장은,

명백히 물리법칙에 지배되지 않는다.

공짜에너지니 영구 기관이니 하는 이야기들에는 흔히 속기 쉽다. 풍차나 원자력과 같은 에너지원을 이미 보유한 상태라면, 물을 순수한 수소 가스, 산소 가스로 쉽사리 전환할 수 있으며 심지어는 수소를 연료로 이용하는 일도 가능하다. 하지만 그 과정에서 처음에 가지고 있던 에너지를 소모하며 어디서도 공짜로 알짜 에너지가 생겨나지는 않는다. 애크미전력회사처럼 공짜 에너지를 이용한 물 · 수소 전환 과정도 결국 영구기관을 의미한다. 그 과정은 여분의 알짜 에너지, 현금으로 전환할 수 있는 에너지가 난데없이 공짜로 생긴다고 말한다. 이러한 일은 물리법칙이 어떻게든 시간에 따라 변해야만 일어날 수 있다. 알짜 에너지원이 존재하려면 '물 분자를 분해하는 데 투입된 에너지' 가, '수소와 산소가 결합하여 물 분자가 생성되면서 나오는 에너지' 보다 어떻게든 작아야 한다. 따라서, 처음의 물 분자의 특성은 마지막 물 분자의 특성과 어떻게든 달라야 한다. 그러나 물 분자는 비교적 단순한 물리적 시스템이다. 원시 우주에서 태어난 — 타이탄 폭발의 중간 산물인 — 물 분자는 오늘날의 물 분자와 물리적 특성이 정확히 같다. 그 특성은 시간이 지나도 변하지 않는다. 물 분자를 분해했다가 다시 원래 형태로 재결합해서 알짜 에너지를 추출해낼 수는 없다.

사실, 중앙집중 생산체제의 무공해 에너지원으로 물을 전기분해함으로써 자동차와 여타 기관들에 공급할 수소 연료를 창조한다는 생각은 미래의 에너지 정책의 관점에서는 훌륭한 아이디어 일지도 (또는 아닐지도) 모른다. 수소와 산소의 연소는 상대적으로 안전하고 깨끗하고 효율적이며, 탄소 화합물 등으로 공기를 오염시키지도 않는다. 친환경적이다. 그러나 그것이 환경에 미치는 종합적인 영향은 아직 완벽히 알려지지 않았을 수도 있다. 수소 연료 아이디어는 현재의 에너지 기반 시설에 막대한 변화를 요구한다. 그리고 이 아이디어를 실현하려면 새로운 에너지원이 필요하다. 그 과정을 통해서 여분의 에너지를 얻지 못하기 때문이다. 오히려 전체 과정이 100퍼센트 효율적일 수 없기에 에너지를 잃게 될 것이다. 이 아이디어가 장래성이 있을지는 그것을 대규모 발전으로 실행했을 때 어떤 문제가 나타날지에 달렸다. 그러나 지금으로서는 전도유망해 보인다.

에너지가 무에서 생성되거나 무로 사라져 버릴 수 있다면 '에너지가 보존되지 않는다' 고 표현할 것이다. 애크미전력회사의 말대로라면 물을 수탑으로 퍼올리려고 소비한 총 에너지는 그것을 낙하함으로써 되돌려받는 에너지보다 작았어야 했다. 따라서 이때 에너지는 보존되지 않는다. 곧 알짜 에너지가 무에서 창조되었을 것이다. 그러나 이 효과를 측정하려는 모든 실험에서 과학자들은 언제나 '초기 에너지의 총량이 최종 에너지의 총량과 같다' 는 결과를 보았다. 따라서 자연계 어디서든 에너지는 보존된다. 수많은 과학자가 수많은 실험을 통해, 초기 에너지의 총량과 최종 에너지의 총량은 어떠한 물리적 과정에서도 같다는 사실을 입증했다.

영구기관과 공짜 에너지 기계를 자꾸 상상하고, 에너지 보존 개념을 혼동하기가 그토록 쉬운 까닭은 에너지의 자취를 확인하기가 어렵기 때문이다. 일상 속의 사물은 보존되지 않을 때가 잦다. 지구상 생명체의 수나 주식 시장의 시가총액 등이 그러한 예들이다. 또한, 에너지는 수많은 형태를 취한다. 움직이는 사물의 에너지(운동에너지)는 명백히 눈에 보이지만, 산꼭대기에 정지 상태로 놓인 사물이 지닌 에너지(위치에너지. 사물이 낙하할 때 운동에너지로 전환된다.)는 눈에 잘 드러나지 않는다. 에너지는 열이나 소리와 같은 쓰레기 형태로 바뀌어 소실되기도 한다. 에너지는 물질이 변형되는 과정, 곧 파임이나 찌그러짐 같이 물질의 분자들이 뒤바뀌고 재배열되는 과정에서도 소실된다. 에너지는 고체에서 액체로, 또는 액체에서 기체로 물질의 상전이가 일어날 때 화학에너지의 형태로 흡수(또는 방출)되기도 한다. 에너지는 일정한 물리계physical system(흔히 간단히 '계'라고 하며 구성 요소들을 체계적으로 통일한 조직을 일컫는다. 계의 정의는 이론에 따라 조금씩 달라질 수 있다. 예를 들어 열역학에서 말하는 계는 '관심의 대상이 되는 우주의 한 부분'으로, 일정량의 물질, 공간, 계의 상태를 기술하는 몇 가지 변수가 포함된다. —옮긴이) 에서 빛이나 다른 복사의 형태로 방출될 수도 있다. 연료가 고갈된 초거성과 같은 계는 수축하기도 하는데 이때 줄어든 중력 위치에너지는 빛으로 전환되어, 에너지가 완벽히 고갈된 별이 갈색 왜성이나 블랙홀이 될 때까지 방출된다.

사실, 에너지보존법칙이 틀림없이 정확하며 절대적이라는 사실을 물리학자, 화학자, 생물학자들이 이해하기까지는 오랜 세월이 걸렸다. 에너지보존법칙은 만물을 지배한다. 심지어는 모든 종류의 생명체가 에너지보존법칙의 지배를 받는다. 생명체가 사용하도록 지정된 특별한 형태의 에너지는 없다. 모든 에너지는 전 우주를 통틀어 똑같은 단위로 측정될 수 있다. 모든 형태의 에너지 자취를 따라가며 그것을 상세히 기록한다면, 어떤 과정에서도 에너지는 항상 보존된다는 사실을 확인하게 될 것이다.

애크미전력회사를 통해, 물리법칙이 시간에 따라 변하고 있다면, 가장 중요한 물리학의 원리 중 하나인 에너지보존의 원리가 거짓이 된다는 점을 알게 되었다. 자연의 힘들이 때에 따라 달라진다면, 같은 물리적 과정에 투입되는 에너지의 양도 그에 따라 달라질 것이다. 그리고 지금껏 오클로에서 이루어진 발견을 비롯한 수많은 관찰과 발견을 통해, 물리법칙은 시간에 따라 변하지 않음이 — 우주의 나이와 거의 동등한 시간 규모에서 — 알려졌다. 따라서 임의의 특정한 실험을 내일, 또는 어제, 10초 전에, 100억 년 전에, 1조 년 후에 수행했거나 수행한다 해도 그 결과는 같다. 물리법칙 — 그리고 물리학의 올바른 방정식 — 은 우주의 역사 속에서 변하지 않는다. 이것은 실험을 통해 입증된 사실이다. 물리법칙은 확고부동하며 항구적이다.

여러분은 방금 자연에서 가장 중요한 관계 중 하나를 슬쩍 지나쳤다. 에너지보존법칙은 시간에 대한 물리법칙의 불변성과 관련이 있다! 이는 뇌터의 정리로 알려진, 더 일반적이고 심오한 의미가 있는 현상의 첫번째 예이다. 핵심은 물리법칙의 '불변성'은 곧 물리법칙의 '연속 대칭성'이라는 사실이다. 뇌터의 정리가 의미하는 바로는, 자연법칙의 모든 연속적인 대칭에는 저마다 보존되는 물리량이 있다.

도대체 에너지란 무엇인가

오늘날 우리 문명이 직면한, 가장 중요한 문제들의 중심 주제는 에너지이다. 이유는 간단하다. 에너지는 우리가 소비하는 필수 상품이다. 인간이 끊임없이 겪는 수많은 전쟁과 갈등의 원인도, 기본적으로는 풍족하고 편리한 형태의 에너지를 얻으려는 욕구 때문이다. 오늘날, 이 풍족하고 편리한 형태의 에너지는 석유이다. 에너지는 인류의 경제와 미래뿐만 아니라 정치 권력과 공적인 권위에서도 핵심 요소이다. 그러나 올바른 에너지 사용은, 사람을 둘러싼 생태환경의 운명에 결정적인 영향을 준다. 현재 인류가 직면한 가장 중요하고 시급한 두 가지 사안은 인구 과잉과 에너지 정책이며, 이 둘은 따로 떼어 생각할 수 없을 정도로 밀접하게 연결되어 있다. 이 둘은 중대한 공공의 정책을 결정할 때 가장 해결이 어려운 문제들이다. 인간이 지금껏 고안해 낸 어떤 비폭력적 정치 체계로도 이들 문제를 개선할 수 있다는 증거는 나오지 않았다.

게다가, 에너지의 개념은 매우 서투르게 이해된다. 간혹 "영혼의 에너지가 충만하다"라거나, "신체의 에너지는 생명의 양자가 영적인 크리스털의 초점을 관통할 때, 피라미드의 정점을 통과하여 위쪽으로 흐른다"는 식의 말을 쓴다. 여기서는 물리학자들이 이해하는 에너지와 전혀 상관이 없는 것을 언급하고 있다. 보통은 허황한 개념들이거나, 기껏해야 무언가에 대한 비유일 뿐이다. 안타깝게도 에너지는 많은 분야에서 어떤 신비로운 것으로 해석되었으며, 많은 사람이 그렇게 받아들인다.

또 "수술한 지 한 달 뒤에야 그녀는 평소의 에너지를 되찾았다"라거나, "그는 정신적인 에너지가 결핍되어 있다"와 같은 말에서 에너지는 활력, 생기, 지적 능력과 같은 것에 대한 일종의 시적 표현이다. 대화법으로서 이러한 표현은 나쁘지 않다. 그렇더라도 물리학자가 생각하는 에너지의 타당한 정의는 아니다. 에너지라는 단어는 여러 가지의 의미로 쓰이지만, 물리학에서는 단 하나의 엄밀한 뜻만 있다.

특정한 유형의 에너지를 정의하는 문제는 물리학자들 대부분에게 쉽지만, 에너지의 일반적인 정의를 내리는 것은 까다로운 작업이다. 고등학교 물리 교과서는 에너지를 '일을 하는 능력'이라고 정의한다. 훌륭하다! 그러나 이번에는 '일'에 대한 엄밀한 정의가 필요해진다. 물리학에서, 정의는 반드시 투명하고 명백해야 하며, 궁극적으로는 방정식으로 기술될 수 있어야 한다. 여기서 문제는 물리학의 일이 '사물의 변위 벡터와 힘 벡터의 내적'처럼 다소 복잡하게 정의된다는 점이다. 그러니 당분간은 다양한 에너지의 각 형태를 아우르는 엄밀한 정의가 단 하나 존재한다는 필자들의 말을 믿어보길 바란다. 그전에 여기서 잠깐, 에너지의 몇 가지 특수한 형태를 살펴보기로 하자. (에너지의 정의를 더 엄밀하고 보편적으로 단번에 여러분께 설명하지 못하는 데 붙이는 변명이기도 하다.)

'운동에너지'는 움직임의 에너지이며, 질량과 움직이는 물체의 속력에 따라 결정된다. 무거운 물체를 움직이게 하려면 에너지가 필요하고, 그 물체의 질량이 클수록, 그 물체를 더 빠른 속력으로 움직이려 할수록 더 많은 에너지가 필요하다(곧 자동차의 운동을 생각하며 이 주제를 다시 이야기할 것이다). 어떤 물질 속의 분자나 원자들이 무작위로 빠르게 움직이면서 그들이 갖는 운동에너지가 크다면, 그 물질이 '뜨겁다' 라고 한다. 분자나 원자들의 운동에너지가 작다면, 그 물질은 '차갑다'.

'위치에너지' 는 어떤 사물이나 계 내에 저장되어 있는 에너지로, 방출되면 다른 물체를 운동시킨다. 예를 들어, 압축된 스프링은 끝이 고무로 된 화살 총에서 장난감 화살을 발사시키거나, 차고의 문을 들어올리는 데 도움을 주거나, 오래된 괘종시계를 며칠간 돌아가게 할 수 있는 위치에너지를 갖고 있다. 스프링 속의 이 에너지는 사실 철 합금(강철) 원자들의 격자 구조가 긴장이 없는 평상시의 상태에서 살짝 비틀리면서 생겨나는 '변형 에너지' 이다. 위치에너지는 수많은 형태를 취할 수 있다. 예를 들어, 산꼭대기에 쌓인 눈덩이는 중력 위치에너지를 가지며, 이 에너지는 눈덩이가 굴러떨어지는 동안 운동에너지로 전환된다. 휘발유와 다른 연료는 화학적인 산화 반응(연소)을 통해 방출되는 화학적 위치에너지를 가진다.

'화학에너지' 는, 물질이 에너지를 생산하거나 소비하는 일련의 화학적 반응을 겪는 동안 생성 또는 소비된다. 화학적 에너지가 취하는 정확한 형태는 화학 반응에 따라 달라진다. 석탄, 석유, 목재, 탄소 함유량이 많은 물질의 연소는 일상적으로 접하는 예이다. 연소는 탄소가 (대기에서 자연적으로 풍부하게 공급되는 기체인) 산소와 결합하는 작용이다. 기본적인 반응식은 $C + O_2 \rightarrow CO_2 + Q$이다. 여기서 에너지를 상징하는 Q는, 광자(전자기파를 구성하는 입자)와 연소 후의 분자의 빠른 움직임(운동에너지)을 포함한다. 다시 말해서, 탄소는 산소와 결합하며 이산화탄소와 에너지를 생성한다.

연소 결과로 나타난 분자는 빠른 속도로 무질서하게 움직이는데, 이들의 움직임이 갖는 에너지를 '열에너지' 라고 한다. 벽난로에서, 연소의 산물인 분자는 빠르게 움직이면서 주변의 공기를 비롯한 다른 분자와 충돌하여 운동에너지를 전달하는데, 대류라 불리는 이러한 과정을 통해 열이 방 안에 퍼진다. 광자도 방안에 퍼지며 복사열을 방출하는데, 이를 '열복사' 라고 한다. 따뜻한 난롯불에서 느껴지는 안락감은 빠르게 움직이는 공기 분자와 광자들 속에 몸이 휩싸인 결과로 얻은 것이다.

전기에너지 역시 에너지의 또 다른 형태이다. 가장 간단한 형태의 전기에너지는 전선, 특정 액체, 자유 공간, 음극선관이나 TV브라운관 같은 진공관, 전자 입자가속기 등을 통과하는 전자의 흐름(전류)이 갖는 운동에너지다. 전선의 전기 저항이 크다면, 전자는 전선의 원자들과 충돌하여 에너지를 잃고, 그들을 움직이게 한다. 이때 전선은 토스터나 오븐에서 그렇듯 뜨거워진다. 전기 저항으로 불리는 이 현상 때문에 전기에너지는 손실된다.

그러나 전기에너지의 자취를 기록하기가 까다로운 이유는 전자가 빛의 입자인 광자를 '복사', 곧, 방출할 수 있기 때문이다. 그 과정을 식으로 나타내면 $e \rightarrow e' + \gamma$ 이다. 여기서 광자를 방출한 뒤의 전자인 e' 은 광자 방출 전의 전자 e 보다 에너지가 적으며, 방출된 광자는 일정량의 에너지를 빼앗아 간다.[6] 이 과정은 $\gamma + e \rightarrow e'$과 같이, 역으로도 일어날 수 있으며, 이때 반응 후 전자 e' 은 초기 전자 e가 광자를 흡수하였으므로 광자가 가진 에너지를 얻게 되었다.

이 과정은 자연에서 일어나는 근본적인 현상이며 전자기를 정의한다. 그리고 여러분은 앞으로 이 과정이 전자와 광자의 근본적인 대칭에서 유래했음을 알게 될 것이다. 광자는 일종의 광자 수프라고 할 수 있는 '전자기장' 에 저장될 수 있으며, 전자기장은 자체 내에 광자 에너지를 가지고 있다. 따라서, 전기와 자기의 기본적인 물리적 과정에서 나타나는 에너지는 전자와 광자 사이를 계속 오가므로 그 자취를 추적하기가 어렵다. 화학 에너지는 극미 세계에서 보면 사실상 원자와 분자 속의 전기에너지나 마찬가지다.

인류의 활동, 곧 인류의 삶은 언제나 에너지를 소비했다. 물론, 기본적으로 적절한 종류의 무궁무진한 에너지 자원이 있다면, 지구가 인구 과잉 상태일 때, 또 다른 행성을 찾아가 그곳을 거주지로 삼을 수도 있다. 소행성에 땅굴을 파서 우주 동굴 거주민처럼 살거나 화성을 아름다운 행성 지구처럼 만들 수도 있다. 화성을 태양 가까이 끌어와 더 편리한 궤도를 돌게 하거나, 혜성(거대한 얼음 덩어리)을 떨어뜨려 멋진 대양을 선사할 수도 있다. 핵분열을 통한 다양한 화학적 과정을 통해 화성에 대기를 조성할 수도 있다. 이것은 궁극적으로 전인류적 규모의 '사랑의 집짓기 운동' 정도가 될 것이다. 이러한 프로젝트는 결국 에너지와 기술, 시간의 문제로 귀결된다. 따라서 원리상, 다른 행성을 거주 가능한 곳으로 만드는 데 필요한 에너지만 있다면 인구는 얼마든지 늘어도 상관없다.

그러나 우리에게는 현재, 또는 가까운 장래에 이런 일을 할 능력이 없다. 따라서 지구상의 인구가 과잉될수록, 에너지의 필요와 관련된 성가신 문제들이 생겨난다. 현재 주요 에너지원을 탄소의 연소에 의존하는 상황이다. 탄소의 연소는 연소 산물로 이산화탄소와 휘발유가 자동차에서 연소할 때 방출되는 배기가스를 생성한다. 이러한 탄소 함유 기체는 가시광선 영역의 고에너지 광자를 아무런 제한 없이 대기 중에 통과시킨다. 그러나 온실가스라 불리는 이 기체는 또한, 태양이 지구의 표면을 덥힐 때 생성되는 저에너지 광자들로 구성된 열복사를 흡수하기도 한다. 따라서 에너지는 갇히고, 지구 온도는 상승한다. 연소를 통해 온실가스를 만들고, 그 기체를 대기 중으로 퍼뜨리는 70억 (2011년 10월 기준. 금세기 안으로 90억이 넘을 것으로 예상

된다.) 인구의 활동은, 전 세계적 기후 변화를 일으켜 환경에 치명적인 타격을 줄 수 있다. 다시 말해, 탄소를 기반으로 하는 화석 연료의 연소는 잠재적으로 전 세계적인 기후 변화를 일으키고 있으며, 그 심각성은 예측할 수 없을 정도이다. 인류는 최종 허무의 상태 — 석유가 모두 고갈되었을 때 쉽게 이용할 수 있는 에너지가 부족한 상황 — 로 자신을 몰아가고 있다. 이러한 상황은 금세기 언젠가 도래할 것이다.[7]

앞서 지적했듯이, 에너지는 물리학에서 엄밀하게 정의된 개념이다. 모든 과정에서 보존되기에 에너지는 유용한 개념이다. 만약 가능한 일은 모두 일어날 수 있는 거대한 상자가 있어, 그 안에서 스프링이 압축되거나 늘어나고, 다양한 물체가 낙하하거나, 다시 튀어 오르고, 물의 흐름과 화학 반응, 사물의 연소, 원자핵분열 등등이 일어난다고 한다면, 모든 일이 일어나는 동안 일정하게 유지되는 하나의 값이 바로 '총 에너지' 이다.

운동에너지의 간단한 예로, 친숙한 사물인 자동차를 생각해보자. 전형적인 소형차로 무게가 약 1,000킬로그램인 것을 고르자.[8] 이 차는 초당 약 30미터의 속력으로 고속도로를 달리고 있다.[9] 물리학자들은 계산을 통해 이 차의 운동에너지가 에너지 단위로 450,000임을 알아낸다. 이 수치는 킬로그램 단위의 질량과 초당 미터 단위의 속력과 초당 미터 단위의 속력을 곱해서 2로 나눈 결과이다.[10] 이 결과는 미터-킬로그램-초(MKS단위계라고도 한다)를 사용할 때, '줄(J)' 이라고 부르는 특정한 에너지 단위로 나온다. MKS단위계의 에너지 단위인 줄은 에너지, 특히 열과 열역학에 관련된 에너지의 측정과 연구에 수많은 시간을 바친 19세기 물리학자 제임스 프레스콧 줄의 이름에서 유래되었다. (줄은 전기적 아크 용접도 발명했다.) 예로 든 자동차의 운동에너지가 450,000줄이라는 말은 자동차와 그것의 운동에너지에 관한 엄밀한 과학적 진술이다.

비교를 위해 이번에는 전혀 다른, 어쩌면 더 기이할지도 모르는 계 — 현재 세계 두번째로 강력한 고에너지 입자가속기인 페르미연구소의 테바트론 가속기에서 일어나는 양성자 펄스의 운동 — 를 살펴보자. 하나의 펄스 속에는 약 3조 개의 양성자가 들어 있는데, 이는 대략 살아 있는 세포 하나에 존재하는 원자의 개수이다. 펄스는 빛의 속력의 99.9995퍼센트까지 가속된다. 앞서 자동차에 적용했던 단순한 공식을 양성자 펄스의 에너지 계산에는 적용할 수 없는데, 갈릴레오와 뉴턴의 역학인 '고전역학'에서 나온 그 식은, 빛의 속력에 가깝게 운동하는 사물에는 적용되지 않기 때문이다. 다행히도 과학자들은 아인슈타인의 특수상대성이론을 이용하여 양성자 펄스의 에너지를 올바르게 계산할 수 있다.

따라서 빛의 속력에 가깝게 진행하는 양성자 펄스처럼 일상적인 경험과 상당히 동떨어진 무언가도 확실한 에너지 값이 있다. 앞서 언급한 펄스는 (아인슈타인의 이론을 사용하여 계산하면) 놀랍게도 450,000줄의 에너지, 고속도로를 시간당 60마일로 달리는 자동차의 운동에너지와 같은 에너지를 가진다! 에너지는 우주 만물을 기술하는 잘 정의된 물리량이며 명확한 의미가 있다. 에너지는 모든 물리적 과정에서 보존되며 에너지 보존 효율이 100%라면, 테바트론 펄스의 에너지를 전환하여 시속 60마일로 자동차를 가속할 수 있으며 그 역도 가능하다.

애크미전력회사의 예는 에너지가 일종의 상품임을 보여주었다. 에너지는 생성되거나 소멸되지 않는다. 단지 한 형태에서 다른 형태로 전환될 뿐이다. 그리고 이 전환 과정은 본래 언제나 비효율적이다. 사실, 물리학의 하위 영역인 열역학의 전 분야는 에너지 보존과 에너지 전환에 내재한 비효율성의 문제를 다루기 위해 발달했다. '기관'은 일정한 형태의 에너지, 곧 대개는 화학에너지나 열에너지를 다른 형태의 에너지, 곧 대개는 운동에너지로 전환하여 사물을 이동시킨다. 기관은 여분의 알짜 에너지를 창조하지 않으며 전환 과정의 비효율 때문에 언제나 일정 부분의 에너지를 잃는다. 물리학자들은 완벽하게 100퍼센트 효율을 지닌 기관이 절대로 존재하지 않는다는 사실을 증명했다(주7의 '카르노 효율Carnot efficiency'과 열역학 역사를 참고하라). 애크미전력회사는 110퍼센트의 효율을 가진 기관, 곧 소비한 에너지보다 더 많은 에너지를 생산하는 기관이 존재한다고 주장했던 것이다.

에너지가 생산, 소비, 전환되는 시간 비율을 '일률'이라고 한다. 에너지를 거리에 비유한다면 일률은 속력에 해당하는 셈이다. 어딘가로 여행을 가려면 특정 거리만큼 이동해야 한다. 얼마나 빨리 이동하느냐는 속력에 달렸다. 속력이 클수록 여행 시간도 짧아진다. 마찬가지로 어떤 일을 수행하려면, 예를 들어 잔디를 깎는 데는 일정량의 에너지를 소비해야 한다. 일을 얼마나 빨리 수행하는가는 일률, 곧 에너지를 소비하는 비율로 결정된다. 소비 일률이 클수록 더 빨리 일을 마치게 될 것이다. 일률은 고정되거나 보존되는 양이 아님을 주목하라. 여러분은 과제 수행 속도를 빠르거나 느리게 할 수 있다. 반면에 총 에너지는 목적지까지 여행하는 총 거리와 마찬가지로 고정된 양이다.

그렇다면, 일반적인 1,000킬로그램의 자동차가 고속도로를 달리는 동안 소비하는 일률은 얼마일까? 이를 측정하는 한 가지 방법으로, 텅 빈 고속도로 위에서 초당 30미터로 차를 운전해본다(도로 위에는 측정자 한 사람뿐이어야 하며 이 실험은 매우 조심스럽게 수행해야 함을 명심하라!). 이제 가속페달에서 발을 떼고 차를 관성으로 움직이게 한다. (조심스럽게, 주변의 다른 차와 멀찌감치 떨어져 있어야 한다!) 속력이 초당 25미터로 떨어질 때까지 어느 정도의 시간이 걸리는지를 초 단위로 측정한다. 느려진 속력의 에너지는 ½ 곱하기 1,000킬로그램 곱하기 초당 25미터 곱하기 초당 25미터, 곧 312,500

줄이다. 따라서 차는 450,000줄에서 312,500줄을 뺀 137,500줄의 운동에너지를 잃었다. 만약 이러한 감속이 10초 동안 진행되었다면 에너지의 손실률은 137,500줄 / 10초 = 13,750줄/초이다. 곧 일률은 13,750와트(13.75킬로와트)이다. 일률의 단위인 와트는 피스톤 증기 기관을 발명한 제임스 와트의 이름에서 따왔다.

방금 시간당 에너지 소비율, 곧 차가 초당 약 30미터로 이동하고 있을 때 소비한 일률을 계산했다. 차의 운동을 유지하려면 엔진은 연료를 연소시켜 이만큼의 일률을 생산해야 한다. 이는 100와트짜리 전구 137개가 소비하는 일률과 같다.[11]

"손실된 에너지는 모두 어디로 갔을까?"라고 묻는 사람은 에너지에 관한 가장 중요한 교훈 — 에너지는 보존되며 생성되거나 파괴될 수 없다 — 을 확실히 배운 셈이다. 손실된 에너지는 어딘가로 갔어야 한다. 자동차의 운동에너지는 기계 부품 간의 마찰로, 엔진의 열로, 자동차가 내는 소리로, 고속도로를 달리면서 자동차가 동요시킨 공기의 에너지 함량으로, 회전하는 타이어의 변형, 압축, 열에너지로 손실되었다. 그리고 손실된 에너지 대부분은 열로 변하여 물(엔진의 냉각수), 타이어, 도로 등에 속한 분자의 운동성을 증가시켰다. 이때의 분자 운동은 무질서하고 무작위적이므로, 사실상 이 에너지를 유용하게 회복시킬 수는 없다.

살아 있는 유기체들 역시 기관이다. 우리 몸은 에너지를 소비하여 신진대사, 곧 생명 유지를 한다. 이때의 에너지는 대개 '음식의 열량'으로써 측정되며 보통 열량을 뜻하는 칼로리Calorie의 대문자 C로 표기된다. 전형적인 마른 체형의 미국인은 하루에 약 2,000칼로리를 섭취한다. 줄 단위로 표현하려면 여기에 약 4,200을 곱한다. 따라서 보통 수준의 마른 사람은 하루에 약 8,400,000줄의 음식 에너지를 섭취한다! 하루는 24시간, 한 시간은 60

분, 1분은 60초이므로 1일은 86,400초이다. 따라서 일반적인 성인은 평균적으로 초당 약 8,400,000 / 86,400 ≒ 97.2줄의 에너지를 섭취하고 (같은 양의 에너지를) 연소한다. 따라서 살아가고 움직이며 대사 작용을 하는 우리 존재는 신진대사로 소비되는 일률이 100와트짜리 전구와 대략 같은 셈이다.

다가오는 에너지 위기

그러나 미국인 대부분은 일상생활 속에서 생존에 필요한 100와트를 훨씬 넘어서는 양의 에너지를 소비하고 있다. 평균적으로 가구당 3,000와트의 전력(초당 3,000줄의 에너지)[12]이 끊임없이 소비된다. 이 수치는 전등, 전열기, 냉장고, 에어컨, 텔레비전 등을 포함한 결과이다. 이에 더하여 자동차, 트럭, 비행기, 교통수단, 공장, 전력 수송 시 손실된 에너지, 건물 조명, (이와 같은 곳에 필요한 전력을 생산하려면 연소시켜야 하는 석유의 상업적인 유통을 우선하여 유지하기 위한) 거대 전투기 조종단까지 포함하면 미국인은 한 사람당 10,000와트의 전력을 소비하는 셈이다. 미국인들의 1인당 전력 소비율은 전 세계 평균의 다섯 배이다. 기술이 발달하고 행동의 변화가 일어난다면 이 수치를 크게 낮출 수 있다.

태양은 맑은 날 평균적으로 제곱미터당 100와트의 전력을 지상에 공급한다. 따라서 현재 우리 사회의 모든 가정에서 필요한 평균 전력을 태양에서 얻으려면, 널따란 지붕 정도의 크기인 300제곱미터의 효율성 10퍼센트인 태양열 집열기가 필요하다. 현재 태양열 집열기의 효율은 10퍼센트보다 낮으며 비용도 매우 비싸지만 비용 대비 더 효율적인 집열기를 만들기 위한 노력이 진행 중이다. 에너지 평형 속에서 살 수 있다면, 다시 말해 태양에서 전달된 에너지 이상을 소비하지 않으며 소비 과정에서 유독성 폐기물을 생산하지 않는다면 에너지 문제는 해결될 것이다. 그러나 한 사람당 일일 소비하는 에너지양이 현재의 우리 수준과 같다면, 태양에너지는 실용적이지 못할 수도 있다.

수력 발전이나 조력 발전처럼 중력을 이용한 에너지 저장에 의존할 때는 어떨까? 갑문으로 형성된 인공 연못은 밀물 때 가득 차고 썰물 때 물을 방출한다. 애크미전력회사의 설비와 비슷하지만 조수를 에너지원으로 사용한다는 점이 다르다. 물은 터빈 발전기를 통과하면서 전기를 생산하게 되어 있으나, 불행히도 중간 규모의 도시가 필요한 정도의 에너지를 생산하려면 인공 연못의 크기는 어마어마해야 한다.

이제 어림셈을 해보자. 미국의 어떤 해안선 근처를 따라 길이가 약 1,000킬로미터(10^6미터), 너비가 10킬로미터(10^4미터)인 거대한 지역을 택해서 인공 조수 분지를 건설한다고 가정하면 그 넓이는 10,000제곱킬로미터(10^{10}제곱미터)가 될 것이다. 하루를 주기로 조수 분지에 유입되는 물의 부피는 높이 변화가 1미터에 대응한다고 할 때 100억(10^{10}) 세제곱미터가 된다. 이때 물의 질량은 10조 킬로그램(물 1세제곱센티미터의 질량은 1그램이고 1세제곱미터는 10^6세제곱센티미터이므로, 10^{10}세제곱센티미터에 10^6을 곱하면 물의 질량은 총 10^{16}그램 = 10^{13}킬로그램이다)이다.

물은 조수의 일일 주기에 따라 1미터 상승했다가 방출된다. (실제로는 평균 상승 높이가 0.5미터이지만 여기서는 어림셈을 하고 있으므로 계산 편리를 위해 1미터로 올림한다.) 조수 분지의 물이 터빈 발전기를 통해 방출되면 중력 위치에너지가 전기에너지로 바뀌는데, 이 전환 과정의 효율성을 100퍼센트로 가정하자. 전환된 중력 위치에너지 mgh는 g가 초 제곱당 10미터라고 했을 때, 1,000,000억 줄(10^{14}줄, 곧 10^5기가줄. 기가는 10억을 뜻한다)이다. 일일 주기인 약 100,000(10^5)초로 나누면 하루 평균 1기가와트, 곧 10억 와트의 전력이 생산됨을 알 수 있다. 1인당 3,000와트의 전력을 소비한다고 할 때 이 정도의 전력 산출량은 고작 30만 명이 쓸 에너지만 제공한다. 조수 분지 에너지는 기본적으로 공짜이지만 광범위한 해양 영역을 수문으로 둘러싸야 얻을 수 있다. 또한, 가정한 효율 100퍼센트는 지나치게 낙관적인 생각이다. 설명한 조수 분지는 중소 도시에 필요한 전력은 생산할 수 있지만 뉴욕 시가 필요한 전력량에는 못 미친다.[13)]

주목할 만한 또 다른 신기술로는 페블 베드 원자로가 있다. 이 원자로는 천연 오클로 원자로처럼 분열성 우라늄을 사용한다. 우라늄은 당구공 크기만 한 덩어리들로 미리 가공되어 화학적으로 비활성 상태가 되도록 유리로 밀봉된다(이 시스템에서는 우라늄보다 화학 반응이 활발한 플루토늄을 이용할 수 없다). 이 당구공만한 덩어리는 헬륨 가스를 과열하여 전기에너지를 생산하는데 이때 터빈 발전기를 통과하면 전기가 만들어진다.

다른 원자로보다 이 시스템이 갖는 주요 이점은 다음과 같다. 첫째로, 안전하다. 헬륨은 물과 달리 화학적으로 비활성이므로 그것이 통과하는 파이프와 기계 설비를 손상하지 않는다. 연료가 고갈되면 당구공은 밖으로 실려 나가지만 핵폐기물 시설에 보관되어야 한다. 사람들은 핵폐기물이 자신의 뒷마당에 있기를 바라지 않는다. 핵폐기물 처리 문제가 있기는 하지만, 페블 베드 원자로는 오늘날 전기에너지를 생산하는 가장 값싼 방식 중 하나이다. 이 시설물은 비교적 낮은 비용에 조립식으로 건설될 수 있으며 곡식 저장용 사일로 정도 규모의 단위 시설에서 대략 100메가와트의 전력을 생산할 수 있는데, 이는 1인당 3,000와트를 소비하는 3만 명의 사람들에게 충분한 전력을 제공한다. 그러나 대량 에너지 생산을 위한 분열성 우라늄의 소비는 단순한 시간 벌기라는 점을 염두에 두어야 한다. 결국, 석유의 수명과 비슷한 정도의 시간이 흐르면 우라늄도 고갈될 것이다.

풍력 발전 지역은 최근에 와서 에너지 정책과 관련한 논의의 초점이 되었다. 날개 끝에서 바닥까지의 총 길이가 100미터인 거대한 풍차들의 시스템을 건설하면 바람의 세기가 10m/s일 때 풍차 한 대당 대략 1메가와트의 전력을 생산할 수 있다(따라서 풍차가 백 대라면 방금 분석한 페블 베드 원자로와 같은 양의 에너지를 얻을 수 있다). 이러한 시스템을 사나운 폭풍에도 잘 견뎌낼 수 있도록 현대적인 재료를 사용하여 건설한 결과 화석 연료 에너지원과 경쟁할 수 있게 되었다. 이들을 해안가에 놓으면, 더 빠른 속력의 바람을 일정하게 공급할 수 있다. 유럽에서 시행한 결과 이 기술에는 문제가 거의 없었다. 그러나 심미적인 문제들, 곧 시끄럽고 거대한 짐승 같은 풍차를 육지나 해안에 줄줄이 세우는 일에 대한 저항도 크다. 코펜하겐 시는 해안 풍력 발전의 활용과 시민의 수용을 성공적으로 이끌어낸 사례다.

마지막으로, 핵융합 발전은 어떠한가? 핵융합은 별의 원동력이자 물질의 형성을 주도했던 에너지이다. 철보다 가벼운 원자핵은 모두 핵융합 — 두 개의 원자핵이 결합하여 더 무거운 원자핵이 생성되며 에너지를 방출하는 과정 — 을 거쳐 생성될 수 있다. 이에 관한 대표적인 예는 두 개의 중수소핵이 결합하여 헬륨을 만드는 과정이다(중수소는 원자핵이 하나의 양성자와 하나의 중성자로 구성된 수소의 동위원소이다). 사실, 모든 에너지원은 본질적으로 핵융합에서 유래되었으며, 인간이 연소하고 섭취하며 배설하는 천연자원의 모든 것을 창조해낸 태양에너지도 핵융합에서 비롯된다. 원자로에서 사용되는 분열성 물질들조차도 핵융합으로 자신의 핵을 무거운 철 원자로 구성했던 별의 최후, 곧 초신성 폭팔로 무거운 원소들이 중성자의 바다에 흠뻑 빠지면서 만들어졌다.

실질적으로 무한한 에너지 자원을 핵융합 발전으로 만들어내겠다는 과거의 약속은 아직 제대로 지켜지지 못했지만, 인류의 에너지 필요를 채워줄 수 있을 최후의 해법을 포기하기에는 아직 이르다. 핵융합 실용화 문제의 해결은 장기적인 연구 과제이며 그 실현 가능성을 증명하려면 앞으로 40, 50년 정도가 걸릴 듯하다. 게다가 비용 역시 — 아마도 미 국방성의 일 년 예산에 버금갈 만큼 — 많이 들 것이다. 핵융합 연구는 전례 없는 대규모의 국제적인 합작 연구로 발전되었으며 2050년까지 핵융합 에너지의 과학적, 기술적 실현 가능성을 증명하는 데 목표를 둔 핵심 프로젝트인 국제열핵융합실험로ITER를 현재 건설 중이다.[14] 이보다 규모는 좀 작지만 혁신적인 수많은 연구가 전 세계적으로 진행 중이다. 행운을 빌도록 하자.

앞서 간단히 검토한 대안들에서 한 가지 공통점을 찾아볼 수 있다. 문제의 대부분은 높은 에너지 소비율에 있다는 점이다. 따라서 현대적인 기술과 더 나은 에너지 정책을 통해 사회의 에너지 소비를 줄이는 일이 결국에는 더 현명한 방법이다. 연료 소모적인 자동차와 에너지 보존에 서투른 기술, 대중교통 시스템의 부족 또는 완전한 부재, 에너지에 관한 사람들의 무관심한 태도, 정부의 무분별한 에너지 정책들이 계속된다면 현재의 에너지 소비율 역시 그대로 유지될 확률이 높다. 따라서 정책이나 환경 오염, 지구 온난화가 우리 태도를 바꾸지 못한다면 결국에는 에너지보존법칙이 우리를 바꿀 것이다.

에너지에 관한 할 말은 아직도 많이 남았다. 지금까지는 핵심에 다가가지도 못했다. '에너지' 같은 것은 도대체 왜 존재할까? 에너지가 물리법칙의 대칭성과 맺고 있는 긴밀한 관계란 무엇인가? 에너지는 왜 시간과 관련이 있을까? 좀 더 알아보자.

3장
에미 뇌터

수학자들이 어떠한 내적인 이미지를 사용하는지, 어떤 종류의 '내적인 언어'를 구사하는지
알게 된다면 심리학 연구에 상당한 도움이 될 것이다.
알베르트 아인슈타인

대칭은 불변성을 의미한다

우주는 엄청난 대칭성을 자랑한다. 예를 들면, 우주에는 모든 물질에 대한 회전 중심이 없다. 우주 공간의 어떤 지점이든 다른 지점과 똑같이 하나의 '중심'이 될 수 있다. 더 심도 있게 말하자면, 물리법칙 자체는 텅 빈 우주 공간의 어느 지점에 존재하더라도 변하지 않는다. 더 나아가 물리법칙은 방향에 따라서도 변하지 않는다. 예를 들어, 어떤 실험을 다른 방향으로 회전시킨 다음 수행해도 그 결과는 달라지지 않는다. 또한, 앞에서도 보았듯이 물리법칙은 시간의 구애도 받지 않는다. 공간과 마찬가지로 물리법칙이 특별히 선호하는 시간의 지점은 존재하지 않는다. 최초의 순간인 빅뱅은 예외일 수 있다고 생각할지도 모르겠다. 그러나 우주의 빅뱅이라는 사건마저도 우리가 아는 한, 캔자스 주의 옥수수밭 위로 내리는 빗방울의 형태를 결정하는 물리법칙과 똑같은 법칙들의 지배를 받았다. 물리법칙은 극단적인 조건에서도 시간과 공간의 구조를 결정한다. 최초의 순간인 빅뱅은, 우주가 사실상 무한한 밀도의 물질로 이루어졌을 때 시간과 공간이 물리법칙에 따라 행동한 결과이다.[1)]

거기에는 숨겨진 대칭들—인간이 아직 찾아내지 못한—이 존재할 가능성이 있다. 심지어는 아직 발견하지 못한 수많은 우주가 존재하여, '시공간 터널'을 통해 우리 우주와 연결되어 있을지도 모른다. 다른 우주에서는 시간이 존재하지 않을 수도 있으며 그곳에서는 '우리보다 먼저 또는 나중에 시작되었다'는 말이 의미를 상실한다. 아직 관찰되지 않은, 너무나 작아 입자가속기 현미경으로도 검출할 수 없는 수많은 시공간 차원들이 있을지도 모른다. 이러한 차원은 우리가 아는 대칭과 유사한 대칭을 가지므로 공간 속에서 특별히 선호되는 방향이 없을지 모른다. 아니면 이 새로운 차원들은 기묘한 특성(비가환성과 같은 특성들. 곱셈이 비가환이라고, 곧 교환법칙이 성립하지 않는다고 정의하는 곳에서는 $3 \times 4 = -4 \times 3$ 일 것이다.)을 가진 새로운 추상 수학이 필요할 가능성도 있다. 이 특성들은 초대칭이라고 불리는 물질의 특성을 지배하는 대칭 원리로 귀결되어 새로운 힘과 새로운 기본입자를 예측하게 될 수도 있다.

따라서 물리법칙에서는 '위', '아래', 또는 '옆', '앞', '뒤'에 특별한 의미가 없다. 우주는 완벽하게 민주적이다. 모든 방향과 장소, 시간이 동등하게 창조되었을 뿐만 아니라 이와 같은 동등성을 훨씬 넘어선 대칭성이 기본입자와 힘들, 자연의 기본적인 구성 요소들의 세계에 반영된다.

기본적인 물리적 요소들, 곧 물리학의 '기본 상수'들이 장대한 시간과 공간을 초월하여 일정하다는 사실은, 오클로 등지에서 관찰된 고대 천연 원자로와 같이 대략 1/1,000,000,000 오차 내의 정확성을 가진 천문학적, 지리학적 관측으로 확립되었다. 극미 공간과 시간, 기본 입자의 물리 현상이 일어나는 찰나의 시간에서도 물리학의 기본 법칙이 같다는 사실을 인식하는 것은 중요하다.

물리학자는 모든 항구성, 곧 불변성을 자연의 대칭으로 간주한다. 대칭은 우주에서, 우리가 시간, 공간 또는 방향상 어느 한 곳에서 다른 곳으로 이동할 때 물리법칙의 동일성을 의미하기도 한다. 또한, 하나의 계를 변화시키려고 어떤 조작을 가했을 때 그 특성이 변치 않고 유지되는 것을 가리킬 수 있다. 우주의 시간이 흐르는 동안 어제의 법칙이 내일의 법칙과 똑같다면, 그것은 대칭이다. 우주 공간 속을 이동하는 동안 여기 있는 법칙이 다른 어느 곳의 법칙과 똑같다면 그것은 대칭이다.

수학과 물리학

에미 뇌터는 역사상 여성 수학자 중에서는 가장 위대하며 남녀를 불문하고도 가장 위대한 수학자 중 한 사람으로 평가된다. 그녀는 추상대수학의 아주 새로운 분야를 발달시켜 수학적 체계의 세계를 상당한 경지로 끌어올렸으며 수학의 본질적 정의를 정교하게 다듬었다. 그녀는 '뇌터환Neetherian ring'이라는 놀라운 대수 체계를 만들었다. 그러나 그녀가 가장 깊게 이바지한 분야는 이론물리학이었으며 결과적으로 물리학자들은 뇌터 덕분에 가장 심층적인 수준에서 우주의 작동 방식을 이해할 수 있었다. 물리학에서 쓰이는 뇌터의 정리를 들어본 많은 수학자 가운데서 그 정리가 이론물리학에서 어떤 의미가 있는지 완벽하게 이해한 사람은 — 심지어 오늘날까지도 — 없다는 이야기는 아마도 사실일 것이다. 물리학자 대부분이 수학에 등장하는 뇌터 환에 관한 지식이나 실제적인 이해가 없다는 점도 확실한 사실이다. 이론물리학자와 수학자들이 거주하는 세계는 종종 완벽하게 분리되어 있으며 서로 독립적이다. 두 세계가 수렴하는 드문 순간, 나팔 소리와 북 소리가 울리며 과학 진보가 이루어진다!

고등학생들에게 가장 유명한 농구 선수가 누구냐고 물으면, 곧바로 수많은 농구 선수의 이름을 댄다. 여전히 마이클 조던은 자주 (특히 시카고에서) 가장 먼저 외치는 이름이다. 그 학생들에게 역사상 가장 위대한 수학자가 누구인지 물으면 대답 나오는 속도가 테니스공이 꿀단지 속에서 가라앉을 때만큼이나 느려진다. 그래도 보통 아인슈타인의 이름이 가장 처음 나온다. 분명 신뢰할 만한 답이지만, 아인슈타인의 혁명이 가장 큰 영향을 미친 분야가 어디인지는 알까? 사실, 그 분야는 수학이 아닌 이론물리학이다. 이론물리학은 현실 세계와 자연에서 일어날 수 있는 일들을 쓸 때 수학을 빌려온다. (빌려올 수학이 없으면 새로운 수학을 만들어낸다.) 이론물리학은 우주에서 관찰되는 수많은 현상을 모두 설명하려고 또는 궁극적으로는 단 하나의 우아하고 경제적인 논리적 체계를 찾으려고 필사적으로 노력한다. 그리고 그들은 보통 그보다 작은 승리, 곧 공통적이고 이해 가능한 거동을 보이는 수많은 물리적 시스템을 성공적으로 설명하는 정도에 만족한다. 이때의 설명은 항상 수학의 추상적인 언어로 기술된다.

실제로 자연은 뿌리 깊은 수학적 토대와 다양한 현상 간의 상호관련성도 보여주었다. 예를 들어 자기magnetism는 — 전하의 운동을 통해 — 전기력electric force과 관련되며 이들이 운동 상태의 변화 속에서 자연법칙의 대칭성에 따라 통일되면 사실은 하나의 현상임이 19세기 중반에 밝혀졌다. 이 현상을 전자기electromagnetism라 부르며 모든 전자기 현상은 놀라울 정도로 풍부한 대칭성을 가진, 단순하고 아름다운 하나의 이론으로 깔끔하게 정리된다. 전기와 자기를 통합한 이 이론을 보통 영국의 물리학자 제임스 클러크 맥스웰의 이름을 따 '맥스웰 방정식' 이라고 일컫는다. 그러나 장엄한 산의 풍경을 그리는 방법이 여럿이듯 관련된 현상의 설명을 수학적으로 동등하게 형식화하는 방식은 여러 가지다. 핵심은, 지금까지 관찰된 모든 자연 현상은 수학의 심오한 논리를 따른다는 점이다. 자연은 수학의 언어로 이야기한다.

모든 것에 관한 수학적 설명에 도달하는 길을 암시하면서도, 자연은 지금껏 최후의 또는 완전한 수학적 대통합을 교묘히 피했다. 중력을 중심 주제로 포함하면서 모든 힘과 입자를 하나의 수학 이론으로 설명하려는 초끈 이론은 지금껏 괄목할 정도로 성장했다. 그러나 미해결된 부분은 여전히 많이 남아 있다. 초끈 이론에서 예견된 기본 입자의 패턴인 초대칭은 언젠가 (어쩌면 곧) 실험을 통해 나타날지도 모른다. 아니면 어떤 신적인 존재로부터 인간의 이성은 자연의 다양함을 아우르는 총체성의 증거를 실험에서 찾지 못하리라는 가혹한 메시지를 받을지도 모른다. 어느 쪽이든, 아직은 이론물리학과 실험물리학의 양 분야에서 해야 할 일이 많이 남아 있으며, 수많은 노벨상이 미래 세대의 젊은 물리학자들에게 수여될 것이다.

반면 수학은 자신만의 정체성을 가지며, 수학자는 물리학자와는 달리 자연과 관련이 있든 없든 상관하지 않고 모순 없이 존재할 수 있는 가능한 모든 논리 체계에 관한 지도를 만들려 한다. 그러나 수학의 어머니인 추상의 기반을 제공하는 것은 자연이다. 자연 속 도형들—삼각형, 원, 다각형, 다면체 등—은 최초의 완전한 수학 체계인 유클리드 기하학을 체계화한 그리스인이 추상화한 것이다. 수학은 자연에서 영감을 받은 셈이다. 그러나 수학은 실험과 관찰을 함으로써 진보하지는 않는다. 수학과 이론물리학은 이러한 점에서 구분된다. 그들은 서로 다른 강령이 있다. 이론물리학은 우리가 경험하는 자연의 특성을 기술하지만 수학은 논리적으로 존재가 허용되는 가능한 모든 '자연'을 설명한다. 수학과 물리학 세계는 서로 공존하며 번영할 때가 있고, 그렇지 않을 때도 있다. 맨해튼의 오래된 아파트에 사는 부부가 그렇듯 그들은 때로 싸우기도 하고 때로 화합하기도 하며, 오래된 회반죽 벽을 통해 그 소리가 들린다. 대개는 조용하고 평화롭게 공존하는 소리가 들린다.

따라서 두 지성의 세계인 수학과 이론물리학의 목적과 방향 간에는 어떤 비대칭이 존재한다. 에미 뇌터의 가장 위대한 공헌인 뇌터의 정리는, 마치 두 우주를 연결하는 터널처럼 한 세계에서 다른 세계로 넘어가도록 도와주는 강력한 연결 수단이다. 그것은 물리계의 동역학적 거동과 대칭을 연결하는 관문이다.

에미 뇌터의 삶과 시대 배경

에미 뇌터는 수학의 참된 구조와 형태에 관한 의미 깊고 새로운 발견들이 이루어진 시기에 활동했다. 때는 20세기 초였고 그녀는 이론물리학과 수학 분야의 대통합과 급진적인 수정주의가 일어난 시대에 활동했다. 수학과 물리학의 두 분야 모두 새롭게 발견된 영역들의 지도를 작성하고 해묵은 옛 지도를 수정하고 있었다. 두 분야에서 활용한 양식과 판단은 서로 매우 달랐지만, 어느 정도 관련되어 있었다.

에미 뇌터의 아버지인 막스 뇌터는 19세기 가장 훌륭한 수학자 중 한 사람이었다. 독일은 당시 수학을 비롯한 모든 종류의 과학, 공학, 의학 등 학문의 중심이었으며, 급속한 기술 진보의 중심지이기도 했다. 이 시기에 독일은 사회, 정치, 영토, 문화, 경제, 외교 면에서 엄청난 변화를 보였다. 당시 독일 제국과 철혈 재상 비스마르크는 강력한 단일 국가를 수립하려고 작은 공국 수백 개와 지역 주들의 통일을 주도했다.

이 시기의 독일에는 부와 자유, 관용이 존재했으며, 산업 혁명으로 서민들의 곤궁한 처지도 꾸준히 나아지고 있었다. 낙관주의가 널리 퍼지면서 인류가 결국은 '유토피아'를 건설하리라는 믿음이 자라났다. 당시 집권하던 독일 황제 빌헬름 1세의 아들이자 미래의 황제 빌헬름 2세의 아버지였던 왕세자 프리드리히 2세는 자신의 통치 아래에서 신흥 국가의 빈곤 계층, 특히 광부들의 삶을 향상시킬 목적으로 다수의 사회주의적 개혁을 단행할 계획이었다. 이 계획이 실현되었다면 그 뒤에 이어질 20세기는 아주 다른 역사적 결과를 누렸을 테지만, 프리드리히는 황제가 되기도 전에 후두암에 걸려 때 이른 죽음을 맞았다. 왕세자의 목에서 처음 발견된 암 병소는 경미하고 치료 가능했으므로 숙련된 독일 외과의들은 그것을 당장 잘라내야 한다고 간청했으나 그는 (빅토리아 여왕이 몸소 강력히 추천한) 당대 최고의 영국 이비인후과 의사의 조언을 따라 '장기 휴식'을 취했고 그 결과 암 병소는 치명적으로 악화하였다. 1888년, 왕위는 그의 아들인 빌헬름 2세로 이어졌고 이는 결국, 유대인 대학살의 운명으로 이어질 비극의 씨앗이 되었다.[2)]

뇌터의 집안은 유대계였으며 독일에서 소수 민족이었던 유대인은 북유럽 전체에서 오랫동안 박해를 받아왔다. 막스 뇌터는 1844년, 만하임에서 철물 도매상업으로 성공한 집안에서 태어났다. 그는 열네 살에 소아마비에 걸렸고 남은 평생을 장애를 지닌 채 살았다. 그는 집에서 독학하여 명목상으로는 오늘날 미국의 전통적인 고등학교와 동등한 김나지움을 졸업할 수 있었다. 수많은 위대한 수학자가 그렇듯, 그도 혼자 고등 수학을 공부하기 시작했으며 대부분을 스스로 깨우쳤다. 독학은 난해한 부분들에 집중할 수 있는 시간과 자신에게 맞는 최적의 속도로 공부할 수 있는 여유를 주었다. 막스 뇌터는 1865년 하이델베르크 대학교에 입학하였고 3년이라는 짧은 시간에 박사학위와 동등한 자격을 받았다.

19세기 후반과 20세기 초의 독일의 대학교는 수많은 대립과 모순의 장이었다. 그곳은 특히 수학과 과학 분야에 크게 영향을 주는 기관으로서 세계 최고의 명성을 누렸다. 독일의 대학교들은 당대의 가장 높은 학문적 수준을 자랑했으며 양자역학과 아인슈타인의 일반상대성이론을 비롯하여 추상대수학, 위상수학, 미분기하학 등 현대 수학 대부분이 이곳에서 탄생했다. 소수 민족에게, 이곳은 관용적이고 수용적이며 열린 사회였으며 완고한 국가적 보수주의가 지배하는 바깥세상에서 안식을 얻는 활동 장소였다. 이곳의 환경은 조용하고 명상적이었으며 자신들의 추상적인 목표에 대한 깊고 변함없는 사랑을 공유하는 학자들의 사회였다. 그러나 독일의 대학교들은 또한 독일 사회의 활동 주체인 어린 소년들이 집을 떠나 대개는 병역과 연계되어 남자로 성장하는 곳이기도 했다.

막스 뇌터는 조용한 학자였고 독일의 주류 사회에서 벗어나 수도자 같은 생활을 하고 있었다. 그는 몇 년간 하이델베르크 대학교의 교수회에 소속되어 있었다. 그 뒤 그는 에를랑겐 대학교의 교수회에 소속되어 1888년부터 1919년까지 정교수직을 맡았다. 그는 비유클리드 기하학의 아버지 중 한 명인 베른하르트 리만의 업적을 계승한, 19세기 대수기하학의 창시자 중 한 명으로 평가된다. 비유클리드 기하학은 후에 아인슈타인의 일반상대성이론의 토대가 되었다.

1880년 막스 뇌터는 이다 아말리아 카우프만과 결혼했다. 딸 '에미'는 1882년 3월 23일에 태어나 어머니의 이름인 아말리아를 물려받았다. 에미 뇌터가 태어난 뒤 남자아이 셋이 더 태어났고 그녀는 1890년대에 에를랑겐에 있는 중등학교에 다니며 어학, 수학, 피아노 등을 배웠다. 그녀의 어릴 적 꿈은 어학 교사였다.

그러나 에미 뇌터는 교사의 길을 가지 않고 돌연 진로를 바꾸었다. 그녀는 아버지가 선택했던 수학에 전념하기로 했다. 이것은 당시 여자로서는 이례적인 결심이었다. 독일의 대학교에서 여성은 보통 담당 교수의 허가를 받는 조건으로 비공식적으로만 공부할 수 있었다. 에미 뇌터는 장애물을 넘어 대학교의 교과 과정을 이수한 후 1903년에 공식적인 대학교 입학시험을 통과했는데 이는 대략 요즘의 학사 학위의 취득과 유사하다.

그 후 그녀는 대학원 수준의 공부를 하려고 괴팅겐 대학교에 진학했다. 그곳에서 그녀는 당대의 위대한 수학자 다비트 힐베르트, 펠릭스 클라인, 헤르만 민코프스키의 강의를 들었다. 1907년, 그녀는 박사 과정을 마쳤지만 고향인 에를랑겐으로 돌아와 쇠약해진 아버지를 보살펴드렸다. 이 시기에 그녀는 자신만의 연구 경력을 쌓아가기 시작했다. 천재 수학자로서의 명성은 곧 널리 퍼지기 시작했고 그녀는 수많은 명예와 찬탄을 받았다.

20세기 초의 수학을 주도한 인물은 다비트 힐베르트였다. 20세기가 시작될 무렵, 집합론—수학 전반의 논리 구조를 논하는 추상적 체계—에서는 특정한 논리적 모순이 발견되었다. 그때까지, 집합론은 수학의 기초적이고 자연스러운 토대로 간주되었다. 힐베르트는 이러한 논리 구조의 문제를 해결하고 수학을 '정화하는' 프로그램을 제안했다.

힐베르트의 프로그램은 그가 1900년 파리에서 열린 제2회 국제수학자회의에서 「수학 문제들Mathematical Problems」이라는 제목으로 연설한 유명한 강연에서 제시되었다. 이 연설에서 그는 전 세계의 수학자들에게 자신이 가장 근본적 또는 대표적이라고 생각하는 23개 문제—수학 자체의 구조를 가장 잘 조명해줄 수 있는 문제들—의 해결을 요구했다. 리만 가설, 연속체 가설, 골드바흐의 추측도 이 문제들 속에 있었다. 유명한 이 문제들 중 다수는 오늘날까지도 풀리지 않은 상태이며 이에 대한 증명은 전 세계 수학계의 이목을 끄는 사건이다. 다른 문제들은 20세기 후반에 와서 해결되었으며 일부는 아마 지금 이 순간에도 풀리고 있을 것이다. 힐베르트는 수학이 하나의 일관성 있는 구조물로 건축될 수 있으며 완전하고 규칙적인 논리 체계로서 이해될 수 있다고 믿었다. 수학은 마치 무한히 펼쳐진 체스판과 같았고, 한 지점에서 적당히 많은 논리적 단계를 거친다면 그 위의 어느 지점에라도 언제나 도달할 수 있었다. 더는 수학에 뜻밖의 구멍이 숨겨져 있지 않다고 힐베르트는 믿었다.

1915년, 힐베르트와 클라인은 에미 뇌터가 괴팅겐으로 돌아와서 연구와 강의를 할 수 있도록 그녀를 초빙했다. 그러나 괴팅겐에서 뇌터의 지위는 명확하지 않았고, 그녀는 보수도 없는 하위직에 머물렀다. 힐베르트는 여성의 교수회 회원 자격을 위해 대학교 당국과 격렬한 투쟁을 벌였다. 교수회 회원 다수는 힐베르트의 주장에 반대했다. "어떻게 여성에게 사강사 (대략 대학교의 조교수에 해당하는 지위) 자격을 허용할 수 있는가? 사강사가 되면 그다음으로는 정교수가 되고 대학교 이사회의 회원이 될 텐데 …… 병역을 마치고 대학교로 돌아온 학생들이 여자 밑에서 배워야 한다는 사실을 알면 어떻게 생각하겠는가?"

이와 같은 주장에 힐베르트는 다음과 같이 답했다. "여러분, 나는 후보자의 성별이 사강사 자격 승인을 반대하는 논거가 될 수 있다고 생각하지 않습니다. 이사회는 남탕이 아닙니다."[3)]

수학과 과학 역사상 여성 학자들에 대한 이 같은 맹목적인 배척주의가 독일에서만 존재하지는 않았다는 사실을 언급해야겠다. 뇌터가 하빌리타치온 — 대학교에서 강의하기 위한 자격 — 을 받을 수 있는가를 두고 논란이 있었지만 당시 여성에게는 승인되지 않았다. 그러나 1919년, 힐베르트의 노력과 뇌터의 뛰어난 재능 덕분에 결국 그녀는 교수 자격을 획득할 수 있었다. 이 시기 동안 뇌터는 힐베르트의 이름으로 공개 강연을 열었다.

수리물리학 세미나 :

교수 힐베르트, 조교 E. 뇌터 박사.

매주 월요일 4시 ~ 6시. 무료 강연.[4)]

에미 뇌터는 1915년 괴팅겐으로 돌아온 직후, 이론물리학에서 심오한 의미를 가진 뇌터의 정리를 증명하며 최초의 업적을 이루어냈다. 뇌터의 정리는 간단히 말하면, 물리법칙의 모든 연속 대칭에는 저마다 상응하는 보존법칙이 존재한다는 정리이다. 앞에서 이 정리의 한 예로 시간에 따른 물리법칙의 대칭, 곧 물리법칙의 시간에 대한 불변성이 에너지보존법칙을 이끌어냄을 보았다. 이 사실은 역도 성립한다. 에너지 보존은 물리학이 시간에 따라 변하지 않음을 의미한다.

그러나 그녀의 정리는 단순히 에너지 보존에 국한되지 않고 그것을 훨씬 뛰어넘어, 대칭이 자연의 기본적이고도 가장 중요한 주제임을 심오하고 근본적인 방식으로 부각한다. 필자들은 이 책 전반에 걸쳐 단순하고 우아한 이 정리의 의미와 이 정리에서 나오는 다양한 결과를 자세히 설명할 것이다. 모든 보존 법칙은 자연법칙에 존재하는 근본적인 대칭을 뿌리 깊이 반영한다. 뇌터의 정리는 오랜 시간 동안 존재해왔던 수많은 아이디어를 통합하고 간결하게 성문화하여 대칭이라는 대들보에 단단히 고정해 놓았다.[5)]

대칭은 자연법칙에 관한 현대적이고 혁명적인 사고방식이다. 뇌터의 정리는 역학과 대칭을 긴밀하게 엮어 놓는다. 뇌터의 정리는 자연의 깊숙한 바탕에 자리 잡은 대칭의 결과로 나타난 힘과 역학에 관한 근본적인 설명이다. 그것은 확실히 지금껏 증명된 가장 중요한 수학적 정리로서 현대 물리학 발전을 이끌었기에, 어쩌면 피타고라스의 정리와 동등한 위치에 놓을 수 있다. 그것은 수학의 영역만이 아닌, 물리계 전체에 관한 의미심장한 진술이다.

학자들은 뇌터의 연구가 지닌 근본적인 중요성을 곧바로 인식했다. 알베르트 아인슈타인은 이 재능있고 젊은 여성 수학자의 발전을 격려할 목적으로 힐베르트에게 보낸 편지에서, '통찰력 있는 수학적 사고'라고 묘사하며 그녀의 업적을 높이 평가했다. 그녀의 정리는 다비트 힐베르트의 이론물리학 연구에 자극을 준 듯하다. 그는 아인슈타인의 일반상대성이론과 사실상 같은 중력 방정식을 아인슈타인과 거의 같은 시기에 제안했다.

뇌터는 계속해서 수학 분야에서 놀라운 발전을 거듭했으며, 그녀의 세계적인 명성은 날로 높아져 결국 역사상 가장 위대한 수학자의 반열에 올랐다. 1919년 이후 그녀는 괴팅겐 대학교에서 순수수학의 한 분야인 추상대수학 연구에 전념했다. 그녀는 이 분야에 주요한 기여를 했으며 환론을 수학의 주요 분야로 확립하는 데 일조했다. 환론은 추상적인 수와 그 수들에 작용하는 함수와 연산을 다룬다. 환론은 대수 구조를 다듬어 수학을 규정하는 보편 추상적인 규칙으로 환원하려는 시도이다. 1921년에 발표된 뇌터의 논문 「환 영역의 이데알론」은 현대 대수학의 발달에 근본적으로 중요하다.[6] 이 논문에서 그녀는 자신과 마찬가지로 힐베르트의 제자였던 세계 체스 챔피언 에마누엘 라스커가 이전에 증명했던 중요한 정리를 일반화하면서 특정한 대수적 대상들의 기본구조를 명확히 분석했다.

1920년대 전반에 뇌터는 추상대수학의 기초에 관한 연구를 계속했다. 1924년, 뛰어난 수학자 바르텔 렌데르트 판 데어 바에르덴이 괴팅겐으로 와서 일 년간 그녀와 공동으로 연구했다. 암스테르담으로 돌아간 후 그는 『현대 대수학』이라는 영향력 있는 두 권의 책을 저술했는데 2권은 거의 모든 내용이 에미 뇌터의 연구로 구성되었다. 1927년부터 뇌터는 유럽의 뛰어난 수학자들과 공동 연구를 계속했고, 당대의 가장 명예로운 수학 학술지인 『수학 연보Mathematische Annalen』의 편집자가 되었다. 에미 뇌터의 수많은 연구는 그녀 자신의 이름으로 발표되었다기보다는 그녀의 공동 연구자와 학생들이 쓴 논문을 통해 드러났다. 교수로서 그녀는 인내심 있고 고무적이었으며 자신의 신선하고 혁신적인 수많은 아이디어를 제자들에게 아낌없이 베풀기로 유명했다. 수많은 그녀의 제자가 결국은 뇌터의 아이디어로 명성을 얻었다고 전해진다. 그녀는 학문적인 '선취권'을 행사하려 하지 않고 자유롭게 자신의 생각을 전달했기에 제자들이 각자의 연구 경력을 쌓아가도록 도울 수 있었다.

이 시기에 그녀의 명성은 머나먼 이국 땅에까지 전해졌다. 1928년과 1929년에 그녀는 모스크바 대학교에 방문 교수로 머물렀으며, 1928년에는 볼로냐 대학교에서 열린 국제수학자회의ICM의 강연 교수로 영예로운 초청을 받았다. 1930년에는 프랑크푸르트 대학교에서 강의했고 1932년에는 스위스 취리히에서 열린 국제수학자회의에서 또 한 번 강연자로 초청을 받았다.

그곳에서 그녀는 '수학 지식의 진보를 위한 알프레트 에커먼토이브너Alfred Ackermann-Teubner기념 상'을 받았다.

그동안, 완전하고 질서 정연한 수학적 체계에 관한 힐베르트의 조용하지만 확고한 신념은 젊은 쿠르트 괴델이 1931년 증명한 혁명적인 정리로 산산이 부서졌다. 힐베르트는 수학 전체가 자기모순 없는 완전한 논리적 체계라고 믿었다. 곧, 어떤 정리도 다른 정리로부터 모순을 이끌어낼 수 없었다. 예를 들어 내가 하와이의 오아후 섬에서 캘리포니아주의 로스앤젤레스 시까지 걸어가면 반드시 물에 젖는다는 사실이 이미 증명되었다면, 그 섬과 미국 서부 해안 사이에 숨겨진 육교나 터널이 존재하여 물에 젖지 않고 걸어갈 수 있다는 증명은 이루어질 수 없다.

쿠르트 괴델은 자신의 유명한 불완전성 정리를 통해 모든 수학적 체계는 언제나 불완전함을 보였다. 다시 말해서, 어떤 수학적 구조에서든 참 또는 거짓이 증명될 수 없는 질문이 제기될 수 있다. 이는 결국, 자연의 모든 현상을 최종적으로는 명확한 방정식들의 집합으로 나타내려는 이론물리학의 모든 시도에 어떤 식으로든 영향을 줄 수밖에 없다. 단순히 생각하면 이론물리학의 수학으로는 그 결과를 예측할 수 없지만 확실한 결과가 나오는 실험이 항상 존재함을 의미하는 듯하다.

따라서 수학은 단순한 지도, 또는 단순 명확한 규칙으로 임의의 두 지점 사이에서 체스 말을 이동시킬 수 있는 체스판이 아니다. 괴델은 본질적으로 모든 수학 체계의 체스판에는 말이 절대로 도달할 수 없는 지점이 있음을 보였다! 수학은 그 스스로 완전한 수학적 분석을 거부한다. 수학의 구조는 생각보다 더 혼란스럽고 지도화가 불가능하며, 아무리 가까워 보이는 두 점이라도 실제로는 서로가 아주 동떨어져 있을 수도 있다. 한 수학 체계 안에서 제시될 수 있는 정리 모두를 논리적으로 증명할 수는 없다.[7] 말이 체스판 위의 모든 점을 갈 수는 없다!

1930년대 초, 불행히도 수학의 세계보다도 훨씬 더 큰 세계가 혼란에 빠졌다. 유토피아의 삶처럼 보였던 평화로운 독일 학술 기관들 역시 같은 일을 겪었다. 1933년, 독일 나치즘의 먹구름이 드리우면서 에미 뇌터를 비롯한 괴팅겐 대학교의 소수 민족 학자들이 해고되었다. 프로이센의 과학기술부는 유대계의 조상을 둔 교수들의 명단을 발표했고 에미 뇌터도 그 명단에 포함되어 있었다. 며칠 만에 그들은 독일 내에서도 가장 우수한 대학교의 수학과와 물리학과에서 모두 색출되어 해고당했다. 한동안 뇌터는 자신의 집에서 제자를 위해 비밀리에 수학 강의를 계속했으나, 논의의 주제는 종종

그림 3 에미 뇌터의 사진. 1932~1933년 무렵. 당시 그녀는 브린모어 대학교의 객원 교수로 초빙되어 미국으로 가는 중이었다. 그녀는 자신의 삶에서 가장 행복했던 시기로 회상했다. (사진 제공 브린모어 대학교 기록 보관소.)

당시 일어나는 사건들로 옮겨갔다. 물리학자 헤르만 바일이 이 시기의 그녀를 기록했다.

> 1933년 여름, 괴팅겐에서 보냈던 격렬한 투쟁의 시간은 우리를 끈끈하게 결속시켰다. 그래서 나는 이 몇 달간을 선명하게 기억한다. 에미 뇌터 …… 그녀의 용기, 솔직함, 자신의 운명에 무심한 태도, 조화의 정신 …… 은 우리를 둘러싼 온갖 증오와 비열함, 절망과 슬픔 속에서도 마음의 안식처를 만들어주었다.[8]

뇌터는 1934년, 미국으로 초빙되어 브린모어 대학교의 객원 교수를 지냈다(그림 3). 그녀는 이때 프린스턴 대학교에서도 종종 강의했다. 1934년 여름에는 괴팅겐으로 돌아와 자신의 아파트를 정리하고 브린모어로 짐을 보냈다. 이때 그녀는 가족과 친구들에게 마지막 인사를 했다. 앞으로 어떤 참사가 자신들에게 닥칠지 알지 못한 채 뒤에 남았던 그녀의 친구와 가족들의 운명이 어떻게 되었는지 궁금하다.

뇌터에게 브린모어에서 행복했던 새 삶은 너무나 짧았다. 그녀는 1935년 난소암 진단을 받고 4월 10일 절제 수술을 받았다. 수술한 지 나흘 뒤 그녀는 갑자기 의식 불명 상태에 빠졌고 체온은 섭씨 42.8도까지 상승했다. 그녀는 1935년 4월 14일, 53살의 나이로 사망했으며 구체적인 사인은 뇌졸중으로 판명되었다.

에미 뇌터는 생애의 마지막 1년 6개월 동안이 가장 행복했다고 한다. 그녀는 새로운 친구들을 사귀었고 조국에서는 한 번도 경험하지 못했던 환대와 인정을 브린모어와 프린스턴에서 받았다. 아마도 과거 십 년 유럽의 암흑기가 그녀를 지치게 했을 것이다. 어쩌면, 단명했기에 가까운 친구와 친척들이 나치 대학살에서 맞이한 최후에 관한 소식과 그녀의 아버지의 평화로운 세계였던 19세기 독일의 위대한 학계가 불에 타 무너지는 악몽을 피해간 셈이다.[9]

고인을 기려, 알베르트 아인슈타인은 1935년 5월 4일 『뉴욕타임스』 지에 다음과 같은 글을 기고했다.

> 다행스럽게도 세상에는, 인류에게 허용된 가장 아름답고 만족스러운 경험이 외부에서 오는 것이 아니라 개인의 감정과 사고, 행동의 성장에 달렸음을 삶에서 일찍 깨달은 소수가 존재한다. 진정한 예술가, 과학자, 철학자는 모두 언제나 이러한 부류의 사람들이었다. 개인적 삶이 하잘것없이 흘러갔대도, 그들의 노력이 맺은 결실은 한 세대가 다음 세대에게 전해줄 수 있는 가장 가치 있는 선물이다.

……

가장 재능 있는 수학자들이 몇 세기 동안 쉬지 않고 연구한 대수학의 영역에서, (뇌터는) 엄청나게 중요하다고 입증된 방법을 발견했다 …… 순수수학은 그 나름으로, 논리적 시이다 …… 논리적 아름다움을 향한 이러한 노력 속에서, 자연의 법칙을 더 깊이 통찰하는 데 필요한 숭고한 공식들이 나타난다 …… 많은 사람들이 매일 먹을 빵을 위한 싸움에 노력을 소진하는 동안 행운이나 특별한 재능을 통해 이러한 싸움으로부터 해방된 사람들 대부분은 자신들이 타고난 능력을 더욱 계발하는 데 열중한다.[10)]

1993년 (뇌터가 태어나고 성장했던 곳인) 에를랑겐 시는 그녀에게 바치는 의미에서 새로 지은 학교를 '에미 뇌터 김나지움'이라고 명명했다. 같은 해에 에미 뇌터의 논문집도 출간되었다. 유골은 세계여성수학회가 그녀의 탄생 100주년을 기념하여 개최한 심포지엄 행사에서 그녀에게 헌정된 학교의 도서관 회랑 보도 밑에 묻혔다.

대칭과 물리학

대칭과 물리학 사이에 존재하는 놀라운 연관성 대부분은 20세기에 와서 발달한 현대적 개념이다. 과거의 물리학자는 대개 물리 세계가 '톱니바퀴와 도르래'로 구성된다고 생각했다. 전자기이론을 체계화한 주요 인물인 맥스웰조차도, 자연을 순수 역학계로 보았다. 20세기 이전의 물리학자는 일반적으로 근본적인 대칭의 관점에서 사고하지 않았다. 그들은 대칭을, 특정한 물리 문제를 단순화하는 데 가끔 도움을 줄 수 있는 일종의 부수적인 사건이나 장신구로 보았으며, 물리적 세계의 심오한 역학적 구조에서는 의미 있는 역할을 하지 못한다고 생각하곤 했다.

알베르트 아인슈타인은 특수상대성이론의 전개와 함께 새로운 종류의 사고방식을 도입했다. 아인슈타인은 시간과 공간의 대칭을 심층적으로 사고했다. 그는 맥스웰의 전기동역학 이론의 방정식들 속에 감춰진 특수 상대성을 찾아냈다. 특수 상대성은 아인슈타인이 발견한 새로운 사고방식으로만 설명 가능했다. 앞으로 보게 되겠지만, 상대성 자체는 사실 갈릴레오에서부터 시작된 것으로 시간과 공간의 대칭에 관한 모든 것이다. 그러나 아인슈타인의 관점은 현대적이었다. 그는 물리학의 참된 법칙이 자연스럽게 도출되는 것을 추구하였으며 과거보다 훨씬 더 심오한 대칭의 원리들을 발견했다. 뇌터의 정리는 이와 같은 새로운 관점에서 탄생했다.

앞으로 보게 되겠지만, 특정한 종류의 대칭들이 존재하려면 우리가 자연에서 관찰하는 힘이 존재해야 한다. 오늘날에는 자연의 모든 힘이 게이지 대칭gauge symmetry이라는 더 심오한 대칭으로부터 유래한다는 사실이 알려져 있다. 근본적인 대칭에 관한 생각과 뇌터의 정리는 결국, 지금껏 알려진 자연의 모든 힘을 지배하는 통일의 원리에 대한 탐구로 이어졌다. 국소 게이지 대칭의 원리를 이해함으로써 인류가 발명한 가장 강력한 현미경인 입자가속기로 볼 수 있는 것보다 100,000조 배 (10^{-17}배) 더 작은규모의 세계를 이론적으로 탐구할 수 있게 되었다. 이 정도로 짧은 거리 규모에서는 양자 중력이 활성화되어 시간과 공간에 관한 일반적인 생각을 무의미하게 만든다. 그러나 이러한 세계에서도 대칭의 개념과 원리는 유효하다. 그곳에서 인류가 지금껏 고안해 낸 체계 중 대칭성이 가장 풍부한 계인 초끈과 같이 모든 힘을 완벽하게 통합시키는 무언가를 생각해 내려면 대칭의 원리를 이용해야 한다.

물리학자들은 이제 추상적이지만 가장 근본적인 자연의 대칭을 숭배하며 그것들을 실제로 목격했고, 그것들이 만들어낸 오묘한 결과를 상세히 인식하게 되었다. 영구 기관이라는 허상에 굴복하면 에너지보존법칙을 포기해야 한다. 물리법칙이 불변이며 시간의 흐름이 대칭적이라는 생각 또한 포기해야 한다. 그러나 독자들이 앞으로 보게 되겠지만, 대칭은 가장 심오한 방식으로 자연을 통제한다. 이것이 타이탄의 자손인 인류가 얻은 20세기 궁극적인 교훈이다.

4장
대칭·공간·시간

그 의미를 넓게 정의하든 좁게 정의하든 간에, 대칭은 인류가 오랜 세월 동안
질서, 아름다움, 완벽함을 이해하고 창조하려 노력함으로써 만들어낸 하나의 개념이다.
헤르만 바일, 『대칭Symmetry』(1952)

시공간 연속체

인류가 거주하는 우주의 시간과 공간에는 대칭이 여럿이다. 이들 대칭은 대부분 명확하면서도 다소 미묘하며 심지어는 수수께끼 같은 부분도 있다. 시간과 공간은 역학dynamics, 곧 물리계, 원자, 원자핵, 원시 동물, 인류의 운동과 상호작용이 펼쳐지는 무대이다. 시간과 공간의 대칭은 물질의 물리적 상호작용인 역학에서 중요한 역할을 한다.

인류는 3차원 공간에 시간이라는 차원이 더해진 우주에서 산다. 우주의 어느 방향을 향하든 공간 속을 연속적으로 자유로이 이동할 수 있다. 공간의 모든 방향은 차이가 없다. 체스판 위에서 체스말이 다음 칸으로 이동할 때는 불연속적인 단계를 거쳐야 하지만, 공간 속을 여행하는 동안에는 0이 아닌 (감지할 수 있는) 가장 작은 단계란 존재하지 않는다. 우주 공간이 하나의 격자이며 점들이 규칙적 · 주기적으로 배열되었다는 증거는 없다. 마찬가지로 시간도 연속적으로 흐르며 똑딱거리는 시계 소리처럼 불연속적으로 움직이지 않는다. 시공간은 '연속체'이다.

시간과 공간의 근본적인 대칭들이 무엇인지 어떻게 알 수 있는가? 그리고 그것들이 진짜 대칭임을 어떻게 검증할 수 있을까? 눈에 보이는 현상을 넘어서, 관찰된 대칭들이 모든 거리 척도에서도 성립하는지를 어떻게 알 수 있을까? 시간과 공간이 연속체임을 어떻게 알 수 있을까? 아원자 거리 척도에서 우주는 결정 격자, 곧 불연속적인 체스판 구조처럼 변하게 될까? 아니면 모든 시간과 거리 척도에서 연속적일까?

사고 실험실

이러한 의문들을 다루는 가상 실험을 해보자. 물리학자는 보통 이같은 가설적인 실험을 가리켜 독일어인 게당켄엑스페리먼트Gedankenexperiment, 문자 그대로 '사고 실험'이라 일컫는다. 이제 고도로 정교한 어떤 실험실의 존재를 가정하여 그것을 사고 실험실(게당켄 랩, 그림 4)이라 부를 것이다. 사고 실험실은 광활하고 텅 빈 우주 공간으로 보내졌으며, 이들이 수행하는 실험에는 엄청난 양의 시간이 배정되었다. 우주를 꽉 채운 시간과 공간의 여러 지점에서 다양한 실험을 수행해야 하는 무제한의 임무도 주어졌다.

사고 실험실은 물리학의 모든 방정식—주어진 조건들에서 무언가가 어떻게 움직일지를 예측하게 해주는 방정식들—에 쓰이는 기본 상수나 매개변수를 측정하기 위해 우주로 발사되었다. 기본 매개변수는 우주의 모든 곳에서 신중하고 정확하게 측정되었다.[1)]

사고 실험실이 측정한 수많은 상수 중에는 빛의 속력도 있다. 사고 실험

그림 4 사고 실험실. (그림 시어 페렐.)

실은 한 장소에서 다른 장소로 이동하며 각 지점에서 빛의 속력을 측정하는 실험을 했고 그 결과를 비교했다. 사고 실험실은 광활한 거리만큼 떨어진 공간상 여러 지점에서 여러 상수를 측정하고 그 결과를 비교했다. 원자 내부거리나 쿼크 내부거리만큼 떨어진 지점에서는 성능이 우수한 현미경과 입자 가속기로 결과를 비교했다. 또한 실험이 수행된 시각을 자세히 기록했다.

사고 실험실은 우주 탄생의 순간(우주 대부분이 진화한 그 순간)에서부터 현재에 이르기까지 여러 시대와 수많은 순간에 걸쳐, 극히 짧은 시간 차이도 허용하지 않는 정밀 실험을 수행했다. 실험실에는 소형 로켓 엔진이 장착되어 있어 외부 우주에 대한 자신의 상대적 방향을 회전을 통해 설정할 수 있었다. 실험실은 다양한 방향에 따라 빛의 속력에 미세한 편차가 발생하는지 관찰하며 실험을 수행했다. 또한 자연법칙을 구성하는 물리적 매개변수들의 값이 '위', '아래', '옆', '뒤', '앞'을 향할 때마다 달라지는지를 알아내기 위해 노력했다. 빛의 속력은 '위로' 움직일 때와 '아래로' 움직일 때 같은 값을 가질까? 사고 실험실은 이러한 의문들에 대한 답을 알아내려 했다.

이러한 측정 실험은 원리상으로 원자와 원자핵 또는 쿼크와 경입자가 공간상에서 여러 방향으로 운동할 때의 특성을 관찰함으로써 매우 짧은 거리 척도에서도 수행할 수 있다. 예를 들어 임의의 방향에서 자기장이 정렬된 상태에 따라 그 속의 전자가 어떻게 운동하는지를 측정할 수 있다. 이때 전자의 행동은 결국 빛의 속력에 따라 달라진다. 전자의 운동은 빛이 공간상 방향과 무관하게 같은 속력으로 움직이는지를 간접적인 방식으로 알려준다.

과학자들이 사용하는 전문적인 용어를 빌려 다시 말하면, 우주는 '등방적'인가? 곧, 우주는 모든 방향에서 동일한가? 아니면 거기에는 특별히 '선호되는' 방향이 존재하는가? 빛이 특정한 방향으로 이동할 때 예를 들어 북극성을 향해 이동할 때 속력이 달라진다면, 공간이 비등방적이라고 결론 내릴 수밖에 없다!

마침내 사고 실험실에서 빛의 속력을 측정한 결과들이 모두 수집되었고, 행성 간 연합 학술회의를 통해 결과가 공개되었다. 답은 분명하고 확실하게 '아니오'였다! 사고 실험실은 빛의 속력이 모든 방향에서 같음을 알아냈다. 따라서 공간은 실제로 등방적인 것으로 나타났다. 실험실은 이러한 결과가 미세한 거리에서든 엄청나게 거대한 거리에 대해서든 관계없이 참이라는 사실을 알아냈다. 또한, 빛의 속력은 시간에 따라 변하지 않았으며 실험실이 어떠한 운동 상태이건 항상 같았다. 이러한 결과는 빛의 대칭을 의미하지만 더 넓은 의미에서는 공간과 시간의 근본적인 대칭을 나타내기도 하다.

후에 사고 실험실이 수행한 모든 실험 결과가 발표되었다. 그 놀라운 결과는 매우 높은 과학적 정밀함으로 실험실이 우주의 어디에 있건(공간 병진) 실험이 수행된 시간이 언제이건 (시간 병진) 실험실이 어느 방향을 향하건(공간 회전) 물리법칙은 변하지 않는다는 사실을 보여주었다. 더 나아가 사고 실험실 안에서 측정된 결과는 실험실의 (등속도) 운동에 영향받지 않았다. 다시 말해서 실험실이 공간상을 등속도로 움직이는지 또는 정지한 상태인지를 내부 측정 결과로는 판단할 수 없었다. 사고 실험실의 실험 결과, 어떠한 (등속도) 운동 상태, 시간, 위치, 방향은 모든 다른 (등속도) 운동 상태, 시간, 위치, 방향과 같다.[2)]

이제 시간과 공간의 근본적인 대칭을 더 구체적으로 탐구해보자.

공간 병진

일반적인 공간은 연속적인 병진 대칭성을 갖는다. 곧 물리학의 법칙은 모든 공간에서 동일하다. 공간은 불연속적인 병진 단계를 가진 체스판이나 결정 격자가 아니다. 다시 말해서 우리가 사는 공간에서는 이동(병진)에 대한 최소한의 보폭은 존재하지 않으며 인간이 (모든 도구를 활용해서) 식별할 수 있는 가장 작은 거리인 1/10,000,000,000,000,000,000(10^{-19})미터도 최소 보폭이 아니다. 간접적인 방법을 사용하여 이보다 더 짧은 거리 곧 1/1,000,000,000,000,000,000,000,000(10^{-24})미터에서도 공간의 병진 불변을 추론할 수 있다. 이 결과가 이보다 더 짧은 거리에서도 성립하는지는 확실하지 않다. 하지만 이론적인 직관과 뇌터의 정리는 그 결과가 성립함을 강력히 뒷받침한다.

과학자는 우주 공간을 '연속체' 라고 부른다. 연속체는 사실 순수수학에서 등장하는, 실수real number들로 구성된 수직선에서 비롯된 개념이다. 실수는 유리수를, 다시 말해 '두 정수의 비로 나타낼 수 있는 수' 를 포함한다. 또한, 실수에는 π, $\sqrt{2}$와 같은 무리수들이 존재하며 이들은 유리수들의 '사이를 채운다'. 임의의 실수에 가장 근접한 이웃으로 정의될 수 있는 수는 존재하지 않는다. 다시 말해서 3이라는 숫자를 받았다면 3에 가장 가까운 수는 없다는 뜻이다. 반면에 정수들(보통 물건을 셀 때 쓰는 숫자 1, 2, 3, …… 등)로 이루어진 수직선은 6과 7처럼 가장 가까이 인접한 정수들 사이에 단위 간격이 있다는 점에서 (그리고 3은 가장 가까운 두 이웃 정수인 2와 4가 있다는 점에서) 연속체가 아니다.

아무리 작은 규모에서 관찰해도 보통의 공간에서는 쿼크나 전자, 또는 원자나 행성이 이동하는 최소 보폭은 존재하지 않는다. 따라서 공간에는 최소의 거리 척도가 존재하지 않는다는 가설을 세울 수 있다. 연속체인 공간 속의 병진은 띄엄띄엄한 최소 보폭을 정수 번 내디딘 것으로 생각할 수 없다. 왜냐하면 연속체에는 최소 보폭이란 것이 없기 때문이다. 연속체에서 최소 보폭이 존재하지 않는다는 것은 가능한 병진 대칭 연산의 개수가 무한함을 뜻한다. 사고 실험실은 우리 우주가 3차원적인 연속 병진 대칭성을 가진다는 사실을 발견했다. 이 사실이 관측에 기반을 두었음을 강조하겠다. 만약 미래의 실험이 더 우수한 성능을 가진 가속기로 더 미세한 거리를 관찰해보니 결정과 같은 격자 구조가 존재한다는 사실이 드러난다면, 그때는 이 가설이 거짓이 될 것이다. 그러나 현재로서는, 연속적인 병진 대칭성을 갖는 연속체 가설이 타당한 설명으로 보인다.

이제 교실에서 사용하는 지시봉을 예로 들어 병진 대칭을 생각해보자. 지시봉은 대개 약 1미터로 고정된 길이의 나무 막대이다. 그것을 휘둘러 공간 속에서 자유자재로 이동(공간 속 병진)시킬 수 있다. 그럼 지시봉을 병진시킨다고 그것의 물리적 특성이 변할까? 물론 그렇지 않다. 물리적인 물질 곧 원자, 원자가 배열되어 만들어진 분자, 분자가 배열되어 만들어진 목재라는 섬유질 물질 등은 지시봉을 공간 속에서 병진시켜도 다른 형태로 변하지 않는다. 지시봉으로 미국 유명 팝가수 크리스티나 아길레라의 포스터를 가리키든 출입문을 가리키든 그 물리적 특성은 변하지 않는다. 색깔도 길이도 질량도 공간상 병진 속에서는 불변이다. 이것은 공간 병진에 대한 지시봉의 대칭이지만 더 나아가 물리법칙의 대칭이기도 하다. 지시봉의 대칭은 3차원 공간 연속 병진에 대해 물리법칙 자체가 대칭이라는 명제를 증명한다. 지시봉을 움직일 때 나무의 원자는 어떤 식으로도 변하지 않으며 그 이유는 그들을 지배하는 법칙들이 어디서든 동일하기 때문이다.

쿼크, 경입자, 원자, 분자, 압력, 체적 탄성률, 전기 저항 등을 기술할 때 쓰는 '모든' 수학 방정식은—지시봉의 길이에 관한 방정식까지도—반드시 자체로 대칭적이고 공간 병진에 대해 불변이다. 방정식은 공간 어디에 있건 동일하게 적용되어야 한다. 얼마나 놀라운 발견인가! 그런데 방정식이 그 자체로 대칭적이며 불변이라는 말은 무슨 뜻일까?

대칭성을 가진 방정식의 가장 단순한 예를 생각해보자. 교실 지시봉의 길이 L을 기술하는 방정식을 다루어 보자. 지시봉과 나란하게 늘어날 수 있는 줄자가 있다. 지시봉을 줄자의 어느 지점이든 나란히 놓아 길이를 잴 수 있다. 길이를 재려면 지시봉 끝 부분의 위치를 줄자로 측정하여 그 지점을 $x_{끝}$으로 표시하기만 하면 된다. 이때 $x_{끝} = 2$미터라고 하자. 이와 동시에 지시봉의 손잡이 끝 부분의 위치가 어디인가를 측정해야 하며, $x_{손잡이}$라고 표시한 그 부분이 1.2미터였다고 하자. 이제 지시봉의 길이가 $2 - 1.2 = 0.8$미터임을 알게 되었다. 이를 일반화하면, 모든 곧은 지시봉의 길이를 나타내는

수식은 $L = x_{끝} - x_{손잡이}$가 된다.[3)]

이제 이웃에 사는 고등학생 셔먼이 놀러와 줄자를 만지작거리며 놀기 시작한다. 그는 줄자를 늘렸다가 다시 버튼을 눌러 그것이 지익 소리를 내며 들어가게 하는 행동을 여러 차례 반복한다. 그러다가 그는 줄자를 늘려 탁자 위의 지시봉과 나란히 놓고는 그 길이를 반복해서 측정한다. 셔먼이 측정한 결과 $x_{끝}$은 1.4미터이고 $x_{손잡이}$는 0.6미터이다. 지시봉의 끝과 손잡이의 위치가 이번에는 변한 듯하다. 줄자-지시봉 계에 가해진 '변환 transformation' 곧 연산(operation에는 '조작' 이라는 의미도 있음을 주목하자. 변환, 조작, 연산 모두 유사한 의미이다. ―옮긴이)때문이다. 지시봉은 공간 속에서 줄자에 의해 상대적으로 변환되었다. 그러나 지시봉의 길이는 변하지 않았으므로 거기에는 대칭, 이른바 '병진 불변성' 이라는 대칭이 존재한다. 지시봉의 길이는 여전히 $1.4 - 0.6 = 0.8$미터이다.

따라서 $L = x_{끝} - x_{손잡이}$라는 수식이 자체로 대칭성을 가진다. 공간 속의 이동을 통해 $x_{손잡이}$와 $x_{끝}$의 값을 변화시키는 연산이 가능하다. 그저 이 값을 (프라임 부호 ′를 붙여 표시한) 새로운 값들 곧 $x_{끝}' = x_{끝} + D$, $x_{손잡이}' = x_{손잡이} + D$로 대체하기만 하면 된다. D는 공간 속에서 지시봉을 줄자에 대해 이동시킨, 곧 병진시킨 양이다. 그러나 이 변화는 지시봉의 길이를 나타내는 식에 영향을 주지 않는다. 확인해보면 $L = x_{끝}' - x_{손잡이}' = x_{끝} + D - (x_{손잡이} + D) = x_{끝} - x_{손잡이}$로, 지시봉의 길이는 병진된 양 D에 영향받지 않는다. D는 그 값이 무엇이든 식 안에서 상쇄된다. 물리학자들은 '이 식이 공간 속에서 지시봉을 병진시키는 연산에 대해 불변이다' 라고 말한다. 또한 '이 식이 병진 대칭을 나타낸다' 라고도 표현한다. 대칭이 나타나는 까닭은 식이 공간상 어떤 특별한 지점과도 관련되어 있지 않기 때문이며, 이는 공간 속에 특별한 지점이 없기 때문이다. 방정식 자체가 물리법칙이 공간 속의 병진에 대해 불변이라는 사실을 반영하므로 이 사실은 반드시 참이어야 한다.

시간 병진

시간도 공간처럼 생각하여 일정한 물리적 계를 시간 속에서 병진시키는 과정을 상상할 수 있다. 페르미연구소에서 가장 무거운 기본 입자로 알려진 꼭대기쿼크top quark의 특성을 오전 9시에 연구할 수 있고 오후 3시에 연구할 수도 있다. 꼭대기쿼크가 가진 고유한 특성, 곧 질량이나 전하 등등은 그것이 입자가속기에서 언제 생성되었는지에 따라 달라질까? 실험을 수행한 후, 게당켄랩 사고 실험실은 그렇지 않다는 결론을 내렸다! 꼭대기쿼크의 특성은 물리법칙을 그대로 반영하고 있다. 따라서 물리법칙이 시간 병진에 대해 불변임을 알아냈다.

다시 말하면 어떤 실험이든지 내일 수행하든 10초 전에 수행하였든 5년 후에 수행하든, 결과는 같다는 뜻이다. 물리법칙, 물리학에서 참인 모든 방정식은 시간과 공간의 모든 병진에 대해 불변이다. 이것은 인식할 수 있는 한 실험적 사실이다.

꼭 사고 실험실에서 연구하는 과학자의 말만 믿을 필요는 없다. 광대한 시간과 공간에서 물리학의 기본 매개변수가 불변이라는 사실은 실제로 오클로 천연 원자로의 사마륨 생산량 조사로 증명되었다. 이와 같은 지질학, 천문학적 관측들은 우주의 나이 약 137억년 동안 1,000만분의 1 이내의 정밀함으로 측정되어 물리학의 기본 상수가 불변임을 확고히 했다. 근거는 오클로의 예 말고도 많다. 우주의 전 생애에 걸쳐 물리법칙이 안정함을 보여주는 지표는 다양하다. 천문학자는 망원경을 통해 멀리 떨어진 별과 은하를 관측하면서, 오늘날 지구의 실험실에서 나타나는 물리적 과정과 같은 과정이 멀리 떨어진 오래된 천체 속에서도 일어나는 중이라는 사실을 알게 된다. 운석 속에 풍부하게 함유된 특정 원소는 몇십억 년 전에 일어났던 또 다른 미묘한 과정들이 오늘날에도 똑같이 발생하고 있음을 알려준다. 1970년대에, 화성 탐사선 바이킹호는 화성에 작용하는 중력의 세기를 정밀하게 측정할 수 있었다.[4] 그 결과, 중력 역시 시간 속에서 변하지 않는다는 결론이 나왔다. 모든 실험적 증거를 종합하면 물리법칙은 일정하며 시간에 따라 변하지 않는다는 가설은 타당하다.

이러한 사실은 다시, 자연을 기술하는 물리학의 방정식 역시 같은 대칭을 가져야 함을 암시한다. 방정식은 그 자체로 시간 병진에 대해 불변이다. 그 식은 임의의 시간 t와 관련되며, t_1, t_2, …… 등 시간의 변화에 따라 일어나는 특정한 사건을 담고 있다. 예를 들어 나는 t_1 = 9:00:00(오전)에 피사의 사탑에서 공을 떨어뜨린 후, 1초 후인 t_2 = 9:00:01(오전)에 공이 낙하한 거리를 알고 싶어한다고 하자. 그러나 시간 변화를 기술하는 모든 타당한 방정식에서는 모든 시간을 임의의 일정한 기간만큼 이동한 새로운 시간을 적용할 수 있다. 곧, $t + T$, $t_1 + T$, $t_2 + T$에도 똑같이 적용할 수 있다. T는 앞서 공간 병진에서 나왔던 예 속의 D와 마찬가지로, 운동을 기술하는 모든 방정식에서 상쇄된다. T = 3시간이면, 이 물리 문제는 정오에 공을 낙하시켰을 때 12:00:01(오후)에 공이 낙하한 거리를 묻는 문제로 바뀐다. 공이 낙하한 거리는 두 상황 모두 정확히 같다. 물리법칙은 시간 병진에 대해서 불변이기 때문이다.[5]

앞서 에너지보존법칙이 시간에 대한 자연법칙의 불변성에 따른 결과임—뇌터의 정리의 핵심—을 살펴보았다.

그리고 이제 이 정리를 역으로 이용하여 에너지 보존을 관찰하여 물리법칙의 불변성을 유도할 수 있다. 물리법칙은 극히 짧은 시간 척도에서도 심지어는 1/10,000,000,000,000,000,000,000,000,000(10^{-28})초라는 찰나의 시간 동안에도 변해서는 안 된다! 무거운 쿼크(뒤의 장에서 논의하게 될 매우 미세한 입자)들의 붕괴와 관련된 매우 희귀한 역학적 과정에서 비롯된 간접적인 제약 조건을 통해 물리법칙의 불변성이 이보다도 더 짧은 시간 간격에서도 성립함을 추론할 수 있다.

회전

라벨을 뗀 포도주 병을 생각해보자. 수직축, 곧 포도주 병의 '대칭축'을 중심으로 회전 변환하면 병의 물리적 외양에는 별다른 변화가 없다. 변환 전과 후의 사진을 찍으면 식별 가능한 변화가 나타나지 않았음을 확인할 수 있다. 사진 속에는 둥그런 모양의 치즈 덩어리나 과일 바구니 등 주변의 사물이 다르게 찍혀 있을 수 있지만, 대칭축을 중심으로 조심스럽게 병을 회전하면 전체적인 장면은 변하지 않는다(그림 5).

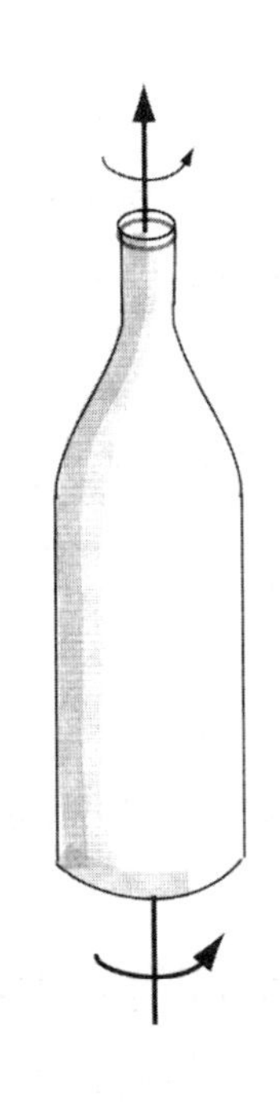

그림 5 라벨이 없는 포도주 병은 대칭축을 중심으로 외양상의 변화나 물리적 특성의 변화 없이, 임의의 유한한 양만큼, 곧 '연속적으로' 회전시킬 수 있다. 또는 포도주 병의 외양이나 물리적 특성에 변화를 일으키지 않고 관찰자가 그 주변을 회전할 수도 있다.

대칭축은 병 바닥의 중심에서 입구의 코르크 마개를 관통하는 가상의 선이다. 회전을 시킬 때 대칭축은 공간 속에서 고정된다. 라벨은 병을 회전시킬 때 위치의 변화를 보여주는 표식이기에 제거하는 것이 중요하다.

포도주 병의 외양은 어떤 각도만큼 회전시켜도 변하지 않는다. 대칭은 외양을 완벽하게 초월한다. 어떤 역학적 계이든, 그것이 유리 원자이건 병 속에 남았을지도 모를 포도주이건 병 입구의 코르크이건 회전을 시켜도 그 물리적 특성은 변하지 않는다. 이는 외양의 대칭을 넘어선 물리적 대칭이기도 하다. 공간은 선호하는 방향을 갖지 않는다. 물리법칙은 '위'와 '아래', '앞'과 '뒤', 또는 '옆'의 차이를 모른다.

사고 실험실은 공간이 물리법칙에 대한 연속 회전 대칭을 가진다는 사실을 발견했다. 공간은 완벽한 2차원의 구가 지니는 완전한 회전 대칭을 가진다. 구는 (또는 구 모양의 계는) 그 중심을 지나는 모든 축에 대해 회전시킬 수 있다. 회전 각도는 어떤 각이라도 상관없으며, 여기서는 63도만큼 회전시킨다고 하자. 회전('연산' 또는 '변환') 뒤에, 구의 외양은 변하지 않는다. 이때 축을 중심으로 63도만큼 회전시킨 '변환'에 대해 구가 '불변'이라고 말한다. 구에 관한 모든 방정식 역시 이러한 회전에 대해 변하지 않는다.

구 위에서 시행가능한 대칭 연산(회전)의 개수는 무한하다. 또한, 0이 아닌 최소한의 회전이란 존재하지 않는다. 계속해서 끝없이 더 작게, 곧 더 '극미한' 양만큼 구를 회전시킬 수 있다. 따라서 구의 대칭이 연속적이라고 말한다.

물리법칙의 회전 대칭은 회전각이 어떤 각이든 성립한다는 점에서 연속 대칭continuous symmetry이다. 분명히 원이나 구 위에서는 무한히 많은 대칭 연산을 할 수 있다. 여기서도 0이 아닌 최소한의 회전 단위는 없다. 따라서 원이나 구의 대칭은 연속적이다. 구와 원통은 그 중심을 지나는 모든 축을 중심으로, 56.54862……도나 $\pi/10$라디안, 또는 그 외 어떠한 각이든 택해 회전시키는 변환에 대하여 불변이다. 이와는 달리 날개가 세 개인 프로펠러나 정삼각형은 정확히 120, 240, 360도를 회전시켜야 원래 형태와 같아진다는 점에서 불연속 대칭discrete symmetry의 예이다. 불연속 대칭은 0이 아닌 최소 단위를 가지므로 '이산적인' 대칭 연산이다. 무한개의 대칭 연산을 가진 연속 대칭은 불연속 대칭보다 '더 큰' 대칭이다. 따라서 연속 대칭은 시간과 공간의 구조에 가해지는 매우 강력한 제한 조건이다. 수학적으로는 연속 대칭이 다루기가 더 쉬운데, 연속 대칭에는 미분이라는 강력한 수학 기법을 사용할 수 있지만, 불연속 대칭은 연구할 때 까다로운 계산상 문제가 많기 때문이다.

이렇듯 물리법칙은 실험실이 공간상 어느 방향을 향했는지에 따라 달라지지 않는다. 역으로 행성이 태양 주위를 돌듯 공간 속에 고정된 구를 중심으로 우리 자신이 회전할 수 있고, 이때도 구는 물리적으로 변하지 않는다. 따라서 구체의 회전 대칭은 더 일반적인 공간 회전 대칭과 밀접하게 연결된다. 실제로 구체의 회전과 구체를 중심으로 한 나머지 우주 전체의 회전을 구별할 수 없다!

이 사실을 적어도 원리상으로는 (사고 실험과 대조되는) 페르미연구소의 실제 실험을 통해 검증할 수 있다. 어떤 물리량, 예를 들어 '중성 K중간자'(이 책에서 나중에 다시 보게 될 특히 흥미로운 기본 입자이다)가 공간상 특정 방향으로 이동하면서 붕괴하는 과정을 정확히 측정한다고 할 때, 원리상 정오의 실험 결과와 오후 6시의 결과가 같은지 확인해볼 수 있다. 그러나 이때는 실험 설비 구조상의 영향이 없는지 매우 자세히 확인해야 한다. 예를 들어 정오부터 주변 지역 사람들이 직장에서 집으로 돌아와 에어컨을 켜고 전자레인지를 이용하여 저녁을 준비하는 오후 6시까지, 검출기로 들어오는 전선의 전압이 측정치를 보여줄 수 있을 정도로 안정적인지를 확인해야 한다. (주변 지역 공습경보기 검사 때문에 변한 지-미터 눈금에 속은 애크미전력회사를 상기해 보라. 물리학자들은 실험을 할 때 이러한 일들에 현혹되지 않기를 원한다.)

정오에서 오후 6시 사이에 지구는 공간상 90도만큼 회전한다. 실험실은, 위도상 위치 때문에 그보다 다소 작은 각이지만(위도 45도라면, 정오부터 오후 6시까지 실험실은 60도만 회전한다) 어쨌거나 회전하게 된다. 그렇기에 실험 자료를 분석하여 정오와 오후 6시의 K중간자의 행동이 같은지 다른지 알 수 있다. 물론 이는 방향 의존성뿐만 아니라 시간 의존성까지 확인하는 과정이지만, 둘 다 정확히 같은 실험 결과를 얻으므로 방향 · 시간 의존성의 효과는 없음을 알 수 있다. 핵심은 K중간자와 그 측정 장비가 공간상에 있는 방향과 중성 K중간자의 거동은 아무 관련이 없다는 사실이다. 물리법칙은 회전에 대하여 대칭이다.

회전 불변성을 가진 물리량을 기술하는 수식 역시 자체로 대칭적이어야 한다. 간단한 예로서 지시봉의 길이를 생각할 수 있다. 손잡이가 특정 위치에 고정된 채 지시봉이 탁자 위에 놓여 있다고 가정하자. 지시봉의 끝 부분은 탁자 표면의 어딘가에 있다. 탁자의 표면은 2차원이므로, 2차원 좌표계를 생각하자. 손잡이가 있는 지점을 원점 (0 , 0)으로 놓고, 지시봉의 끝은 (x , y)에 있다고 하자. 손잡이가 있는 지점이 원점이 아니라 하더라도, 위치 변환에 대한 불변성을 활용하면 언제나 좌표계의 원점에 놓을 수 있다. 이 때 지시봉의 길이 L에 관한 식은 피타고라스의 정리에 따라 $L^2 = x^2 + y^2$이다. ("직각삼각형에서 빗변 길이의 제곱은 다른 두 변의 길이를 각각 제곱하여 더한 결과와 같다" — 허수아비가 오즈의 마법사에게 처음으로 했던 말이 이 말이었던가?)

이제 손잡이를 쥔 채로 지시봉을 임의의 각 θ만큼 회전시킨다. 이제 지시봉의 끝은 새로운 점 (x' , y')에 놓이며, 손잡이는 그대로 원점 (0 , 0)에 머물러 있다. 삼각법을 이용하여 새로운 (프라임 부호가 붙은) 좌표를 원래의

(프라임 부호가 붙지 않은) 좌표로 나타낼 수 있다. 분명히 지시봉의 끝은 (0, 0)을 중심으로 하는 반경 L인 원의 원주 위 어딘가에 있다. 이제 회전 후 지시봉 길이의 제곱이 $L^2 = x'^2 + y'^2$임을 알아냈다. 이 결과는 각 θ에 따라 달라지지 않으며, 따라서 지시봉의 길이에 관한 이 공식(피타고라스의 정리)은 회전에 대하여 불변이다! 곧, 회전각에 무관하게 회전 전과 후에 같은 공식이 적용되므로 공식은 회전 대칭을 가진다.[6]

운동 대칭

사고 실험실은 시간과 공간에 관한 매우 심오한 대칭을 또 하나 찾아냈다. 물리학의 기본 매개변수를 어떻게 측정하건 그 결과는 실험실이 공간을 임의의 속도로 일정하게 움직이는 한, 운동 상태에 영향을 받지 않는다. 실험실이 일정한 속도로 균일하게 움직이지 않는다면, 가속되고 있거나 회전하는 중이며 이때 원심력(뒤에 원심력이 실제 작용하는 힘이 아니라 사물이 계속해서 직선 위를 움직이려는 경향에 불과함을 설명할 것이다)과 같은 기묘한 가상의 힘을 경험한다. 따라서 사고 실험실의 경영진은 이러한 진술을 '등속도 운동' 곧, 일정하고 고정된 속도의 운동에 한정했다. 그들은 이렇게 할 필요가 없었지만, 어쨌든 부기가 더 간단해지기는 했다. 위의 진술을 일반적으로 상대성 원리라고 한다. 상대성 원리는 곧 설명할 '관성'과 밀접한 관련이 있으며, 아인슈타인 특수상대성이론의 기반이 된다.

모든 운동이 균일하지는 않다. 어느 날 사고 실험실은 초거대 블랙홀에 위험할 정도로 접근했다(그림 6). 엔진이 망가지면서 실험실은 블랙홀 속으로 자유낙하하기 시작했다. 자유낙하에서는 '중력' 또는 원심력이 작용하지 않으므로 실험실 안에 있던 그 누구도 처음에는 블랙홀의 영향을 알아차

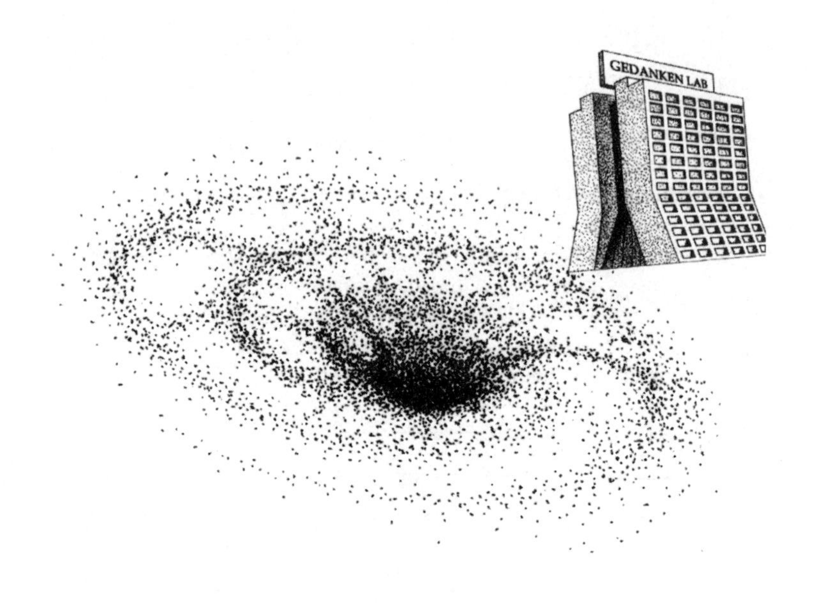

그림 6 사고 실험실이 블랙홀이라는 타르타로스 속으로 떨어질 뻔한 날. (그림 시어 페렐.)

리지 못했다. 모든 이들이 무중력 상태에 있었다. 마치 근처에는 자신을 집어삼킬 블랙홀이 존재하지 않는 듯 공간 속을 자유롭게 떠다닌다고 느꼈다.[7] 이와 비슷한 원리로 무중력 상태는 지구 표면에 비교적 가까운 우주선 속에서도 실현될 수 있다. 우주선은 자유낙하에 해당하는 경로를 따라 이동할 수 있으며, 탑승한 우주 비행사는 그동안 중력의 영향을 느끼지 못한다.

블랙홀을 향해 자유낙하하는 동안, 사고 실험실의 실험은 블랙홀의 영향권 밖에서 일정한 속도로 균일한 운동을 할 때 측정된 기본 매개변수와 똑같은 값을 얻었다. 다행히도 누군가가 창문 밖을 보고는 몇 분 후엔 그들이 블랙홀의 사건의 지평선에 진입하게 되어 영영 빠져나올 수 없게 되리라는 사실을 알았다. 그들은 가까스로 반동 추진 엔진을 작동시켰고, 사고 실험실은 간발의 차이로 블랙홀을 빠져나올 수 있었다.

긴박한 탈출 과정에서 사고 실험실은 $3g$로 가속되었고, 그 결과 모든 이들이 지구에서 잰 체중보다 3배나 더 무겁다고 느꼈다(성대한 추수감사절 만찬 뒤의 느낌보다 더 기분 나쁜 경험이다). 그러나 가속되는 동안에도 기본 매개변수는 여전히 똑같은 값을 기록했다. (전선이 끊어져 흐트러지고 실험 기구가 바닥에 떨어져 박살이 나는 등 일부 기술적인 장애들이 있었음에도 말이다.)

무중력 상태의 등속도 운동을 포함하여 중력장 내에서 자유낙하하는 동안에도 물리법칙이 변하지 않는다는 사실은 운동의 대칭이라는 의미심장한 개념으로 발전했다. 운동 대칭은 아인슈타인의 일반상대성이론의 밑바탕에 있다. 물리법칙은 관찰자의 일반적인 운동 상태와 무관하게 형식화될 수 있다. 이것이 바로 심오한 '운동 대칭'이다. 관찰자는 자유낙하하지 않을 때만 중력을 느낀다. 가속도는 중력의 지각(知覺)과 밀접한 관련이 있다.

더 단순한 등속도 운동을 생각해보면 이해가 쉽다. 등속도 운동은 속도의 크기에 제한이 없으며 (가속을 통해) 연속적으로 속도를 변화시킬 수 있고, 속도가 변한 뒤에도 같은 물리법칙이 작용함을 관찰할 수 있다는 점에서 물리법칙의 연속 대칭이기도 하다. 따라서 대칭의 관점에서 볼 때, 물리계의 속도 변화는 물리법칙을 변화시키지 않는 변환 곧 대칭 연산이다. 방향을 변화시키는 대칭 연산을 회전이라 부르듯, 계의 운동 상태의 변화를 부스트 boost라고 한다. 따라서 물리법칙은 부스트에 대해 불변이다. 여러분은 나중에 부스트를 4차원 시공간의 '회전'으로 볼 수 있다는 사실을 알게 될 것이다. 아인슈타인의 특수상대성이론에서도 운동을 이런 식으로 기술하여, 운동 대칭을 공간 속 회전 대칭이 확장된 개념으로 설명한다.

가속에 대한 물리법칙의 불변성은 상대성원리라고 하며 보통 아인슈타인과 연결하곤 하지만, 사실 이 원리는 갈릴레오가 처음으로 제시하였다. 갈릴레오는 어떤 힘이 작용하지 않는 한 물체가 균일한 운동을 하려는 경향인 관성을 최초로 이해한 사람이다. 관성의 이해를 통해 자연을 개념적으로 이해하는 데 획기적인 도약이 이루어졌고, 과학으로서의 진정한 물리학은 이때부터 시작되었다. 상대성과 관성 개념의 발전은 빛과 전자기의 놀라운 특성에 이끌린 아인슈타인의 손으로 이루어졌다. 상대성원리와 그와 동치인 관성의 원리는 모든 물리학 분야의 초석이라고 해도 과언이 아니다. 6장에서 이 원리들에 대해 더 자세히 알아볼 것이다.

전역 물리와 국소 물리의 비교

이상과 같은 논의에서 한 가지 수수께끼가 머릿속을 맴돈다. 극미의 시간과 거리의 대칭, 광대한 시간과 거리의 대칭은 같을까? 물리법칙은 우주의 나이처럼 매우 긴 시간의 관점에서만 일정하게 보일지도 모른다. 빛이 원자핵이나 양성자의 지름을 통과하는 데 걸리는 시간처럼 극히 짧은 시간 간격에서는 물리법칙이 재빨리 변하지 않을까? 극미의 거리와 찰나의 시간 간격에서는 존재하지만 거대한 우주에서는 쉽게 관찰할 수 없는 대칭들이 존재할 수도 있지 않을까? 모두 매우 좋은 질문이다.

'장구한 시간' 이나 '광대한 거리' 의 형태 · 구조와 관련된 문제를 전역적인global 문제라고 한다. 이러한 문제는 우주의 물질 분포와 그러한 분포의 원인을 다루는 우주론자들이 숙고하는 문제들이다. 우주는 무한한 체스판처럼, 모든 방향으로 무한히 확장되는 평면일까? 아니면 하나의 차원에서는 무한하지만 다른 차원에서는 유한하거나 원형이어서, 전체적으로 보면 거대한 튜브나 원통형일까? 아니면 우주는 거대한 공의 표면과 같은 형태일까? 아니면 엄청난 도넛의 표면 그림 7(이 형태는 토러스라고도 한다)처럼

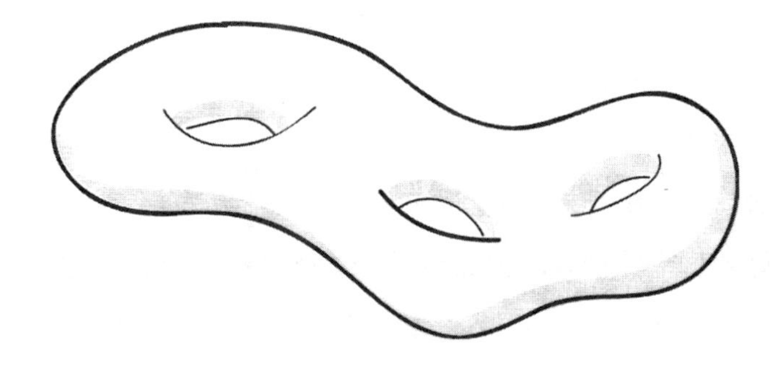

그림 7 2차원 우주는 수많은 구멍이 뚫린 거대한 도넛의 표면과 같은 형태일지도 모른다. 국소 물리의 관점에서는 구 표면의 어느 지점이든 같을 수 있다. 그러나 전역 물리의 관점에서는 도넛 구멍의 개수로 특징지어지는 도넛의 위상수학에 따라 구의 물리와는 다르게 나타난다.

생겼을까?

전역적인 문제는 우주의 역사와 그것을 생산하거나 창조한 모든 것과 관련된다. 우주는 어떻게 존재하게 되었을까? 그 크기와 형태를 결정한 것은 무엇인가? 미래에는 어떤 식으로 지속할까? 그러나 이 질문은 근본적으로 극미의 거리에 관한 질문과 연결되어 있다. 전체적인 질문들에 대해서는 원리적인 답을 얻을 수는 있지만 실제적인 답을 얻기는 매우 어려울 수도 있다.

반면 입자물리학자는 대개 가장 작은 대상과 극히 짧은 거리에 집중한다. 그들은 세계를 국소적으로 측정하려 한다. 그들은 세계가 마치 뒷마당인 양 연구한다. 공간(그리고 시간)의 국소 구조는 다음과 같은 질문과 관련된다. 극도로 짧은 시간과 공간 영역에서는 어떠한 대칭이 존재할까? 물질의 가장 궁극적인 구성 요소는 무엇일까? 물질의 상호작용을 매개하는 기본적인 힘은 무엇일까? 이러한 의문은 시간과 공간의 내재적 구조, 물질과 그것을 결합하는 접착제, 자연의 근본적인 법칙과 관련된다.

우주의 국소적 측면과 전역적 측면의 개념적 차이는 아이들이 불어서 만드는 커다란 비눗방울로 이해할 수 있다. 비누방울은 금속 고리를 액체 비누통에 담갔다가, 바람이 고리 속을 통과하게 하여 만든다. 그러면 거대하고 우아한 거품이 형성된다. 투명한 아름다움과 굽이치는 비누 거품은 희미한 무지갯빛을 띤다. 그 뒤, 비누 거품은 약간 요동치다가 결국에는 (전역적으로) 구의 형태로 자리 잡는다. 짧은 거리 척도에서 (국소적으로) 보면 그것은 '찐득거리는 물질', 곧 비누로 구성된다. 더 거대한 거리 척도에서는 전역 물리의 영역으로 들어가야 한다.

거품에 관한 전역적인 질문은, 얼마큼까지 큰 비눗방울을 만들 수 있을까처럼 비누 거품 우주의 크기와 모양, 굽이치는 특성 등을 다룬다. 국소적인 의문은, 비누란 무엇이며 그것은 무엇으로 만들어졌는가, 비누는 왜 투명하며 끈적끈적한가, 어떻게 그렇게 큰 거품을 만들어 내는가와 같은 비누 자체의 구성과 관련된다. 국소적 질문은 분명히 비누 거품의 존재와 특성을 다룬다. 비누가 너무 많은 양의 물에 희석되면 그 결과 형성되는 비누 거품은 계속해서 작아진다. 물이 너무 적으면 비누 거품은 아예 형성되지 않는다. 비누 거품 우주의 크기는 비누에 관하여 알려준다. 매우 짧은 거리 척도에서 비누의 세세한 구조는 이런 전문 용어들로 표현된다. '트라이글리세라이드(지방산)의 알칼리(나트륨과 칼륨) 염류로 구성되어 계면 활성제를 형성하는 분자.' 과학은 어떤 척도에서든 모두 그 나름대로 흥미롭고 복잡하다.

극미 거리로 가면 아주 새로운 질문과 마주친다. 비누의 분자 배열, 비누가 형성되는 과정, 그 배열과 형성 과정의 변화 가능성 등 질문 거리는 끝도 없다. 비누의 분자 구성의 법칙을 이해하면 매우 유용하다. 그 법칙들로 환경을 정화하는 새로운 비누를 만들어낼 수 있다! 물을 오염시키지 않는 비누, 해안에 대량으로 유출된 기름을 청소하는 미생물 분해 비누, 더 좋은 윤활제 비누를 발명할 수 있다. 비누처럼 미끄러운 접착제, 비누의 특성을 띠는 기계 윤활유, 자성을 띤 비누, 자신의 흔적을 청소하는 나노 기술이 적용된 비누는 어떠한가?

국소적인 자연법칙들은 근본적인 법칙이며 구석구석 모든 곳에 들어가 있다. 국소적인 법칙은 궁극적으로 무엇이 존재할 수 있고 없는지를 결정한다. 전역적인 우주는 결국 국소적인 자연법칙들에 대한 상세한 이해를 통해 만들어질 수 있는 다양한 장치, 발명품, 응용 결과이다.

지금껏 논의해 온 시간 · 공간 대칭 외에도 양자역학으로 설명되는 물질과 그것의 본질적인 특성, 기본 입자의 특성에 적용되는 연속 대칭들이 존재한다. 이러한 대칭들의 국소적, 전역적 측면 역시 심오하다. 이들은 전하charge와 자연의 근본적인 힘이 존재하는 세계로 우리를 이끈다. 그러나 이러한 주제를 다루기 전에, 시간과 공간의 연속 대칭들이 지닌 의의와 그 대칭이 물리계의 거동에 미치는 영향이라는 주제로 넘어가야 한다. 이 주제는 뇌터의 정리에서 구체적으로 다루어진다.

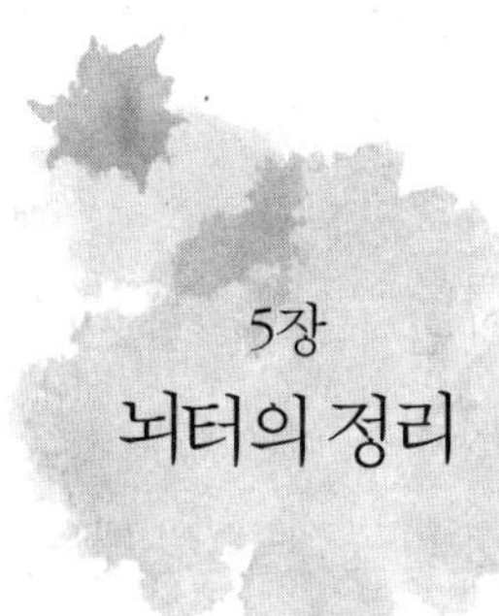

5장
뇌터의 정리

물리법칙의 모든 연속 대칭에는 반드시 그에 상응하는 보존 법칙이 존재한다.
모든 보존 법칙에는 반드시 그에 상응하는 연속 대칭이 존재한다.
뇌터의 정리

기초물리학의 보존 법칙들

뇌터의 정리는 역학 — 힘과 운동, 자연의 기본 법칙들 — 과 대칭이라는 추상적 세계를 가장 직접적이고 심층적인 수준에서 연결한다. 이 정리는 1915년, 에미 뇌터가 괴팅겐 대학교로 돌아온 직후 증명했다.

뇌터의 정리는 물리법칙의 연속 대칭과 그에 상응하는 보존 법칙 간의 관계를 보여준다. 보존 법칙이 의미하는 바로는, 물리적으로 측정 가능한 양(예를 들면 한 계의 총 에너지)이 존재하며, 어떤 역학적 과정에서도 이 양은 변하지 않는다(예를 들어 임의의 과정이 일어나기 전과 후의 총 에너지는 언제나 일정하다). 이러한 물리량을 가리켜 '보존량'이라고 한다. 뇌터의 정리는 대칭과 보존 법칙의 개념을 통합하며 자연에서 대칭이 가장 직접적으로 표현되는 방식을 보여준다.

이제 시공간의 보존 법칙들을 집중적으로 살펴보려고 한다. 이 보존 법칙들은 앞 장에서 논의했던 시간 · 공간의 회전 · 병진 대칭에서 비롯되었다. 시공간의 회전 · 병진 대칭들은 에너지와 운동량, 각운동량의 보존 법칙들로 이어진다. 고등학교 물리 시간에는 보통 이들 법칙을 실험하는 것이 강조되며 자연법칙의 대칭과의 관계를 다룬 뇌터의 정리는 안타깝게도 전혀, 기껏해야 매우 드물게 언급된다.

보존 법칙은 사실 뇌터의 정리로 접근하면 매우 이해하기 쉽다. 곧, 대칭의 결과라는 관점에서 이들은 '명료' 하게 보인다.

지금으로서는 뇌터의 정리를 수학적 증명 없이 하나의 사실로써 언급할 수밖에 없다(앞으로 논의가 진행되면 이 정리가 어떤 역할을 하는지 알게 될 것이다). 뇌터의 정리는 모든 물리학, 곧 고전역학(특수상대성이론 포함 여부에 관계없이)과 양자역학 — 비록 '관측 가능하다' 란 개념이 후자에서는 수정되겠지만 — 에 모두 적용된다![1] 실제로 물리학에는 이 장에서 살펴볼 시공간 보존 법칙을 비롯하여 보존 법칙이 다수 존재한다. 이러한 보존 법칙에는 전하량의 보존, 한 계가 가진 중입자baryon의 총수(양성자수 더하기 중성자수 빼기 반양성자수 빼기 반중성자수)의 보존, 전자, 전자중성미자와 같은 경입자lepton의 총수의 보존, 쿼크와 글루온이 포함된 양성자와 같은 어떤 상태의 쿼크색quark color 보존 등이 있다. 각 보존량 — 전하, 중입자 수, 전자 수, 쿼크색 등 — 은 자연법칙들의 구조 속에 깊숙이 잠재한 연속 대칭에서 비롯된다. 앞서 강조했듯이, 뒤에서 물리법칙 자체가 본질적으로 대칭 원리에 따라 규정된다는 사실을 알게 될 것이다!

운동량 보존

앞서 살펴보았듯, 공간 병진에 대한 물리법칙의 불변성은 실험으로 증명된 사실이다. 이는 강력한 위력을 가진 진술로서, 물리법칙의 '연속적인 병진 대칭성'이라고 한다. 공간이 연속적인 병진에 대해 불변이라는 가설은, 물리법칙의 관점에서 볼 때 공간의 한 지점은 다른 어떤 지점과도 같다는 진술과 같다.

병진 대칭은 모든 물리계나 실험 장치, 좌표계를 임의의 방향으로, 임의의 양만큼 병진시켜도 그 계를 지배하는 자연법칙에 영향을 주지 않는 대칭이다. 어떤 실험을 수행하든 그 결과는 실험실 전체가 어딘가로 이동한다고 해서 달라지지 않는다. 간단히 말해서, 물리법칙과 방정식은 공간 병진에 대해 불변이다.

공간에서 물리법칙이 갖는 연속 병진 불변성은, 에미 뇌터의 정리에 따르면 운동량보존법칙을 함축하고 있다. 아하! 고등학교 물리 시간에 고립된 계의 총 운동량은 그 계의 입자가 어떻게 상호작용하든 시간이 지나도 일정하다는 사실을 배운다. 예를 들어 두 개의 당구공이 충돌하면 충돌 전의 총 운동량은 충돌 후의 총 운동량과 정확히 같다. 이제 여러분은 여기에 더 근본적인 원인이 있음을 안다. 자연법칙은 공간상 모든 위치에서 같기 때문이다! 그렇다면 이제 운동량이 무엇인지 복습해 보도록 하자.

뇌터의 정리에 의하면, 우리가 사는 3차원 우주에서 임의의 물리적 계는 서로 수직인 세 개의 방향에 따라 이동할 수 있다(과학자는 이를 가리켜 '상호 직교하는 세 개의 병진'이라고 표현한다). 역학계는 공간상 세 방향 중 어느 방향으로도 이동할 수 있으므로, 각 방향에는 그와 관련되어 보존되는 운동량이 반드시 하나씩 존재한다. 보존량은 수직인 세 개의 병진 자유도degree of freedom와 일대일 대응이다. 따라서 입자의 위치와 속도, 한 입자에 작용하는 힘처럼 운동량도 방향과 크기를 모두 가진다. 이처럼 방향과 크기를 갖는 대상을 '벡터'라고 한다.[2)]

예를 들어 속도는 벡터이다. 대상의 운동을 나타내는 속도는 그 대상의 운동 방향과 속력을 각각 그 방향과 크기로 가진다. 따라서 속력은 방향을 갖지 않는 양이다. 나는 나침반의 방향을 언급하지 않고 시속 100킬로미터로 이동 중이라고 말할 수 있다. 속도 벡터를 말하려면 반드시 방향과 속력을 같이 말해야 한다. "나는 정북쪽을 향해 시속 100킬로미터의 속력으로 가고 있다."[3)]

벡터를 시각적으로 표현할 때는 대개 화살표를 사용하는데, 이때 화살표가 가리키는 방향과 길이는 벡터의 방향과 크기에 대응한다. 거북이처럼 느린 속력으로 움직이는 속도 화살표를 그릴 때, 화살의 방향은 거북이가 이동하는 방향을 가리킬 것이며 길이는 거북이의 느린 속력을 반영하여 짧게 표현될 것이다. 토끼도 이와 비슷하게 화살표를 그려보면 거북이보다 토끼가 더 빠른 속력으로 움직이므로 화살표의 길이는 더 길어질 것이다.

뉴턴 역학에서, 운동량은 물체의 질량(방향이 없고 크기만 있다)과 속도 벡터의 곱이다. 따라서 운동량에는 방향이 있으며 그 방향은 속도의 방향으로 결정되고, 크기는 질량과 물체가 이동하는 속력의 곱이다. 따라서 운동량은 크기와 방향을 가진 벡터량이다. 물체의 운동량은 다음과 같은 방정식으로 기술한다. $\vec{P} = m\vec{v}$. 여기서 m은 질량이고 $\vec{v}$는 속도 벡터이다. 질량 m은 물체를 구성하는 물질의 양에 대한 척도이지만 물체의 운동과는 아무런 관련이 없음을 잊지 말자. 속도 $\vec{v}$는 물체의 움직임에 대한 척도이지만 질량과는 아무런 관계가 없다. 따라서 운동량은 질량과 속도를 모두 포함하는 물리적 운동의 척도이다. 느리게 움직이는 엄청나게 무거운 물체는 재빠르게 움직이는 가벼운 물체와 똑같은 운동량을 가질 수 있다. 거북이와 토끼의 예에서, 토끼가 거북이보다는 속도의 크기가 훨씬 크지만 거북이의 질량이 토끼의 질량보다 적절한 만큼 크다면 거북이는 토끼의 운동량과 같거나 아니면 그보다 훨씬 큰 운동량을 가질 수도 있다.

여기서 운동량보존법칙에 따라 보존되는 양은 계의 총 운동량이지 그것을 구성하는 부분의 운동량은 아니라는 점을 강조하겠다. 공간상 병진에서 이동하는 것은 계 전체이지 그 일부분이 아니기 때문이다.

운동량 보존의 가장 간단한 예는 입자 *A*가 두 개의 파편들, 곧 '딸 입자' *B*와 *C*로 방사성 붕괴하는 현상에서 발견된다. 부모 입자 *A*가 실험실에서 정지상태(속도 0)였다면, '계'의 초기 운동량은 0이다. 붕괴가 일어난 후, 두 입자 *B*와 *C*는 정확히 반대 방향으로('등을 맞대고') 운동한다. 두 딸 입자가 가진 운동량의 합은 운동량보존법칙에 따라 0이 되어야 하므로($\vec{P}_B + \vec{P}_C = 0$), 그들의 속도는 정확히 같은 크기이지만 방향은 정반대, 곧 $\vec{P}_B = -\vec{P}_C$여야 한다. 이와 같은 결론은 더 복잡한 상황, 예를 들면 세 개의 딸 입자가 생성되는 상황에서도 매우 유용하게 쓰인다. 실제로, 원자핵의 구성 요소 중 하나인 중성자는 식 $n^0 \rightarrow p^+ + e^- + \bar{\nu}$과 같이 하나의 양성자와 전자, (반)중성미자의 세 입자로 붕괴한다.[4] 생성된 세 입자는 각각의 운동량 $\vec{P}_p$, $\vec{P}_e$, $\vec{P}_{\bar{\nu}}$를 가지며 그들의 총합도 0이 되어야 한다.

실험실에서 정지한 중성자가 붕괴할 때 생성되는 양성자와 전자는 상당히 쉽게 발견되며 입자 검출기로 추적하기도 쉽지만 중성미자는 검출이 매우 어렵다. 양성자와 전자가 정확히 등을 맞대고 움직이지 않았다면 — 사이각이 180도가 아닌 다른 각으로 움직였다면 — 운동량보존법칙에 따라 제3의 입자인 (반)중성미자가 개입되었다고 확실히 결론내릴 수 있다(그림 8). 이렇게 과학자들은 운동량보존법칙을 통해 중성미자를 간접적으로 검출한다. 중성미자가 존재한다는 최초의 결정적인 증거는 운동량보존법칙이었다.

운동량보존법칙의 또 다른 친숙한 예는 당구공처럼 질량을 가진 점 모양

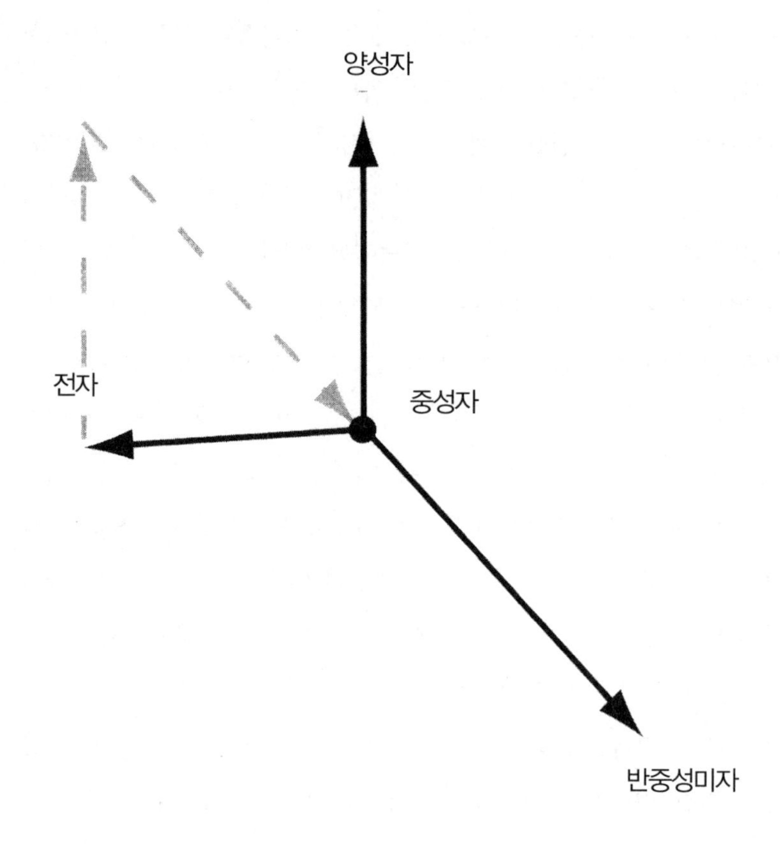

그림 8 초기 운동량이 0인 중성자는 양성자와 전자, (반)중성미자로 붕괴한다. 각 방향을 향해 움직이는 세 입자의 운동량 벡터는 굵은 선으로 표시되었다. 벡터는 '더하면 0이 된다.' 이 말은 (그림에서) 한 벡터를 따라, 예를 들면 전자의 벡터를 택해 그 끝까지 걸어간 후 방향을 바꾸어 다른 벡터, 예를 들면 점선으로 표시된 양성자 벡터를 따라 그 벡터의 길이만큼 따라가서, 다시 방향을 바꾸어 세 번째 벡터, 이번에는 (반)중성미자의 벡터(점선)와 같은 방향으로 그 길이만큼 걸어가면 원점으로 되돌아오게 된다는 뜻이다.

의 두 물체가 충돌할 때에 찾아볼 수 있다. 두 물체에 각각 1과 2라는 번호를 부여하고 그들의 질량을 m_1과 m_2, 속도는 $\vec{v_1}$, $\vec{v_2}$라고 하자. 물체 1은 당구대에 있는 1번 당구공이고 물체 2는 2번 당구공이라고 해도 좋다. 두 공이 충돌한다고 가정하자. 처음 총 운동량은 $m_1\vec{v_1} + m_2\vec{v_2}$이다. 충돌 후 힘과 역학적 원리에 따라, 속도는 점차 변화하여 새로운 속도 $\vec{v'_1}$과 $\vec{v'_2}$가 될 것이다. 이때 당구공의 질량은 (그리 크게) 변하지 않는다. 따라서 충돌 후의 총 운동량은 $m_1\vec{v_1} + m_2\vec{v_2}$가 된다. 운동량보존법칙은 $m_1\vec{v_1} + m_2\vec{v_2} = m_1\vec{v_1}' + m_2\vec{v_2}'$ 을 의미한다.

사실 두 당구공의 충돌은 원자 수준에서 보았을 때 몇조의 몇조 배에 달하는 원자들이 상호작용하는 매우 복잡한 현상이다. 충돌 과정에서 물질은 재배열되는데, 어떤 원자는 먼지로 분해되기도 하고 어떤 원자는 서로 짓눌리기도 한다. 두 당구공이 부딪칠 때 특정한 원자 배열이 진동하면서 '딱' 소리가 나게 된다. 원자 구조의 총체인 당구공은 튀고 회전하고 서로 다른 방향으로 굴러간다. 충돌 후, 당구공의 질량은 충돌 전과 거의 다르지 않다. 당구공은 충돌 전후의 질량이 똑같다고 가정해도 무방하지만, 일반적으로 참이 아니다. 충돌 과정에서 물체의 질량은 변할 수 있으며, 기본 입자가 충돌하여 다른 형태의 기본 입자로 전환될 때 질량의 변화는 흔히 일어난다.

따라서 원자 수준에서, 처음의 총 운동량은 두 당구공 속의 모든 원자가 가진 개별 운동량의 총 합이다. 그러나 앞서 '두 개체'로 단순화시킨 총 운동량 $m_1\vec{v_1} + m_2\vec{v_2}$도 실제 총 운동량에 상당히 가까운 근사치이다. 이런 근사를 하지 않는다면, 물리학은 복잡하고 통제 불능한 실제 상황 속에서 어디로도 나아가지 못한다. 물리학에서 기교란 대부분 무엇을 어떻게 근사할까 하는 판단과 관련 있다. 따라서 충돌에서 보존되어야 하는 양은 총 운동량이며, 이 값은 각각 충돌 전과 후 두 당구공이 가진 운동량 벡터를 합해서 얻은 값에 상당히 가깝다.

그렇다면 이러한 근사가 참값과 매우 다를 때는 언제일까? 물체 1은 지구이고 물체 2는 크기가 달만할 정도로 거대한 소행성 즐로트Zlot라고 하자. 지구가 소행성 즐로트와 충돌하여 타격을 받았을 때 지구상의 생명체가 겪을 끔찍한 대재앙과, 뒤따라 일어날 복잡한 사건을 상상해보면 이 소행성의 규모에 대해 어느 정도 짐작할 수 있다. 즐로트와 지구는 반드시 서로 접촉하지 않아도 된다. 실제로 둘 사이의 거리가 몇천 킬로미터의 상태로 유지된다 해도 그들은 중력을 통해 접근하여 서로 '접촉할' 수 있다. 이 정도라도 지구 (또는 즐로트) 거주자는 매우 불행한 일을 당하며 생존이 어려울 것이다. 거대한 산과 바다가 융기하고 엄청난 지질학적 충격파가 지구 전체를 푹 꺼뜨려 행성의 표면이 아주 새로운 형태로 변형될 것이다. 땅과 바다가 요동쳐 그 높이는 수백만 킬로미터에 달할 것이며, 두 행성은 수백만 개로 산산조각날 것이다! 파편들 대부분은 결국 다시 융합되어 새롭게 재구성된 지구와 즐로트가 되겠지만, 공간으로 흩어져 날아간 나머지 파편들은 더 작은 소행성이나 운석으로 응집되어 그중 다수는 수세기에 걸쳐 새롭게 형성된 세계(들) 위로 비처럼 떨어질 것이다.

상상하기도 어려운 이러한 충돌 후에 일어날 모든 역학적 과정이 아무리 복잡하다 해도, 운동량 보존의 법칙에 따라 지구와 즐로트라는 물리계의 총 운동량은 충돌 전과 후가 모두 같으리라는 점을 확신할 수 있다. 지구와 즐로트는 초기의 총 운동량이 $m_{지구}\vec{v}_{지구} + m_{즐로트}\vec{v}_{즐로트}$가 된다. 최종적인 총 운동량은 $m_1'\vec{v_1}' + m_2'\vec{v_2}' + m_3'\vec{v_3}' + \cdots\cdots$ 로, 다양한 질량과 속도를 가진 파편 알갱이, 파편 조각, 파편 덩어리들의 모든 운동량을 다 더해야 한다. 우리가 아는 모든 것이 문자 그대로 지구상에서 흔적 없이 소멸하는 대재앙 속에서도 한 가지 단순한 사실은 남아 있다.

'$m_{\text{지구}}\vec{v}_{\text{지구}} + m_{\text{즐로트}}\vec{v}_{\text{즐로트}} = m_1{}'\vec{v_1}{}' + m_2{}'\vec{v_2}{}' + m_3{}'\vec{v_3}{}' + \cdots\cdots$' 곧, 충돌시 총 운동량은 보존된다는 사실이다! 별로 대수롭지 않아 보여도 적어도 끝까지 매달릴 수 있는 사실이다.[5] 운동량 보존은 역학적 과정의 복잡함과 관계없이 어떤 일이 일어나도 항상 유효한 법칙이다. 포탄의 공중 폭발 또한 운동량 보존의 예로 폭발 시의 수천 개 조각은 저마다의 운동량을 가지지만 총합은 포탄의 초기 운동량과 정확히 같다.

운동량 보존은 임의의 물리적 과정이 얼마나 복잡하건 어떤 힘들이 개입되건 간에 그 안에서 무슨 일이 일어날 수 있고 무슨 일이 일어날 수 없는지를 결정하는 강력한 제한 조건이다. 여러분은 궁금할 것이다. '지구의 운동량은 항상 변하지 않을까?' 지구가 궤도상에서 태양 주위를 공전할 때 그 속도는 계속해서 변화한다(속력은 그대로인 채 운동 방향만 바뀌어도 속도 벡터는 변한다). 그러나 이 과정에서도 총 운동량은 여전히 보존되어야 하는데, 이때 '계system'를 확장해서 태양을 포함해야 한다. 태양은 지구를 잡아당겨 지구의 속도를 변화시키고 따라서 그 운동량을 변화시킨다. 그러나 지구 역시 태양을 잡아당기고 있으며, 마찬가지로 그 속도를 매우 미세한 양이지만 변화시키고 있다. 궤도 운동하는 행성은 사실 태양의 운동에 미세한 '흔들림'을 만들어낸다.[6]

실제로도 최근에는 소위 '흔들림 관측'이라는 기법을 통해 먼 곳의 항성 주위를 궤도 운동하는 새로운 행성의 존재를 밝혀냈다. 천문학자는 가까운 궤도에 목성과 같은 초거대 질량의 행성이 있으리라 추정되는 항성의 움직임에서 흔들림을 감지했으며 초거대 질량의 행성은 그 흔들림을 더 크게했다. 이 같은 '외계 행성'—태양계 외부의 행성—은 현재 50개 이상이 알려졌으며 그 수는 계속 증가하고 있다.[7] 필자들이 어렸을 때는 태양이 아닌 다른 별의 주위를 궤도 운동하는 행성이 실제로 발견되리라고는 꿈에도 생각지 못했다!

사실 물리학자는 뇌터의 정리가 나오기 훨씬 전부터 운동량이 보존된다는 사실을 알고 있었다. 운동량보존법칙은 뉴턴의 운동 법칙 속에 암호화되어 있었으며 아마도 뉴턴 자신이 발견해냈을 가능성이 크다. 힘 $\vec{F}$(벡터)를 짧은 시간 t 동안 질량 m인 물체에 가하면, 그 물체의 운동량은 $\vec{F}t$만큼 바뀌므로 속도는 $\vec{F}t/m$만큼 변한다. 물리학자는 $\vec{F}t$를 가리켜 물체에 작용한 '충격량impulse' 이라고 표현한다. 충격량은 '운동량의 변화량' 과 같으며, 이 사실은 『스타 트렉』에 나오는 우주선 엔터프라이즈호에 '임펄스엔진' 이 장착된 까닭을 설명해 준다.

뉴턴은 물체 1이 물체 2와 충돌하면, 물체 1이 물체 2에 가하는 힘 $\vec{F}_{12}$가 존재한다는 사실을 알았다. 마찬가지로 물체 2가 물체 1에 역으로 가하는 힘인 반작용력 $\vec{F}_{21}$도 존재한다. 예를 들면 야구선수 알렉스 로드리게스가 야구 방망이로 공을 쳤을 때, 방망이가 공에 가하는 힘 $\vec{F}_{12}$와 공이 방망이에 가하는 힘 $\vec{F}_{21}$이 존재한다. 뉴턴의 운동제3법칙을 따르면 이 힘은 크기가 같고 방향은 반대이다. 곧 $\vec{F}_{12} = -\vec{F}_{21}$이다. 힘 역시 가속도와 속도, 운동량처럼 벡터량이므로 이 식은 벡터 방정식임을 유의하자. 따라서 방망이에 맞았을 때 야구공의 운동량 변화는 충격량 $\vec{F}_{12}t$이며 이때 t는 충돌이 일어난 매우 짧은 시간이다. 방망이의 운동량 변화 역시 충격량 $\vec{F}_{21}t$이지만, 이 양은 뉴턴의 운동제3법칙에 따라 $-\vec{F}_{12}t$와 같다. 따라서 공과 방망이의 총 운동량의 알짜 변화는 $\vec{F}_{12}t + \vec{F}_{21}t = 0$이다. 총 운동량은 당구공의 충돌과 다른 충돌 등에서와 마찬가지로 보존된다.

큰 물체는 개별적인 작은 요소들의 단순 합이고 대개 모든 물체의 상호작용은 수많은 두 구성 요소끼리의 상호작용으로 나눌 수 있으므로, 총 운동량은 모든 계에서 언제나 보존된다는 결론이 뒤따른다. 따라서 운동량 보존은 사실 뉴턴의 운동제3법칙에서 도출된다. 그러나 뉴턴의 운동제3법칙은 어디에서 나왔을까? 뇌터의 정리는 뉴턴의 법칙보다 더 심층적인 진술로서, 총 운동량이 보존되는 이유는 공간상 위치에 대해 불변인 물리법칙이 계의 상호작용을 결정하기 때문임을 암시한다! 따라서 뉴턴의 운동제3법칙 $\vec{F}_{12} = -\vec{F}_{21}$와 뇌터의 정리, 곧 물리법칙의 병진 대칭성으로부터 도출된다! 이제 여러분은 '물리법칙'이 실제로는 하나이며, 대칭과 같다는 사실을 알아가기 시작했다.

이 사실을 역으로 이용할 수 있다. 운동량보존법칙의 유효성은 관측 가능한 사실이며, 실험실에서 일어나는 어떠한 과정에서도 직접 검증 가능하다. 운동량 보존의 검증은 실험실에서 수행되므로 뇌터의 정리를 따르면 이는 공간이 반드시 병진 대칭성을 가진다는 사실을 뜻한다. 매우 짧은 시간 동안 일어나는 기본 입자의 충돌 속에서 운동량 보존을 쉽게 검증할 수 있으며, 그것이 언제나 성립함을 또다시 확인한다. 이러한 사실은 약 10^{-19}미터에 달하는 매우 짧은 간격의 거리에서도 공간의 병진 대칭이 여전히 성립함을 뜻한다.

에너지 보존

시간 병진에 대한 물리법칙의 불변성은 연속 대칭이다. 뇌터의 정리를 따르면 이에 상응하는 보존 법칙이 존재하는데, 그 보존 법칙은 무엇일까? 앞에서 이미 살펴보았듯 에너지보존법칙이다. 어떤 계이든 총 에너지의 불변성은 실험적으로 상당히 잘 검증되므로 당구공, 행성의 궤도, 쿼크 등에 관한 실험에서 뇌터의 정리는 자연의 법칙이 시간 병진에 대해 불변임을 보여준다. 역으로, 오클로 화석 원자로와 같은 증거는 물리법칙이 시간에 따라 변하지 않는다는 가설을 강력하게 뒷받침하며, 따라서 뇌터의 정리를 따르면 모든 계의 총 에너지는 반드시 보존되어야 한다. 그러므로 영구 운동과 공짜 에너지 등 애크미전력회사의 사업 계획 같은 것에 투자해서는 절대로 안 된다.

과학적 결론에 확신이 설 때는 언제일까? 무수한 역학적 과정들 전체를 통틀어 에너지보존법칙의 일관성은 얼마나 설득력이 있을까? 뇌터의 정리 속에서 물리법칙의 시간 불변성이라는 근본적인 대칭이 에너지 보존과 맺는 관계를 볼 때, 그 단단한 갑옷에서 조그마한 구멍이라도 발견되는 날에는 물리학의 논리 전체가 붕괴한다.

1898년, 마리 퀴리와 피에르 퀴리 부부는 앙리 베크렐과 함께 최초로 물질에서 방출되는 자연 방사능을 연구했다. 당시 원자 구조, 특히 원자핵의 구조는 아직 알려지지 않은 상태였다. 그들은 불안정한 원자핵에서 방출되는 대표적인 자연 발생 방사능의 기본적인 형태였다. 관찰 결과 방사선은 세 가지 형태를 취하고 있었고, 이는 각각 알파, 베타, 감마 방사선으로 분류되었다.

오늘날 알파선은 매우 무거운 원자핵이 자연적으로 붕괴할 때 방출되는 헬륨 원자핵(알파 입자)이라고 본다. 베타선은 핵붕괴 시 방출되는 보통의 전자(또는 그것의 반입자인 양전자)의 흐름이다. 감마선은 불안정한 원자핵에서 방출되는 에너지가 매우 높은 '전자기 양자' 곧 빛의 입자인 광자들의 흐름이다. 이러한 '방사선들'을 자세히 연구한 결과 에너지와 운동량 보존 등의 일반적인 물리법칙은 알파와 감마 방사선에서 모두 성립한다는 사실이 밝혀졌다. 그러나 베타 방사선에서 물리학자들은 불편한 결과를 얻었다. '베타 붕괴'라고도 알려진 베타선 방출 때는, 에너지(그리고 운동량) 보존법칙이 어긋나는 듯했다!

가장 간단한 베타 붕괴는 원자핵의 구성 입자인 중성자 하나가 공간을 자유롭게 떠다닐 때 일어난다. 전자와 양성자의 에너지를 합하면 언제나 원래 중성자가 지닌 에너지보다 낮다는 점이 수많은 관측을 통해 알려졌다. 그 이유는 실험실에서 정지 상태에 있는 중성자가 붕괴함으로써 생성되는 양성자와 전자가 서로 반대방향으로 움직이지 않기 때문인 듯했으며, 이때 전자와 양성자의 운동량의 합 역시 중성자의 운동량과 같지 않다. 따라서 중성자의 붕괴에서는 일정량의 에너지와 운동량이 사라진다. 모든 원자핵의 베타 붕괴는 본질적으로 이러한 과정이 더 복잡하게 변형된 현상이며, 일반적으로 중성자가 원자핵 내에 속박된 채 일어난다.

베타 붕괴에서 사라진 에너지와 운동량은 수년 동안 중대한 수수께끼로 남았다. 양자역학 창시자 중 한 사람인 닐스 보어는 이 현상을 설명하려고 어떤 가설을 세웠는데, 그 가설을 따르면 에너지와 운동량 보존은 제한된 상황에서만 유효하며, 베타 붕괴는 이들 법칙이 어긋난 최초의 사례였다. 명석하고 창조적인 사고를 했던 보어는 20세기 초반에 이미 에너지와 운동량에 관해 세부적으로 이해했다고 생각했던 것들이 양자역학 원리에 따라 심각하게 훼손되는 과정을 지켜보았고, 그는 베타 붕괴가 아직 도래하지 않은 더 깊고 새로운 놀라움을 암시하는 징조라고 생각했다.

그럼에도 그의 가설은 충격적인 결과를 일으킨다. 뇌터의 정리에 의하면, 이 가설은 베타 붕괴 반응에서 시간과 공간의 연속 병진 불변성이 성립하지 않음을 의미한다. 시간과 공간이 결정 격자를 형성하는 것이다. 이는 진정 놀라운 발견이 될 것이었다. 우주는 불연속적인 무한한 체스판과 같아진다. 에너지보존법칙이 어긋날 수 있다면, 애크미전력회사의 주장도 그렇게 억지스럽지만은 않다!

젊고 맹렬한 이론물리학자 볼프강 파울리는 보어의 생각을 받아들일 수 없었다. 에너지와 운동량 보존의 원리는 그때까지 모든 물리학 분야에서 타당성이 입증된 상태였다. 이러한 원리에 어긋나는 현상이 특별히 베타 붕괴 과정에서만 일어난다는 점과, 엄청난 파급 효과를 가진 듯한 그 현상이 다른 곳에서는 일어나지 않는다는 점이 파울리에게는 부자연스러워 보였다. 시간과 공간의 근본적인 대칭들이 에너지와 운동량 보존을 일으킨다는 사실과 모든 물리학의 현상이 일정 수준에서 서로 관련된다는 점을 고려할 때, 왜 베타 붕괴를 제외한 다른 모든 물리 과정에서는 에너지와 운동량 보존이 사소하게라도 어긋나는 현상이 관찰되지 않을까? 이렇게 중요한 대칭들의 모든 위반 현상이, 지나치게 특수하여 베타 붕괴 말고 다른 데서는 나오지 않았다고? 파울리는 도무지 이해할 수 없었다.

그래서 1930년, 파울리는 그때까지 관찰되지 않았던 새로운 기본 입자의 존재를 가정하고, 그 입자가 베타 붕괴 과정에서 양성자, 전자와 함께 생성된다는 가설을 세웠다. 이 새로운 입자는 전하를 띠지 않기에 붕괴 영역을 빠져나가는 모습이 전혀 관측되지 않는다. 관측되지 않은 이 입자가 사라진 에너지와 운동량을 가져갔을 것이고 따라서 보존 법칙들의 타당성은 유지될 것이다. 다시 말해, 물리학자들이 보존 법칙을 성립시키기 위해 계산한 사라진 에너지와 운동량의 값은 새로운 입자가 가진 에너지와 운동량의 값과 정확히 같다. 다음은 방사능을 주제로 한 학술회의 초청장에 대한 답신으로 1930년 12월 4일 파울리가 쓴 글이다.

방사능 학술회의 관계자 여러분께

이 글을 전해 드리는 분의 말씀을 여러분께서 들어주시기를 정중히 청하는 바, 그분은 N과 Li^6 원자핵, 그리고 연속 베타 스펙트럼에 관한 '그릇된' 통계 때문에 제가 그동안 에너지보존법칙 …… 등을 되살리려고 얼마나 절박하게 처방책을 고심했는지 더 자세히 설명해 주실 겁니다. 곧, 제가 [중성미자]라고 부르는 전기적으로 중성인 입자가 존재할 가능성 …… 이들은 스핀이 ½이며 배타원리를 따릅니다 …… 그리고 [질량은] 언제나 양성자 질량의 0.01을 넘지 않습니다. 베타 붕괴에서 전자 이외에도 [중성미자]가 방출되어 중성자와 전자가 가진 에너지의 합이 일정하다고 가정하면 연속 베타 스펙트럼은 그때부터 설명할 수 있습니다 ……

[중성미자]가 정말로 존재한다면 훨씬 이전에 발견되었어야 한다는 점에서 저의 처방이 터무니없을 수 있다는 점에는 저도 동의합니다. 그러나 용기있는 자만이 승리를 쟁취할 것이니, 존경하는 전임자이신 디바이 씨께서 최근 브뤼셀에서 저에게 해주신 말은 베타 스펙트럼의 연속 구조에 따른 난감한 현 상황에 한 줄기 빛을 던져 줍니다. "아무 생각도 하지 않는 것보다는 훨씬 낫지. 마치 새로운 조세 정책을 생각하는 것처럼 말일세." 이 사안에 관한 모든 해결책이 지금부터 논의되어야 합니다. 그러니 방사능 학술회의 관계자 여러분, 보시고 판단하십시오.

불행히도 저는 여기 취리히에서 12월 6~7일 밤 열리는 무도회에 없어서는 안 되는 존재인지라 튀빙겐에는 갈 수 없습니다. 안녕히 계십시오. 백 씨에게도 안부 전해 주십시오.

경백, W. 파울리 8)

(파울리를 묘사할 수 있는 면모는 여럿이겠지만, 우선순위만큼은 확고부동한 사람이라는 점은 주목할 만하다!)

편지에서 언급된 입자는 현재 중성미자로 불린다. 따라서, 중성자가 자유 공간에서 붕괴할 때, 양성자, 전자, (반)중성미자가 생성되는 셈이다. 현대에 와서는 보통 전자가 반전자 중성미자와 함께 생성된다고 본다. 최종 에너지의 합과 운동량의 합은 각각 부모 중성자가 처음에 가졌던 에너지, 운동량과 정확히 같다. 또한, 중성미자가 전기적으로 중성인 까닭에 베타 붕괴 과정이 전하량 보존 법칙을 만족한다는 점도 주목하라. 중성미자의 전하량은 0이므로 쉽게 검출되지 않는다. 중성미자에게는 전자기장 속에서 입자 검출기가 잡아챌 수 있는 '손잡이'인 전하량이 없다.

파울리는 옳았다! 중성미자는 실제로 존재한다. 1956년, 클라이드 카원과 프레더릭 라이너스는 중성미자를 직접 확인했다. 핵 발전소 원자로의 노심에서 일어나는 핵분열 과정에서 중성자는 중성미자를 방출하며 붕괴했다. 오늘날 중성미자에는 적어도 세 가지 종류, 곧 '맛깔flavors'이 있다고 알려졌다. 1962년 필자 리언 레더먼, 멜빈 슈바르츠, 잭 스타인버거는 전자 중성미자와는 다른 입자인 뮤온 중성미자를 검출함으로써 중성미자에도 종류가 있음을 증명했다. 오늘날 알려진 중성미자의 세 가지 형태는 전자 중성미자, 뮤온 중성미자, 타우 중성미자이다. 입자의 분류학은 뒤의 장에서 더 상세히 설명될 것이다. 그 속에는 정확한 대칭과 근사적인 대칭들이 모두 풍부하게 들어 있다.

오늘날에는 이 세 종류의 중성미자 진동neutrino oscillation, 곧 중성미자들이 자신의 정체성(맛깔)을 바꾸는 과정에 관한 연구가 진행 중이다. 예를 들어 고에너지 충돌에서 생성된 뮤온 중성미자는 후에 스스로 타우 중성미자로 변한다. 에너지와 운동량 보존을 굳게 믿던 파울리는 결국, 아주 새로운 입자족—중성미자—의 세계로 들어가는 문을 열었던 셈이다. 그 문은 필자들이 지금 이 글을 쓰는 동안에도 있는 힘껏 더 활짝 열리는 중이다. 중성미자는 입자물리학과 우주론에서 가장 활발한 연구 주제이다. 덧붙이자면, 실험물리학자는 여전히 입자 충돌 검출기에서 확인되지 않은 에너지와 운동량을 찾아다니지만, 오늘날, 사라진 에너지와 운동량은 운동량과 에너지보존법칙의 몰락을 보여주는 증거가 아닌 새로운 입자의 증거로 해석된다. 시공간의 대칭과 뇌터의 정리에 대한 필자들의 신념—아니, 과학은 신념에 기반을 두지 않기에 확신이라고 말해야겠지만—은 지금으로서는 확고부동하다.

앞에서도 언급했듯, 에너지는 수많은 형태를 취한다. 운동과 관련된 운동에너지 역시 에너지의 한 형태일 뿐이다. 일반적으로 총 에너지 보존을 측정으로 확인하기 어려운 까닭은 측정이 쉬운 운동에너지가 대개 열, 소리, 위치에너지, 변형 에너지처럼 측정이 어려운 형태의 에너지로 전환되기 때문이다. 운동에너지는 위치에너지로, 또는 그 반대로 전환될 수 있다. 이러한 점들 때문에 에너지 보존의 직접적이고 분명한 효과는 드러나지 않는 편이며 다소 수수께끼처럼 보이곤 한다. 평평한 철로를 따라 활주하는 화물열차는 일정한 운동에너지를 가진다. 그 상태로 오르막길을 가다 보면, 열차는 결국 정지하게 되며 이때 운동에너지를 잃는 대신 중력의 끌어당김에 저항하여 올라간 결과로 위치에너지를 얻는다. 물리학자는 열차가 운동에너지를 포기하고 중력에 반하여 '일을 했으며', 그 에너지는 이제 중력장에 저장되었다고 말한다. 열차가 내리막길에서 가속되기 시작할 때, 물리학자는 중력이 열차에 '일을 함'으로써 위치에너지를 포기하고 운동에너지를 되돌려준다고 말한다. 그러나 결국, 모든 문제는 계의 총 에너지가 보존된다는 법칙으로 해결된다.

그러나 일부 특수한 충돌에서 초기 운동에너지와 최종 운동에너지가 같은 경우, 곧 운동에너지 자체가 보존되는 현상이 관측되기도 한다. 이러한 충돌에서는 어떤 에너지도 변형이나 열, 소리 등의 에너지로 손실되지 않는다. 이를 탄성충돌이라고 한다. 고무줄 바지에 들어 있는 탄성 고무 밴드의 탄성과 혼동해서는 안 된다. 그때의 탄성은 온종일 입고 난 후에도 고무 밴드의 형태나 모양이 보존된다는 뜻으로 탄력, 복원력이라고도 부른다.

탄성충돌에 매우 가까운 아름다운 예로, 철제 공들의 충돌을 이용한 장난감을 들 수 있다. 실에 매달린 공을 끝까지 들어 올린 후, 한 줄로 늘어서서 정지한 상태인 다른 공 다섯 개와 충돌시킨다. 그러면 반대쪽 끝에 있던 공이 튀어 올라갔다가 다시 내려오면서 다른 공 다섯 개와 반대쪽에서 충돌한다. 이때 다시 첫번째 공이 튀어 올라 같은 과정이 오랫동안 반복되면서 매우 우수한 탄성충돌에서 운동에너지가 거의 완벽하게 보존됨을 보여준다. 강철들끼리의 충돌은 비교적 훌륭한 탄성충돌을 보여주는데, 강철은 압축되기가 매우 어려운 까닭에 형태의 변형으로 에너지가 낭비되지 않기 때문이다. 그러나 약간의 에너지가 소리, 열, 공기의 진동 등으로 소실되므로 공은 결국 정지하게 된다. 강철끼리 작용하는 탄성(운동에너지의 손실이 느리게 일어나는 성질)은 철로가 왜 그토록 에너지 효율이 높은지 설명한다. 튼튼하고 평평한 철로 위에서 기름칠이 잘된 바퀴를 가진 열차는 마찰이 운동에너지를 흩뜨려버리기 전까지 수 킬로미터를 활주할 수 있다.

에너지가 보존된다고 해서 질량이 보존되지는 않는다는 사실에 유의하자. 기초 수준의 물리학과정을 수강하는 사람은 이 부분을 혼동하기 쉬운데, 아인슈타인의 유명한 공식 $E = mc^2$를 따르면 질량과 에너지가 등가라고 배우기 때문이다. 사실 단순히 질량과 에너지가 등가라는 진술은 옳지 않으며, 광자와 같이 정지질량이 0인 입자도 에너지가 있다. 이 입자가 운동하면 공식이 이와 다르게 적용된다. 따라서 어떤 원자핵이나 기본 입자는 다른 원자핵과 입자로 변하기도 하며, 이 과정에서 보존되는 양은 총 에너지뿐이다. (보통 일부 다른 입자가 관련되면서 에너지가 보존되기도 한다.)

그러나 낮은 에너지 상태, 곧 화학이나 생물학적 과정처럼 원자핵에서 일어나는 과정이 아니면, 질량은 실제에 거의 가까운 값으로 보존된다. 따라서 오래전 아르키메데스가 형식화한 '질량 보존의 원리'는 오늘날에도 여전히 화학에서 쓰이고 있다.

각운동량 보존

이 세계의 물리법칙은 회전에 대해서도 불변이다. 뇌터의 정리를 따르면, 회전 대칭에 대응하는 보존 법칙은 각운동량보존법칙이다. 운동량이 속도 벡터의 방향처럼 직선 운동을 하는 물리계에 관한 척도라면, 각운동량은 회전 운동의 척도이다. 각운동량은 물리법칙의 회전 불변성과 관련되므로 원운동과도 관련이 있다.

뇌터의 정리는 선운동량이 공간 병진에 대응하듯, 각운동량이 회전 병진에 대응한다는 사실을 보여준다. 사실 회전도 벡터로 정의된다. 그리고 그 벡터는 '오른손 법칙'에 따라 결정된다. 회전하는 원반이나 자이로스코프를 예로 생각해보자. 회전은 오른손의 손가락을 회전 방향으로 감아쥠으로써 정의된다. 오른손의 엄지손가락은 회전 방향을 결정한다. 엄지손가락은 회전축의 방향을 가리키며, 이때 이 가상의 회전축과 수직인 평면을 회전면이라고 한다. 오른손은 축(의 위 또는 아래)을 따라 정의된 회전이 일어나는 방향을 나타낸다. 조금만 연습하면 여러분은 오른손 법칙을 이용한 회전 벡터의 정의에 익숙해질 수 있다. 그림 9는 백 마디 말보다 훨씬 훌륭한 설명이다.

행성이 어떤 항성 주위를 궤도 운동하는 단순한 경우, 궤도에서 운동하는 행성의 방향을 따라 오른손 손가락을 감아쥐었을 때 엄지손가락이 가리키는 방향으로 각운동량 벡터의 방향을 알 수 있다. 궤도가 놓인 평면을 위에서 내려다보았을 때 행성이 반시계방향으로 움직이면, 각운동량 벡터는 궤

그림 9 자이로스코프의 각운동량은 회전 벡터로 정의되며, 회전 벡터의 방향은 오른손 법칙에 따라 결정된다. (그림 크리스토퍼 힐.)

도 평면에 수직이면서 평면 위에서 내려다보는 사람을 향하게 된다.

오른손 법칙은 회전하거나 궤도 운동을 할 때 각운동량 벡터의 방향을 결정하지만, 그 크기는 무엇으로 결정할까? 한 행성이 매우 육중한 항성의 주위를 원형으로 돌고 있다고 하자. 원궤도의 반경은 R이고, 임의의 시각에 그 행성의 운동량은, 속도 벡터를 $\vec{v}$라고 할 때 $\vec{p} = m\vec{v}$이다. 원궤도에서 속도 벡터는 언제나 궤도의 접선 방향(궤도 평면에서 궤도의 중심을 향하는 방향에 수직인 방향)이다. 항성이 매우 거대해서 흔들림 운동은 무시할 만하다고 가정한다. 이때 각운동량 벡터의 크기는 반경 R에 운동량의 크기(운동량 벡터의 '길이') $m|\vec{v}|$를 곱한 값이다. (원궤도에서 행성의 속력은 절대 변하지 않는

다.) 따라서 이때 각운동량 벡터의 크기는 $m|\vec{v}|R$이며, 방향은 행성의 궤도에 수직이다.

따라서 매년 어떤 항성을 중심으로 공전 궤도를 따라 이동하는 행성은, 공간상 계가 놓인 방향에 대하여 물리법칙이 불변하기 때문에, 그 결과 각운동량이라는 보존량(벡터)을 가진다. 과학자는 보통 기호 $\vec{J}$를 사용하여 각운동량 벡터를 표현한다. 행성의 각운동량은 행성이 공전하는 항성과 행성 자신만으로 구성된 '계'가 변하지 않는 한 일정한 양으로 보존된다. 떠돌아다니던 소행성 즐로트가 이 작은 계와 충돌한다면, 항성-행성의 각운동량은 변할 수 있지만 항성 – 행성 – 즐로트의 총 각운동량은 보존될 것이다. 따라서 계에 침입자가 없다면, 항성-행성의 각운동량 벡터는 보존된다.

행성 궤도의 각운동량이 보존되려면, 행성의 운동은 '언제나' 같은 평면에 머물러야 한다. 그렇지 않으면, 오른손 법칙에 따라 정의된 벡터 $\vec{J}$의 방향이 바뀌게 된다. 이것이 바로 행성의 올바른 운동 법칙을 최초로 성문화한 요하네스 케플러의 가장 중요한 발견 중 하나이다. 케플러는 또한 화성의 궤도와 같은 극단적인 타원형 궤도를 포함하여, 태양계의 모든 행성이 각자의 궤도를 일주하는 데 걸리는 시간과 그 궤도의 크기 사이에는 공통적인 관계가 성립함을 알아내기도 했다. 이러한 관계는 $\vec{J}$의 크기가 보존되므로 나타난 직접적인 결과이다. 따라서 행성의 운동에 관한 케플러의 경험적인 법칙은 각운동량보존법칙의 주요한 결과를 포함한다. 케플러의 법칙은 물리학에서 최초로 발견된 보존 법칙을 포함하며, 이 보존 법칙은 힘과 운동이 관련된 동역학 계에 적용된다.

물론 각운동량보존법칙은 셋 이상의 별들이 군집하여 형성된 계와 같은 복잡한 다개체 행성 궤도에서도 적용되며, 이때 계에 속한 모든 입자의 개별 각운동량을 구하여 합산해야 한다. 운동량과 마찬가지로, 계에서 보존되는 양은 '총' 각운동량이며, 총 각운동량은 벡터 방정식 $\vec{J} = \vec{J_1} + \vec{J_2} + \vec{J_3} + \cdots$ … 로 기술할 수 있다. $\vec{J}$는 여기에서 총 각운동량을 나타내며, $\vec{J_i}$은 계를 구성하는 여러 요소가 지닌 각각의 각운동량이다. 종이와 연필만으로 다개체가 관련된 복잡한 상황의 궤도 운동을 풀어내기란 거의 불가능하며, 정확한 해법은 극히 일부만 알려졌다. 일반적인 결과를 얻으려면 상황을 과감하게 단순화시키거나 컴퓨터를 사용해야 한다. 그러나 다개체 문제가 얼마나 난해하던지 간에, 총 각운동량이 보존된다는 사실은 언제나 보장된다. 혜성과 플로트의 이동 경로인 쌍곡선과 포물선처럼 더 일반적인 운동 경로를 비롯하여 은하와 우주선, 원자와 분자들, 기본 입자와 자연의 다양한 힘들이 관련된 충돌에서도 각운동량보존법칙은 성립한다.

거대한 물체 역시 자전spin할 수 있으며, 이때 물체는 자전 운동과 관련된 각운동량을 가진다. 아이들이 가지고 노는 팽이는 자전 운동을 보여주는 단순한 예이다. '대략적인 크기'가 R이고(이 대략적인 크기는 자전 운동 평면에 있는 물체의 반지름 크기로 간주한다), 총 질량이 m인 물체가 자전하고 있다면, 가장 바깥쪽이 속력 v로 움직일 때 자전 각운동량의 크기는 $|\vec{J}| = kmvR$이 될 것이다. k는 0.793과 같은 단순한 상수이며, 물체의 형태와 내부 물질 분포의 특성을 나타낸다(예리한 독자들이라면 이 수치가 물체 크기 R에 운동량의 크기인 mv를 곱한 값임을 알아차릴 것이다).

단순한 예를 살펴봤으니 이제, 소위 '세 개의 덤벨 실험'에서 각운동량보존법칙을 어떻게 설명할 지를 이해할 수 있다. 강사는 팔을 밖으로 쫙 뻗은 채 양손에는 무거운 덤벨을 들고 회전 테이블 위에 서 있다(제3의 덤벨은 누구일지 생각해보라). 한 학생이 그림 10(a)처럼 강사－덤벨 계를 테이블 위에서 회전시키기 시작한다. 이제 강사와 덤벨은 자전 운동하는 계가 된다. 처음에 그는 천천히 회전한다. 그러다가 양손(과 덤벨)을 자신의 몸 가까이 가

그림 10 세 개의 덤벨 실험. (a)에서 피버디 교수는 쭉 뻗은 양팔에 한 쌍의 덤벨을 들고 있다. 그는 매우 천천히 돌기 시작한다. (b)에서 피버디 교수는 팔을 끌어당겨 덤벨을 자신의 몸 가까이 가져온다. 각운동량보존법칙에 따라 그의 각속도는 매우 많이 증가한다. (그림 시어 페렐.)

져온다. 그림 10(b)처럼 그의 회전 속력 v는 엄청나게 증가한다. 왜 그럴까?

여기서 일정하게 유지되어야 하는 양은 운동량 보존에 의한 총 각운동량이며, 그 값은 $|\vec{J}| = kmvR$이다. 덤벨을 몸 가까이 가져오면 그의 '반지름 크기' R은 감소한다. 그러나 각운동량 $|\vec{J}| = kmvR$는 동일하게 유지되어야 하므로, R의 감소를 보상하기 위해 v가 증가해야 한다.[9)]

피겨 스케이팅 선수는 이와 같이 각운동량을 이용해 공중회전뿐만 아니라 얼음 위에서 감동적인 스핀을 연출한다. 또한, 거대한 타이탄의 핵은 초신성으로 붕괴하면서 중성자별이라는 일종의 조그마한 유품을 만들어내는

데, 이 별은 붕괴하는 별의 내핵이 가진 회전 각운동량 전부를 얻게 된다. 따라서 중성자별은 매우 빠르게 회전할 수밖에 없다. 중성자별과 같은 물체는 회전하는 동안 대개 주변의 파편을 휩쓸어버릴 정도로 엄청난 자기장을 만들어내는 빛의 펄스를 규칙적으로 방출한다. 이렇게 놀라운 빛의 펄스를 방출하는 천체를 펄서pulsar라고 부른다.

공간 속에서 고정된 $\vec{J}$의 방향처럼, 각운동량보존법칙은 많은 계의 안정성을 돕는다. 자이로스코프는 마찰력이 극히 낮은 기계틀, 짐벌 장치로 지지된 상태로 방향을 유지하며 회전하는 질량체이다. 자이로스코프는 항해용 보조기구로서 방향 정보 기기로 쓰인다. 각운동량이 계를 안정시키는 또 다른 예로 자전거를 들 수 있는데, 바퀴의 회전에 따른 각운동량은 자전거가 수직으로 선 상태를 유지하는 중요한 역할을 한다. 원반은 각운동량 덕분에 공중에서 안정적으로 날 수 있다. 라이플 탄환과 포탄은 '강선' 곧, 투사물을 회전시키기 위해 총신 내부에 나선형으로 파인 홈을 따라 회전하면서 더 안정적으로 날아가게 된다. 쿼터백은 미식축구공을 회전시켜 안정성과 함께 정확한 터치다운 패스를 얻으려 한다. 북극성(소북두칠성의 손잡이 끝에 있는 별)을 향하는 지구의 자전축 역시 지구가 밤낮을 주기로 자전하는 동안 안정적으로 유지된다.

약간의 예외가 있지만, 태양계 내의 각 행성은 다른 행성과 같은 방향(역시 오른손 법칙에 따라 정의된 방향으로서 '황도 평면'으로 알려진 궤도 평면에 수직인 방향)을 가리키는 궤도 각운동량을 가진다. 태양계의 전체 각운동량은 대부분 가장 큰 외행성 — 곧, 목성, 토성, 천왕성, 해왕성 — 의 각운동량이 차지한다. 태양의 스핀 각운동량은 행성의 궤도 각운동량과 방향이 같다. 또한, 행성 대부분이 공전 궤도의 각운동량과 거의 같은 방향을 가리키는 축을 중심으로 자전한다(반대로 자전하는 금성만 예외이다). 이 같은 사실은,

태양계 전체가 순환하는 타이탄 파편과 먼지로 이루어진 성간 구름에서 진화하였고, 오늘날 행성궤도는 이 성간구름이 가지고 있던 원시 각운동량에 따라 결정되었음을 강력하게 뒷받침한다. 태양계가 형성될 때 보존된 원시 각운동량은 태양과 행성 각각의 각운동량에 자신의 흔적을 남겼다. 태양은 살아가는 동안 우주선과 태양풍을 방출하는데, 이 우주선과 태양풍이 태양의 각운동량을 우주 공간에 흩뜨려 버린 까닭에 태양은 원래 지니고 있던 스핀 각운동량의 상당 부분을 잃어버렸다.

지난 백여 년간 수집한 자료를 바탕으로 물리학자들은 각운동량보존법칙이 은하계와 행성, 인류와 그들이 사용하는 기계의 거시 세계만이 아니라, 원자와 기본 입자와 같은 미시 세계에서도 성립함을 확신했다. 에미 뇌터 덕분에 각운동량보존법칙이 공간의 등방성 — 공간은 선호하는 방향이 없다 — 을 의미한다는 사실을 알게 되었다. 공간의 모든 방향은 동등하며, 회전을 통해 연결되고, 회전은 물리법칙의 대칭이 된다. 각운동량 보존은 분자, 원자, 원자핵, 등 물질의 기본 구성 요소와 기본 입자에 관한 이해에 결정적인 역할을 한다. 또한, 궁극적으로는 유령 같은 양자 현상과 그 현상 때문에 극단적인 상황에서 나타나는 물질의 기묘한 행동을 설명한다. 이 주제들 역시 후에 다시 다룰 것이다.

6장
관성

살비아티 : 이제 같은 물체가 경사가 없는 표면에 놓여있을 때 어떤 일이 일어나는지 알려 주십시오.
심플리치오 : 여기서 저는 잠깐 제 답변에 관해 생각해 봐야겠습니다…… 여기에서는 가속이나 감속을 일으키는 어떤 원인도 찾을 수 없습니다. ……
살비아티 : 그렇다면, 표면이 무한하다면, 그 물체의 운동 역시 무한합니까? 영원히 운동합니까?
심플리치오 : 제게는 그렇게 보입니다.

갈릴레오 갈릴레이, 『두 개의 주요 우주 체계에 대한 대화』

좀처럼 인지되지 않지만 분명히 존재하는

갈릴레오가 지은 『두 개의 주요 우주 체계에 대한 대화Dialogue Concerning the Two Chief World Systems』에서는, 코페르니쿠스의 이단적인 태양 중심설(지동설)을 신봉하는 주인공 살비아티가, 아리스토텔레스의 그릇된 운동 법칙에서 비롯되어 가톨릭 교회의 교리로 채택된 지구 중심설(천동설)을 대표하는 보수파 심플리치오와 자신의 신념에 대해 토론하는 부분이 나온다. 이탈리아의 지방어로 쓰인 이 부분의 인쇄물이 매진된 후, 판매는 금지되었고 갈릴레오는 종교 재판소에서 재판을 받았다. 일반 대중을 위해 쓰인 이 글은 관성의 원리에 관한 재치 있고 풍자적이며 평이한 해설서였다.[1]

현대 과학, 아니 현대 세계는 관성의 원리와 함께 시작된다. 관성의 원리는 가장 중요한 자연 법칙으로 알려졌다. 운동의 제1법칙에서 뉴턴은 이 원리를 재진술했다. 정지해 있거나 직선상에서 등속 운동하는 물체는 외부의 힘이 작용하지 않는 한 그 상태를 계속해서 유지하려 한다. 운동에 관한 가장 기본적인 이 진술을 가리켜, 운동을 지배하는 근본 원리라고 말한다.

사실, 물체가 경험하는 물리법칙은 모든 형태의 등속도 운동에서 변하지 않는다. 따라서 관성의 원리는 자연의 대칭이다. 모든 등속도 운동에서 나타나는 자연법칙의 대칭성 또는 등가성은 임의의 물체에서도, 인간과 실험실에서도, 그 밖의 모든 것에서도 성립한다. 갈릴레오는 관성의 개념을 이처럼 이해했다. 그는 잔잔한 바다 위에서 배가 정지 상태일 때와 등속도 운동 상태일 때 돛대 위에서 조약돌을 낙하하면 어떤 일이 발생하는지를 주제로 주인공들이 토론하는 내용을 통해 '관성계Inertial reference frame'(관성 좌표계라고도 한다)라는 핵심 개념을 등장시켰다.

관성이라는 개념을 설명하고, 그것을 대칭에 연결하면 물리적 세계에 존재하는 여러 사물 간의 관계에 대한 통찰을 얻게 되며 새롭게 확장된 용어를 접하게 된다. 그러나 결국 왜 관성의 원리가 존재하는지, 왜 자연과 관련된 대칭 원리들이 존재하는지는 결코 제대로 알 수 없다. 과학이 할 수 있는 최선의 일은 사물을 인지하는 것 — 그들이 어떻게 엮어져 있는지, 어떻게 상호 관련되는지 — 그리고 어쩌면 그들을 기술하고 활용하는 방법을 알아내는 것일지도 모른다. 우리에게는 언제나, 설명되어야 할 수많은 미지의 사물과 더불어 설명되지 않은 또 다른 '왜'라는 질문이 남겨져 있다. 비록 관성이 존재하는 이유를 영원히 알 수 없더라도, 관성이 존재한다는 사실만큼은 확실하다.

리처드 파인만은 20세기 가장 위대한 물리학자 중 한 사람이었으며, 지금까지도 필자들을 비롯한 수많은 과학자에게 영웅으로 남아 있다.[2] 어렸을 때부터 파인만은 세상에 대한 호기심에 눈떴고 집에서 직접 다양한 실험을 하는 일이 많았다. 그는 후에 아버지와의 다정했던 관계를 종종 회상하면서, 아버지가 다소 독창적으로 세상을 탐구하는 자신의 방식을 격려해 주셨다고 말했다. 하루는, 아주 어린 소년이었던 파인만이 관성을 발견했다. 그의 '아빠'는 이 작은 발견 속에 숨어 있는 자연의 신비를 아들에게 가르쳐 주었고, 그런 아버지가 곁에 있었다는 것이 파인만에게는 행운이었다. 다음의 글은 건전한 과학과 건전한 교육에 영향을 주는 모든 요소를 보여준다.

아버지는 사물을 인식하는 법을 가르쳐 주셨다. 어느 날 나는 주변에 레일이 설치된 조그만 장난감 기차를 가지고 놀고 있었다. 나는 아버지에게 가서 말했다. "있잖아요 아빠, 나 뭔가를 알아냈어요. 기차를 끌어당기면 공은 기차의 뒤쪽으로 굴러가요. 그리고 기차를 끌어당기다가 갑자기 멈추면, 공은 앞쪽으로 굴러가고요. 왜 그런 거지요?"

"그건 아무도 모른단다." 아버지가 말씀하셨다. "다만, 움직이는 물체는 계속해서 움직이려 하고 정지한 물체는 계속 정지하려 하지. 네가 세게 밀지 않는 한 말이다. 물체가 이렇게 행동하는 것을 관성이라 부르는데 누구도 왜 그런 것이 존재하는지를 몰라."

그다음이 더 심오한 내용이었다. 아버지는 단순히 원리의 이름[관성]만 아는 것과 진짜로 아는 것의 차이를 알고 계셨다. 아버지는 계속해서 말씀하셨다. "[끌어당기기 시작할 때부터] 기차를 옆에서 보면, 너는 기차만 끌어당긴 거란다. 사실 공은 정지해 있는 거지. 마찰 때문에 공은 바닥을 기준으로 약간 앞으로 움직이긴 하지만 뒤로 움직이진 않는단다."

나는 장난감 기차로 되돌아가 공을 다시 넣고 기차를 끌었다. [옆에서] 보니 정말로 아버지 말씀이 옳았다! 공은 보도를 기준으로 앞으로 약간만 이동했다. [그러는 동안 기차가 앞으로 많이 움직이기 때문에 결국 공이 기차의 뒷벽에 닿게 되는 것이었다.」[3)]

파인만의 경험담은 집에서든 학교에서든 누구나 할 수 있는 간단한 실험의 예를 제시한다. 관성의 존재를 보여주는 '실험'도 물론 많지만 일상적으로 자연스럽게 경험하기도 한다. 차가 가속될 때나 비행기가 이륙할 때는 좌석의 뒤쪽으로 밀린다. 관찰자도 정지 상태에 머무르려 하는 물리적 물체이며, 좌석은 뒤쪽으로 작용하는 힘을 받는다. 갑자기 차의 브레이크를 세게 밟으면, 등속도 운동을 계속하려는 물체인 관찰자는 몸을 차에 고정하는 안전벨트가 없으면 앞으로 튀어 나가려 한다. 물에 젖은 천조각이나 헐거운 카펫 가장자리에 걸려 넘어지는 현상은 관성의 존재를 보여주는 대표적인 예이다. 발은 갑자기 정지하는데 상체는 관성 때문에 계속 앞으로 움직이려 한다.

일상에서 이렇듯 관성의 원리는 다소 불가사의하다. 관성은 조금만 노력하면 '인식'할 수 있지만, 재난 사고처럼 무언가 즉각적이고 극적인 일로 드러나기 전까지는 무대 뒤에 숨어서 언제까지고 명확히 드러나지 않는 미묘한 현상이다. 인간은 진화 과정에서 관성에 적응해왔으므로 물리 세계를 탐험하는 동안, 그것을 인식하기 위해 멈춰서거나 일부러 계속 적응해야 할 필요는 없다.

그렇다면 인류는 왜 르네상스 말기에 와서야 관성을 알아차렸을까? 피타고라스에서 아르키메데스에 이르기까지 여러 위대한 그리스 철학자를 비롯하여 더 이른 시기에도 수많은 문화와 문명권에서는 총명한 사람들이 넘쳐났다. 그러나 그들 모두는 분명히 운동의 가장 기본적인 특성인 관성의 개념을 잘못 이해했다. 왜 고대의 가장 위대한 철학자와 과학자들조차도 관성을 제대로 알지 못했을까?

기하학을 창조한 고대 그리스 철학자들은 모든 사물의 운동 원리를 설명하려 했다. 이 과정에서 그들은 오늘날의 우리와 같이, 대칭을 기하학적 전통에서 유래한 근본 원리로 보았다. 행성의 운동과 같은 자연 현상을 대칭과 관련지어 설명할 수 있다면, 분명히 만족스러운 설명일 것이었다. 대칭과 관련된 이론은 자연 내부에 깊숙이 숨겨진 진실을 드러내는 역할을 한다. 그리고 깊숙이 숨겨진 자연의 진실을 드러내는 이론은 그 자체만으로도 한층 신뢰할 만하다고 그들은 생각했다.

관성, 대칭, 태양계 역사의 요약

그러나 마찰이 없는 운동, 이상적인 진공과 같은 개념은 당시 그리스 철학자들이 생각해내기에는 지나치게 어려운 개념이었다. 바퀴 베어링이 닳아 버린 목재 수레에 무거운 돌덩이나 올리브유 항아리 등을 싣고 옮기는 일상은 (그때는 물론 안전모나 작업화 같은 것도 없었다) 불평과 고통에 찬 신음소리가 들릴 듯한 조각상에 표현되어 있다. 무거운 물체는 분명히 누군가가 억지로 그렇게 만들지 않는 이상, '직선상의 등속 운동'을 하는 것처럼 보이지 않았다. 운동하는 물체는 아리스토텔레스가 말한 대로 결국에는 자연스러운 정지 상태에 도달했다. 질량은 대부분 자연적인 정지 상태로 돌아가려는 사물의 성향을 나타내는 척도였으며, 사람들이 들어 올리고, 밀고, 끌어당길 때 낑낑거리며 고통의 신음소리를 내는 원인이었다. 그리스인은 마찰이 지배하는 세계에서 살았다. 관성을 인식하기는 매우 어려웠다. 그들은 마찰의 개념과 순수하고 이상적인 운동의 개념을 구분할 수 없었다. 이러한 이유로 운동의 가장 기본적인 개념을 잘못 이해했던 듯하다.[4]

이는 장난감 기차와 공으로 관성을 알아낸 어린 소년 파인만의 경험과 대조된다. 장난감 기차와 같은 단순한 실험 도구에서도 현대의 기술 수준이 반영된다. 장난감 기차의 바퀴는 윤활유가 칠해졌거나, 강철 프레싱 되었거나, 베어링에 마찰이 없거나, 쉽게 끌릴 수 있도록 정밀하게 주조되었을 수 있다. 장난감 기차는 자갈길이 아닌, 매끄러운 레일 위에 놓여있다. 기차 실험에 쓰이는 공은 동네 상점에서 값싸고 쉽게 구할 수 있는 테니스공이다. 이 모든 것이 오늘날 생산되는 상품들이다. 보편화된 상업 기술은 누구나 값싸고 쉽게 이용할 수 있었으며, 대공황 한가운데서 통찰력 있고 인내심 많은 자상한 아빠 밑에서 자란 천재 소년 역시 그 혜택을 누렸다. 그리고 그 소년은 먼 훗날 양자전기역학을 발견하게 되었다. 고대 그리스인들에게는 그저 이러한 기술이 없었을 뿐이다.

결국, 마찰이 지배하는 지상에서 눈을 돌려 하늘을 바라본 그리스인은 지상과는 전혀 다른 세계를 발견했다. 행성은 태양과 달과 별들이 그렇듯, 어떤 일정한 규칙적인 패턴을 보이며 이동하는 듯했다. 형상, 운동, 시간 그리고 공간의 대칭들이 저곳에서는 분명해 보였다(따라서 이들은 그 자체로 신인지도 몰랐다). 분명히 신성한 무언가가, 또는 신성한 의도를 가진 무언가가 그들의 경로에 따라 행성을 '밀고' 있었다. 그래서 고대의 철학자들은 우주를 설명하려고, 하늘의 행성을 이동시키는 결정적인 원리로서 일종의 신성—대칭—을 도입했다. 이러한 설명은 플라톤에 이르러 완성되었고, 결국에는 아리스토텔레스가 완전한 원운동의 개념을 이어받아, 천문학에서 필수적이고 결정적인 역할을 하는 대칭 원리로 승화시켰다.

기원전 약 580년에 태어난 피타고라스의 시대에서 기원전 384년에 태어난 아리스토텔레스의 시대에 이르기까지, 기하학과 이성은 자연 현상을 이해하는 도구였다. 앞에서도 언급했지만, 천문학자 아리스타르코스는 태양계의 배치를 정확히 이해하고 있었다. 달의 공전 중심을 지구로 놓고 모든 체계의 중심은 태양으로 설정함으로써, 그는 행성과 그 궤도를 올바른 위치에 놓았다.

그러나 다양한 원인으로, 그 뒤를 이은 것은 대부분 비과학적인 미신숭배와 교조주의였다. 그리스의 황금기는 갑작스러운 정치적 경제적인 사건 속에서 사라져가기 시작했다. 플라톤과 아리스토텔레스는 이성적이고 수학적인 천문학에 회의적이었으며, 신념에 기반을 둔 자연 철학을 선호했고, 정치적으로는 권위적인 규칙이 지배하는 질서정연한 사회를 옹호하는 듯했다. 플라톤과 아리스토텔레스의 이러한 해석은 후에 나타난 극단적이고, 보수적이며, 강력하고, 교조주의적인 신플라톤 학파가 강화시켰다. 아서 쾨슬러는 '물리학은 수학과 별개이며 신학의 한 부분이다' 라고 말했다.[5] 아리스토텔레스는 우주의 중심은 지구이며, 원궤도의 완벽하고 신성한 대칭이 하늘을 지배하는 원리라고 굳게 믿었다. 그는 원과 구가 가진 완벽한 대칭을 칭송하였고, 모든 천체—태양, 달, 행성, 항성들—가 완벽한 구라고 선언했다. 이러한 그의 생각은 결국, 권위적인 가톨릭 교회의 교리에 유입되었다. 후대의 수많은 학자는 의문을 제기하지 않았고 오히려 이 부정확한 구조에다 천체의 관찰 결과를 끼워맞추려 했다.

클라우디우스 프톨레마이오스는 서기 2세기에 이집트의 알렉산드리아 시에 살았던 그리스 천문학자이다. 프톨레마이오스는 아리스토텔레스의 철학을 받아들여 우주의 '표준 모형' 이 된 이론을 제시했다. 정교한 수학을 갖춘 이 이론은 약 1,500년간 지속하였다(종교를 제외하면 분명히 물리학의 모든 이론을 통틀어 오늘날까지도 깨지지 않는 최고 기록이다). 아리스토텔레스를 따른 프톨레마이오스의 이론은 태양, 달, 항성, 행성이 모두 지구를 중심으로 돈다고 가정했다. 그는 지옥이 지구의 중심에 존재하며, 천국은 이 우주론 체계의 가장 바깥 가장자리에서 찾을 수 있다고 주장했다.

태양, 달, 항성은 원형 궤도 속에서 매일 지구의 주위를 도는 것처럼 보이지만, 항성에 대해 상대적으로 운동하는 행성은 운동 방향을 바꾸기도 한다. 어떨 때는 역방향으로 이동하기도 하고(그와 같은 운동을 역행이라고 한다), 다시 정상적인 방향으로 진행하기도 한다(순행). 프톨레마이오스는 '항성(고정된 별)'에 대한 행성의 역행과 순행이 교대로 나타나는 현상을 설명하기 위해 주전원을 도입하였다. 주전원은 사실 프톨레마이오스 이전에 살았던 그리스 철학자 히파르코스에게서 빌려온 개념이다. 주전원은 원 위의 원으로서, 프톨레마이오스는 행성이 정교한 뻐꾸기시계 속의 작은 조각상처럼 이 원에 속박되어 움직인다고 상상했다.

따라서 프톨레마이오스에게 우주란, 말하자면 거대한 시계였다. 그 속에서는 신이 손수 제작한 어떤 거대하고 숨겨진, 시계처럼 정확한 기계 장치처럼 사물들이 주전원에 속박되어 자신들의 경로를 따라 움직였다. 그러나 프톨레마이오스의 이론에서도 해결되어야 할 몇 가지 중요한 수수께끼들이 남아 있었다. 예를 들면, 금성이 천구 위를 이동하는 동안 밝기가 변하는 현상은 설명하지 못했다. 그러나 모든 현상은 대개 본질적으로 원과 주전원만으로 구성된 프톨레마이오스의 이론으로 설명할 수 있었다. 상당한 개선과 수정을 거친 뒤 (과학자들은 이를 '미세 조정fine-tunning'이라고 부른다) 놀랍게도 그의 이론은 모든 천체의 위치를 꽤 정확하게 예측하게 되었다.[6)]

따라서 프톨레마이오스의 이론은 우리 주변에 존재하는 대칭적인 사물이자 아리스토텔레스가 행성 운동의 본질적인 요소로 명명한 원을 정밀하게 측정된 행성의 운동과 연결한 셈이었다. 비록 주전원이지만 본질적으로는 원의 대칭에 기반을 둔 우주론, 곧 우주에 대한 비과학적인 시각이었다. 훌륭한 이론들이 그렇듯 프톨레마이오스의 이론 역시 유용했다. 행성, 항성들, 태양과 달의 위치(천체력)를 정확히 예측했기에 그의 이론은 농업과 항해, 점성술(상업적인 가치를 가지고 있었고, 지금도 역시 그렇지만, 그 외에는 거름으로 쓰이는 말의 분뇨만큼의 가치도 없는)에서도 쓰였다. 그의 이론은 우주에 관한 미적으로 만족스러운 설명이었으며, 아리스토텔레스의 철학과도 조화를 이루었기에, 전지전능한 가톨릭 교회는 그의 이론을 받아들였다. 핵심은, 신성한 대칭은 천구의 운동에서 바로 알 수 있는 원을 통해 자신을 드러낸다는 생각이었다.

그러나 프톨레마이오스의 우아한 이론, 곧 서력으로 첫 천오백 년을 지배했던 '표준 모형' ― 기록상 가장 오랫동안 지속한 우주론 ― 은 완벽하게 그릇된 것으로 밝혀졌다![7]

폴란드의 신학자였던 니콜라우스 코페르니쿠스는 1530년 그의 저서 『천구의 회전에 관하여』에서 태양계의 모습을 상당 부분 수정했다. 그는 무려 2,000년 전에 형식화되어 오래전에 잊혀진 아리스타르코스의 태양계 배치를 재발견하였고, 지구는 자신의 축을 중심으로 자전하므로 태양과 항성, 다른 행성이 지구 주위를 궤도 운동하는 것처럼 보인다고 주장했다. 모든 것의 중심은 태양이었으며, 지구를 비롯한 모든 행성이 태양을 기준으로 운동했다. 달은 특별하게도 실제로 지구의 주위를 궤도 운동하였으며, 항성은 '태양계' 밖의 멀리 떨어진 곳에 '고정된' 채로 존재했다. 행성의 순행과 역행 운동은 이제 지구가 태양 주위를 공전한다는 사실에 따른 결과였으며, 지구가 행성들에 대해 상대적으로 갖는 우월한 지위는 변화했다. 코페르니쿠스의 이론은 프톨레마이오스의 이론에서 필수적인 주전원을 폐기했다. 그의 이론은 독창적이었으며 교묘했다. 행성의 순행과 역행은 본질적인 현상이 아닌, 겉보기 효과가 되었다.

코페르니쿠스는 결코 자신의 이론을 제대로 옹호해 본 적이 없었다. 가톨릭 교회의 협박 때문이었을지 몰라도, 그는 죽기 직전까지 자신의 이론을 발표하지 않았다. 그의 책은 성서, 그중에서도 특히 신이 온종일 태양을 하늘의 정중앙에 '정지' 시켰다는 내용을 담은 여호수아 서를 정면으로 반박했다.[8] 『천구의 회전에 관하여』의 표지 뒷면에는 놀랍게도 공식적인 부인서가 적혀 있다. '여기에 담긴 생각은 행성의 위치를 예측하기 위한 가설에 불과하므로 참으로 간주하거나 심지어는 있음직하다고 여겨서도 안 된다.' 이 내용은 코페르니쿠스의 동시대인인 신학자이자 교열자 안드레아스 오시안더가 첨부했으리라고 추측된다.[9] 오시안더는 아마도 이단의 죄를 무릅쓰고라도 그 책을 소유할 수 있었던 당시 학자를 보호하려 했을 것이다. 말할 필요도 없이, 그 이론은 실제로 당시 사회를 발칵 뒤집어 놓았다.

코페르니쿠스는 처음에 행성의 궤도를 원으로 가정함으로써 아리스토텔레스 철학의 핵심 요소인 대칭을 보존하였다. 금성의 밝기 변화는 지구에 대한 상대적인 위치와 관련하여, 여기서도 겉보기 효과로 설명할 수 있었다. 금성은 때로 태양에 근접한 상태에서 지구에 가까워지기도 했고, 태양과 먼 상태에서 지구와 멀어지기도 했다. 그의 이론은 또한, 금성이 달과 같은 위상을 가진다는 사실도 설명했는데, 이는 프톨레마이오스의 이론에서는 전혀 설명할 수 없었던 현상이었으며, 후에 갈릴레오는 자신의 망원경으로 이 사실을 직접 관측했다. 코페르니쿠스의 이론은 개념적으로 더 깔끔하고, 더 아름답게 궤도 운동을 설명했다. 그의 우주는 난해하며 교묘했다. 사물의 겉보기 위치는 관측자의 위치에 따라 결정되었고, 모든 것이 솜씨 있게 정돈되었다. 이로써 행성의 겉보기 순행·역행을 깔끔하게 설명하였다. 코페르니쿠스는 주전원을 추방했다.

'자연스러움'을 중요시하는 현대적 기준으로 판단했을 때, 이성적인 사고를 하는 사람이라면 누구나 주전원들이 관련된 인위적인 프톨레마이오스의 이론을 즉각 폐기하고, 합리적이고 경제적인 코페르니쿠스의 설명을 채택한다. 그러나 세상사가 항상 그런 식으로 돌아가지는 않는다. 우주 여행이 가능한 오늘날에, 과거의 지적 오류를 명확히 알고 있는 우리로서는 프톨레마이오스의 이론 전체와 그에 관련된 역사적 사건에 등장하는 여러 인물의 행동이 우스꽝스럽다고 생각하기 쉽다. 그러나 객관적으로 볼 때, 코페르니쿠스의 원궤도 모형은 초기에는 행성의 미래 위치를 예측하는 데에 프톨레마이오스의 이론보다 훨씬 부정확했다! (따라서 과학자들은 프톨레마이오스가 '관측 자료에 더 들어맞았다' 라고 말한다. 주6을 보라!) 코페르니쿠스의 모형은 훨씬 더 정교해질 필요가 있었다.

코페르니쿠스의 이론은 태양계의 배치를 과학적으로 올바르게 설명할 수 있었지만, 그의 이론이 옳다는 것은 어떻게 증명할 수 있었을까? 당시의 천체력 출판업자들은 더 정확한 프톨레마이오스의 이론을 사용했다. 따라서 정확성의 관점에서 객관적으로 판단하면 프톨레마이오스의 이론이 승리한 셈이다. 또한, 가톨릭교 지도자들은 반 지구 중심설, 곧 반아리스토텔레스적인 코페르니쿠스의 이론 전체를 부정했으며, 결국에는 그 이론의 가르침 역시 이단이므로 사형으로 처벌할 수 있다고 생각했다. 코페르니쿠스의 이론은 관찰자를 속여 존재하지 않는 주전원을 '보게' 하는 미묘한 관점을 포함하고 있었다. 순수한 믿음을 더럽히는 악마의 소행을 걱정하는 교회의 사제들은 이를 불안하게 보았다. 결국 그들은 자신들이 가진 기득권을 유지하려고 정신적 지주인 아리스토텔레스와 신성한 원의 대칭을 모독하는 자를 추방했다.

여기에서 조르다노 브루노가 등장한다. 브루노는 지구를 우주의 중심적 위치에서 극적으로 끌어내린 코페르니쿠스의 이론을 접하고는, 그 자체로 자명한 이성과 논리의 아름다움에 충격을 받았다. 그는 태양계 자체도 더 큰 우주에 존재하는 수많은 태양계 중 하나일 뿐이라고 공공연히 주장했다.

브루노의 우주는 끝없는 허공을 채우는 수많은 유사 태양계로 가득했다. 나아가 그는 저 먼 우주 어딘가에 우리와 동등하거나 더 우월한 지적 존재들이 사는 세계가 존재할 가능성이 있다고 주장했다. 브루노는 어떤 의미에서는 최초의 현대 우주론자로서, 오늘날의 우주론이 주장하는 우주의 엄청난 균질성과 등방성 — 곧, 광활한 우주에서는 특별한 방향도, 중심도 없다는 사실 — 을 예언했다. 1600년, 지나치게 신성모독적인 주장을 했다는 이유로, 그는 다른 이단자와 함께 기소된 종교 재판에서 화형을 선고받았다.

그 뒤에 요하네스 케플러가 등장했다. 케플러는 코페르니쿠스의 이론이 태양계의 참된 배치임이 틀림없다고 굳게 확신했다. 브루노가 믿음의 대가로 자신의 목숨을 치른 그때와 거의 같은 시기에, 케플러는 코페르니쿠스의 이론과 실제 자료상에 존재하는 부조화의 문제를 해결하는 데 집중했다. 코페르니쿠스의 모형에서 나온 예측이 부정확한 이유를 알고 원인이 되는 그 내용을 수정할 수 있다면, 우주의 웅장하고 새로운 대칭적 구조를 발견하게 될 것이었다. 케플러는 강한 선입견을 품고 연구를 시작했던 셈이지만, 연구 과정에서는 정직했다. 그는 까다롭지만 사교적인 천문학자 튀코 브라헤 밑에서 연구 조수로 일했던 덕분에 당시의 가장 정확한 천문학적 자료들에 접근할 수 있었다. 현대 과학은 케플러의 위대한 학문적 성실성과 인내 덕분으로 지금의 자리까지 올 수 있었으며, 그는 과학적 진리의 진정한 승자였다. 그는 자신의 철학적 성향과의 일치 여부를 떠나, 코페르니쿠스의 이론을 바탕으로 관측 자료에 정확히 들어맞으면서도 행성의 운동을 올바르고 정밀하게 설명할 수 있는 모형을 찾았다.

케플러는 지구 궤도의 기하학적 중심은 태양이 아니라, 거기서 얼마간 떨어진 한 점이라는 사실을 최초로 발견했다. 그 후 그는 화성의 혼란스러운 운동에 집중했다. 케플러는 화성이 운동하는 평면이 지구가 운동하는 평면보다 약 2도 정도 기울어졌음을 최초로 확인했다. 튀코 브라헤의 상세하고 정밀한 관측을 통해 본 화성의 운동은 태양 중심의 원형 궤도에서 분명히 이탈해 있었다. 케플러는 화성 궤도의 정확한 기하학적 형태가 원이 아닌 타원임을 발견했고, 결국 코페르니쿠스 이론에 나오는 모든 행성이 타원형으로 운동한다는 사실을 증명했다. 마지막으로, 궤도 운동 중 행성의 속력은 일정하지 않고 다소 변동을 보였다. 이 역시 아리스토텔레스의 가르침이 잘못되었다는 또 하나의 증거였다. 케플러는 행성의 속력과 궤도상의 위치 사이의 정확한 관계를 알아냈다. 논리와 연구의 위대한 업적으로 탄생할 발견은 코페르니쿠스의 태양계를 지지하는, 반론의 여지가 없는 관측상의 증거였다. 그러나 더 심오하고 신성한 대칭들과 피타고라스 정리의 수학적 완벽함을 행성의 운동 법칙 속에서 발견하려던 케플러는 만족하지 못했다. 그러나 사실은 이미 분명했다. 태양을 중심으로 행성이 궤도 운동을 하려면 원 대칭을 포기해야만 한다!

이 시점에서, 프톨레마이오스의 이론은 튀코의 정밀한 관측 자료와 전혀 일치하지 않았음을 언급해야겠다. 케플러는 결국 행성의 운동을 완전하게 결정하는 세 가지 법칙을 이끌어냈고, 1609년과 1619년, 자신의 발견에 이르게 한 일련의 연구를 발표했다. 그 첫번째 법칙으로, 그는 행성의 궤도가 앞서 언급했듯 실제로는 원형이 아니라 타원형이며, 태양은 그 타원의 초점 중 하나라는 결론을 내렸다(그림 11). 그는 또한, 행성이 궤도의 임의의 부분을 통과할 때 걸리는 시간에 관한 수학적인 법칙을 도출해냈다. '케플러의 제2법칙' 이라 불리는 이 법칙은 사실 앞 장에서 다루었던 각운동량 보존을 의미한다. 마지막으로, 그는 궤도의 주기 T가 궤도의 크기 R과 수학적인 관련이 있음을, 곧 'T^2은 R^3에 비례' 하며, 비례 상수는 모든 행성 궤도에서 같음을 알아냈다.[10] 마침내 행성의 운동에 관한 세부적이고 완전한 구

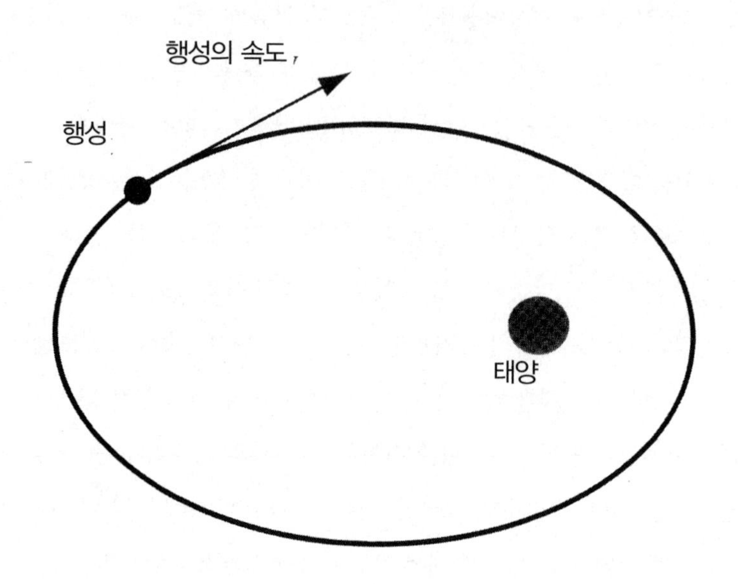

그림 11 타원형 궤도. 태양은 타원의 한 초점에 있다. 행성의 순간 속도는 타원의 접선 방향이다.

도가 나왔다. 케플러의 수정과 코페르니쿠스의 이론에서 나타난 행성 궤도의 특수한 성질은 이제 가장 정확한 천문학적 관측에 완벽히 들어맞으며, 완벽한 예측을 할 수 있었다. 프톨레마이오스의 이론에서는 이러한 일들이 가능하지 않았다. 천체력 출판사는 이제 프톨레마이오스의 모형보다 더 높은 신뢰를 가지고 코페르니쿠스-케플러의 태양계를 사용할 수 있었다. 과학적인 이점에서 보면, 프톨레마이오스의 이론은 죽었다.

타원은 수학적으로 잘 정의된 형태로서, '납작한' 또는 불완전한 형태의 원이다. 우주를 올바르게 설명하려면, 원을 통해서 표현된 아리스토텔레스의 주요 기본 개념인 대칭을 포기해야만 한다. 케플러는 행성의 참된 운동을 기술하는 정확하고 완전한 법칙을 밝혀냈다. 그렇다면 대칭은 어디로 갔는가? 대칭은 이제 완전한 원이 불완전한 타원으로 찌그러짐에 따라, 기껏해야 타원의 근사가 됨에 따라 중심에서 주변으로 곧 쫓겨난 듯했다. 그러나 케플러의 정확하고 완전한 법칙에서도 새로운 의문들이 제기되었다. 훨씬 더 심오한 수준의 새로운 대칭이 케플러의 운동 법칙에 잠재되어 있었다.

태양계에 관한 케플러의 기술은 현상학적 이론이었다. 현상학적 이론은 과학에서 빈번하게 등장한다. 이 이론들은 특정 현상 또는 연구 대상을 기술하는 정확한 규칙이지만, 대개는 과학의 나머지 부분과 깊게 연계하지 않는다. 그럼에도, 현상학적인 이론은 수많은 관측으로 얻은 자료를 몇 가지의 경제적인 규칙으로 환원한다는 점에서 과학 진보를 돕기도 한다. 이 현상학적인 규칙의 설명은 다음 단계에서 이루어진다. 당시 케플러의 이론은 정치와 경제 분야를 분리하고, 가톨릭 교리와 상충했으므로 받아들여지기 어려웠다. 가톨릭 교회는 고대 프톨레마이오스의 이론과 상충하는 모든 견해를 이단으로 규정했고, 그러한 견해를 주장하는 사람을 가장 극악한 고문과 사형으로 처벌해야 한다고 믿었다. 그리고 실제로 그렇게 했다. 브루노와 다른 이들이 맞은 불행한 최후는 17세기 초에 활동한 과학자들의 마음속 깊이 각인되었다.

관성을 알아차리다

코페르니쿠스의 태양계 이론을 수정한 케플러의 이론에도 수수께끼 같은 심오한 의문이 아직 남아 있었다. 무엇이 행성을 그들의 궤도 위에서 운동하도록 할까? 행성에 작용하는 힘은 행성을 그 운동 방향에 따라 밀어야 할 듯했다. 과학자들은 그 방향을 궤도의 접선 방향이라고 한다. 이런 의문과 생각은 마찰 때문에 올리브유 항아리가 담긴 수레를 힘겹게 밀어야 했던 그리스인들의 경험과 세계관에서 비롯되었다. 노새가 끄는 수레나, 건축 현장에서 근로자들이 실어 나르는 암석과 마찬가지로, 행성은 그것을 '미는' 무언가가 없다면 분명히 정지하게 될 것이었다. 사물은, 아리스토텔레스가 말한 바대로, 정지하려는 '자연적인 성향'이 있다. 행성을 움직이게 하는 원인에 관해서는 케플러 역시 아리스토텔레스보다 더 나은 설명을 하지 못했다. 흔히 전해지는 바로는, 케플러는 '천사들이 날개를 움직여 행성을 밀고 있다'고 설명했다고 한다. 그러나 사실 케플러는 태양에서 방출되는 회오리가 행성을 빗자루로 쓸 듯 밀어내는 동시에 타원형 궤도에 붙들어 둔다는 내용의 복잡하고 '부자연스러운' 이론을 내놓은 것이다.[11)]

항성을 움직이게 하는 힘에 대한 의문은 훗날 전개될 과학의 초석이 되었다. 마침내 마찰이 지배하는 그리스 철학자들의 세계에서 인간의 사고를 해방한 사람은 갈릴레오였다. 갈릴레오는 뛰어난 과학자였으며, 아마도 인류 역사를 통틀어 가장 위대한 과학자이다. 그의 수많은 발견으로 인류의 세계관은 급진적인 변화를 겪었다. 그는 현재의 이탈리아인 베네치아 공화국에 있는 파두아 대학교의 개인 실험실에서 꼼꼼하게 제작된 최초의 20배율 망원경으로 하늘을 관측했다. 그는 고도로 숙련된 실험자—정밀한 실험도구를 손수 만들어 세밀히 관찰하는—이면서, 자신의 관찰 결과들이 더 보편적인 원리와 어떤 관계를 맺는지를 추론하는 이론가였다. 갈릴레오는 달 표면의 산과 분화구를, 목성의 위성을, 태양의 자전축과 흑점을, 토성의 고리를, 금성을 감싼 구름, 달과 비슷한 금성의 위상 변화 등 과거의 코페르니쿠스가 예언한 내용을 완벽하게 관측했다. 자연은 강력하고 새로운 과학적 기구에 처음으로 눈 뜬 꼬마에게 경이로움을 선사해주었다.

그러나 갈릴레오가 수많은 관찰 끝에 발견한 가장 중요한 내용은 운동의 본질이다. 그는 마찰이 없는 매끄러운 표면 위에서 물체의 운동에 관한 실험, 진자를 이용한 실험, 낙하 실험, 경사진 평면에서 물체를 밑으로 굴리거나 위로 끌어올리는 실험 등을 했다. 갈릴레오는 앞에서 언급했듯, 최초로 관성을 인식하고 그에 관해 체계적으로 연구한 사람이었다. 그는 운동에 관한 관찰에서 마찰을 분리하여 관성이 존재한다는 사실을 알아냈다. 갈릴레오는 운동의 핵심을 추려내어 관성의 원리를 발견했다.

관성의 원리에서 궤도위의 행성을 '미는' 것은 존재하지 않는다는 사실을 깨달을 수 있다. 행성은 관성의 법칙에 따라 영구 운동한다. 진공에서는 마찰이 존재하지 않으며, 마찰은 어떤 물체가 공간 일정한 방향을 향해 일정한 속력으로 영원히 운동하려는 경향을 가로막는 역할을 한다. 마찰은 올리브유를 실은 무거운 수레의 운동을 변화시키고, 결국에는 멈추게 하는 일방적인 힘이다. 마찰이 없다면 수레는 직선상에서 영원히 등속 운동을 한다.

따라서 관성의 원리를 따르면, 행성의 운동 방향을 변화시키는 힘이 존재하지 않는 이상 그들은 직선 운동을 하게 된다. 그러나 행성은 직선 운동을 하지 않으며, 이때 운동 방향이 변한 까닭은 공전 궤도의 중심을 향해 행성을 끌어당기는 힘 때문이다. 예를 들어, 끈의 한쪽 끝에 매달려 원을 그리며 빙빙 돌고 있는 조약돌은 줄의 장력으로 원운동을 하게 된다. 이 힘은 조약돌의 '궤도 운동'의 중심을 향하여 작용한다. 끈이 끊어지면, 조약돌은 관성의 원리에 따라 원래 원궤도의 접선 방향을 따라 직선으로 날아갈 것이다. 행성도 마찬가지이다. 그런데 궤도 중심을 향해 행성을 끌어당기는 힘은 무엇일까? 마찰이 지배하는 세계에 살았던 그리스인에게 '힘'은 물체를 운동시키는 원인처럼 보였겠지만, 사실 그것은 물체의 운동을 변화시킬 때만 필요하다. 곧, 운동을 멈추거나, 시작할 때, 방향이나 속력 등 운동의 상태를 변화시킬 때 필요하다. 운동의 변화를 '가속'이라고 한다. 마찰력은 일상적인 세계에서 항상 존재하며 물체의 운동을 정지시키지만, 행성이 운동하는 진공 상태에서는 마찰이 존재하지 않는다. 따라서 마찰은 우리가 살아가는 세계의 복잡성으로 말미암은 결과일 뿐이며, 관성의 법칙은 우리를 둘러싼 세계 전체와 우주의 모든 시간 속에서 성립한다.

덧붙여, 갈릴레오는 1633년 종교 재판소에 기소되었다. 그는 쇠고랑을 차고, 고문과 죽음의 위협을 받았으며 코페르니쿠스의 이론과 망원경을 통해 관측한 내용에 대한 자신의 믿음을 부정하라는 강요를 받았다. 기소자들은 갈릴레오의 망원경을 들여다보기를 거부했다. 갈릴레오는 무기 징역(실제로는 가택 구금)형을 선고받았다.

필자들은 분명히 그 같은 시대가 아주 지나가 버렸기를 바라지만, 정말로 그러한지는 확신할 수 없다.

대칭 · 관성 · 물리법칙의 통합

관성의 원리는 대칭이다. 이제껏 보아왔듯, 대칭이란 사물 간의 등가성이다. 관성의 원리는 모든 등속도 운동 상태들의 등가를 의미한다. 곧, 모든 물체의 등속도 운동은 무언가가 그 운동 상태를 방해하지 않는 — 어떤 힘이 물체에 작용하지 않는 —이상 그대로 유지된다.

이제 위의 문장을 더 심화하여 진술할 수 있다. 모든 등속도 운동 상태는 사실 서로 등가이며, 이는 자연의 대칭이다! 이것을 갈릴레오 불변성(또는 갈릴레오 상대성, 갈릴레오 대칭)이라고 한다. 모든 등속도 운동 상태에서 기술한 물리적 현상은 동등하다. '모든 등속도 운동 상태가 서로 동등하다' 라는 문장의 의미는 무엇일까? 내가 정지해 있고, 여러분이 움직이고 있다면, 언뜻 보아도 서로의 운동 상태는 다르지 않은가? 그러나 이 문장의 의미는 그와 다르다.

이 말이 의미하는 바는, 서로 다른 등속도 운동 상태에 있는 모든 관찰자에게 물리법칙은 정확히 똑같이 보인다는 사실이다. 따라서 등속도 운동은 물리법칙의 대칭이다. 등속도로 움직이는 실험실 안의 관찰자가 경험하는 물리법칙은 정지한 실험실 안에 있는 또 다른 관찰자가 경험하는 물리법칙과 전혀 다르지 않다. 사실, '정지 상태' 나 '등속도 운동 상태' 라는 개념은 절대적인 의미가 없다. 내가 등속도로 움직이는 관찰자를 본다고 할 때, 그는 자신을 정지한 상태로 보며 오히려 내가 자신과 반대 방향으로 등속 운동한다고 생각한다. 공간상에서 절대적으로 움직이는 사람이 누구인지를 판단하기란 불가능하며, 오직 상대적인 운동을 판단할 수 있을 뿐이다. 상대방과 나는 각자의 실험실 속에서 물리법칙이 같다는 사실을 알게 될 것이다. 이 가상 실험실들의 등속도 운동 상태를 일컫는 용어가 있다. 바로 '관성계Inertial reference frame' 이다.

이제 관성의 법칙이 어떻게 물리법칙의 대칭 속에 숨어있는지를 알 수 있다. 만약 내 관성계에서 외부의 힘이 작용하지 않은 채 정지한 물체가 있다면, 수Sue라는 사람의 관성계에서도, 외부 힘이 작용하지 않을 때 정지 상태를 유지하는 물체가 반드시 존재한다. 그러나 수는 나에 대해 상대적으로 등속 운동하는 상태이다. 따라서 논리적으로 관성의 법칙이 도출된다. 등속 운동하는 물체는 (곧, 수의 관성계에서 정지하고 있거나 일정한 속도로 움직이는 물체는) 외부의 힘이 작용하지 않는 한 등속도 운동을 계속해야 한다.

앞의 단락에서 '~대해 상대적으로' 라는 표현을 눈치챘는지 모르겠다. '갈릴레오 불변성' 은 오늘날 '상대성원리' 로 알려졌다. 상대성원리는 후에 아인슈타인의 연구로 더욱 심오해졌다. 아인슈타인은 '등속도 운동'을 고집할 필요 없이 더 일반적으로 물리법칙을 논할 수 있음을 밝혀냈다. 이 주제는 그의 일반상대성이론에서 다루어진다.

정리하면 관성의 원리는 모든 관성계에 대한 물리법칙의 등가성 결과로 간주한다. 그리고 이러한 관점에서, 관성의 원리는 물리법칙의 대칭이 된다. 이것이 바로 관성의 원리에 내재한 진짜 핵심이다.

뉴턴의 운동 법칙

앞에서 살펴보았듯, 갈릴레오 이전에 살았던 사람들은 힘이 운동을 일으킨다고 가르쳤다. 힘이 없다면, 운동하지 않는다. 이는 잘못된 가르침이었다. 관성 운동, 곧 일정한 속도의 운동은, 정지 상태로 앉아 있는 것과 마찬가지로 물체에 작용하는 힘이 없어서 일어난 결과이다. 힘은 물체의 운동 상태를 '바꿀' 때 필요하다. 그런데 힘이란 무엇이며, 정확히 무슨 일을 하는가?

갈릴레오 이후 수년이 지난 뒤, 아이작 뉴턴은 힘의 정확한 정의를 내렸다. 힘은 질량에 가속도를 곱한 값이다. 모든 시대에 걸쳐 가장 널리 알려진 유명한 방정식 중 하나의 형태로 그 정의를 다시 쓴다면, $\vec{F} = m\vec{a}$이다. 이 식은 그리스인들이 생각한 대로 힘이 운동을 일으킨다는 뜻이 아니다. 힘은 운동, 곧 속도가 아닌 가속도, 곧 속도의 단위 시간당 변화율을 가져온다. 가속도는 한 관성계에서 다른 관성계로의 연속적인 시간변화율이다. 속도의 시간 변화율인 가속도는 공간상에서 크기와 방향을 모두 갖춘 벡터량임을 주목하라. 따라서 뉴턴의 운동 법칙를 따르면 힘 F 역시 벡터량이어야 한다.

뉴턴은 힘과 운동에 관한 세 가지 기본 법칙을 기술하면서 고전역학을 규정하는 물리법칙을 체계화했다.

1. 등속도로 운동하거나 정지한 물체는 힘이 작용하지 않는 한 계속해서 등속도 운동 상태와 정지 상태를 유지한다.
2. 질량 m인 물체에 작용하여 가속도 $\vec{a}$를 가하는 힘 $\vec{F}$는 방정식 $F = m\vec{a}$에 따라 결정된다.
3. 물체 B가 물체 A에 $\vec{F}_{AB}$의 힘을 가하면, 물체 A도 물체 B에 $\vec{F}_{BA} = -\vec{F}_{AB}$의 힘을 가한다. (곧, $\vec{F}_{BA}$는 $\vec{F}_{AB}$와 크기는 같고 방향은 반대인, '반작용' 힘이다.)

첫번째 법칙은 단순히 관성의 원리에 대한 재진술이다. 관성의 원리가 지닌 의의는 갈릴레오에서 뉴턴으로 이어지는 시기 동안 진화했다. 관성의 원리를 최초로 형식화한 사람이 누군지는 전혀 알려져 있지 않다. 갈릴레오(이탈리아인)일 수도, 뉴턴(영국인)일 수도 있으며 르네 데카르트(프랑스인)나 다른 동시대 사람일지도 모른다.[12] 그러나 뉴턴의 시기에 이르면서 학자들은 관성, 운동, 힘 사이의 상호 관계를 완벽하게 이해하게 되었고, 그러한 이해를 바탕으로 당시의 실험 가능한 모든 현상을 기술하는 기초적인 수준에 이르렀다는 점은 확실하다. 모든 현상을 몇 가지의 단순한 물리법칙으로 일반화시키는 위대한 단순화가 진행되었다.

뉴턴의 제2운동법칙은 흔히 '운동 방정식'이라고도 한다. 뉴턴의 제2운동법칙을 이용하여, 입자의 질량과 작용하는 힘이 있으면, 등속도 운동(또는 정지)상태의 시간 변화율을 계산하여 입자의 그다음 운동을 정확히 결정할 수 있다! 이것이 바로 물리학의 진정한 힘이다. 물리학은 확실성으로 사건의 결과를 예측하는 능력이 있다. 물리학의 수많은 힘이 잘 정의된welldefined 공식을 가지면, 그들의 운동은 모두 이처럼 단 하나의 공식으로 결정된다.

뉴턴의 제3법칙은 사실 물리법칙의 병진 불변성에서 비롯된 심오한 결과이며, 앞에서 기술한 운동량보존법칙을 이끌어낸다. 이 법칙은 또한, 뇌터의 정리와도 직접적인 관련을 맺는데 이에 관해서는 뒤에서 알아볼 것이다.

가속도

가속도에 대해서 더 상세히 살펴보자. 가속도는 일률처럼 많은 사람이 다소 혼동을 일으키는 개념이다. 힘을 언급하지 않고도 가속도에 대해 이야기할 수 있다. 가속도는 간단히 말해서 '시간에 따른 속도의 변화'이다. 물론 속도는 이동한 거리의 시간 변화율이다. 따라서 가속도는 이동한 거리의 시간 변화율의 시간 변화율이다. 뉴턴의 운동 법칙은 힘 벡터의 방향과 크기를 물체가 경험하게 될 가속도와 동등하게 놓는다. 작용하는 힘이 0이라면, 곧 $\vec{F} = 0$일 때, 가속도는 0, 곧 $\vec{a} = 0$이므로 물체는 가속되지 않는다. 이는 속도가 시간에 따라 변하지 않으며 반드시 일정한 속도(등속도) $\vec{v}$로 운동함을 의미한다. 이러한 운동을 관성 운동으로 정의한다.

앞서 고속 도로를 초당 30미터의 속력으로 이동하는 자동차의 예를 들면서 운동에너지를 논의했다. 가속 페달에서 발을 떼고 차가 주행하도록 했다. 차의 속력이 25m/s로 내려갈 때까지 걸리는 시간을 초 단위로 재었다. 그랬더니 속력이 그만큼 변하기까지는 10초가 걸린다는 사실을 알았다. 그 동안 차는 가속되고 있었는데 물론 가속도의 방향은 차의 속도와 정반대 방향이었다. 곧 차는 감속하고 있었다. 다시 말해 느려지고 있었다. (감속은 음의 가속이다.) 이때 가속도의 값을 구하려면, 나중 속도에서 처음 속도를 빼서 걸린 시간 간격으로 나눈다. 곧 (25−30) / 10 = −0.5m/s²이다. 가속도의 단위는 계산 결과에서 알 수 있듯 길이를 시간의 제곱으로 나눈 형태이다. 가속도 역시 속도처럼, 벡터량이어야 하며, 양의 값이면 속도와 같은 방향이고(이때는 속력이 빨라진다), 음의 값이면 속도의 방향과 반대 방향이다(이때는 속력이 감소, 곧 감속된다).

10대 소년들이 상당한 관심을 보일 만한 또 다른 실험을 해보자. 정지 상태에 있는 차를 30m/s의 속력으로 얼마나 빨리 가속할 수 있는지 측정해보자. 이 실험 역시 뻥뚫린 고속도로에서 숙련된 운전자가 수행한다고 가정하자. '전속력으로 차를 몰아' 30m/s의 속력에 도달할 때까지 몇 초가 걸리는지를 측정하면 된다. 전형적인 4기통 소형차는 8초가 걸리며, 계산하면 가속도는 3.8m/s²(초당 30미터를 8로 나눈 값)이다.

이제 물체를 떨어뜨려서 그 물체가 낙하하는 모습을 관찰해보자. 그 물체가 지면을 향해 1 '*g*', 곧 약 10m/s²의 가속도로 가속하고 있음을 보게 될 것이다. (*g*를 측정하는 간단한 실험을 고안하는 것은 흥미로운 일이며, 인터넷에도 수많은 예가 나와 있다.) 따라서, 예로 든 자동차는 대략 *g*의 38퍼센트로 가속할 수 있다. 수많은 자동차들(예를 들면, 경찰차)이 이보다 훨씬 빠르게 가속할 수 있다. 그러나 이것은 '기분좋은 정도의 가속'으로, 시간을 연장해도 심각한 부작용을 일으키지 않는다(다른 차를 들이받지 않는 이상).

이제 흥미로운 질문을 해보자. 시카고를 출발하여 뉴욕 시를 거치는 초고속 열차를 만들었다고 가정하자. 출발할 때 열차는 0.5*g*, 곧 5m/s²으로 비교적 기분 좋게 꾸준히 가속된다. 그러나 오하이오와 펜실베이니아 주의 경계를 지나면서, 열차는 가속의 방향을 역으로 하여 감속하다가 결국 뉴욕 시에서 멈추게 되었다. 기차가 출발해서 멈추기까지 걸린 시간은 얼마일까? 정답은 약 16.3분이다![13] 시카고의 사업가가 그 자리에서 한 시간 후의 뉴욕 지사 회의를 계획할 수도 있는 시간이다. 깨끗한 속옷과 칫솔을 챙길 필요도 없이, 그는 '라살 가 고속철도역'으로 바로 가서, 신용카드를 꺼내 필요한 물건을 산 후, 보잉 737과 같은 소형 제트 항공기의 동체를 닮은 100여 명의 승객을 수용할 수 있는 한 칸짜리 초고속 열차에 훌쩍 올라타면 된다. 10분마다, 차에 연료가 가득 차면 문은 자동으로 닫히고 열차는 기밀실을 통과하여 0.01기압의 진공 터널 속으로 들어갈 것이다. 열차는 그 후 기분 좋게 가속하면서 초전도 자기부상열차 레일 위를 자기유도에 따라 앞으로 나아간다. 490초 뒤, 곧 약 8분 후에 열차는 오하이오-펜실베이니아 경계의 깊숙한 지하에 도착할 것이며 그때 진공 터널 속의 속력은, $v = at$이므로 초당 약 2.4km일 것이다! 열차는 그 후 부드럽게 감속하기 시작하여, 약 8분 후에는 맨해튼 남부의 산업 지구에 있는 최신식의 지하 종착역에 정착한다. 이 모든 일은 사실 1950년대의 기술과, 그에 더하여 2005년 미 국방성 예산의 극히 일부분이면 충분했다.

앞의 예에서 가속도, 따라서 힘은, 입자('입자'는 자동차나 자기부상 열차를 말한다)의 속도 방향과 같든 아니면 정반대이든 속도와 나란한 방향이었다. 그러나 힘은 속도의 방향에 수직으로 작용하여 뉴턴의 법칙에 따라 속도의 방향과 수직인 가속도를 만들어낼 수도 있다. 이때, 운동은 직선상에서 비켜나게 된다. 이때 작용하는 가속도의 크기가 언제나 일정하고 방향도 언제나 속도에 수직이라면 물체는 원운동을 하게 된다.

따라서 행성이 원에 가까운 형태로 운동하는 코페르니쿠스의 이론에서는 힘이 행성의 속도에 수직인 셈이다. 천사들은 결국 궤도를 따라 행성을 '밀고' 있지 않았음이 확실하다. 그보다는, 먼 옛날의 무언가가 원인이 되어 행성이 운동을 시작했고, (타이탄의 초신성 폭발은 원시 행성 파편들의 구름을 소용돌이치게 했다) 관성의 원리 때문에 그들은 지금까지도 계속해서 운동하

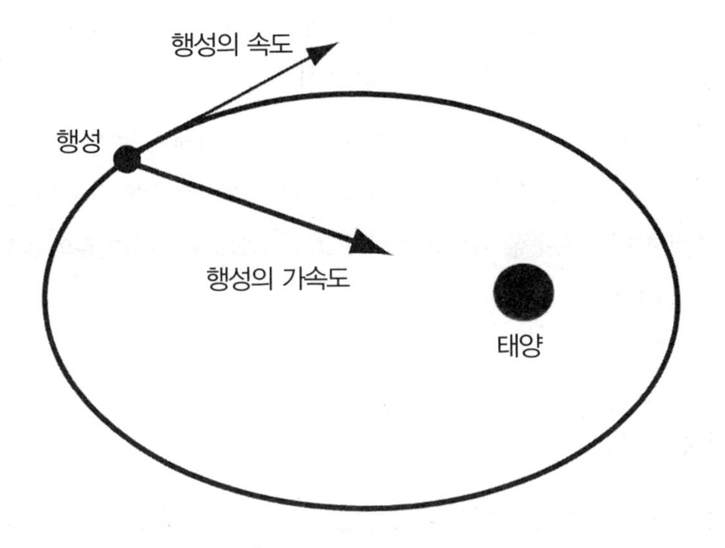

그림 12 타원형 궤도에서, 행성의 운동은 케플러의 법칙에 따라 결정되며 뉴턴은 이들의 가속도 벡터가 정확히 태양을 가리킨다는 사실을 알아냈다.

고 있는 것이다. 먼 옛날의 그 힘은 행성을 잡아당겨 직선상의 운동에서 이탈시키고 있다. 힘 벡터는 궤도의 중심을 향한다. 만약 궤도의 중심을 살펴본다면 '유레카!' 라고 외칠 것이다. 힘 벡터는 태양을 가리키고 있기 때문이다! 따라서 행성이 궤도상에서 가속하게 하는 힘은 태양에서 나오는 셈이다(그림 12).

코페르니쿠스, 케플러, 갈릴레오, 뉴턴의 업적은 인류의 역사에 중요한 이정표가 되었다. 뉴턴이 살았던 시기에는 정치와 철학, 발견과 무역, 기술과 세계 지리에 대한 이해, 특히 물리적인 힘과 운동에 관한 새롭고 올바른 이해와 그것을 이끌어낸 과학적 방법론과 이성의 심오한 변화가 일어났기에, 흔히 계몽주의 시대(보통 18세기로 간주하는 시기이다)의 발아기로 일컬어진다. 고전 물리법칙에 관한 설명은 궁극적으로 '최초의 산업화 세계'를 열었고, 그 결과로 대중은 전례가 없던 번영과 정치적 권리를 누렸으며, 정치체계에 대한 새로운 기준이 생겨났다. 증기기관 시대와 함께 강철의 제조, 전기 발전기, 전기 모터, 전신, 라디오, 전기 조명 등이 뒤따라 나타났다. 계몽주의 시대는 순수한 학문과 과학자 소수의 연구활동이 인류의 능력으로 전환된 시기였다.

중력

힘에 관한 논의는 여기서 끝나지 않는다. 앞에서 태양이 행성에게 힘을 가하여 자신을 둘러싼 원형 궤도에 붙들어 놓는다는 사실을 알았다. 그렇다면 태양계 전체에 작용하는 이 힘은 무엇인가? 바로 중력이다.

뉴턴의 정밀한 운동 법칙 덕분에 다음과 같은 질문을 제기할 수 있다. 행성을 직선 운동에서 이탈하여 타원궤도를 돌게 하는 태양과 행성 간의 중력이란 무엇인가? 왜 행성의 궤도는 타원인가? 중력은 수학적으로 정확히 어떤 형식을 취하는가?

뉴턴은 이 문제를 모두 해결했다. 그는 행성의 운동에 관한 케플러의 법칙을 이용하여 행성의 가속도 벡터가 언제나 정확히 태양을 가리킨다는 결론을 내렸다(목성, 토성 등과 같은 다른 행성에 의한 아주 사소한 오차를 바로잡으면). 행성의 가속도 크기는 태양으로부터 행성까지 거리의 제곱에 반비례하는 것으로 나타났다. 가속도의 크기는 행성의 질량과 아무런 관계가 없었다! 그래서, 뉴턴은 태양계의 상태를 유지하는 힘이 태양 자체에서 비롯되어야 하며, 이 힘이 없다면 행성은 관성에 의해 직선 운동을 해야 한다고 생각했다. 뉴턴은 지구 역시 태양과 유사하지만 더 약한 힘으로 달을 끌어당기므로 달이 관성 운동에서 이탈하여 닫힌 궤도를 돈다는 사실을 깨달았다. 이는 위대한 통찰이었다. 마지막으로, 그는 이 힘이 지구가 모든 사물 — 돌, 물, 공기, 사람들 — 을 자신의 중심으로 끌어당겨 표면에 붙들어 두는 힘과 같음을 깨달았다. 나무에 달린 사과가 땅으로 떨어지는 현상도 똑같은 원리로 설명된다. 태양계 전체에 작용하여 행성의 궤도를 만든 힘이, 지구에서 산과 바다, 돌과 나무들의 형상을 만들어 내는 힘과 같다는 사실은 심오하고 경이적이기까지 하다. 뉴턴은 만유인력의법칙으로 나아갔다.

그렇다면 뉴턴의 '만유인력의법칙' 이 무엇인지 알아보자. 법칙을 분석하려면 수식을 읽는 훈련이 필요하다. 불어 독해보다야 쉽지만(사실 불어 독해 역시 그렇게 어렵진 않지만), 그래도 약간의 인내심이 필요하다.

뉴턴에 의하면 물체 A가 물체 B에 가하는 중력의 '크기' 를 F_{AB}라고 했을 때, F_{AB}는 다음의 식으로 표현된다.

$$F_{AB} = \frac{G_N m_A m_B}{R^2}$$

R은 두 물체(의 질량 중심) 사이의 거리이다. 이와 같은 식은 종종 독자들의 눈을 '핑핑 돌게' 하는 부작용을 일으키기도 한다. 눈을 두 번 정도 깜빡거린 다음 계속해서 응시하라. …… 어느 순간 수식의 완전한 의미가 들어올 것이다.

만유인력의법칙은 물리학에서 '역제곱법칙 힘' , 곧 힘의 크기나 강도가 $1/R^2$에 비례하여 거리에 따라 감소한다고 알려진 힘이 등장하는 하나의 예이다. 두 정지 전하 사이의 전기력 또한, 역제곱법칙 힘이다.

중력은 벡터이므로 방향이 있다. 그 사실을 수식을 통해 더 명확히 제시할 수 있지만, 말로도 충분하다. 물체 A는 앞에서 기술한 크기의 중력을 경험하며 벡터로서의 방향은 물체 B를 향한다. 대칭에 따라 물체 B 역시 같은 크기의 힘을 경험하며 그 방향은 역으로 A를 향한다.

위의 식에서 m_A는 물체 A의 질량, m_B는 물체 B의 질량이다. 따라서 중력은 질량이 작은 물체보다는 질량이 큰 물체 사이에서 더 강하다. 예를 들어 A가 지구이면 $m_A = m_{지구}$이고, B가 태양이라면 $m_B = m_{태양}$이다. 다른 모든 변수는 일정하게 고정한 채 태양의 질량을 어떻게든 두 배로 늘리면, 태양에 의해 지구가 경험하는 중력은 2배가 되어 지구의 궤도는 태양과의 평균 거리가 더 가까워진, 더 '꽉 조여진' 타원이 된다.

수식이 물체 A와 물체 B 사이에서 완벽하게 대칭을 이룬다는 사실을 주목하라. 곧, 어디에서 A와 B를 바꾸든, 두 물체 사이에 작용하는 힘의 크기는 같다는 결과가 나온다(그러나 힘의 방향은 A와 B의 교환에 상응하여 바뀐다). 모든 물체가 같은 방식으로 인력에 끌리며 같은 방식으로 중력을 느낀다. 그러므로 '만유' 인력의법칙이다.

식의 분자에 있는 G_N이라는 양은 기본 상수이다. 뉴턴은 중력의 세기를 구체적으로 나타내기 위해 이 상수를 도입했다. 물리학자는 이 상수를 가리켜 뉴턴의 중력 상수 또는 간단히 뉴턴 상수라고 부른다. G_N값의 실험적 측정에 관한 역사는 자못 흥미롭지만, 지금으로서는 가장 정확한 측정값만을 인용하려 한다. 중력의 '매직 넘버' G_N은 실험으로 측정되었고, 그 값은 $G_N = 6.673 \times 10^{-11} m^3/kg \cdot s^2$이다.

3.1415처럼 G_N이 순수수학에 나오는 3.1415……같은 수가 아닌, 물리적 수치이므로, 곧 단위 체계가 반드시 있어야 하며 단위 체계가 변하면 그 값은 달라진다는 사실을 주의하라. 분자의 숫자는 미터-킬로그램-초 단위계에서 인용한 G_N값이다. 실제로 $G_N = 0.00000000006673 m^3/kg \cdot s^2$이라고

표기되므로 G_N은 매우 작은 양임을 알 수 있다. 중력은 어디에서나 존재한다는 특성이 있지만, 사실은 매우 연약한 힘이다![14]

질량 $m_{지구}$를 가진 거대한 구체의 표면 위에 서 있으면 발밑의 모든 물질이 내는 중력의 끌어당김을 느낄 수 있다. 표면의 물체에 작용하는 지구의 중력을 계산할 때는 지구 중심까지의 거리 R을 지구의 반지름 $R_{지구}$로 놓는다. 지구의 전체 질량이 그 중심에 집중되어 있지 않다고 해도 이 방법은 유효하다(사실 뉴턴이 살았던 시대에서는 수학적으로 이러한 방식이 타당함을 입증하기가 매우 어려웠으며, 그는 이 문제를 해결하기 위해, 오늘날 대학 교재에서 가장 일반적인 증명 방식으로 쓰이는 적분법을 고안해냈다).

이제 사과 하나(물체 A)가 지구(물체 B)를 향해 떨어질 때의 가속도에 대해 생각해보자. 만유인력의법칙으로 계산하면 지구에 의해 사과가 받는 힘의 크기는 $F_{사과} = G_N m_{사과} m_{지구} / (R_{지구})^2$이다. 이때의 힘은 사과를 지구 중심 방향으로 끌어당긴다. 한편 뉴턴의 제2운동법칙과 운동 방정식에 의하면 지구 중력은 사과의 가속도를 만들며, 이때 $F_{사과} = m_{사과} a_{사과}$이므로, 만유인력의법칙과 뉴턴의 제2운동법칙을 종합하면 $m_{사과} a_{사과} = G_N m_{사과} m_{지구} / (R_{지구})^2$이다. 사과가 나뭇가지에 붙어 있는 동안, 나무가 사과에 작용하는 힘은 중력과 정확한 균형을 이룬다. 따라서 사과는 움직이지 않는다. 만약 가지가 부러져 사과가 나무로부터 자유로워진다면, 작용하는 힘이 오로지 중력밖에 없는 사과는 지구를 향해 가속 운동을 하게 된다.

이제 여러분은 사과–지구 문제에서 놀라운 사실을 알게 된다. 중력 때문에 사과가 실제로 경험하는 가속도를 계산해보자. 위의 식에서 양변을 사과의 질량으로 나누어주기만 하면 된다. 이렇게 하면 $a_{사과} = G_N m_{지구} / (R_{지구})^2 = g$를 얻는다. 이 식을 보면 사과의 가속도는 사과의 질량과 무관하다! 실제로, 사과가 경험하는 가속도는 지구 표면 근처에 있는 모든 물체가 경험하는 가속도와 같다. 이 가속도는 물체의 크기나 질량, 형태에 따라 변하지 않는다. 이 가속도의 크기는 앞서 애크미전력회사 이야기에서 나왔던 g이며, 이것은 지구 표면의 모든 물체가 중력에 따라 경험하는 가속도를 나타내는 표준 기호이다. 위의 식에 지구 질량, 지구의 반지름(그 유명한 에라토스테네스의 측정 결과), 뉴턴의 중력 상수를 대입하면, g값은 대략 $10m/s^2$으로 나온다. 물론 실험실에서 독립적으로 뉴턴 상수와 지구의 반지름, g값을 측정하여 식에 대입함으로써 역으로 지구의 질량을 계산할 수 있으며, 실제로 지구의 질량은 이와 같은 식으로 측정되었다.

공기 저항을 무시하면 모든 물체는 같은 중력가속도 g를 가지고 낙하한다. 언뜻 보면 충격적인 사실이다. 게다가 10킬로그램의 물체가 1킬로그램의 물체보다 열 배 더 빨리 떨어진다는 고대 철학자 아리스토텔레스의 주장과 극단적으로 모순된다. 가속도가 물체의 무게와 무관하다는 사실은 갈릴레오가 피사의 사탑에서 무게가 다른 두 물체를 떨어뜨림으로써 공개적으로 증명했다고 추정된다. 당시 가능했던 가장 우수한 정밀성으로 관측해도 두 물체는 동시에 지면에 도달했을 것이다. 갈릴레오가 실제로 그 실험을 했는지는 알 길이 없지만 오늘날에도 많은 사람이 무거운 물체는 가벼운 물체보다 빨리 떨어진다고 믿는다.

오늘날에는 동전과 깃털을 기다란 유리 진공관의 꼭대기에서 떨어뜨려 낙하 속도를 비교하는 실험이 물리학 수업에서 대표적으로 수행된다. 공기가 있으면 동전은 1초도 안 되어 떨어지지만, 깃털은 10초 만에 서서히 내려앉는다. 진공 상태에서 다시 실험하면 동전과 깃털은 동시에 바닥에 닿는다. 아폴로15의 우주 비행사 데이비드 스콧도 이와 같은 종류의 실험을 대기가 없는 달에서 수행했는데, 그가 떨어뜨린 깃털과 망치는 정확히 똑같은 속도로 떨어졌다(그러나 달 표면의 중력가속도는 지구의 1/6이다. 달의 질량과 반지름을 앞의 공식에 대입해보라).

대칭에 따라 지구 역시 사과 쪽으로 가속되지만, 이 가속도의 크기는 사과의 가속도인 g의 $m_{사과}$ / $m_{지구}$ 배일 정도로 매우 작다. 그러므로 사과에 대한 지구의 가속도를 무시할 수 있다. 그러나 이때에도 뉴턴의 운동제3법칙에 따라 지구–사과의 총 운동량은 보존된다. 사실, 뉴턴의 중력 법칙은 우주의 특정 장소에 국한되지 않으며 오직 지구와 사과 사이의 상대적인 위치(와 방향)에만 관련된다. 따라서 여기 태양계에서 사용하는 똑같은 공식이 안드로메다 은하와 같이 멀리 떨어진 우주에서도 적용된다! 만유인력의법칙 공식은 공간상으로 병진 불변이므로 뇌터의 정리에 따라 운동량은 반드시 보존되어야 한다.

뉴턴의 중력 법칙에서 조금만 더 나아가면 '중력 위치에너지' 라는 개념을 접하게 된다. 탑의 꼭대기에서 정지한 물체는 탑의 바닥에 놓여 있는 물체보다 더 큰 중력 위치에너지를 가진다. 탑의 꼭대기에 정지한 물체는 운동에너지를 갖지 않지만 다량의 위치에너지를 가진다. 물체의 총 역학적 에너지는 위치에너지와 운동에너지의 합이다. 물체가 떨어지면 위치에너지는 감소하지만, 물체가 아래로 가속되면서 운동에너지로 전환된다. 그 과정에서도 총 에너지, 곧 위치에너지와 운동에너지의 합은 언제나 똑같다. 총 에너지는 보존된다. 뉴턴은 자신의 수학적 법칙으로 예측된 행성의 궤도 운동이 실제로 타원형임을 관찰했다. 그는 케플러의 현상학적인 운동 법칙을 보편적인 중력 이론과 고전역학의 더 심화한 법칙으로 완벽하게 설명해냈다. 이 수학적 걸작이 탄생하는 과정에서 뉴턴은 미적분학이라는 새로운 수학 체계를 고안해 냈다. 그는 자신의 수학을 통해 행성의 닫힌 타원형 궤도뿐만 아니라, 무한히 먼 거리에서 날아오는 육중한 천체(이를테면 혜성과 같은)가 태양에 굴절하거나 '산란' 됨으로써 그려내는 열린 쌍곡선, 포물선 궤적을 발견했다.[15] 태양계에서는 중력에 따른 행성 간의 상호작용 때문에 순수한 타원 운동이 미세하게 수정된다. 또한, 뉴턴의 법칙을 이용하여 정밀한 자료를 가지고 행성 궤도들의 흔들림을 자세히 분석하면, 최근 발견된 명왕성 궤도 밖의 소행성 세드나Sedna와 같은 새로운 행성이 발견되기도 한다.[16] 미국의 우주 프로그램(미국항공우주국NASA)으로 인류가 성공적으로 달에 착륙했을 때도, 탐사는 오로지 뉴턴의 운동 법칙에 따라 이루어졌다.

그러나 뉴턴의 이론마저도 빛의 속력에 근접한 운동과 관련된 현상을 기술하는 데는 실패하였다. 사실 수정된 중력 이론은 뉴턴의 관점을 충격적이고 급진적으로 고쳤다. 뉴턴의 이론은 중력의 보편성과 그것이 시공간의 기하와 맺는 관계를 설명한 일반상대성이론으로 교체되었다. 그러나 뉴턴 물리학은—그것이 유효한 범위 내에서—자연을 정확하게 기술하므로 계속해서 남을 것이다.

일상생활은 뉴턴 물리학이 적용되는 영역에 들어간다. 그러나 매우 작은 물체나 빛의 속력에 가깝게 운동하는 물체는 영역 밖에 있다. 그렇다면 무엇이 뉴턴 역학을 대신할까? 물론 더 크고 더 뛰어난 대칭들이 대신한다.

7장
상대성

앞으로, 시간 따로, 공간 따로 식의 개념은 희미해져 그림자로만 남게 될 것이며,
오직 둘 사이 모종의 결합만이 독립적인 하나의 실체로 인정될 것이다.
헤르만 민코프스키, 『시간과 공간Space and Time』

빛의 속력

아리스토텔레스나 데카르트와 같은 수많은 선대 철학자와 과학자는 빛의 속력이 무한하다고 생각했다. 그래서 빛이 순간적으로 공간 속을 통과한다고 생각했다.

그러나 갈릴레오는 빛이 유한한 속력으로 운동할 가능성을 고려하였으며, 그 속력을 측정할 방법을 최초로 고안해냈다. 그는 멀리 떨어진 자신의 조수에게 빛 신호를 보낸 후, 그 신호를 받는 즉시 조수가 재빨리 두번째 빛 신호를 되돌려 보내도록 했다. 이 방법은 첫번째 빛 신호를 보자마자 그에 대한 반사 신호를 보내기까지의 반응 시간을 최소화할 정도로 반사 신경이 매우 좋아야 했다. 갈릴레오는 최초의 빛 신호와 반사된 빛 신호 사이에 인지 가능한 시간 간격이 존재하는지 알고자 했다. 만약 인지 가능한 시간 간격이 존재하여 두 사람 사이의 거리가 증가함에 따라 그 간격이 길어진다면, 거리에 비례하여 시간이 지체된다는 증거이고, 따라서 빛의 속력이 유한하다는 뜻이다. 그러나 빛이 지상의 거리를 지나가는 시간이 인간의 반응 시간보다 지나치게 빨랐던 탓에, 갈릴레오는 예상했던 시간 지연 효과를 관측하지 못했다.

그럼에도 그는 빛의 속력이 시간당 1만 킬로미터 이상이어야 함을 보일 수 있었다(실제 빛의 속력은 이보다 십만 배쯤 더 빠르다).[1)]

천문학은 빛의 속력이 유한하다는 사실을 최초로 밝혀냈다. 대항해시대의 천문학은 가장 중요한 학문적 지위를 누렸으며, 프랑스와 영국에서는 공식적이고 명예로운 기능을 수행했다. 천문학은 특히 항해와 시간 측정에 필수적이었다. 위도와 경도에 관한 지식은 항해에서 핵심적인 역할을 했으며, 생존에서도 중요했다. 육분의란 도구를 사용하여 태양이 남중할 때 수평선으로부터의 각도를 측정함으로써, 항해자는 매우 쉽게 자신이 있는 지점의 위도를 알 수 있었다. '현지 정오' 라고 하는 이 지점은 태양이 하루 중 하늘에서 가장 높이 떠 있을 때의 위치이다.

경도의 측정은 본질적으로 시간 측정이므로 위도의 측정보다 더 어렵다. 경도를 측정하려면 바다에서 현지의 정오를 관찰할 때 그리니치 시간으로 정확히 몇 시인지 알아야 한다. 예를 들어 내가 있는 지역에서 태양이 정확히 정오의 위치에 왔을 때 그리니치가 오후 1시 정각이라면, 내가 있는 곳의 경도는 그리니치를 기준으로 서쪽 15도임을 알 수 있다(24시간 × 15° = 360° 이기 때문에, 지구가 꼭 한 바퀴를 도는 데 24시간이 걸리므로 1시간은 15도에 대응한다). 안타깝게도, 내구성이 좋고 신뢰할 만한 항해 시계는 훨씬 뒤에 가서야 발명되었다.[2)]

1707년, 영국 해군 대장이 경도 판단에서 저지른 끔찍한 오류 때문에 네

대의 군함이 좌초되었고 그 과정에서 2천 명이 목숨을 잃었다(취미 삼아 올바른 경도값을 계산해 냈지만 해군 대장의 판단에 이의를 제기하여, 반란죄로 돛의 활대에서 교수형에 처해진 불쌍한 한 선원의 목숨까지도!).[3] 많은 과학자는 항해 시계 설계의 문제를 해결하기 어렵다고 판단하여 '천문 시계' 곧, 예측 가능한 시간에 규칙적으로 밤하늘에 나타나는 자연 현상을 활용해야 한다고 주장했다. 천문 시계는 바다를 비롯한 지구상의 모든 곳에서 관측 가능하므로 절대적인 시간 측정 수단이 될 수 있었다. 그럼에도 이러한 방식으로 정확한 시간을 알려면 날씨가 완벽해야 할 뿐만 아니라 요동치는 갑판 위에서 힘들게 관측해야 했기에 어려움이 많았다.

1676년, 파리 천문대의 덴마크 천문학자 올레 뢰머는 목성 위성들의 운동을 자세히 연구하고 있었다. 이 거대한 행성 주위를 도는 가장 두드러진 위성은 1610년 1월 7일, 직접 만든 20배율의 망원경으로 그들을 발견한 갈릴레오의 이름을 따 훗날 '갈릴레오 위성' — 이오, 유로파, 칼리스토, 가니메데 — 으로 불렸다.[4] 갈릴레오 위성의 궤도 주기는 규칙적인 진자 시계와 같아서, 원리상으로는 맑은 날씨에 목성이 보일 때 지구의 어떤 지점에서든 망원경으로 관측 가능했다. 이 때문에 그들의 궤도 주기는 절대 표준 시간이 될 가능성이 있었다.

갈릴레오 위성 중 세 번째로 큰 이오의 궤도 주기는 약 1.8일이었으므로 그런 보편 시계에 적합한 후보였다. 이오는 목성 뒤에서 운동하는 시간 동안 주기적으로 어두워졌다. 이오는 거의 완벽한 원궤도로 운동했으므로 완벽한 '똑딱'의 주기를 보였는데, '똑'은 이오가 목성의 고리 뒤로 사라지는 순간이고 '딱'은 목성의 고리 뒤에서 다시 나타나는 순간이었다. 그러나 뢰머는 여기에서 미세한 변화를 관찰했다. 그는 처음에 자신의 연구실에 있는 시계를 가지고 지구가 궤도상으로 목성에 가장 근접할 때 이오의 식eclipse

이 일어날 시간 — 곧 이오의 예상 똑딱 시간 — 을 측정했다. 그는 지구가 궤도상에서 목성으로부터 멀어질수록 실제의 똑딱 시간이 애초에 예상했던 시간보다 뒤처진다는 사실을 발견했다. 약 6개월 뒤, 지구가 목성에서 가장 멀리 떨어져 있을 때, 식은 무려 16분이나 늦게 일어나고 있었다. 다시 6개월 뒤, 지구가 목성에 다시 가까워졌을 때, 시간 지연은 사라졌고 식의 똑딱은 예측한 그 시간에 정확하게 일어났다. 1년 동안 이런 과정이 반복되었다.

뢰머의 발견은 과학 역사상 일상적인 현상을 매우 상세히 측정하던 관찰자가 엄청나게 놀라운 발견을 하게 된 훈훈한 사건 중 하나였다. 뢰머는 한 해 동안 지구와 목성-이오 계 사이 거리 변화에 상응하여 '똑딱' 시간이 주기적으로 뒤처진다는 사실을 깨달았다. 뢰머는 이러한 현상이 나타나는 정확한 이유를 알아차렸다. 그 이유는 바로 이오에서 출발한 빛이 유한한 속도로 진행하기 때문이었다.

빛은 지구가 이오에 근접해 있을 때보다 멀리 떨어져 있을 때 더 많은 거리를 가야 하므로 시간 뒤처짐이 생긴다. 뢰머는 지구가 이오와 가장 멀리 떨어져 있을 때의 시간 지연을 16분으로 측정했다. 따라서 빛이 지구 궤도의 지름을 여행하는 데 걸리는 시간은 16분이며, 태양에서 지구까지 궤도 반경을 이동하는 데는 8분이 걸린다. 따라서 광속 c를 결정하려면 지구와 태양 사이의 거리(지구 궤도의 반경)를 알아내서 이 거리를 시간 8분으로 나누어야 한다.

태양과 지구 사이의 거리를 천문단위astronomical unit, 1AU라고 하며, 이는 천문학 역사상 가장 중요한 거리 기준이다. AU는 임의의 가장 가까운 별까지의 거리를 결정할 때 사용하는 삼각형의 기선(삼각 측량 때 기준선) 역할을 한다. 곧, AU는 천문학 조사의 기본적인 '기준 도구'이다. 그러나 불행히도 AU값을 정하기란 매우 어렵다. 그리스인은 창의적인 여러 방법을 시도했었지만 정확한 결과는 얻지 못했으며 추정한 값은 실제 값과 10배 이상의 차이가 났다.

그리 멀리 떨어지지 않은 어떤 천체, 예를 들면 가까운(15광년 이내의 거리에 있는) 항성까지 천문학적 거리를 잴 때는 기하학을 이용한다. 특정한 날짜, 이를테면 2월 1일 별의 겉보기 위치와 그보다 훨씬 멀리 떨어진 항성의 위치를 측정한다. 그 후 두 달이 지난 4월 1일, 지구가 궤도의 원주를 따라 약 1AU만큼 이동했을 때 대상이 되는 별을 다시 관찰하면, 더 멀리 떨어진 항성에 비해서는 상대적 위치가 살짝 이동해 있다. 여러분도 이 현상을 목격한 적이 있다. 멀리 떨어진 여러 그루의 나무와 비교했을 때, 관찰자와 가까운 나무 한 그루는 관찰자의 시점이 이동할 때마다 상대적인 위치가 조금씩 변하는 것처럼 보인다. 이 효과를 시차parallax라고 한다. 멀리 떨어져 있는 별은 겉보기 위치가 극도로 미세하게 변한다. 따라서 시차는 망원경 접안렌즈의 시야에 들어온 원거리 천체와의 비교를 통해서만 측정 가능하다. 두 측정치 간의 시차와 그 측정치를 가르는 기선의 길이를 알면 대상까지의 거리를 계산할 수 있다. 따라서 시차 효과 관측의 핵심은, 더 멀리 떨어진 별은 일 년 동안 그 상대적인 겉보기 위치가 눈에 띄게 변하지 않으므로 주성의 위치 변동을 측정할 때 고정된 '좌표계coordinate system'의 역할을 한다는 것이다.

지구-태양 거리의 측정 시 가장 문제가 되는 부분은, 알려진 기선을 이용하여 지구에서 측량할 때, 태양의 위치 변동 측정에 사용할 수 있는 고정된 좌표계가 없다는 점이다. 멀리 떨어진 '항성들'이 제공하는 좌표계는 어두운 밤하늘에서만 볼 수 있다. 간단히 말해서, 낮에는 별들이 빛나지 않으므로 시차를 이용하여 태양까지의 거리를 측정할 수가 없다! AU를 잴 때는 지구에서 태양까지의 거리를 직접 측정하기보다는, 항성들이 시차의 좌표계 역할을 하는 화성까지의 거리를 재어, 이 측정치를 케플러의 행성 운동 법칙과 결합한 후 AU를 유추하는 기법을 사용한다.

1685년, 당시 파리 천문대의 수석 천문학자였던 지오반니 카시니는 실험을 통해 약 1퍼센트의 정밀도를 가지고 AU를 처음으로 측정하였다. 측정 과정에서는 긴 기선이 필요했으며, 지구의 지름이 그 역할을 했다. 따라서 항성에 대한 화성의 상대적인 위치에 대하여, 지구의 지름에 따라 분리된 두 측정치를 동시에 알아야 했다.

이를 위해, 한 대의 군함이 지시를 받아 남태평양을 항해하는 동안 화성의 겉보기 위치를 측정했다. 그와 동시에 파리 천문대에서도 화성의 위치 측정을 수행했다. 항해를 마친 군함이 돌아오자, 두 위치 측정값들을 비교했고, 두 관측자 간의 기선 거리를 이용하여 지구에서 화성까지의 정확한 거리를 추론할 수 있었다. 이 과정에서 (1) 지구의 궤도 주기(1년) (2) 화성의 궤도 주기(1.88년) (3) 지구 – 화성이 가장 근접했을 때의 측정 거리 (4) 궤도 주기와 궤도 반경 간의 관계에 대한 케플러의 법칙 (5) 약간의 대수적 계산 등을 통해 지구에서 태양까지의 거리를 구할 수 있었다.[5)] 마침내, 태양에서 지구까지의 거리를 여행하는 데 약 8분이 소요된다는 뢰머의 관측으로부터, 빛의 속력이 초당 30만 킬로미터라는 사실이 밝혀졌다.

이 속력이 얼마나 빠른지 곰곰 생각해 보자. 빛의 속력은 인간의 시각과 청각이 일상적으로 경험하는 수준을 월등히 초월하여, 새로운 물리 세계로 우리를 이끈다. 지구의 지름은 약 12,720킬로미터며 빛이 이 정도 거리를 지나는 데 걸리는 시간은 1/24초로, 이쯤 되면 인간이 인지하기가 거의 불가능하다. 빛이 지구의 둘레를 한 바퀴 도는 데는 약 1/8초가 걸린다. 이는 지구 반대편에서 뉴스 리포터들의 보도가 위성중계되는 동안 시청자가 미세하게 감지할 수 있는 시간 지연과 비슷한 정도이다. 그러나 아폴로 우주 비행사들이 달에 상륙했을 때, 지구의 관제 센터와 비행사 간의 대화를 본 사람들은 시간 지연을 명확하게 느낄 수 있었다. 지구에서 384,000킬로미터 떨어진 달까지(달의 궤도는 타원형이므로, 1달 동안 이 거리는 10퍼센트 정도 변화한다), 빛 신호가 왕복하는 데는 2.5초 이상의 상당한 시간이 소요된다. 뢰머는 우리가 보는 태양빛이 사실은 약 8분 전에 태양의 표면에서 출발한 것이며, 태양에서 가장 가까운 항성인 켄타우루스자리의 프록시마 성이 내는 빛이 지구에 도달하기까지 3.8년이 걸린다는 사실을 알아냈다. 따라서 프록시마 성이 지구로부터 3.8광년 떨어져 있다고 표현한다. 밤하늘에서 특별히 더 빛나는 별들이 내는 빛은 지구에 도달하기까지 10년에서 100년 정도가 걸리며, 우주에서 관측되는 가장 멀리 떨어진 천체는 120억 광년이 걸린다. 120억 광년은 우리 우주의 지평선으로서, 우리는 가장 초창기 별들의 시대, 은하가 형성되고 우주가 시작된 그때를 되돌아보고 있는 셈이다.

움직이는 관찰자가 본 빛의 속력

빛의 속력을 측정하는 초기의 시도는 200년 뒤 아인슈타인의 특수상대성 이론에서 가장 뜨거운 논쟁의 씨앗이 되었다. 무엇이 측정되고 있는가? 뢰머는 목성의 위성인 이오에서 방출된 빛의 속력을 측정했을까? 그가 이오에서 방출되었다고 생각한 빛은 사실 태양에서 방출되었다가 이동 중인 이오에 반사된 빛은 아니었을까? 빛의 속력은 이오에 대한 지구의 상대적인 운동에 영향받지 않을까?

과학자는 대부분 소리가 공기를 통해 이동하듯 빛도 우주 전체를 가득 채우고 있는 보이지 않는 매질인 '에테르'를 통해 전파되며, 뢰머는 이 에테르를 매개로 이동하는 빛의 속력을 측정했다는 공통된 의견에 도달했다. 빛의 전파를 돕는 매질인 에테르에 대한 생각은 그리스 시대에서 유래하였으며, 갈릴레오 시대에 다시 부활하여 주요한 개념이 되었다. 그러나 빛의 유한한 속력을 측정할 수 있게 되면서 마침내 판도라의 상자가 열렸다. 빛이 정말로 전 우주를 가득 채운 정적인 에테르를 통해 이동한다면, 그리고 우리가 지구 위에서 이동할 때도 에테르 속을 통과한다면, 공간상 방향을 달리하거나 시간을 달리하였을 때 빛의 속력에서 나타나는 미세한 변화로 지구의 운동을 감지할 수 있을까?

지금도 그렇지만, 물리적 측정에 대한 통제를 향상하려던 당시 과학자들은 문자 그대로 그 측정을 지상으로 끌어내리기를 원했다. 곧, 그들은 지구상에 있는 실험실에서 빛의 속력을 측정하고 싶어 했다. 지구에 속박된 실험실에서 빛의 속력을 측정할 때, 실험자는 광원과 탐지기를 잘 알려진 고정 기준계fixed reference frame of motion에 위치시킬 수 있다. 이렇게 하여 천체의 현상으로 광속을 측정했을 때 나타나는, 행성의 궤도 운동으로 말미암은 설명할 수 없는 영향과 불확실성들 — 이를테면 빛에 대한 광원이나 관찰자의 상대적인 운동으로 말미암은 효과와 일 년 내내 한결같이 정밀하게 측정하는 데 따르는 어려움 — 이 제거될 수 있었다. 지구 위에서는 거리 규모가 더 작아서 매우 정밀하게 매우 짧은 시간 간격을 결정해야 하는 시간 측정 문제가 발생하므로 머리를 잘 써야 한다.

1850년, 매우 유능하고 숙련된 두 명의 프랑스 과학자 아르망 피조와 장 푸코는 비천문적인 방법을 사용하여 지구상에서 최초로 빛의 속력을 정밀하게 측정하는 데 성공했다. 피조는 특히 관찰자의 운동 상태나 광원 또는 반사 장치의 운동 상태에 따라 빛의 속력이 다르게 나올 가능성에 관심을 두었다. 그는, 만약 빛이 음파와 같아서 매질 — 에테르 — 속에서 고정된 속력으로 진행한다면, 지구가 이 매개체에 대해 상대적으로 움직일 때 빛의 속력이 어떻게 달라지는지를 알고 싶었다. 이들은 결국 에테르의 존재를 찾고 있었던 셈이다.

피조는 스트로보스코프라는 시간 측정 장치를 개발하여, 빛이 실험실 안의 일정 거리를 통과하는 짧은 시간을 측정했다. 오늘날까지도 많은 물리학과 학생이 반복하는 푸코의 실험에서는 광선을 회전 거울에 반사시키는 방법을 사용한다. 회전 거울에서 반사된 광선은 계속해서 더 멀리 떨어진 고정 거울로 진행했다가 다시 반사되어 회전 거울에서 되튄 후 스크린에 반사된다. 빛이 회전 거울에서 출발하여 고정 거울로 반사되었다가 다시 되돌아오는 한정된 시간 동안에, 회전 거울은 약간 회전한다. 거울이 더 빨리 회전할수록, 스크린에 맺힌 광선 점beam spot의 위치는 이동한다. 위치상의 이동을 측정하고, 회전 거울에서 고정 거울까지의 거리와 회전 거울의 회전 비율을 알면, 빛의 속력을 결정할 수 있다(그림 13). 이와 같은 기법은 ±0.5퍼센트의 정밀성으로 빛의 속력을 알려준다.

그러나 피조와 푸코의 방법은, 에테르에 대한 지구의 상대적인 운동에 따른 광속의 차이를 감지하기에는 부족했다.

1877년, 앨버트 마이컬슨은 메릴랜드 주 아나폴리스에 있는 미 해군사관학교에서 젊고, 성실한 과학자로서 일하고 있었다. 그는 스트로보스코프 기법을 개선하여 빛의 속력을 훨씬 더 정확하게 측정하는 데 성공했다. 그가 20대 초반에 수행한 최초의 실험들은 놀라울 정도로 성공적이어서 초당 299,909킬로미터라는, 푸코가 측정한 빛의 속력보다 25배나 더 정확한 오차 ±0.02퍼센트로 정밀한 측정치를 얻었지만, 에테르 속에서 지구 운동의 효과를 관찰하기에는 여전히 불충분했다. 그의 실험이 당시의 모든 주요 일간지에 보도되면서, 마이컬슨은 고도의 정밀성을 갖춘 실험을 성공적으로

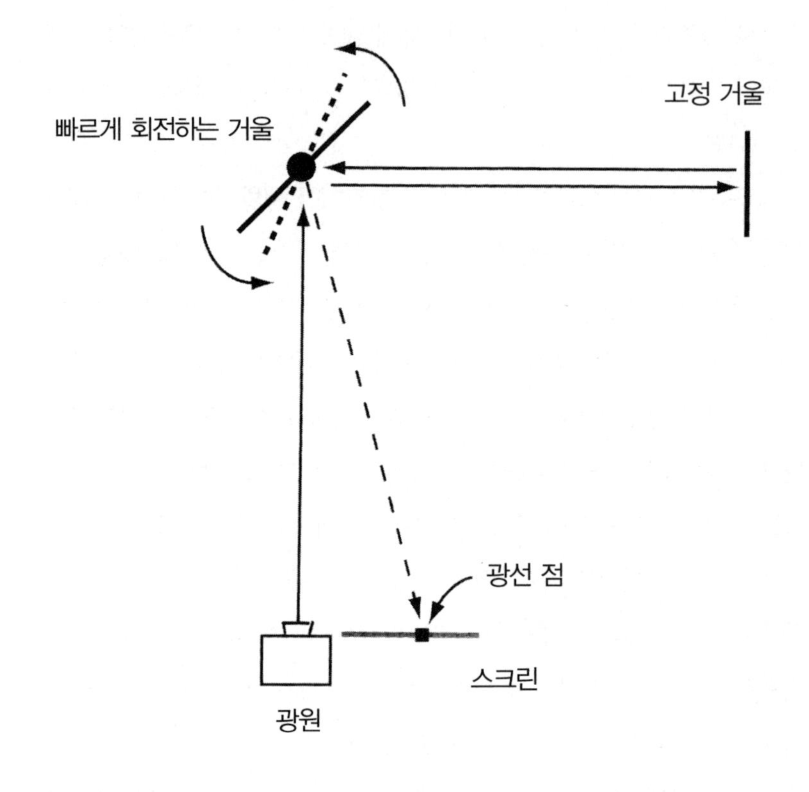

그림 13 푸코의 회전 거울 실험, 스크린 위에 맺힌 광선 점이 오른쪽으로 이동한 거리와 거울의 회전 진동수, 회전 거울에서 고정 거울까지의 거리로 빛의 속력 c를 결정한다.

해낸 유명인사가 되었고, 이에 고무된 그는 점점 복잡하고 정교한 기법을 통합하여 극도로 정밀하게 빛의 속력을 측정하는 데 전념했다. 몇 년 후, 마침내 그는 에드워드 몰리와 함께 에테르 속에서 운동하는 지구가 빛의 속력에 어떤 영향을 주는지 원리상으로 감지할 수 있는 광학 시스템을 개발했다. 그들은 1881년 베를린에서 우선 실험해 본 뒤, 1887년 미국에서 더 개선된 실험을 수행했다.

실험과정 전체는 오늘날 '마이컬슨 간섭계' 라는 장치에서 일어난다. 이 독창적인 기기는 빛이 서로 수직인 두 방향으로 움직일 때 걸린 각 이동 시간을 동시에 비교한다. 광선은 두 갈래로 나뉜 다음, 각각이 서로 수직인 방향으로 이동하여 거울에서 반사된 후 망원경의 접안경에서 재결합한다. 빛이 가진 파동의 성질에 따라 이동 시간이 ½파장만큼 차이가 나면, 광파는 서로 상쇄된다. 또한, 한 파장만큼 차이가 난다면 광파는 서로 보강된다. 통과 시간의 차이는 두 광선이 서로 다른 경로를 따라 진행하는 동안 발생하는 속력의 차이에 따라 달라진다. 따라서 실험자는 접안경을 통해 재결합한 광선들의 '간섭무늬'를 관찰하게 된다. 이때 실험자는 에테르 속에서 운동하는 지구에 대하여 실험 장치가 회전함으로써 생기는 무늬 변화를 관찰하려 한다. 당시에 실험 장비 전체는 주변 환경의 진동으로 말미암은 영향을 피하려고 (매우 유독한) 액체 수은이 담긴 욕조 위에 띄워진 상태였다. 그와 같은 실험은 오늘날 미 환경보호청이 정한 법에 따르는 미국의 대학교에서는 시행할 수 없다.

그런데 마이컬슨-몰리는 실험을 통해 발견하려던 무언가를 찾아냈을까? 애석하게도 실험은 그들이 기대하던 어떤 결과도 보여주지 않았다! 지구의 운동 방향을 따르건 그와 수직이건 간에 빛의 속력에는 차이가 없었다. 이런 결과는 에테르 신봉자들에게 엄청난 타격이었다. 마이컬슨-몰리의 실험은 완벽한 수수께끼였다. 빛은 어떻게 전파될까? 그것은 왜 갈릴레오와 뉴턴의 상식적인 기대를 따르지 않을까? 도대체 무슨 일이 일어나고 있는 것일까?

마이컬슨-몰리의 실험이 던져 준 충격이 어느 정도였는지 알기 위해, 최신 장비를 모두 갖춘 미래의 젊은 두 물리학자 재키와 힐러리가 있다고 가정하자. 둘은 모두 10^{-9}초 이하의 정밀성과 이리듐 레이저를 갖추고 헬륨 원자시계가 내장된 무자극성의 최신식 애크미 소형 실리콘 매트릭스 빛 속력 측정기를 지니고 다닌다. 재키가 자기부상열차 역의 플랫폼 위에 서 있는 동안, 힐러리는 빛의 속력의 0.5배로 여행하는 고속 열차를 타고 있다.

힐러리가 타고 있는 열차의 창문이 플랫폼에 서 있는 재키를 지나치는 순간, 둘은 플랫폼 위에서 번쩍이는 섬광에 맞추어 동시에 빛의 속력을 측정한다. 재키는 자신이 가진 측정기로 섬광에서 나오는 광자들의 속력을 측정하고, 힐러리는 열차 안에서 같은 불빛에서 나온 광자의 속력을 측정한다. 나중에 둘은 다시 만나 커피를 마시며 이야기한다. 힐러리가 먼저 묻는다. "재키, 요전 날 내가 고속 열차를 타고 플랫폼 위에 서 있는 너를 지나쳤을 때 네가 잰 빛의 속력은 얼마가 나왔니?"

재키가 대답한다. "왜? 난 정확히 c = 299,792,458m/s가 나왔어. 일반적인 빛의 속력이지. 넌 어떻게 나왔는데?" 힐러리가 말한다. "흠. 그게 이상해. 내 애크미 측정기는 완벽하게 작동하고 있었는데, c = 299,792,458m/s로 너와 똑같이 일반적인 빛의 속력이 나왔어. 초당 ±1미터의 정밀성 내에서 말이야." 그녀는 계속해서 말한다. "그런데 난 너보다 상대적으로 빛의 속력의 절반으로 움직이는 열차 안에 있었어. 내가 측정한 빛의 속력이 너와 똑같다니 정말 놀랄 일이야! 어떻게 이런 일이 가능하지?"

실제로, 두 관측자는 모두 같은 섬광으로부터 정확히 같은 속력을 측정했다. 한쪽의 관찰자를 태운 열차의 속력이 갈릴레오식으로 더해지는 일은 없다. 측정기는 매우 정확하고(마이컬슨-몰리 실험보다 훨씬), 열차는 상대적으로 고속으로 움직였으므로 광속은 서로 달랐어야 했다. 정말이지 무슨 일이 일어나고 있는 것일까?

상대성 원리

앞서 주목했듯, 갈릴레오는 상대성 원리를 발견했다. 관성계로 불리는 모든 등속 운동 상태는, 물리적 현상을 기술할 때 동등하다. 물체가 운동 상태를 바꾸어 최종적으로 다른 등속 운동 상태에 있더라도 물리법칙은 동일하게 보인다. 상대성원리는 물리법칙의 연속 대칭이다. 물체는 연속적으로 한 운동 상태에서 임의의 다른 운동 상태로 변할 수 있다.

머나먼 우주를 여행하는 우주 비행사를 상상해보자. 사실 그 우주 비행사는 너무도 운이 나빠서 길을 잃고 모든 기준점, 이를테면 여타 항성이나 은하, 관측 가능한 천체들로부터 무한히 벗어난 상태이다. 이제 중력이나 우주선cosmic rays, 곧 빅뱅의 흔적으로 우주가 방출하는 배경 복사파조차 존재하지 않는다고 가정하자. 우주 비행사는 자신의 운동 상태를 알기 위해 측정할 수 있는 것이 아무것도 없다. 그는 완전한 무와 어둠 속에서 고립된 상태다.

우주 비행사가 공간 속을 떠돌아다니는 동안, 스페이스 캡슐 속에 담긴 모든 물품—식량 공급 튜브, 우주 헬멧, 기념품, 기타 장비들—은 우주 비행사에 대해 정지한 상태이다. 상대성원리를 따르면 자신의 운동 상태를 확인하기 위해 무중력 상태에 있는 우주 비행사가 수행할 수 있는 실험은 없다. 우주 비행사가 반동 추진 엔진을 이용하여 앞으로 가속한다면, 그는 자신이 좌석 뒤로 밀리는 느낌을 경험한다. 추진 엔진의 작동을 중지하면 그는 다시 관성과 무중력의 상태로 돌아간다. 우주 비행사가 자신의 원래 운동 상태와 새로운 운동 상태 사이의 물리법칙의 차이를 알아내기 위해 할 수 있는 실험은 없다. 우주 비행사는 지구, 태양, 오리온자리의 알파성과 같은 멀리 떨어진 항성 등 어떤 이정표나 기준계에 대한 상대적인 운동을 확인할 수 있을 뿐이다. 상대성원리라는 이름은 그래서 붙여진 것이지만, 완전한 무와 어둠의 공간 속에서는 어떠한 이정표도 존재하지 않는다.

이와 같은 상황은 회전 대칭과 유사하다. 우주에서는 절대적인 위와 아래, 옆, 또는 앞과 뒤가 존재하지 않는다. 무언가가 '다른 무언가에 대해' 회전했다고 말할 수는 있어도 우주에서 절대적인 방향을 갖는 사물은 없다. 어떤 사물을 한 방향에서 다른 방향으로 회전시키는 회전 변환을 가하듯, 우주 비행사도 로켓 추진 엔진을 장착함으로써 운동 상태를 변화시키는 변환을 가할 수 있다.

계의 속도를 어떤 일정한 값에서 다른 값으로 바꾸는 변환을 부스트boosts라고 한다. 갈릴레오의 주장을 따르면 원하는 어떤 속도로든, 공간상 임의의 방향으로 부스트 변환할 수 있다. 우주 비행사가 자신의 추진 로켓을 가동하면, 자신과 스페이스 캡슐에 부스트 변환이 일어난다. 따라서 부스트에 대한 물리계와 물리법칙의 불변성은 대칭 연산이며, 이와 매우 유사한 구의 회전도 대칭 연산이다.

그러나 갈릴레오는 또 다른 근본적인 개념을 생각하고 있었다. 그것은 바로 '절대시간의 원리' 였다. 모든 관찰자는 공간 속을 어떻게 운동하든 관계없이 두 사건 사이의 시간을 동일하게 측정한다. 절대시간의 원리는 시간의 대칭에 관한 진술이다. 이 원리를 따르면 시간은 부스트에 대해 불변이다. 절대시간은 갈릴레오에서 아인슈타인에 이르기까지 모든 물리학의 분야에서 근본적인 개념이었다.

그리고 그것은, 뒤에서 살펴보겠지만, 아인슈타인이 무너뜨린 과거의 신념에서 핵심이었다. 절대시간의 원리는 틀렸다!

전복된 갈릴레오의 상대성

물리적 세계는 온갖 사건들로 얽혀 있다. 사건이란 특정한 위치와 시각에서 일어나는 일을 말한다. 임의의 두 사건과 그 사건들의 좌표가 있으면 두 사건이 공간적으로 분리된 거리 L과 시간 차 T를 계산할 수 있다. 예를 들어, 두 사건이 모두 가상의 x축에서 일어났으며 한 사건은 x_1에서, 다른 사건은 x_2에서 발생했다면, 둘 사이의 거리 $L = x_2 - x_1$이다. 마찬가지로, 사건 1이 시각 t_1에서, 사건 2가 t_2에서 일어났다면, 둘의 시간 차는 $T = t_2 - t_1$으로 정의된다. 이제 다른 관찰자가 같은 사건을 상대 속도 v로 움직이면서 관측한다고 가정하자. 관측자는 첫번째 사건 1에서 두번째 사건 2를 향하는 방향으로 움직이고 있다. 움직이는 관찰자는 두 사건 사이의 거리와 시간 간격을 어떻게 측정할까?[6] 갈릴레오는 이에 대한 답으로 갈릴레오 부스트를 제시했다.[7]

$$L = L' - vT, \quad T' = T$$

이 식을 '갈릴레오 변환'이라고 한다. 두번째 식은 단순히 시간의 절대성에 대한 수학적 진술일 뿐이다. 첫번째 식은 두 사건 사이의 간격을 측정한 결과가 상대적인 운동과 어떻게 관련되는지 보여준다. 갈릴레오 변환은 속력 v가 부스트에 의해 연속적으로 변화할 수 있다는 점에서 연속 대칭이다. 갈릴레오 변환을 따르면 빛을 포함한 모든 물체의 속력은 관찰자가 그 뒤를 쫓아갈 때 변한다는 사실을 어렵지 않게 알 수 있다. 게다가 갈릴레오 부스트는 모든 속도 v에 적용 가능하다. 고전역학에서는 두 관측자의 상대 속도에 제한이 없어서, 빛의 속력보다도 몇 배나 빠른 속력을 가정할 수 있다.

내가 키우는 고양이 올리가 역시 내가 키우는 햄스터 아를로를 입에 문 채 매우 빠른 속력으로 내게서 도망치는 관성계에 속해 있다면, 나는 아를로를 구하려고 올리를 따라잡을 정도까지 자신이 속한 기준틀을 부스트하려 한다. 올리가 v의 속도로 나에게서 멀어져 가고 내가 올리를 향해 v'의 속도로 부스트한다면, 나에게는 올리가 $v - v'$의 속도로 움직이는 것처럼 보인다. v'이 적당히 크다면, 나는 올리를 따라잡아 제시간에 아를로를 구출해 낼 수 있다. 이와 같은 일은 모두 갈릴레오와 뉴턴의 물리학에서 이론적으로 가능하다. 또한, 내 일상적인 경험과 들어맞는 내용이기도 하다.

마이컬슨과 몰리의 실험은 기념비적인 의의를 지닌다. 그들의 실험은 아무리 빠르게 빛 신호를 쫓아도 $c' = c$임을 보여주었다. 이 결과는 너무나 충격적이어서 죽은 갈릴레오가 무덤에서 일어날 지경이었다. 그것은 사실상 관성계들 사이의 갈릴레오식 변환과 양립 불가능했다. 게다가 언뜻 보기에는 모순이었다.

다시 아를로를 입에 물고 빠른 속력으로 달아나는 올리로 돌아가자. 어떤 방법을 썼는지는 몰라도 올리가 빛의 속력으로 도망치고 있다면, 내가 얼마나 빠른 속력으로 올리를 뒤쫓아가든 나는 절대 올리를 잡을 수 없으며, 심지어는 그가 나에게서 멀어져 가는 속력을 바꾸지도 못한다! 따라서 내가 불쌍한 아를로를 구할 가망은 없다. 결국, 모든 v에 대해 $c - v = c$라는 모순에 도달했다!

그러나 어떻게 이 같은 일이 참일 수 있는가? 자연법칙은 수학적으로 무모순이어야 하는데, $4 - 3 = 4$라는 식은 부조리해 보인다.

일부 물리학자는 에테르가 실제로 존재하지만, 에테르 속 운동과 관련된 미묘한 역학적 효과들 때문에 마이컬슨-몰리의 실험과 같은 결과가 나왔다는 주장을 하려 했다. 헨드릭 로렌츠와 조지 피츠제럴드는 모든 물리적 사물은 에테르에 끌려가므로 운동 방향에 따라 그 길이가 수축하거나 늘어난다는 아이디어를 논했다. 이와 같은 효과는 시계 역시 느려지게 해서, 움직이는 관찰자가 그의 속력에 관계없이 언제나 똑같은 c값을 측정하게 하도록 '음모'를 꾸민다는 생각이었다. 이것은 그릇된 이론이었으며 본질적으로는 에테르를 고수하려는 논리였으나, 특수 상대성의 시작이기도 했다.

아인슈타인의 상대성

20세기 초에 이 수수께끼를 해결한 사람은 알베르트 아인슈타인이었다. 1905년, 거짓말처럼 단순하지만 광범위한 몇 번의 타격으로, 유모차를 미는 동안 생각에 잠기는 습관이 있었던 스위스 베른의 특허청 직원 하나가 26살의 나이에 갈릴레오와 뉴턴의 고전물리학을 무너뜨렸다. 시간과 공간에 대한 그의 새로운 시각으로 기존의 자연에 대한 이해는 철저히 재검토되었으며, 현대 물리학으로 가는 길이었다. 그것은 인간 이성의 가장 놀라운 성취를 대표하기도 했으며, 지금도 그러하다. 시간과 공간에 대한 새로운 사고는 철저히 대칭의 관점에서 자연을 바라본 결과였다.

아인슈타인은 19세기 말에 이해된 그대로 빛을 정의한 대칭 원리들의 관점에서 사고함으로써 특수 상대성을 이끌어냈다. 사실, 이는 어떤 면에서 아인슈타인의 관점에 담긴 뜻을 더욱 부각한다. 아인슈타인 덕분에 자연에 대한 기존의 사고방식은 급진적으로 변화하여, 19세기 기계적인 관점에서 벗어나 20세기 물리법칙의 바탕에 놓은 우아한 대칭 원리들로 향했다.

아인슈타인은 기본적으로, 관찰자가 얼마나 빨리 빛을 뒤쫓아 가든 관계없이 빛은 항상 고정된 속력으로 움직일 것이라 가정했다.[8] 대칭의 언어로 옮겨보면, 빛의 속력은 모든 관찰자들에 대하여 불변이다. 대칭은 어떤 변환에 대하여 불변인 무언가를 의미한다는 사실을 상기하라. 아인슈타인은 빛의 속력이 부스트 변환에 대하여 불변이어야 함을 가정하고 있었다(반면, 갈릴레오는 모든 관찰자들에 대하여 시간 간격이 동일해야 함을 가정했다). 아인슈타인의 특수 상대성은 두 가지 원리로 규정된다.

- 상대성원리 : 관성계, 곧 모든 등속도 운동 상태는 물리적 현상을 기술할 때 동등하다.
- 광속 불변의 원리 : 모든 관찰자는 모든 관성계에서 빛의 속력을 똑같이 측정한다.

첫번째 원리는 단순히 갈릴레오의 상대성 원리를 빌려온 것이다. 그리고 두번째 원리는 마이컬슨-몰리 실험의 결과이며, 현재는 자연의 새로운 대칭 원리로서 받아들여진다. 이제는 갈릴레오의 논의에 함축된 시간의 절대성이 폐기된다. 아인슈타인은 이 두 결과들이 반드시 참이며, 굳건히 공존한다고 주장했다. 덧붙여 말하면, 전기동역학의 수학 이론에 내재한 대칭에 주목했던 아인슈타인은 마이컬슨-몰리 실험에 영향을 받지 않았으며, 특수상대성이론을 세울 당시에는 그 실험의 존재를 알지 못했다.

특수 상대성원리는 우아하고 명쾌한 방식으로 이해할 수 있다. 특수 상대성의 대칭에서는 임의의 두 사건 사이의 '거리'에 대한 아주 새로운 기하학적 개념들이 등장한다. 이 새로운 거리는 불변 간격invariant interval이라 한다. 불변 간격은 임의의 두 사건 사이의 공간 분리뿐만 아니라 시간 분리 역시 포함한다.

임의의 두 사건 1과 2를 생각해보자. 두 사건은 임의로 '정지계rest

frame' 라는 기준계에서 거리상으로는 L만큼 떨어져 있으며 시간상으로는 T 만큼 떨어져 있다. 두 사건 간의 불변 간격은 그리스 문자 τ(타우)로 표시되며, τ는 단순한 공식 $\tau^2 = T^2 - (L / c)^2$에 따라 정의된다. 이 식은 피타고라스의 정리와 놀라울 정도로 흡사하다. 빗변의 길이는 z이고 나머지 변들의 길이가 x와 y인 직각삼각형이 있을 때 $z^2 = x^2 + y^2$ 이다. (곧 '빗변의 제곱은 나머지 두 변을 각각 제곱하여 더한 값이다' 영화 전문가들이나 기억해낼 이 문장은 오즈의 마법사가 허수아비에게 두뇌가 아닌 졸업장을 수여할 때 인용했다.) 아인슈타인의 특수상대성이론은 오늘날에는 시공간이라 불리는 시간과 공간의 새로운 기하학을 제안했으며, 그 속에서 빗변은 불변 간격 τ이고, 삼각형의 나머지 변은 각각 두 사건 간의 시간 간격인 T와, 공간 간격 L을 빛의 속력 c로 나눈 값이다. 그러나 아인슈타인의 기하학에서는 매우 중요하고 새로운 한 가지 반전이 나타난다. 시간 부분 T^2는 정상적인 양의 부호를 가지지만 공간 부분 $(L / c)^2$는 새로운 피타고라스 정리에서 음의 부호를 갖는다는 사실이다. 이 같은 일은 우리가 경험으로 알고 있는 사실, 곧 시간이 공간과 다르다는 사실 때문에 나타난다.

이제, 정지계에 대하여 상대 속도 v로 움직이는 관찰자는 두 사건 간의 시간 간격을 T'으로, 공간 간격을 L'으로 측정한다. 그리고 아인슈타인의 새로운 대칭에 의하면 임의의 두 사건 사이의 불변 간격 τ^2는, 모든 관찰자들에게, 그들이 어떻게 운동하든 상관없이 똑같은 값이다. 곧, L과 T를 이용하여 계산한 τ^2은 L'과 T'을 이용하여 계산한 τ^2값과 정확히 같다. 사실 아인슈타인의 두 상대성 원리를 결합하면 하나의 강력한 대칭 원리를 만들 수 있다. 임의의 두 사건 간의 불변 간격은 모든 관찰자들에게, 상대적으로 어떻게 (등속도로) 운동하든 관계없이 동일해야 한다.

만약 두 사건이 공간상 같은 지점에서 발생했다면, 정지계에서 사건 간의 공간 간격은 $L = 0$이다. 따라서 불변 간격은 $\tau = T$이다. 곧, 이때 불변 간격은 정지 상태에서 사건들이 일어나는 동안 시계에서 실제로 경과한 시간이다. 흔히 불변 간격을 가리켜 고유 시간 간격proper time interval이라고 말하기도 한다.

반면, 광원에서 나온 불빛이 수신자에게 전달될 때처럼, 시공간 속의 두 사건들이 빛 신호로 연결되었다면, 그때의 불변 간격 곧 고유 시간 간격은 $\tau = 0$이다. 이런 결과는 모든 관찰자들에게 동일하므로, 그들은 자신들이 움직이는 속도에 관계없이 빛의 속력은 일정하다고 결론 내린다.

그래서 아인슈타인은 다음과 같은 의문을 제기했다. '어떤 형태의 부스트들이 불변 간격 τ를 모든 관찰자에 대해서 동일하게 (불변으로) 남겨 놓을까?' 사건 1에서 멀어져 사건 2의 방향으로 속도 v로 움직이는 관찰자들에게 적용한 결과, 그는 움직이는 관찰자들이 측정한 L'과 T'은 정지계의 L과 T에 관련이 있다는 사실을 알았다. 이 관계를 '아인슈타인 부스트 Einstein boosts'라고 부른다.[9)]

$$L' = \gamma(L - vT),\ T' = \gamma(T - vL/c^2).$$

여기서 등장하는 새로운 수학적 인자는 감마(γ) 또는 로렌츠 인자Lorentz factor라고 불리며, 다음과 같은 식으로 표현된다.

$$\gamma = \frac{1}{\sqrt{1 - \frac{v^2}{c^2}}}$$

감마는 특수상대성이론 전반에 두루 등장한다.

공식을 쳐다보기만 해도 고통스러울 수 있으며, 심지어 그 식을 교묘히 다루는 일은 더더욱 그러하다. 그럼에도, 약간의 고등학교 대수 지식만 있다면 이들 공식을 이용하여 $T'^2 - (L'/c) = T^2 - (L/c)^2$임을 유도해내기란 그리 어렵지 않다.[10] 이 식은 불변 간격, 곧 고유 시간이 아인슈타인 부스트하에서 양쪽의 관찰자들에게 같다는 사실을 뒷받침한다. 아인슈타인은 바로 이러한 사실을 확인할 목적으로 자신의 부스트 공식을 조작했다. 아인슈타인의 부스트는 서로 상대적으로 움직이고 있는 관찰자들의 시간과 공간 간격에 대한 올바른 대칭 변환이므로 갈릴레오의 부스트를 대체한다.

아인슈타인 부스트는 두 가지 주요한 점에서 갈릴레오 부스트와 다르다. 우선, '감마' 또는 '로렌츠 인자'라 불리는 γ가 존재하여 두 사건 간의 간격을 불변으로 하는 데 필수적인 역할을 한다. 감마는 임의의 관찰자에 대하여 그의 속도 v가 어떠한 값이든 간에, 불빛은 언제나 구의 형태로 퍼져 나가며 그 속력은 광속과 같다는 사실을 보장해준다. 두번째로, 시간은 절대적이지 않다는 사실이다. 시간과 공간은 관찰자들이 상대적으로 움직이는 동안 뒤섞여, 절대 시간은 사라진다.

더불어 낮은 속력(곧, v가 c보다 훨씬 작을 때)에서 아인슈타인 부스트는 형식적으로 갈릴레오 부스트 $L = L' - vT$, $T' = T$와 대략 같아진다는 사실을 알 수 있다. 속력이 작으면 갈릴레오 부스트와 아인슈타인 부스트의 차이는 극히 사소하다. 따라서 특수 상대성은 느리게 움직이는 대상에 대해서는 거의 아무런 수정을 하지 않는다. 빛의 속력을 무한대라고 가정하면, 아인슈타인의 부스트는 $T' = T$이므로 시간의 절대성은 다시 회복된다! 그러므로 갈릴레오의 상대성은 느리게 움직이는 관찰자들에게는 분명히 합리적인 근사임을 보여준다. 그러나 시간의 절대성과 마이컬슨-몰리의 실험은 빛의 속력이 무한대일 때에만 완벽하게 화해한다!

두 사건 사이의 불변 간격을 애크미 시공간 사건 지시봉의 길이로 생각할 수 있다. 사건 지시봉의 손잡이는 어떤 시공간 사건 1에 놓이고 지시봉의 '끝'은 또 다른 시공간 사건 2에 놓인다. 아인슈타인 부스트는 시공간상 '회전'과 유사하며, 따라서 교실에서 쓰는 지시봉의 길이가 공간상 회전에 대해서 보존되듯, 사건 지시봉의 길이, 곧 그것의 불변 간격도 변하지 않는다. 이와 같은 의미에서, 운동 상태를 바꾸는 부스트는 일상적인 공간의 회전과 유사하다.

부스트의 본질적인 수학적 형식은 물체가 에테르에 끌려간다는 생각과 함께 역사적으로 아인슈타인보다 일찍 로렌츠가 정립하였다. 이러한 이유로, 아인슈타인 부스트는 '로렌츠 변환'이라고도 한다. 그러나 에테르는 존재하지 않는다. 오늘날 물리학자들은 로렌츠 변환 곧 아인슈타인 부스트를 운동 상태의 물리법칙에 대한 올바른 대칭—아인슈타인의 두 가지 원리를 따르는 대칭—변환으로 본다.

특수 상대성의 기이한 결과

특수 상대성에서 나타나는 현상은 참으로 기이하다.

두 물체가 정지계에서 거리 L만큼 떨어져 있다고 가정하자. 움직이는 관찰자가 보았을 때 그들은 얼마나 떨어져 있을까? 두 물체 사이에 자를 놓고 그 길이를 측정하여 주의 깊게 분석하면(이때 양 끝 부분의 위치는 동시에 측정해야 한다), 두 물체 사이의 관측된 거리는 $L' = L\sqrt{1 - v^2 / c^2}$ 이다.[11] 움직이는 관찰자는 $\sqrt{1 - v^2 / c^2}$ 만큼 짧아진, 곧 '수축한' 거리를 측정한다. 따라서, 만약 관찰자의 속도가 빛의 속력에 근접한다면—이를테면 $v = 0.866c$일 때—거리는 정지계에 있을 때의 절반으로 측정된다.

상대성이론의 세계에서는 움직이는 물체는 그들이 움직이는 방향으로 수축하며, 빛의 속력에 가까워지면 팬케이크처럼 납작하게 눌린다. 정지상태에서 쿼크들이 모인 물방울 모양을 이루는 양성자를 예로 들어 생각해보자. 페르미연구소에서 가속된 양성자는 c의 99.99995퍼센트의 속력으로 움직이며, 그때 운동 방향으로 1/1,000만큼 납작하게 눌린 양성자의 모습이 관찰된다. 실제로, 물체가 빠르게 움직일수록, 운동 방향으로 점점 짧아지므로, v가 c에 한없이 가까워지면 (그 운동방향으로) 길이가 아주 없어진다! 정지 상태의 관찰자들에게, 물체는 운동 방향으로 납작한 팬케이크처럼 보이지만, 관찰자가 그 물체를 타고 움직인다면 아무런 효과도 감지하지 못한다. 역설적이게도 상대론적인 우주선 창문을 통해 바깥을 바라보는 관찰자는 우주가 자신과 반대 방향으로 빛의 속력에 가깝게 움직인다고 판단하게 된다. 그렇게 되면 우주는 우리에게 팬케이크처럼 납작하게 보인다!

$T = 1$초마다 반복해서 빛 신호를 보내는 단순한 시계가 있다. 시계가 내보내는 불빛은 피아노를 배우는 학생들이 사용하는 메트로놈의 '똑딱' 소리와 같은 역할을 한다. 움직이는 관찰자는 똑-딱 사이의 간격을 어떻게 측정할까?

움직이는 관찰자는 주기적으로 불빛을 관찰할 것이며, 그 주기가 $T' = T / \sqrt{1 - v^2 / c^2}$ 임은 어렵지 않게 알 수 있다(로렌츠 변환의 시간 부분에서 $L = 0$으로 놓으면 된다). 따라서 움직이는 관찰자는 불빛이 나오는 시간 간격 T'이 $T = 1$초보다 길다고 판단한다. 곧 시계는 그의 입장에선 느려진다! 물론 관측자가 보기에는, 움직이는 대상은 시계이며, 속력 v로 관찰자와는 반대 방향을 향해 움직인다. 따라서 '정지 관측자'에 대해 움직이는 시계는 느리게 간다.

예를 들어, 움직이는 관측자의 속력 v가 $0.866c$라면, 그들은 T'이 2초라고 판단한다. 곧 그는 시계가 정상 속력의 절반으로 가고 있다고 생각한다. 빛의 속력에 가깝게 움직이는 모든 계의 시계는 천천히 간다. 이러한 현상을 시간 지연time dilation이라고 한다. 빛의 속력에 근접한 계의 시계를 관측하면, 똑딱 주기는 무한히 늘어나며, 시계는 움직이기를 멈춘 듯 보인다.

실제로 실험실의 기본 입자는 정지 상태일 때보다는 빛의 속력에 가깝게 움직일 때 더 오래 산다. 그들의 반감기는 상대성이 예측한 그대로 연장된다. 그러나 관찰자가 상대론적인 입자와 함께 이동하면 시간 지연을 알아차리지 못하며, 오히려 움직이고 있는 것은 반대 방향으로 가는 우주로서, 그 속의 모든 시계는 느려진다!

필자 리언 레더먼은 광속에 가깝게 움직이는 것으로 관찰된 시계는 느리게 갈 것이라는 가설을 검증하여 박사학위를 받았다. 그 '시계'는 정지 상태일 때, 약 2.2마이크로초마다 (곧, 백만분의 2.2초마다) 붕괴하는 뮤온 광선이었다. 뮤온은 컬럼비아 대학교의 싱크로사이클로트론에서 가속된 양성자들이 충돌하는 과정에서 생성된다. 빛의 속력의 86퍼센트로 이동하는 뮤온 광선을 측정한 결과, 반감기는 4.2마이크로초였으며, 이는 정지 상태일 때 반감기의 약 두 배에 달했다. 뮤온의 반감기 변화는 까마득한 과거인 1950년에도 약 5퍼센트의 정밀성으로 측정되었다. 오늘날 페르미연구소에서 생성되는 뮤온은 빛의 속력에 훨씬 가깝게 가속되어 정지 상태의 수명보다 몇천 배나 더 긴 반감기를 가진다. 그렇다고 장수하는 뮤온 입자를 부러워할 필요는 없다. 그들의 관점에서는 우리의 시계가 천천히 가고 있기에 수명이 늘어난 쪽은 우리이기 때문이다!

시간 지연은 쌍둥이 역설twin paradox이라고 불리는 유명한 수수께끼를 제시한다. 길고 로맨틱한 신혼여행을 막 마치고 돌아온 후, 사적인 생활은 한쪽으로 제쳐놓은 채 과학을 위하여 용감하게 우주여행 임무를 맡은 신부가 있다고 하자. 긴 포옹 끝에 아내는 남편에게 작별을 고하고 지구를 떠난다. 떠나면서 그녀가 한 말은, "여보, 2주만 있다가 돌아올게요."였다. 그녀는 거의 빛의 속력으로 멀리 떨어져 있는 별로 여행을 떠났다. 그 별은 지구에서 10광년이나 떨어져 있었지만, 그녀의 기준계에서는 고작 1광주light-week(빛이 1주일 동안 움직인 거리)로 거리가 수축한 상태였다. 별에 도착해서, 그녀는 사진을 몇 장 찍은 후 곧바로 반동 엔진을 역추진해 올 때와 마찬가지의 초고속으로 집을 향해 돌아왔다. 실제로, 그녀의 시계를 따르면 그녀는 고작 두 주밖에 떠나 있지 않았다. 집으로 돌아온 그녀는 남편의 품을 향해 달려갔다.

그녀의 긴 여행 동안 집에 남아 충실히 그녀의 자취를 추적해 온 남편에게, 왕복 여행은 20년이 걸렸으므로 20년의 나이를 더 먹은 그로서는 시간의 흐름에서 불리한 입장이었다. 게다가, 남편은 그녀가 너무나 빠른 속력으로 이동하고 있었기에, 그녀의 시계는 시간 지연에 따라 사실상 동결되었으므로 그녀가 가지고 간 시계로 보면 여행에 소요된 시간은 두 주밖에 되지 않는다는 사실을 이미 알고 있었다. 아내가 여행에서 돌아와 재회하게 된 날, 그에게는 20년의 세월이 흘러가 있었고, 아내에게는 두 주의 시간만이 흐른 상태였다. 그러나 포도주가 시간이 지날수록 숙성되듯, 이 일로 둘의 열정이 사그라지지는 않았다.

아내가 보기에 자세히 생각할수록 이 상황은 역설적이다. 사실 그녀는 자신의 기준계에서 정지한 상태로 반대 방향으로 이동하는 남편의 모습을 지켜본 셈이므로, 남편의 시계는 그녀가 보기에는 느려졌어야 했다. 그렇다면 자신의 남편은 그토록 나이가 들고 자신은 그렇지 않은 상황을 아내는 어떻게 해석했을까? 그녀가 보기에 이런 상황은 가속acceleration의 효과를 고려하지 않고는 해결될 수 없다. 그녀는 자신의 속력을 광속에 근접하게 한 (엄청난) 가속을 경험하지만, 남편은 그렇지 않았다. 그때 그녀는 별까지의 엄청난 거리가 길이 수축에 따라 10광년에서 1광주로 축소되면서, 별이 거의 광속으로 자신을 향해 접근하는 상황을 경험했다. 그녀는 이 '부스트 단계boost phase'에서 남편이 20년의 나이를 먹었으리라고 판단했다. 마치 남편은 우주 공간에서 자유로이 관성 낙하를 하는 동안 자신은 엄청난 중력장에 붙잡혀 가속된 듯했다.

이런 상황은 훗날 아인슈타인이 깨달은 다음의 사실을 보여준다. 강력한 중력장의 관성 시계inertial clock는 자유낙하하는 시계보다 느리게 가야 한다. 그리고 이 사실은 일반 상대성에서 '아인슈타인 적색편이'라는 현상을 낳는다. 중력이 매우 강하게 작용하는 거대한 별의 원자들이 가진 시계는 먼 곳에서 자유낙하하는 관찰자들의 시계보다 느리게 가기라도 하듯, 그 별의 표면에서 방출된 빛이 적색편이되는 현상이 관측된다(적색 빛은 청색 빛보다 주파수가 더 낮다). 따라서 아내는 자신의 여행에서 가속 단계가 진행되는 동안, 남편에게는 약 20년의 세월이 흐르지만, 가속되고 있는 자신은(강력한 중력장에서 적색편이되면서) 전혀 나이를 먹지 않았음을 알았다. 쌍둥이 역설은 해결되었다. 그것은 결국 역설도 아니었다. 그리고 그녀는 자신이 여행하는 동안 나이를 먹지 않았다는 사실에 기뻐했다.

이렇게 이상한 일들이 일어나는 근본적인 이유는, 일반적으로 한 관찰자에게 동시에 일어난 두 사건이 다른 관찰자에게도 동시에 일어나지 않기 때문이다. 이것이 바로 특수 상대성의 대표적인 특징으로서, 기이한 현상의 밑바탕에 존재하는 원리이다.

특수 상대성의 에너지와 운동량

아인슈타인은, 모든 관찰자에 대하여 빛의 속력이 일정함을 타당하게 받아들이고, 시간의 절대성을 버림으로써 빛의 속력이 지닌 수수께끼를 해결했다. 모든 물리법칙 역시 반드시 이러한 대칭을 가져야 한다. 곧 모든 물리법칙은 부스트에 대해 불변이어야 한다. 로렌츠 변환은 움직이는 관찰자 간의 갈릴레오 변환을 완벽하게 대체했다.

따라서, 뉴턴의 운동 법칙과 중력 이론처럼 갈릴레오 상대성에 기반을 둔 고전물리학 전체는 수정되어야 했다.

모든 뉴턴 방정식은 로렌츠 변환하에서 (속도가 광속에 접근할수록) 불변이 아니었으므로, 아인슈타인은 그 방정식들이 250년 동안 성공적으로 사용되어왔음에도 틀렸다고 확신했다! 그는 과거의 뉴턴식 개념들 — 이를테면 힘, 운동량, 각운동량, 에너지 등 — 을 새롭고 올바른, 상대론적인 개념으로 수정하려면 어떻게 해야 할지 생각하기 시작했다. 아인슈타인은 두 가지 생각을 바탕으로 수정을 전개해 나갔다. 우선, 그 개념들이 어떻게 수정되든지 간에, 낮은 속력의 물리에서는 뉴턴 법칙의 유효성이 보존되어야 했다. 다음으로, 새롭게 수정된 물리법칙 전체에 대해 상대성의 대칭이 성립해야 한다. 일련의 사고 과정에서 정확히 어떤 시점이었는지 몰라도, 아인슈타인은 이 때문에 인류의 미래가 급격하고 강력하게 바뀌리라고 생각했다.

앞서 특수 상대성을 규정하는 대칭 원리를 따르면 두 사건의 불변 간격 $\tau^2 = T^2 - (L/c)^2$은 모든 관찰자들에게 똑같다는 사실을 보았다. 공간과 시간은 직각삼각형의 빗변에 대한 피타고라스의 정리와 같이 제곱수들로 이루어진 식과 매우 대칭적인 관계를 맺는다.

에너지와 운동량, 질량은 어떠할까? 물론 이들은 뉴턴의 고전역학 범위에서도 서로 관련있었지만, 특수상대성이론에서 성립하는 새로운 관계를 찾아보자. 시간과 공간의 대칭은 그에 대응하는 에너지와 운동량의 대칭을 제시한다. 뇌터의 정리에서 바로 이 대응 관계를 찾을 수 있다.

이제 에너지 E, 운동량 p, 질량 m인 입자를 생각해보자. 여러분은 뇌터의 정리로부터 시간은 에너지에 관련되고 ($T \leftrightarrow E$이라고 표현한다), 공간은 운동량에 관련된다 ($L \leftrightarrow p$)는 사실을 알고있다. 이런 사실은 에너지와 운동량에 관련된 '피타고라스 공식'이 특수상대성이론에 존재해야 함을 보여준다. 실제로 불변 간격 $T^2 - (L^2 / c^2)$과 마찬가지로 에너지와 운동량에 상응하는 양 $E^2 - p^2c^2$ 역시 로렌츠 변환하에서 불변이라고 생각할 수 있다. 곧 '정지계'의 관찰자가 입자의 에너지 E와 운동량 p를 측정할 때, 그와 상대적으로 움직이는 관찰자는 이와 다른 에너지 E'과 운동량 p'을 측정하지만, 그럼에도 상대성의 대칭에 따라 $E^2 - p^2c^2 = E'^2 - p'^2c^2$이 성립한다는 뜻이다.[12] (여기서는 광속 c를 우변에 놓아 단위를 맞추었다. 에너지의 단위가 운동량에 속도를 곱한 양인 pc와 단위가 같다는 사실을 상기하라.)

물론, 입자의 관성 질량 m은 에너지와 운동량의 새로운 관계식에 어떻게든 포함되어야 한다. 왜냐하면 관성 질량은 물체의 고유한 성질이므로 불변량이어야 하기 때문이다. 따라서 아인슈타인은 운동량과 에너지를 포함한 새로운 불변 식이 '관성 질량 m과 반드시 등가여야 한다'고 생각했다. 곧, 식으로 나타내면 $E^2 - p^2c^2 = m^2c^4$이다(여기서도 c^4는 우변에 놓아 단위를 맞춰준다. 설사 $c = 1$로 놓는다 해도 그에 적절한 단위를 사용하면 전혀 문제가 되지 않는다!). 이 놀라운 결과의 의미를 생각해 보자. 입자가 정지 상태라면 어떤 일이 벌어지는가? 그때는 운동량 p가 0이다. 따라서 식은 $E^2 = m^2c^4$가 된다. 그러나 에너지를 구하려면 양변의 제곱을 벗겨내야 한다. 그렇게 하면 다음과 같은 결과를 얻는다.

$$E = mc^2$$

"유레카!"를 외치기 전에, 아직 한 가지 더 확인해야 할 사항이 있다. 입자가 움직이고 있으며 운동량이 매우 작다면? 자신의 새로운 수식들로부터, 아인슈타인은 입자의 운동량이 작다면—이는 mc에 비하여 작다는 뜻이다—에너지가 다음과 같다는 사실을 알았다.[13]

$$E \fallingdotseq mc^2 + p^2/2m + \ldots$$

우변에 추가된 두 번째 항은 (빛의 속력보다) 느리게 움직이는 뉴턴 입자의 운동에너지와 정확히 같다(운동량 $p = mv$이므로, 달리는 자동차의 에너지를 계산한 예에서 살펴보았듯 운동에너지는 $\frac{1}{2}mv^2$ 과 같이 쓸 수도 있다.).

여기에서 아르키메데스가 처음으로 외친 유레카 이래 가장 엄숙한 유레카를 외칠 만하다! 이 결과는 그만큼 심오하다. 입자는 정지 상태일 때에도 에너지를 가진다. 그리고 그 에너지는 다음과 같이 널리 알려진 유명한 식으로 표현된다.

$$E = mc^2$$

이 수식에 담긴 의미는 가히 충격적이다. 관성 질량은 일정량의 에너지와 등가이다. 이 방정식은 너무나 유명해서 티셔츠나 자동차 번호판, 만화, 할리우드 영화, 지하철과 공중 화장실 벽, 브로드웨이 뮤지컬, 백악관 대통령

집무실에 있는 잉크 압지대 낙서, 헤아릴 수도 없이 수많은 현장에서 그 모습을 드러낸다. 질량과 에너지는 서로 다른 물리량이지만 이 간단한 식은 그들을 원리상으로 호환 가능하게 한다. 이 식은 온 우주에 있는 에너지를, 좋든 나쁘든 간에 문자 그대로 풀어놓는다.

1킬로그램의 질량을 에너지로 바꿀 수 있다고 가정해 보자. 아인슈타인의 식에 의하면 $(1\text{kg}) \times c^2 = (1\text{kg}) \times (3 \times 10^8 \text{m/s})^2 = 9 \times 10^{16}$줄의 에너지를 얻는다. 이는 상당한 양의 에너지로서, 10,000킬로그램짜리 우주선을 빛의 속력의 1퍼센트로 운동시킬 수 있다. 또한, 아인슈타인의 에너지–질량 등가 관계는 우라늄235 원자핵의 질량이, 분열을 통해 생성된 딸핵과 자유 중성자를 합한 질량보다 크다는 사실을 알려준다. 최종적인 방사능 에너지에서 정지 질량의 전환을 고려하지 않고는 절대로 전체적인 에너지 보존 과정을 이해할 수 없다. 질량이 에너지로 전환되는 모든 과정은, 곧, 총관성 질량이 보존되지 않는 모든 과정은 아인슈타인의 특수상대성이론으로만 설명될 수 있다.[14] 아인슈타인의 질량–에너지 등가 관계는 핵물리학 시대를 가장 잘 대변하는 식이다. 그러나 사실 그것은 우주의 모든 물질에 대해서 언제나 성립하는 식이다.

일반상대성이론

특수상대성이론은 뉴턴의 중력이론을 대체할 새로운 중력 이론이 필요했다. 뉴턴의 중력 이론은 중력이 두 물체 사이에서 순식간에 전달된다고 예측했으나 어떤 신호도 빛보다 빠르게 운동할 수 없다는 점에서 이는 옳지 않았다. 뉴턴의 이론은 정지 에너지가 운동에너지로 전환되지 않는 느리게 움직이는 입자와 과정만을, 곧 '비상대론적' 입자만을 설명할 수 있다. 완전한 중력 이론은 아인슈타인의 일반상대성이론으로서, 그것은 진정 지적인 걸작품이다. 앞에서 잠깐 암시했듯, 일반 상대성은 더 깊고 더 근본적인 방식으로 관성의 원리와 관련된다.[15)]

이제 일반상대성이론의 가장 중요하고 극적인 결과 중 하나를 보여줄 간단한 질문을 해보자. 한 입자가 강력한 중력으로 자신을 끌어당기는 어떤 물체의 표면에서 탈출하려고 하는데 이때 자신의 모든 정지 에너지를 운동 에너지로 전환해야 한다면 어떤 일이 벌어질까? 실제로, 불운한 입자는 거대한 물체를 탈출하지 못한다. 일단 탈출할 수 있게 되면 입자는 존재하지 않을 것이므로.

거대한 질량을 갖는 물체의 질량 M이 반지름 $R = 2G_NM / c^2$ — 여기서 G_N은 뉴턴 상수이다 — 내부에 압축되어 있다면 내부에서 외부로 탈출은 불가능하다는 사실이 밝혀졌다.[16)] 이때 거대한 물체는 블랙홀이 된다. R은 명명자의 이름을 따서 블랙홀의 '슈바르츠실트 반지름'이라 한다. 질량 M에 대해서, 반지름이 슈바르츠실트 반지름 R보다 작은 물체는 모두 블랙홀이 된다. 어떤 입자도, 심지어 빛조차도, 슈바르츠실트 반지름 이내의 거리에서는 탈출할 수 없다. 예를 들어, 지구와 질량이 같은 물체가 블랙홀이 되려면, 대략 계산했을 때, $2G_NM_{지구} / c^2 = 8.9 \times 10^{-3}$미터 또는 약 0.6센티미터라는 매우 짧은 반지름 속에 압축되어야 한다. 지구가 이 정도의 규모로 압축되면 블랙홀이 된다. 태양의 슈바르츠실트 반지름은 약 3.2킬로미터이다. 이 정도 영역에 태양의 질량이 채워지면 그 밀도는 원자핵의 밀도를 압도적으로 능가한다. 오늘날 과학자는 은하 중심에 태양보다 질량이 몇백만 배나 되는 거대한 블랙홀들이 존재한다고 본다.

일반상대성이론은 물질의 존재로 말미암은 시공간 기하의 곡률, 곧 구부러짐이나 휘어짐으로 중력을 설명한다. 구부러진 지구 주위의 공간에서 자유낙하하는 우주선의 내부는 무중력 상태가 되며, 관찰자가 보기에 이는 곡률을 만들어내는 거대하고 육중한 물체가 없는 허공을 자유롭게 움직이는 것과 똑같다. 자유낙하하는 우주선은 구부러진 시공간의 '측지선' 을 따라 움직이며, 짧은 거리상에서 이는 본질적으로 직선 운동이지만, 먼 거리에서 보면 구부러진 경로를 따라가는 운동이다. 지금까지 올바르게 예측하고 측정해온 미세한 수정 사항들을 반영한 행성의 닫힌 타원 궤도는, 이러한 원리로 생겨난다. 궤도상의 행성은 사실 구부러진 시공간 속에서 자유낙하한다!

뉴턴의 중력 이론은 결국 아인슈타인의 이론을 광속보다 느린 운동에 제한시킨 근사적인 이론일 뿐이다. 일반상대성이론은 뉴턴 이론이 설명하지 못했던 행성 운동의 이상 현상, 이를테면 수성의 근일점(태양에 가장 근접한 위치)이 100년에 1도씩 전진하는 현상 등을 올바르게 설명한다. 또한, 일반상대성이론은 중력이 작용하는 천체 주위를 별빛이 지나갈 때, 또는 그 천체에서 빛이 나올 때 나타나는 구부러짐, '중력 렌즈' 현상, 색깔 편이 현상 등을 올바르게 예측했다. 더 나아가 아인슈타인의 일반상대성이론은 우주가 팽창하고 있음을, 공간이 말 그대로 창조되고 있음을 알려준다. 또한, 그의 이론은 물체의 질량이 엄청나게 커질 때, 모든 물질과 빛을 그 표면으로부터 탈출할 수 없게 하는 블랙홀의 존재를 예언한다. 블랙홀은 타르타로스, 곧 '지옥은 어떤 모습일까?' 라는 오래된 질문에 대한 자연의 답이다.

8장
반사

"이제 키티 네가 말없이 듣기만 하면, 거울 집에 대한 내 생각을 전부 말해 줄게.
일단 거울 너머로 보이는 방이 있을 거야. 우리 집 거실이랑 똑같이 생겼는데, 물건들만 반대로 되어 있지.
의자 위로 올라가면 다 볼 수 있어. 벽난로 바로 뒤만 빼고.
아! 정말 벽난로 뒤를 조금이라도 볼 수 있다면 얼마나 좋을까!'
『거울 나라의 앨리스』 중에서 앨리스의 말

거울 나라에서 찾은 대칭

거울 집을 더 잘 살펴보려고, 혹시 그곳의 난롯가에도 불이 있는지 알아보려고 빅토리아식 응접실의 벽난로 선반 위에 올라간 앨리스는 새로운 세계로 굴러떨어졌다. 정상적인 물리법칙이 지배하는 세계는 사라졌다. 체스 말들은 혼잣말을 중얼거리며 시골길을 돌아다니고 험프티덤프티는 풀썩 떨어지고 '보로고브들은 너무나 천비했고, 몸래스는 꽥꽥 짖었다(루이스 캐럴이 지은 넌센스 시 「재버워키」에 나오는 구절 'All mimsy were the borogoves, And the mome raths outgrabe' 이며 대부분의 단어가 작가가 창조한 것이다 ― 옮긴이).'

그러나 거울 집으로 갈 수 없는 여러분은 다음과 같은 가상의 질문을 할지도 모르겠다. 거울 속에서 진정 어떠한 물리적 세계를 보게 될까? 사실,

우리는 알파벳 문자들이 거꾸로 된 또 다른 세계, 창문을 통과하여 방안으로 비쳐드는 햇살이 거울 밖 세계와 거의 같지만 새로운 세계, 익숙해 있지만 다른 사람은 보지 못하는 우리 자신의 거울상, 곧 주근깨가 있고 머리카락 일부분이 가르마의 반대 방향으로 넘겨져 있으나 어쨌든 우리 자신과 대체로 같은 거울상의 세계를 본다. 한마디로 그 세계의 모든 현상은 앨리스가 말한 것처럼 '사물들이 반대로 되어 있다.' 곧 오른쪽과 왼쪽이 뒤바뀌어 있다.

이렇게 좌우가 뒤바뀐 거울 집 세계는 다른 점에서는 전혀 변화가 없다. 이 세계에서 일어나는 모든 일을 날카롭게 관찰했다면, 케플러처럼 그것의 규칙과 법칙들을 체계적으로 이해하려 했다면, 앨리스는 어떤 결론을 내렸을까? 이 세계의 자연법칙과 거울 속 세계의 자연법칙은 다를까? 아니면 거울 속 '이중' 세계의 가장 근본적인 물리법칙은 이 세계의 그것과 같을까? 가장 표면적인 것들—왼쪽과 오른쪽—만이 뒤바뀌고 자연의 나머지 법칙은 그대로 유지되는 것—'거울 집'으로 들어가는 것—도 대칭으로 생각할 수 있을까?

앞에서 보았듯이, 모든 대칭이 연속적이지는 않다. 불연속적인(이산) 대칭들이 어떤 특정한 보존 법칙으로 이어진다고 해도(특히 양자론의 영역에서), 뇌터의 정리는 연속 대칭에서만 엄격하게 적용된다. 연속 대칭과 마찬가지로 이산 대칭도 자연 속에서 근본적이고 수수께끼 같은 역할을 한다. 이 세계는 이산 대칭들로 가득하다. 왼쪽과 오른쪽의 뒤바꿈도 자연의 이산 대칭이 될 수 있을까?

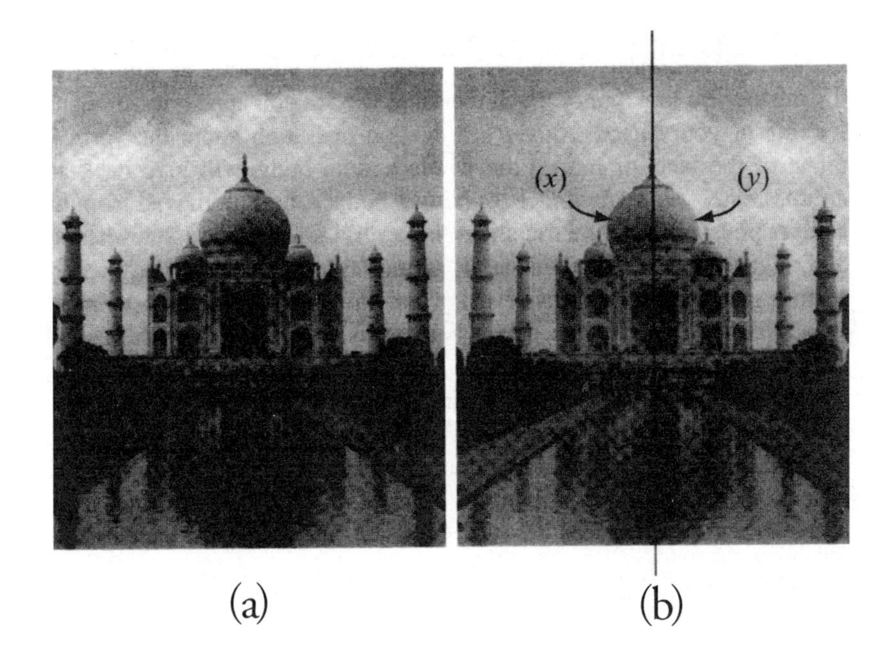

그림 14 타지마할 사진. 대칭축 반사 전(a)과 후(b). (사진 크리스토퍼 힐.)

반사 대칭

그림 14(a)의 타지마할 궁전과 같은 계를 살펴보자. 사진 속에는 장엄한 반사 연못이 있는 타지마할의 유명한 정면 풍경이 나와 있다. 사진을 이용하여 이산 대칭 연산(조작), 곧 이산 대칭 변환으로 알려진 반사 변환의 개념을 설명하려 한다.

그림 14(b)의 타지마할 정면의 중심에 선이 하나 그려져 있다. 이 선이 타지마할 사진의 '대칭축'이다. 컴퓨터 그래픽 프로그램을 이용하여 이 선을 중심으로 첫 번째 사진을 '반사시킨' 결과가 두 번째 사진이다. 곧 필자들

은 선의 왼쪽에 있는 어떤 점 x와 오른쪽에 있는 점 y를 교환하였으며, 이때 점 x와 y는 대칭축으로부터 같은 거리에 있다. 사진의 반사는 2차원 변환이지만, 완전한 3차원 사물에 반사 변환을 가한 결과를 상상하는 것도 가능하다. 이때 대칭축은 수직선이 포함된 평면이다. 평면의 왼쪽에 있는 임의의 점 x는 평면의 오른쪽에서 그에 대응되는 임의의 점 y와 교환되며, 이때 x와 y를 잇는 선은 대칭 평면에 수직이다.

타지마할은 반사 변환 후에도 물리적으로 똑같이 나타난다. 수학자라면 타지마할의 정면이 반사 변환에 대칭적이다, 곧 타지마할의 정면이 반사 불변성을 가진다고 말한다. 반사 연산은 왼쪽과 오른쪽을 뒤바꾼다. 타지마할의 대칭축 왼쪽에 있는 모든 점은 반사 변환에 따라 그에 대응되는 대칭축 오른쪽의 점으로 사상mapping되고, 그 역도 마찬가지이다.

대칭 연산은 관찰자가 거울 속에서 보게 되는 무언가로서, 반사 변환된 물체의 이미지는 거울에 비친 물체의 사진을 찍어서 얻을 수 있다. 예를 들어, 관찰자가 타지마할을 등지고 그림14(a)를 정면으로 비추는 거울을 마주 보고 그 거울상을 사진으로 촬영하면, 그림 14(b)와 같은 상을 얻는다.

건축가는 타지마할을 설계할 때 완벽함과 신성함, 아름다움을 환기시킬 목적으로 반사 대칭을 활용했다. 예술에서는 이산 대칭들을 빌려 자연을 모방하는데, 실제로 반사 대칭은 자연에서 발견된다. 해부학에서, 인간의 몸과 뇌 자체는 좌우 대칭에 상당히 가깝다. 그래서 거울을 보면 다른 사람이 볼 때와 매우 흡사하게 자신을 보게 된다. 곧, 얼굴 또는 몸 전체의 수직 평면에 대해 반사 연산을 하면 거의 같은 형태의 얼굴 또는 몸이 된다. 두개골에서 꺼낸 뇌는 좌뇌와 우뇌를 구분하는 중앙의 균열에 대해 물리적으로 대칭이다. 비록 유기체 속의 기능은 서로 다르지만, 좌뇌와 우뇌는 형태의 구조(해부학자들을 따르면 형태학상으로)면에서는 같다. 수많은 유기체에도, 여러 종류의 반사 대칭이 있다.

수많은 사물이 반사에 대해 불변이지만, 다시 말해서, '그들은 같은 형태로 재사상되지만,' 거울 반사 아래서 불변이 아닌 사물들도 많다. 예를 들어 왼손은 반사를 통해 오른손이 된다. 오른손과 왼손은 서로 구별된다. 그 이유는 엄지손가락의 위치에 대해 손가락을 말아쥘 수 있는 방향이 있기 때문이다. 이렇게 손가락을 말아쥐는 상대적인 방향과 엄지손가락의 위치는 왼손과 오른손을 구분한다.

엄지가 두 개인 외계 생물체를 상상해보자. 그 생물체의 한 엄지손가락은 정상적인 위치에 있으며, 나머지 엄지손가락은 새끼손가락이 있어야 할 자리에 있어, 손 전체는 그림 15와 같이 중지를 중심으로 대칭이라고 하자. 이 생물체에게는 왼손과 오른손의 차이가 없다. 이러한 생명체가 사는 행성에서 일어날 법한 교통 문제를 생각해보라. 누가 먼저 우측통행권을 받아야 할까? 그것을 '좌측통행권'과 어떻게 구별할 것인가? 히치하이크조차 간단한 문제가 아니다.

그러나 인간의 왼손과 오른손에는 차이가 있다. (손바닥과 손등 부분에 차이를 줄 용도로) 손바닥에 패드가 덧대어진 장갑이 한 상자가 쌓여 있어도, 어떤 장갑을 오른손에 껴야 하고 어떤 장갑을 왼손에 껴야 할지 늘 구분할 수 있다. 엄지손가락이 두 개인 외계 생명체에게는 왼손 장갑과 오른손 장갑에 차이가 없다. 여기서 반사의 수학적 성질과 그 성질이 물리 세계에 어떤 영향을 미치는지 알게 된다. 왼쪽과 오른쪽은 같거나, 그렇지 않다면 서로의 거울상이 된다. 외계 생명체에게, 어느 한 손의 거울상은 그 손 자체와 같다. 물리학자는 그의 손이 반사에 대해 단일항singlet이라고 한다. 반면 인간의 손은 이중항doublet이다. 인간의 손은 기껏해야 반사되는 짝이 둘밖

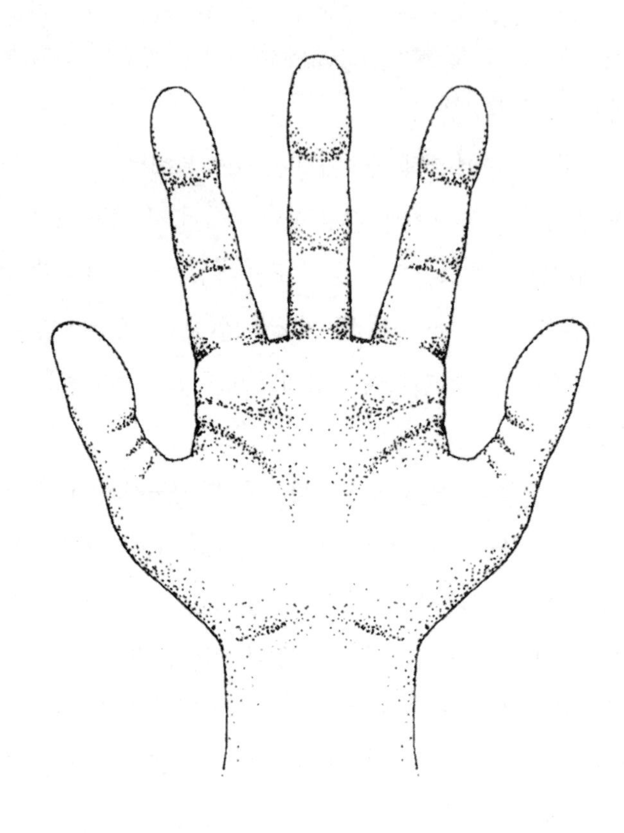

그림 15 엄지가 두 개인 외계 생명체의 손. 이 손은 오른손도 아니고 왼손도 아니다. (그림 시어 페렐)

에 없다. 반사 연산에서 세 번째 짝이 없는 까닭은, 반사 연산을 한 오른손에 한 번 더 반사 연산을 하면, 원래의 오른손이 되기 때문이다(수학에서 '반사의 제곱', 곧 반사에 반사를 거듭한 결과는 항등원이다). 왼손을 반사하면 오른손이 되며 역 또한 성립한다. 반사에 대해 불변이 아닌 것, 다시 말해 반사에 따라 다른 무언가로 변하는 것(오른손이 왼손으로 변하듯)을 가리켜 '손대칭성이 있다' 또는 '카이랄성이 있다' 고 말한다.

역학적인 사물이 손대칭성을 갖기란 어렵지 않다. 철물점의 나사는 대개

'오른손잡이right-handed' 이다. 곧 오른손 손가락을 말아 쥐는 방향으로 드라이버를 회전하면 엄지손가락의 방향으로 나사가 전진한다. 거울로 보면, 오른손 회전은 왼손잡이left-handed가 되지만, 나사의 거울상은 여전히 전진하므로, 거울상 나사는 '왼손잡이' 이다. 왼손잡이 나사 역시 쉽게 만들 수 있으며, 이때 물리법칙과 전혀 모순을 일으키지 않는다는 사실은 중요하다. 왼손잡이 나사를 만든다고 물리법칙에 어긋나지는 않기 때문에 그저 나사 제조업자에게 특별 주문을 하기만 하면 된다. "8/32규격의 왼손잡이 나사를 스무 개 만들어 주세요."

더 근본적인 수준으로 내려가서, 분자는 일반적으로 분명한 반사 대칭을 가진다. H_2O와 같은 분자는 반사에 대해 불변이므로—단일항—거울 속에서도 똑같이 보인다. 그렇지 않은 다른 분자는 거울에 반사시켰을 때 거울짝을 가진다. 어떤 분자가 다른 분자의 거울상이 될 때 그 분자를 '입체 이성질체stereoisomer' 라 부른다. 입체 이성질체에는 오른손과 왼손처럼 레보levo형태와 덱스트로dextro형태가 있으며 이들은 서로의 거울상이다. 덱스트로 분자는 레보 분자의 거울상이며, 역 또한 마찬가지이다. 덱스트로(레보) 이성질체는 다른 덱스트로(레보) 이성질체들 속에 섞여 있어도 정확히 똑같은 화학적 성질을 유지한다. 그러나 자신들의 거울상인 레보(덱스트로) 이성질체 속에 혼합되면 화학 성질이 달라진다.

지구상의 복잡한 생명체는 단순한 원시 생명체로부터 진화하였다. 이에 대한 강력한 근거는 사람을 구성하는 분자가 손대칭성이 있다는 사실이다. 사람은 특정한 입체 이성질체를 다른 종과 공유한다. 원시 생명체가 형성되었을 때 일련의 특정한 사건들이 우연히 발생한 결과, 그중 한 원시 생명체는 레보 분자를 특수한 기능에 사용하기 시작했다. 그 선택은 동전 던지기처럼 임의적으로 일어났고, 입체 이성질체가 우연히 생명체에 편입되는 과정은 돌연변이에 따라 일어났다. 그러나 일단 선택이 이루어지자, 이 단순한 유기체의 모든 후손은 특수한 기능을 위한 똑같은 입체 이성질체를 물려받았다. 진화의 과정이 계속되면서, 이 원시 유기체들의 또 다른 돌연변이들로부터 진화한 모든 생명체 역시 같은 입체 이성질체를 물려받았다. 그리고 원시 유기체의 선택은 더 발달한 종들이 등장하면서 진화의 긴 사슬을 따라 전파되었다. 그래서 우리 인류도 30억 년 전 원시 지구의 진흙 속에서 최초로 발생한 원시 조상들로부터 이 임의적 선택을 물려받았다.

지구상의 생명체에서 발견되는 당(糖) 분자는 대부분 오른손잡이 형태, 곧 덱스트로당이며, 그 거울상인 레보당은 상업용이나 연구용으로 생산된다. 인간의 위장 속 소화 효소는 자연에 존재하는 덱스트로당—마찬가지로 지구상에서 진화한 다른 유기체들에게서 나온 분자들—만을 소화하게끔 진화했다. 이들 덱스트로 효소는 덱스트로당과 같은 방식으로 레보당에 반응하지 않으므로, 레보당은 소화되지 않는다. 그러나 인간의 맛봉오리(미뢰) 신경은 레보당의 맛을 덱스트로 당의 맛과 똑같이 느낀다. 따라서 레보당은 단맛을 내지만 대사되지 않고 배설되며, 체중 증가나 충치를 일으키지 않으므로 설탕의 대체물로 사용될 수 있다. 물론 예상치 못한 부작용은 항상 주의해야 한다.

언젠가 외계 행성에 가면 우리와 똑 닮았지만 실은 입체 화학적으로 다른 환경에서 진화한 외계 생명체를 만날지도 모른다. 이를테면 그 외계인은 레보당만 소화해서 그들이 먹는 당근, 사탕무, 초콜릿에는 레보당만 잔뜩 들어 있을 것이다. 그들과 마주 앉아 어머니가 해주신 밥같은 훌륭한 식사를 즐길 수 있겠지만, 식사 뒤에도 여전히 허기를 느끼며 외계인의 음식 따위는 영양가가 없다고 생각한다. 그런 상황에서는 외계인이 살 빼려고 먹는 당 대체물 같은 것으로 연명해야 한다.

흥미로운 사실은 입체 화학을 통해 원리상으로 진화 과정을 역추적하면 인간을 비롯한 지구의 다른 생명체들이 유일한 원시 생명체에 이를 수 있다는 것이다. 사실 그렇게 모든 생명체의 최고 조상이 유일하지 않을 확률이 더 높을 수도 있었다. 마치 슈퍼볼 게임의 시작처럼, 한 작은 원시 생명체가 덱스트로당의 대사자를 합성하고, 그 우연한 사건이 생명의 사슬을 거쳐 오늘날 살아 있는 모든 것들에 전파되기까지, 모든 일이 '동전 던지기'에 따라 결정되었기 때문이다. 진화는 기본적으로 복잡한 물리의 한 형태이며, 원리들의 실제이다. 진화를 이해하지 않고서는 현대 생물학 세미나라든지 게놈학 연구 프로그램을 이해할 수 없다. 물론 미국의 일부 학군에서 주장하듯, 사회를 위해 우리 아이들이 현대 사회에서 살아가고 경쟁하는 데 필요한 진화 생물학을 가르치지 않을 수도 있다. 이는 결국 자연도태를 촉진하여 우리보다 더 똑똑한 종들이 훗날 쉽게 우리를 대신하게 할 뿐이다.

생물학에서 물리학으로 다시 돌아오니 질문이 떠오른다. 물리적 세계, 곧, 물리법칙은 반사라는 이산 대칭에 대해 불변인가? 거울 집의 물리법칙은 이 세계의 그것과 정말로 같은가?

반전성 대칭과 물리법칙

반사는 역동적인 물리 과정의 대칭이자 (원자처럼) 기본적인 물리적 대상이기도 하다. 예를 들어, 전하를 띤 입자를 다루는 전기역학의 법칙과 중력의 법칙은, 거울 속 세계에서 보면 거울 밖의 세계와 같다. 물리학에서는 이 장엄한 반사 대칭을 가리켜 반전성 대칭parity symmetry 이라고 한다. (줄여서 P대칭이라고도 한다) '물리법칙'이 반사에 대해 불변이라는 말은 무슨 뜻일까?

본질적으로 반전성 대칭은 문자 그대로나 수학적으로나, 마치 앨리스의 거울 집 속에 있는 것처럼, 모든 물리적 과정들이 포함된 세계를 거울 속에서 보는 것을 의미한다. 물리적 대상들이 움직이고 충돌하며 상호작용하게 하는 거울 속 '물리법칙' 체계와 이쪽의 '물리법칙' 체계는 매우 유사해 보인다.

이름이 툼Tum(그림 16)인 이 세계의 고양이가 막 반들반들 닦은 탁자 위에 뛰어올라가 미끄러져서 꽃병과 부딪히고, 그 결과 꽃병이 바닥에 떨어져 산산조각이 났다고 하자. 운동량, 에너지, 각운동량은 충돌 과정에서 모두 보존된다(물론, 소리와 열로 흩어진 에너지, 꽃병이 최종적으로 바닥에 부딪쳤을 때 원자 결합을 분리해 꽃병을 깨뜨리는 데 쓰인 에너지 등등을 포함한 총 에너지가 보존된다는 뜻이다). 이들은 모두 거울 밖의 세계에서 뇌터의 정리를 비롯한 대칭 원리들이 지배하는 물리법칙이다.

거울 집에도 툼과 매우 똑같이 생긴 고양이가 한 마리 있다. 이것을 (이 아이 역시 수컷이다) 무트Mut라고 부르자. 무트 역시 반들반들한 탁자 표면에서 미끄러져 꽃병과 부딪히고, 꽃병은 바닥에 떨어졌다. 거울 집에서 일어난 이 충돌이 운동량, 에너지, 각운동량을 정확히 보존하는지 확인하기 위해 실제로 정밀한 측정을 할 수 있다. 알려져 있는 한, 시간과 공간의 병진 대칭, 회전 대칭, 다른 대칭 대부분은 모두 거울 속 세계에서도 성립한다. 그러므로 거울 집의 세계가 따르는 물리법칙이 이 세계의 물리법칙과 정확히 같다고 믿기 시작한다.

반사는 이산 대칭이었음을 떠올리자. 우리는 '반사하거나' '반사하지 않는다' 만 말할 수 있다. 0.126을 반사한 결과란 없고 할 수도 없다. 반사는 양자 택일의 문제이기 때문이다. 대칭은 앞서 언급했던 반전성 대칭이다. 다시 말해서, 물리 과정을 서술하는 거울 속의 법칙은 그와 똑같은 물리 과

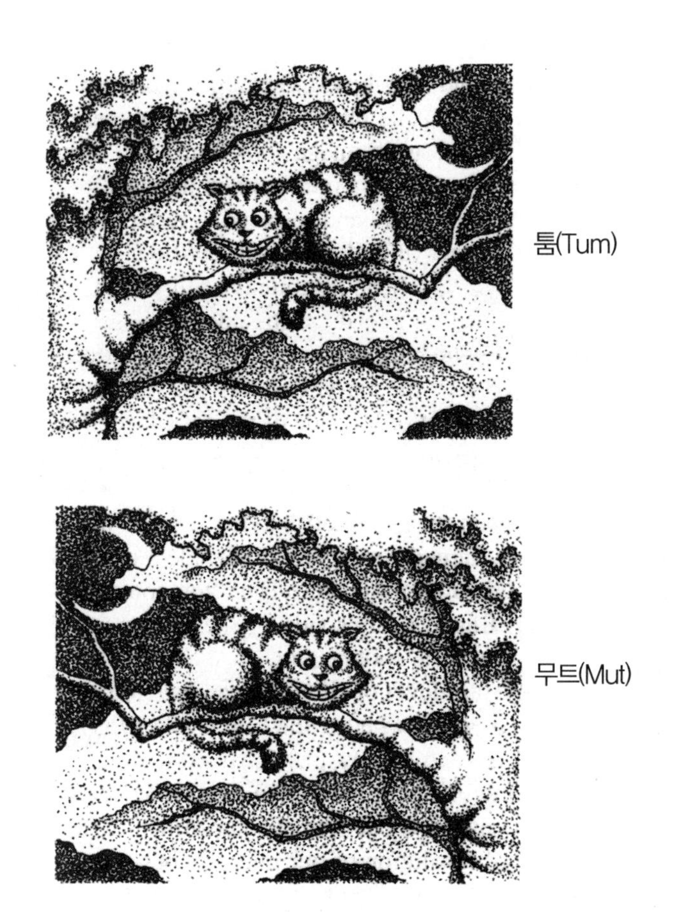

그림 16 고양이 툼과 그의 거울상 무트. (그림 시어 페렐)

정을 서술하는 이 쪽의 법칙과 같아야 한다. 만약 반전성이 우수한 대칭이라면 말이다.

이제 흥미로우면서도 더 정교한 질문을 해보자. 거울 집이 이쪽 세계와 같은 물리법칙으로 지배된다는 생각은 가설에 불과하다. 반전성은 진정 물리법칙의 대칭인가? 그것을 알아내려면 이 가설을 어떻게 검증해야 할까?

동역학적인 과정이 진행 중인 물리계를 보여주는 영화 또는 DVD 한 편이 있다고 가정하자. 영화의 내용은 톰이 꽃병과 충돌하여 그것을 바닥에 떨어뜨리는 과정일지도 모른다. 또는 당구대에서 당구공들이 충돌하는 더 단순한 과정일지도 모른다. 어찌 되었건, 그 영화는 그림 17에서처럼, 거울에 반사된 물리계를 찍는 카메라로 촬영되었을지도 모른다. 그 카메라는 매우 성능이 좋으며 거울은 비상식적으로 깨끗하고 (흠도 얼룩도 없이) 매끄럽다. 관찰자는 카메라가 어떻게 설치되었으며, 그것이 어떻게 당구대를 찍고 있는지 볼 수 없다. 그렇다면 관찰자가 보는 역학적 과정이 그림 17(a)처럼 거울을 통해 촬영되었는지, 그림 17(b)처럼 거울 반사를 통해서가 아니라 직접 촬영되었는지를 알 방법이 있을까?

이제 더 근본적인 질문을 하기 위해서 사실을 철저히 판단할 수 있도록 더 단순한 체계로 돌아갈 필요가 있다. 다시 고양이-꽃병 충돌로 돌아가서, 깜빡 잊고 말하지 않았지만 톰(복잡계)의 얼굴 오른쪽에 흰 반점이 있었다고 가정하자. 톰은 오른손잡이임을 나타내는 '꼬리표'를 단 셈이다. 따라서 고양이-꽃병 충돌에 관한 영화를 볼 때, 흰 반점이 고양이 얼굴의 오른쪽에 있는지 왼쪽에 있는지 살펴볼 수 있다. 흰 반점이 왼쪽에 있다면 톰의 반사인 무트를 보고 있는 셈이며, 따라서 영화는 거울을 통해 촬영되었음을 알 수 있다. 그러나 필자들이 다루려는 문제가 이것은 아니다. 조금 전에 보았던 왼손잡이 나사처럼, 원리상으로 톰과 똑같지만 왼쪽 얼굴에 반점이 있는 안셀이라는 이름의 고양이를 새로 키울 수 있다. 그렇다면 고양이-꽃병 충돌의 주연이 우리 쪽의 안셀인지, 앨리스가 사는 세계의 무트인지 확신할 수 없다! 반점은 소용이 없어진다.

그렇다면, 단순성의 정도를 높여서 당구공의 충돌을 살펴보자. 이때는 영화가 거울을 통해 촬영되었는지 아닌지를 알 수 있는가? 과연 그러한가? 물

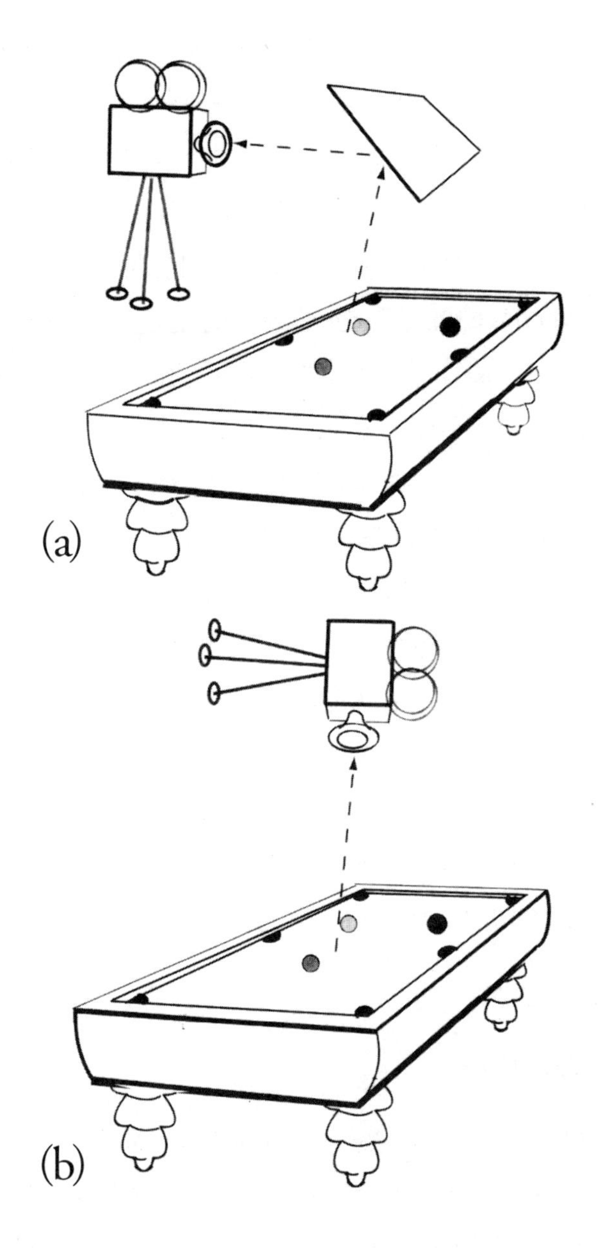

그림 17 (a)에서, 거울을 통해 본 광경을 비추는 카메라는 거울 집에서 일어나는 것과 같은 영상을 보여준다. (b)에서, 같은 광경을 직접 촬영한 카메라는 거울 밖의 이쪽 세계에서 일어나는 것과 같은 영상을 보여준다.

리학자는 단순성의 수준을 최고로 높여 최종적으로는 기본 입자의 충돌을 조사하려 한다. 지난 세기에 걸쳐 물리학자는 이와 같은 실험들을 수행했다. 물리학자는 최고의 분해능을 가진 현미경—강력한 입자가속기—으로 원자, 원자핵, 기본 입자 간의 충돌을 관찰할 수 있지만, 대부분 입자가속기는 주어진 체계와 그 거울상 간의 차이를 구별하지 못한다. 실제로, 1950년대까지 물리학자는 그와 같은 관찰을 토대로, 일단 고양이(자연도태와 여러 진화의 단계를 거쳐 교묘한 손을 갖게 된)와 같이 일련의 복잡한 규칙으로 구성된 계가 아닌 아주 기본적인 계를 관찰한다면, 언제나 왼쪽-오른쪽이 대칭인 자연법칙을 보게 되리라고 생각했다. 이 단계에 이르러서는 영화가 거울을 통해 촬영되어 거울 집의 물리 현상을 보여주고 있는지, 아니면 직접 촬영한 우리의 세계를 보여주고 있는지 알 수 없다. 따라서 반전성은 정확한 자연의 대칭으로 생각되었다.

그럼에도, 과학자들은 자연의 바다를 더 깊이 탐사하였고, 과학적 방법론으로 반전성이 자연의 대칭이라는 생각을 꾸준히 검토했다. 기본입자의 미묘한 특성 중 앨리스의 거울 집과 이쪽 세계에서 차이를 보이는 것이 있을까? 원자 또는 아원자 과정에 관한 가상의 영화가 거울을 통해 촬영되었는지 아닌지를 알아낼 수 있을까?

반전성 대칭을 폐기하다

파이 마이너스 또는 '파이온pion'이라 불리며 π^-로 표기되는 입자가 있다. 오늘날 파이온은 기본 입자가 아닌, '아래down쿼크'와 '반위anti-up쿼크'로 구성된 물질임이 알려졌지만, 지금으로서는 논의의 목적을 위해 파이온을 기본 입자로 간주하자. π^-는 1억 분의 일 초 만에 기본 입자인 뮤온

muon(μ^-) 두 개와 전기적으로 중성인 반중성미자anti-neutrino($\bar{\nu}^0$)로 붕괴하며 그 과정을 다음과 같은 식으로 기술한다. $\pi^- \to \mu^- + \bar{\nu}^0$

π^-는 '스핀 0', 곧 고유의 스핀 각운동량 값이 0인 입자이다. 그것은 극미한 물방울이나 미세한 당구공처럼 구형의 대칭을 가졌으므로 어떤 방향으로 회전해도 그 모습이 변하지 않는다. 반면에 뮤온 μ^-과 반중성미자 $\bar{\nu}^0$는 소형 회전 자이로스코프와 같아서 각각이 고유의 스핀 각운동량을 가진 작은 점처럼 행동한다(이들은 '스핀 ½' 입자로 불리지만 지금은 이 같은 세부적인 정보가 필요하지 않다. 기본 입자의 스핀은 10장에서 더욱 자세히 다룬다).

뇌터의 정리와 회전 대칭을 안다면 각운동량보존법칙이 반드시 성립해야 한다는 사실 또한 알 수 있다. 회전 대칭은 모든 길이 척도에서 성립하므로 미세한 기본 입자에서도 각운동량은 보존되며, 이는 거울 속 세계와 거울 밖의 세계에서 모두 참이다. 따라서 π^-중간자가 붕괴할 때 최초의 각운동량은 0이므로, μ^-와 $\bar{\nu}^0$의 최종 각운동량의 합도 0이 되어야 한다. 생성된 뮤온과 반중성미자라는 미세한 자이로스코프는 각운동량의 합이 0이 되도록 정확히 반대 방향으로 회전한다.

여기서 실험상으로 매우 중요한 사실은 가속되는 뮤온의 속력을 늦추어 멈추게 하고 심지어는 그 스핀 값까지 측정하는 일이 가능하다는 점이며, 사실 그렇기에 이런 실험을 할 수 있다. 뮤온은 차례로 (백만 분의 일 초 안에) 또 다른 입자로 붕괴하고 그 과정에서 생성된 산물들이 퍼져나가는 방식으로 뮤온의 스핀을 알 수 있다. 뮤온의 속력을 낮추고 정지시킨다고 해서 공간상 스핀 방향이 변하지는 않으므로 파이온의 붕괴에서 생성된 바로 그 순간 뮤온의 각운동량(스핀)이 정확히 어떤 방향을 향하는지 알 수 있다.

따라서 π^-의 붕괴 현상을 상세히 살펴보기 위한 실험을 설계할 수 있다. 뮤온이 생성될 때 그 스핀이 뮤온의 운동 방향과 나란하게 정렬되는 상황을 찾아보자. 또한, 뮤온의 스핀이 운동 방향과 반대 방향으로 놓이는 상황도 찾아볼 수 있다. 스핀이 입자의 운동 방향과 나란하면 입자의 헬리시티 helicity가 양(+)이라고 한다. 스핀이 운동 방향과 반대로 배열되면 헬리시티가 음(−)이라고 말한다. 헬리시티는 그저 손대칭성을 갖는가에 대한 척도이다.

헬리시티는 손대칭성의 한 형태이므로 오른손잡이 또는 왼손잡이처럼 거울에 비추었을 때 항상 반대이다(그림 18). 이 현상을 이해하기 위해서, 오른손 법칙을 써서 회전하는 물체의 각운동량 벡터를 어떻게 정의했었는가 생각해보자. 다시 자이로스코프 장난감을 떠올려 보자. 자이로스코프에서 축이 회전하는 방향으로 오른손 손가락들을 감아쥐었을 때 엄지손가락은 각운동량 벡터 방향을 정의했다(그림 10). 이 방법은 관행적으로 사용하는 규칙인데, '모든 현상에 일관되게 적용되어야 한다.' 곧, 뮤온에도 중성미자에도 오른손 법칙은 똑같이 적용된다. 만약 사고 과정의 어딘가에서 이 관행을 바꾸어 버리면 그릇된 답을 얻는다(예를 들어 뮤온과 중성미자를 서로 교환할 때 '왼손 법칙' 을 적용하지 않는다. 또한 관찰자는 영화가 거울을 통해 촬영되었는지 아닌지를 사전에 알지 못하므로, 회전하는 계를 볼 때는 설사 그 계를 거울을 통해 보고 있다고 해도 언제나 오른손 법칙을 사용할 것이다. 다시 말해 거울을 통해 그 계를 보고 있는지 사전에 알 방법이 없기 때문에 왼손 법칙을 적용하지 않는다).

이제 회전하면서 임의의 방향으로 움직이는 자이로스코프를 생각해보자. 이때 자이로스코프의 스핀은 운동 방향과 나란하다. 자이로스코프를 거울상로 보면 운동 방향은 반대겠지만 (자이로스코프가 거울을 향해 움직이고 있다면) 스핀은 반대가 아니다(거울상에 오른손 법칙을 적용해보라!). 또는 그림 18처럼, 운동 방향이 바뀌지 않았다면 이번에는 스핀 방향이 반대이다. 따

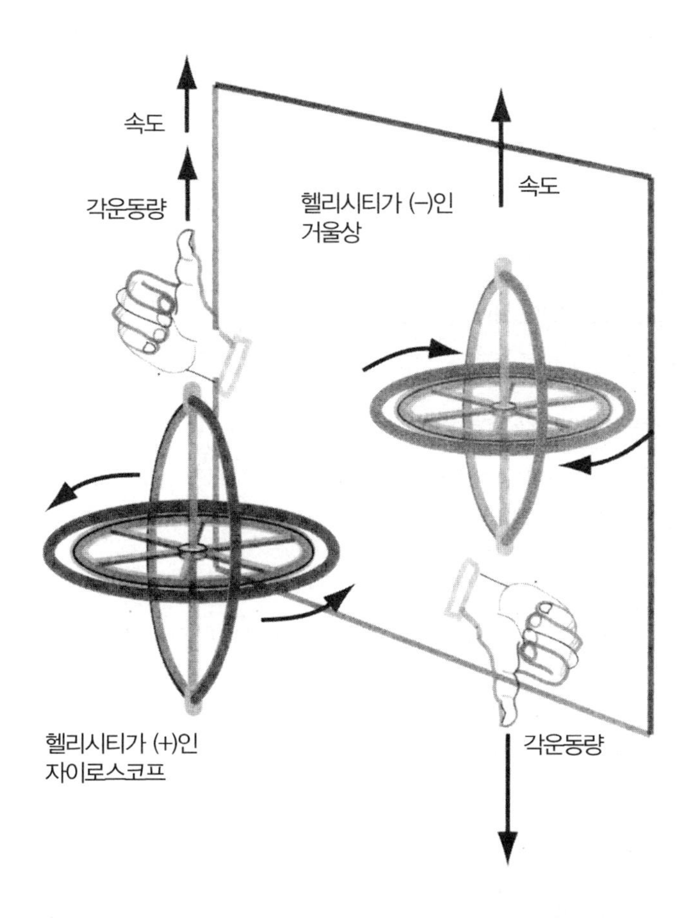

그림 18 헬리시티는 거울 속에서 언제나 반대이다. 헬리시티(+) 자이로스코프(곧, 오른손 법칙에 따라 정의된 각운동량이 속도와 같은 방향을 가리키는)의 거울상은 헬리시티(−)이다(곧, 오른손 법칙에 따라 정의된 각운동량 방향은 속도 방향과 반대이다). 만약 자이로스코프의 축과 운동 방향이 모두 거울을 가리킨다면 여기서도 각운동량은 바뀌지 않지만 속도는 반대가 되어 헬리시티는 반대가 되고, 그래야 한다. (그림 크리스토퍼 힐.)

라서 헬리시티가 거울 속에서 언제나 뒤바뀐다는 결론을 내릴 수 있다. 앞서 말했듯 헬리시티는 손대칭성의 한 형태로, 거울 속에서 왼손이 오른손으로 되고 오른손이 왼손이 되듯 뒤바뀐다. 또한, 나선형으로 올라가는 계단이나 나사의 거울상에서도 헬리시티가 거꾸로 된다는 사실도 알 수 있다(나사의 거울상 헬리시티는 나사 축이 뾰족한 점으로 줄어드는 방향이다).

필자 리언 레더먼은 1950년대 중반에 (음의 전하를 띤) 파이온의 붕괴 $\pi^- \rightarrow \mu^- + \nu^0$ 로부터 생성되어 방출된 (음의 전하를 띤) 뮤온의 헬리시티를 측정했다. 이 실험의 결과가 어떻게 나와야 했을지 추측해 보자. 만약 반전성이 물리법칙의 우수한 대칭이라면 헬리시티 (+)와 헬리시티 (−)인 뮤온은 똑같은 확률로 발생해야 한다(후에 보겠지만 양자론은 수많은 사건 중에서 어떤 일이 일어날지에 대한 확률만을 줄 뿐, 임의의 사건에서 정확히 어떤 일이 일어날지를 알려주지 못한다). 곧, 수많은 붕괴 사건 속에서 정확히 50 대 50으로 헬리시티 (+)와 헬리시티 (−)의 뮤온 입자가 방출되어야 한다. 반전성 대칭을 따르면 이는 분명히 참이다. 어떤 파이온 붕괴에서든 뮤온의 헬리시티 값이 생성되며 모든 사건의 거울상은 정반대의 헬리시티 값을 갖기 때문이다. 따라서 모든 파이온 붕괴는 그 거울상과 같지 않으며 반전성을 따르면 수없이 많은 붕괴 속에서 모든 일은 균형이 이루어야 한다. 과거 아리스토텔레스가 생각했을 법한 추론 방식이다.

그러나 현실에서는 충격적인 결과가 나왔다. π^- 붕괴에서 생성된 뮤온의 헬리시티는 항상 음(−)이다. 곧 언제나 그림 19(b)와 같은 사건이 관찰되며, 그림 19(a)와 같은 상황은 절대 관찰할 수 없다!

그런데 왜 이 결과가 그토록 충격적일까? 실험 결과를 따르면 π^- 붕괴로부터 헬리시티 (+)의 뮤온이 생성되는 과정을 기록한 영화와 DVD를 보며 이런 식의 주장을 할 수 있다. "우리는 거울에 반사된 이미지를 보고 있다! 이런 과정은 앨리스의 거울 집에서나 일어날 수 있다. 우리 쪽 세계에서는 절대로 일어나지 않는 일이다!" 거울 세계는 자연의 기본 힘과 입자의 수준에서 이쪽 세계와 근본적으로 다르다.

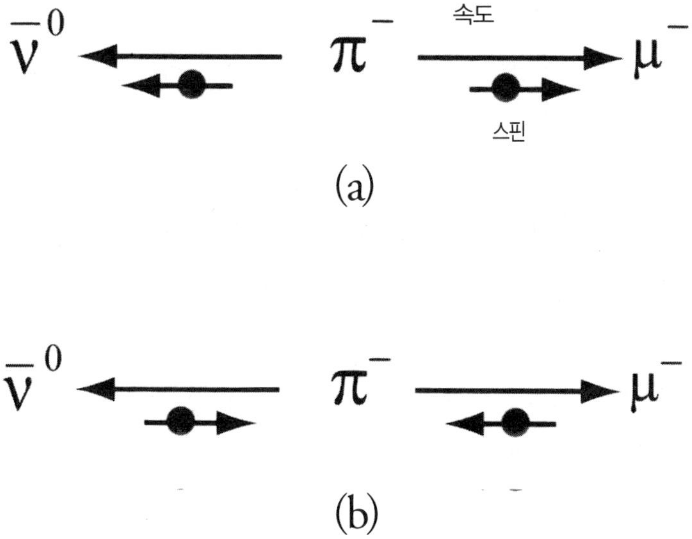

그림 19 (음전하를 띤) 파이온 붕괴 과정 $\pi^- \rightarrow \mu^- + \bar{\nu}^0$ (에서 생성된 입자의 헬리시티. (a)에서 뮤온 헬리시티는 양수이다. b에서 뮤온 헬리시티는 음수이다. 실험실에서는 항상 (a)가 아닌 (b)가 관측된다

물론 파이온 붕괴에서 헬리시티 (+)인 뮤온 입자가 나오는 거울 세계는 이론적인 상상의 산물로서 실제로는 존재하지 않는다. 우리가 사는 세계의 물리법칙은 π^-의 붕괴를 발생시키는 '약한상호작용' 처럼 반전성에 대해 대칭이 아닌 힘과 상호작용도 있다. π^-의 붕괴는 사실 약한상호작용 과정에서 반전성 대칭이 어긋나는 한 예이며, 수많은 다른 현상이 이 과정에서 발생한다. 초신성의 폭발을 통해 거대한 별을 작은 파편들로 붕괴시키는 베타 붕괴 과정 $p^+ + e^- \rightarrow n^0 + \nu^0$(양성자와 전자가 중성자와 중성미자로 전환되는 과정)은 약한상호작용의 가장 중요한 예이다. 인간을 구성하는 물질들, 따라

서 우리 존재 자체는 이렇게 연약한 힘에 의존하고 있으며 방금 이러한 힘들이 거울 속 이미지와 이 세계를 구분 지을 수 있음을 알았다!

역사적으로 1950년대 중반까지 물리학자는 반전성이 물리학의 엄밀한 대칭이라고 믿었다. 1956년, 두 젊은 이론물리학자 리정다오(李政道, T. D. Lee)와 양전닝(楊振寧, C. N. Yang)은 반전성(*P*로 표시되는)이 약한상호작용에서 보존되는지에 최초로 의문을 제기했다. 반전성 대칭은 실생활에서 이익을 가져다주는 확립된 자연적 사실로, 지난 몇십 년 동안 원자와 핵물리학에 관한 자료를 수집하는 데 활용되었다. 리와 양은 반사 대칭 — 반전성 — 이 원자핵을 결속시키는 강력이라든가, 전자기력과 중력 등 물리학자들이 접하는 상호작용에서는 대개 완벽하게 성립한다고 생각했다. 그러나 약력, 특히 베타 붕괴 과정은 이러한 거울 대칭을 갖지 않을 수 있다는 제안을 했다.[1)]

1957년, 리언 레더먼은 공동 연구자들과 함께 앞서 기술한 파이온 붕괴 기법을 통해 반전성 대칭 위반을 발견했다.[2)] 우젠슝 여사도 더 복잡한 다른 기법을 활용하여 같은 결과를 관측했다. 이는 매우 충격적인 소식이었다. 약한상호작용은 반전성(P) 변환에서 불변이 아니었다! 반전성 왕King Parity은 타도되었다! 이는 혁명적인 사건이었다. 자연의 힘들은 대칭성의 정도가 각각 다른지도 모른다.

우 여사는 강한 자기장과 극저온의 환경에서 코발트-60(^{60}Co)의 방사성 분열을 관찰했다. 이 실험은 매우 도전적인 과제였기 때문에 다양한 분야의 전문가로 구성된 여러 팀의 대단한 노력이 필요했다. ^{60}Co에서는 베타 붕괴 과정에서 생성된 전자들이 흘러나온다. 우 여사는 강한 자기장에서 전자들이 자기장의 방향으로 방출되는 현상을 발견했다(이러한 현상은 극저온에서 자기장은 코발트 원자핵의 스핀을 정렬시키고, 원자핵의 스핀은 붕괴의 형태를 결정하므로 나타난다). 그리고 이 발견 하나만으로도 반전성 대칭의 위반이 일어난다는 결론을 내리기에는 충분했다. 자기장과 나란히 정렬하여 방출된 전자의 운동 방향은 헬리시티와 같으며, 거울 속에서 반대가 된다는 사실이 밝혀졌다.[3] 만약 우리가 ^{60}Co 붕괴로부터 나오는 전자가 자기장과 반대 방향으로 정렬되는 내용의 영화나 DVD를 본다면 다시 이렇게 말할 수 있다. "이것은 현실에서 일어나는 과정의 거울상이며, 이쪽 세계에서 이런 일은 발생하지 않는다."

시간 역전 대칭

영화 감상을 통해 물리법칙을 판단하는 일에 대해서 다시 한 번 생각해보자. 그러나 이번에는 거울을 통해 영화를 보지 말고 영사기를 거꾸로 돌려보자. 오늘날에는 VHS나 DVD 재생기가 있어서 되감기 버튼을 누르기만 하면 쉽게 할 수 있다. 여러분은 버트 삼촌의 얼굴에서 파이가 날아가는 모습이라든지, 무너진 벽돌 탑이 다시 일어나 원래의 자리로 되돌아오는 장면을 즐겁게 감상한 경험이 있을 것이다. 거울에 비친 세계는 알아채기 어렵지만 영사기를 통해 영화가 거꾸로 돌아가고 있음은 쉽게 판단할 수 있다.

여기서도 이것이 진정 자연의 근본적인 모습인지, 또는 톰의 흰 반점처럼 자연에 부여되는 한 특징인지 주의 깊게 생각해야 한다. 곧, 무너진 벽돌 더미가 저절로 질서정연한 벽돌 탑으로 복원되는 장면을 보았다면 매우 높은 확률로 그 영화가 영사기를 통해 거꾸로 돌아가고 있다고 말할 수 있다. 그러나 탁자 위에서 충돌하는 당구공들처럼 더 단순한 계일 때, 어느 방향으로 영화가 돌아가고 있는지 말하기는 어려워진다. 두 당구공이 접근하여 부딪히고, 반대 방향으로 후퇴하는 장면은 영화를 되돌린다고 해서 그다지 변하지 않는다. 정방향 시간 충돌은 역방향 시간 충돌과 같은 운동 법칙을 따르는 듯하다. 단순 계의 운동 법칙은 영화가 시간에 따라 진행하든 시간에 역행하든 분명히 똑같아 보인다. 그러나 이 가설을 시험하기 위해서 물리법칙을 시간에 따라 거꾸로 돌릴 수 있을까?

물리학자들은 물리학에서 언제나 만약-그렇다면의 문제를 제기하고, 해결한다. 다음과 같은 기본적인 질문을 생각해보자(그것을 Q_1이라고 부르자). 만약 시각 t_1에 위치가 x_1인 입자의 속력이 V라면, 시각 t_2에 그 입자는 어디에 있을까? 답은 $x_2 = x_1 + V(t_2 - t_1)$이다.

이제 시간 역전의 문제time-reversed question(Q_2)를 생각해보자 · 만약 t_1의 시각에 x_2에 있는 입자가 속도 $-V$로 여행한다면(DVD를 거꾸로 돌리거나 고속도로를 역주행하는 차를 보아서 잘 알겠지만, 시간의 방향을 거꾸로 하면 속도의 부호도 바뀐다), t_2의 시각에 그 입자는 어디에 있을까? 이제, 그 답은 상식적으로 x_1이 되어야 한다. 그리고 실제로, 조금 전의 식을 약간만 재배열하면 $x_1 = x_2 - V(t_2 - t_1)$이 된다.

이는 비록 원래 문제의 답을 수학적으로 재배열하여 얻은 결과이기는 하지만, 실제로 시간 역전 문제에 대한 올바른 답이다. 분명히 정방향 시간 문제의 답은 역방향 시간 문제의 해답을 포함하고 있다. 하나의 물리식으로부터 두 가지 답을 모두 얻는다! 이러한 계에 대한 물리적 기술은 시간이 앞으로 가든 뒤로 가든 똑같다. Q_2에서, 필자들은 초기 조건을 Q_1에서와 반대로 설정했다. 곧, Q_2에서 필자들은 입자를 Q_1의 도착점인 x_2의 위치에 놓았으며, 운동 방향을 거꾸로 하여 V를 $-V$로 대체했다. 같은 시간이 지난 후 Q_2의 입자가 위치 x_1, 곧 Q_1의 시작점에 도달했음을 알았다. 이 결과는 실제로 시간의 흐름을 거꾸로 하지 않아도 시간 역전의 물리 실험을 할 수 있음을 보여준다. 단순히 운동 방향을 바꿔서 최종 도착점을 초기 위치로 바꾸어주기만 하면 된다. 가장 단순한 예로, 뉴욕발 필라델피아행 열차의 여정은 필라델피아발 뉴욕행 열차의 여정을 시간상으로 뒤집은 형태와 같다.

더 복잡한 계는 왜 단순한 계와 달리, 일정한 시간의 방향, 곧 시간의 화살을 따르는 듯 보이는지 궁금해진다. 왜 벽돌 탑은 먼지와 벽돌 더미로 무너져 내리는데 벽돌 더미와 먼지는 벽돌 탑으로 세워지지 않을까? 반면 시간을 거꾸로 돌린 당구공의 충돌은 시간에 따른 충돌과 거의 똑같이 보인다.

이러한 일은 물리학에서 자연스럽게 제기되는 만약-그렇다면의 질문과 관련이 있다. 관측되는 모든 것은 운동의 법칙뿐만 아니라 특정 초기 조건과도 관련이 있다. 기체로 가득한 용기의 밸브를 열면, 기체는 용기를 탈출하여 방안 전체에 퍼진다. 여기에서 초기 조건은 압축기로 쉽게 압축시킨 기체를 용기에 가득 채웠다는 사실이다. 이때 탈출하는 기체 분자를 지배하는 운동 법칙은 분명히 시간 역전time-reversal에 대하여 불변이지만, 한 번도 시간이 역전된 상황은 관측된 적이 없다. 곧 방안에 가득한 기체가 용기 속에 저절로 모여드는 상황은 절대 관찰된 적이 없다. 엄청난 수의 기체 분자들이 저마다 초기 조건으로 특정한 속도와 위치를 갖고 용기 속에 다시 모여들 확률은 매우 낮다. 그와 같은 초기 조건은 물리법칙에 어긋나지 않겠지만, 전혀 있음직하지 않은 일이다. 당구공 한 무리가 충돌 후 다시 모여서 '삼각형' 으로 배열되는 일도 이와 마찬가지로 이상하지만, 삼각형으로 배열된 당구공을 초구로 흩뜨리는 일은 전혀 어색하지 않다. 시간을 거꾸로 돌렸을 때 상황이 이상하게 여겨지는 까닭은 초기 조건 때문이다.

복잡계 물리에서는 통계학의 개념을 도입하여 '엔트로피' 라는 무질서도를 측정한다. 마치 보온병에 담겨 열이 빠져나가지 않는 양파 수프처럼, 평형 상태에서 엔트로피는 시간에 따라 일정하게 유지된다. 그리고 유리가 깨지거나 무언가가 폭발하는 격렬한 비평형 과정에서는 언제나 엔트로피가 증가한다. 본질적으로 무질서도의 척도인 엔트로피는 매우 질서정연한 초기 조건이 정상적인 물리법칙을 통해 매우 무질서한 최종 상태에 이르는 동안 항상 증가한다. 평형상태에서 엔트로피는 기껏해야 일정하게 유지되며, 다른 과정에서는 언제나 증가한다는 사실이 바로 열역학제2법칙이다.

이 말은 복잡하고 질서정연한 계들이 진화하지 못한 채 '제2법칙'을 따른다는 뜻이 아니다. 관측을 따르면 이들은 진화한다. 수증기가 냉각되는 계에서, 물은 응축된 물방울이 되어 원래의 기체상태보다 통계적으로 더 질서있는(덜 무질서한) 형태가 된다. 더 냉각하면, 물방울은 그 상태에서 더 질서있는 얼음 결정이 된다. 이러한 과정에서 에너지는 수증기로부터 흘러나온다(아마도 복사, 곧 광자의 형태로). 빠져나간 에너지가 공간에 흩어지면, 더 혼돈스러운 배열(큰 엔트로피)을 이루지만, 그것의 하위 계인 냉각된 물방울들(작은 엔트로피)은 뒤에 남겨진다. 비록 하위 계의 엔트로피는 줄어들었지만 총 엔트로피의 양은 증가하게 되었다. 만약 그 하위 계가 핵산(DNA의 구성 요소)과 같은 특정한 분자 배열을 포함한다면, 복잡한 화학적 과정에 따라 자신을 복제할 수 있겠지만 여전히 더 많은 에너지를 허공에 소진한다. 여기에서도 하위 계는 더 복잡해지지만, 전체적인 엔트로피의 양은 증가한다. 그리고 결국 복잡한 하위 계에서 진화한 인간은 왜 복잡계에서 시간이 특정 방향으로 흐르는지를 궁금해한다(그리고 우려한다). 복잡계는 (만약) 그것이 형성되었다면, 고유의 엔트로피를 증가시키는 방식으로 진화한다. 곧, 복잡계는 분열될 수도 썩거나 용해되거나 사라질 수도 있다.[4]

그러나 시간 역전은 진정 자연의 근본적인 대칭으로서, 기본 입자의 극미세계에서도 성립하는 대칭일까? 역학 과정을 기술하는 모든 방정식은 시간이 역전되었을 때의 상황도 제대로 기술할 수 있을까? 반전성일 때와 유사한 이러한 질문에 대한 해답을 실험을 통해 얻을 수 있을까? 사실, 그렇게 할 수 있다. 그리고 해답은 역시나 충격적이다. 반전성에 어긋나는 약한상호작용은 시간 역전 불변성에도 어긋난다. 그리고 이를 이해하려면 '반물질' 이라는 개념에 대해 알아야 한다.

시간 역전 불변성과 반물질

아인슈타인의 특수상대성이론에서 가장 주목할 만한 결론 중 하나는, 그것이 양자 이론과 결합하였을 때 반물질의 존재를 예측한다는 사실이다. 1926년 폴 디랙이 이론적으로 예측하고 그 뒤 실험적으로 확인된 반물질은 20세기 가장 심오한 과학적 성과 중 하나이다. 이제부터는 왜 반물질이 반드시 존재해야 하는지 알게 될 것이며 10장에서 더 상세한 내용을 공부할 것이다. 그것은 본질적으로 시간과 공간의 이산적 대칭에서 유래되었다. 따라서, 반물질은 시공간의 반전성과 시간 역전 대칭들과 긴밀한 관련을 맺는다. 리처드 파인만은 1949년, 반입자에 대해 '시간을 역행하여' 움직이는 입자라는 기발한 해석을 내놓았다.

따라서, 자연에서 발견되는 모든 종류의 기본 입자에는 그에 대응하는 반입자가 존재한다. 예를 들어, 음전하를 띤 전자는 그에 대응하는 양전하를 띤 양전자를 반입자로서 가진다. 양전자는 전자와 똑같은 질량을 가지며, 두 입자가 충돌하면 충돌 시의 운동량과 에너지를 보존하는 광자들만을 남긴 채 사라진다. 페르미연구소에서는 반물질을 일상적으로 만날 수 있는데, 테바트론 입자가속기는 일정한 방향으로 내던진 양성자를 그와 반대방향으로 내던진 반양성자와 충돌시킨다. 이 같은 충돌은 새로운 형태의 물질과 반물질, 곧 꼭대기쿼크와 반꼭대기쿼크를 만든다.

반물질의 존재는 자연의 또 다른 이산 대칭—임의의 반응에서 모든 입자를 그들의 반입자로 대체하는 대칭—을 이끌어낸다. 물리학자들은 이를 C 대칭, 곧 '전하 켤레 변환charge-conjugation transformation'이라 부른다. C 대칭은 물리법칙이 반입자의 세계에서도 입자의 세계에서와 정확히 똑같이 성립함을 보여준다. 예를 들어, 반양성자와 반전자(양전자)로 구성된 반수소는 일반적인 수소 원자와 똑같은 성질—이를테면, 에너지 준위, 전자(양전자) 궤도 크기, 붕괴 속도, 스펙트럼 등—을 가진다.

앞서 반전성을 의미하는 P로 표시된 거울 대칭이 약력이 관련된 과정에서는 유효하지 않다는 사실을 언급했다. 시간의 흐름을 역전시키는 또 다른 대칭 연산 'T'(T대칭)도 정의했다. 다시 말해 모든 물리학 방정식에서 t를 $-t$로 치환하고, 초기 조건을 최종 조건과 교환하는 T연산을 한 뒤에는 일관된 결과를 얻을 수 있었다.

만약 C가 물리적으로 엄밀한 대칭이라면, 임의의 물리적 과정에서 모든 입자를 그 반입자로 치환했을 때, 반입자는 반드시 모든 면에서 입자와 같게 행동해야 한다. 그러나 이때 입자의 운동량, 스핀은 공간과 반사(P) 변환에 관련되므로 C 대칭과 아무런 관련이 없다. 예를 들어 파이온 붕괴 $\pi^- \rightarrow \mu^- + \bar{\nu}^0$ 에서, 생성된 뮤온은 언제나 음의 헬리시티를 가진다. 만약 이 과정에서 C 연산을 수행하면 반입자 과정인 $\pi^+ \rightarrow \mu^+ + \nu^0$ 를 얻으며, 이때 모든 입자는 반입자로 대체되지만 스핀과 운동량은 C 연산에 따라 변환되지 않으므로 모두 원래 과정에서와 똑같이 유지된다. 따라서, 반입자 과정에서 반뮤온의 헬리시티도 음이 되어야 한다.

1957년, P가 폐기된 직후, 과학자들은 실험을 통해 이러한 생각을 직접 검증했다. 실험이 수행되었을 때, 반뮤온의 헬리시티는 음(-)이 아니었다. 그것은 음이 아닌, 양으로 밝혀졌다. 따라서, C 역시 P와 마찬가지로 파이온과 뮤온의 붕괴와 같은 약한상호작용에서 위반된다. 쉽게 말하면, 주어진 과정에서 모든 입자를 반입자로 치환하는 것은 대칭이 아니다. 그 과정에서 모든 입자의 헬리시티들이 정반대(거울상)의 결과를 보여주기 때문이다.

자연스럽게 흥미로운 추측, 곧 거울 반사 P를 가하여(parity) 모든 헬리시티들이 반대가 되게 한 후, 동시에 입자를 반입자로 바꾸는(charge) C를 가하면, 이때 결합한 두 대칭은 엄밀한 대칭일지도 모른다는 가정이 제기되었다. 결합한 대칭 연산은 CP라고 한다. 음전하를 띤 왼손잡이(음의 헬리시티) 뮤온에 CP를 가하면, 양전하를 띤 오른손잡이(양의 헬리시티) 반뮤온을 얻는다. 파이온 붕괴 $\pi^+ \rightarrow \mu^+ + \nu^0$ 가 일어날 때, 실험실에서 관측되는 뮤온은 실제로 헬리시티 값이 양(오른손잡이)이며, 따라서 CP는 파이온 붕괴의 대칭으로 밝혀졌다. 이 소식을 듣고 물리학자들은 기뻐했다! 공간 반사, 입자와 반입자의 동일성을 연결하는 더 깊은 대칭이 발견된 듯했다.

그러나 기쁨은 오래가지 못했다. 1964년, 또 다른 흥미로운 입자인 중성의 K중간자(중성 K중간자는 각각 한 쌍의 야릇한쿼크와 하나의 반아래쿼크, 또는 아래쿼크와 반야릇한쿼크로 구성된 혼합물이다)가 관련된 '피치-크로닌 실험'에서, CP는 보존되지 않는 것으로 나타났다. 곧, 약력의 물리학은 C와 P가 결합한 연산에 대해 불변이 아니다. CP 대칭 깨짐의 근원 찾기는 지난 30년간 물리 연구의 최전선을 규정하는 주제였다. 여전히 이 문제가 어떻게 풀릴지 알 수 없지만, 그때 이후로 물리학자들은 CP가 진정 자연의 엄밀한 대칭이었다면 우주는 아주 달라졌으리라는 사실, 태양계와 별과 은하, 그리고 우리 인류도 어쩌면 존재하지 않았으리라는 사실을 알게 되었다. 물론 이 책을 읽는 여러분도 존재하지 않았을 것이다. 따라서, 자연의 대칭으로서 CP가 위반된다는 사실은 다행스러운 일이다.[5)]

CP 대칭 위반은 하나의 입자와 반입자가 약간은 다른 방식으로 행동한다는 사실을 알려준다. 사실, CP 대칭 위반은 우주에서 환영받으며, 또 다른 신비한 수수께끼에 답하기 위한 필수 전제조건이다. 왜 우주에는 물질만이 존재하고 반물질은 존재하지 않을까? 우주가 초고온의 상태에 있었던(실험실에서 형성된 어떤 에너지 수준보다 더 높았던) 최초의 순간인 빅뱅으로 거슬러 올라가면, 물질과 반물질의 양은 같았으리라고 추정된다. 그러나 우주가 냉각되고 CP 대칭 위반이 일어나면서, 일부 초중량의 잔여 물질 입자는 아마 그들의 반입자 짝과 살짝 다른 식으로 붕괴하였을 것이다. 이러한 비대칭은 일련의 붕괴 사슬의 끝에서 촉진되어 정상 물질(이를테면 수소)이 반물질(반수소)을 약간 초과하여 생성되었다. 그 후 우주의 온도가 더 내려가면서, 잔여 물질 대부분과 반물질 전부가 서로 쌍소멸되었고, 초과분의 물질만이 남았다. 짝이 없는 초과분은 그때부터 진화하여 우주에서 보이는 모든 것과 우리의 존재가 되었다. 우주에 물질만이 존재하고 반물질은 전혀 존재하지 않는 사실을 설명하려면 CP 대칭 위반이 필요하지만, 아직 이러한 현상을 발생시키는 특정한 상호작용은 발견되지 않았다. 그리고 이것은 앞으로의 연구 과제로 남아 있다. 중성의 K중성자에서 최초로 관찰되었고 오늘날에는 다른 입자 붕괴에서도 관찰되는 CP 대칭 위반 현상은 앞으로 밝혀질 수많은 사실에 대해 흥미로운 암시를 남겨 놓는다. CP 대칭 위반은 전 세계에서 활발히 연구되고 있다. 문제는 언제나 구체적인 사안들 속에 있다.

CPT 대칭

'속임수 없는' 동전을 던졌을 때, 앞면과 뒷면이 나올 확률은 같다. 앞면과 뒷면이 나올 확률의 합은 1이다. 일어날 수 있는 모든 일의 확률을 더하면 1이 되어야 하며, 그렇지 않다면 확률에 대해 말할 수 없다. 동전 던지기에서 앞면이 나올 확률이 2/3이고 뒷면이 나올 확률도 2/3라는 것이 과연 가능한가? 도무지 말이 되지 않는다.

뒤에서 보겠지만, 뉴턴과 갈릴레오의 역학을 대체한 양자역학은 결국, 자연에서 일어나는 사건들의 결과를 확률적으로만 예측할 뿐이다. 주어진 과정에 대해서 모든 가능한 결과들의 총 확률이 보존되기를 바란다면(곧, 가능한 모든 결과의 확률 총합이 1이 되려면), 이산적인 연산들의 결합인 CPT는 임의의 모든 물리적 과정에서 반드시 엄밀한 대칭이어야 한다는 사실이 양자역학의 필요조건이 되어야 한다. 곧, 모든 입자를 반입자로 치환하고(C : charge), 거울에 반사시키고(P : parity), 카메라를 시간에 대해 거꾸로 돌리는(T : time) 모든 과정을 통해 예측한 결과는 자연이 물리법칙을 통해 제공하는 결과와 일치해야 한다. 적어도 현재의 실험 감도에서 볼 때, C, P, T의 결합인 CPT는 실제로 자연의 정확한 대칭인 것처럼 보이며, 따라서 양자역학의 확률적인 해석은 유효하다는 결론이 나온다. CPT 대칭 위반의 실험적 증거는 지금까지 나타나지 않았으며, 많은 이가 그러한 증거가 나타날 가능성을 매우 낮게 보고 있다. CPT가 대칭이 아니라면, 시간이 지나면서 확률은 보존되지 않게 되고, 양자론의 확률 개념은 침식되어 결국 양자론을 포기해야 한다. 그럼에도 묻지 않을 수 없다. 만약 CPT 대칭 위반이 매우, 매우, 미세하게라도 존재한다면 그것을 감지할 수 있을까? 결국, 이는 실험과 관련된 문제이다.

동전을 던질 때, 조그마한 블랙홀이 지나쳐 가면서 동전을 삼켜버렸다고 가정하자. 그 동전을 볼 수 있는 한, 앞면과 뒷면의 확률은 더해서 1이 될 테지만, 동전이 블랙홀 속으로 완벽하게 사라져 눈에 보이지 않을 확률도 고려해야 한다. 동전이 일단 블랙홀의 사건의 지평선을 넘어서면, 더는 이 우주에 존재하지 않는다. 이러한 결과를 수용하기 위해 확률적인 해석을 조정할 수 있을까? 언젠가 음의 확률을 접하게 될까? 블랙홀은 양자론의 확률을 집어삼키고, 진공 속에서 순간적으로 자신을 드러내거나 사라질까? CPT 대칭, 또는 그것의 위반(만약 존재한다면)은 또 다른 우주의 수수께끼들, 이를테면 우주의 기원과 관련이 있을까? 인류는 미지의 영역에 도달했으며, 아직 이 질문들에 대한 해답을 얻지 못한 상태이다.

9장
깨어진 대칭

끔찍한 형상이여, 너는 무엇이며 어디에서 왔는가?
존 밀턴, 『실낙원』 제2권 681행

깨어진 대칭의 재구성

대칭은 자연에 흔히 존재하지만 눈에 잘 드러나지 않는다. 계의 특정 배열, 물질의 구조, 우주의 상태 등에 따라 대칭이 외관상으로 '깨진 채' 나타나기 때문이다. 대칭에서는 확률상으로 똑같지만 서로 다른 배치를 허용한다. 이를테면 우주의 병진 대칭은 태양이 근처에 존재해서 쉽게 알아채기 어렵다. 태양의 위치는 아리스토텔레스주의자들이 생각했듯 '우주의 중심' 또는 그에 준하는 특별한 의미가 있는 것처럼 보였었다. 그러나 태양의 배치는 우주에 일어난 우연한 사건으로, 병진 불변인 우주에서 항성이 거주할 수 있는 수많은 위치 중 한 곳이 자연히 선택되었을 뿐이다.

실제로, 물리학에서는 대칭이 분명하게 보이지 않는 현상이 많다. 앞서 이야기했듯 전기적으로 가장 기본 전하를 가진 입자는 전자이다. 그러나 많은 점에서 전자와 성질이 같으면서 200배 무거운 (그리고 백만분의 일 초 만에 재빨리 붕괴하여 약한상호작용을 통해 전자와 중성미자가 되는) 뮤온이라는 입자도 존재한다는 이야기를 했다. 과학자들은 뮤온과 전자 사이에 대칭이 존재하며, 전자를 뮤온에, 뮤온을 전자에 대응하는 어떤 변환이 있다고 말하고 싶어 안달나 있다. 그러나 그러기에는 질량 격차가 어마어마하다. 실제로 질량의 관점에서 두 입자는 매우 다르다. 근본적인 대칭이 존재하지만 어떻게든 숨겨져 있는 걸까? 아니면 그저 두 기본입자 간 의미 있는 대칭은 존재하지 않을 뿐인가? 확실한 답을 얻기가 너무나 어려운 문제들이다.

어떤 계에서는 대칭이 없는 것처럼 보이지만, 실제로는 분명히 존재하며 단지 감추어져 있을지도 모른다. 과학자들은 심지어, 그 같은 대칭이 존재했었음을 보여주는 잔여물을 통해 대칭 깨짐이 일어난 과정을 이해하기도 한다. 그 과정을 '자발적 대칭 깨짐' 이라고 부른다. 실제로 우주 자체는 장대한 관점에서는 수학적이고 대칭적인 에덴동산으로, 막 태어난 우주는 대칭적 균형을 이룬 상태였을 것이다. 빅뱅은 일련의 순간 속에서 진행된 거대한 대칭 깨짐 사건이었다. 거대한 대칭 깨짐은 '팽창' 이라는 과정을 통해 광대무변한 시간과 공간, 황무지에 가까운 공허를 남겨주었다. 에덴으로 다시 돌아가는 길은 최초의 우아했던 대칭 상태를 재구성하는 이론적 작업이다.

심 끝으로 선 연필

한 소년이 원의 중심에 놓여 있는 탁자에 앉아 있다. 원주 위에는 수많은 소녀가 앉아 있고, 소년은 소녀와 춤을 추고 싶다. 누구를 어떻게 선택해야 할까? 한 소녀를 선택하면, 똑같이 탐나는 수많은 선택지가 이루는 대칭이 깨진다. 선택은 공정하고 민주적인 방식으로 해야 한다. 병을 회전해서 선택하고 싶지만 탁자 위에는 병 대신 뾰족하게 깎은 연필이 놓여 있다. 소년은 흑연 심을 아래로 하여 균형을 잡고는 연필을 세운다. 보통 때 같으면 연필을 쓰러뜨렸을 중력은 정확히 수직인 위치에서 0으로 상쇄된다. 조심스럽게 소년은 연필을 손에서 놓는다. 중력은 정확히 아래로 작용하고, 그에 정확히 수직인 위치에 놓인 연필은 어떤 방향으로도 기울지 않는다.

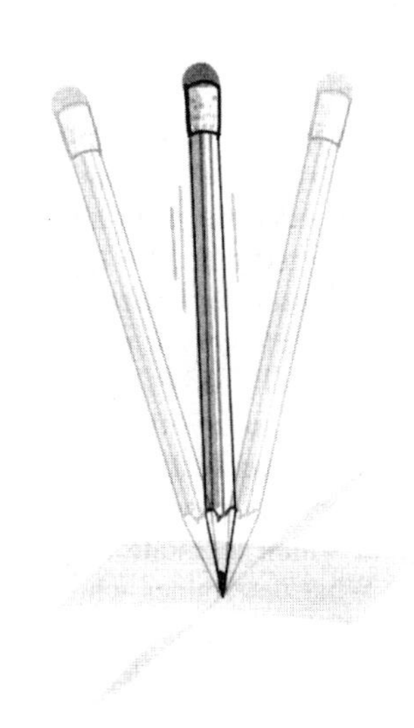

그림 20 심 끝으로 선 연필. (중력을 포함한) 전체 계는 연필이 균형을 잡은 상태일 때 수직축에 대하여 회전 대칭이지만, 이 배치는 불안정하다. 연필은 임의의 방향으로 떨어져 자발적으로 대칭을 깨뜨린다. (그림 시어 페렐).

연필은 1~2초간 맴돌고, 방안에 긴장감이 감돈다. 연필은 그 순간 자연과 이성에 대항하여 언제까지고 뾰족한 연필심 위에서 불안정하게 서 있을 듯하다.

그리고 마침내, 홍콩의 지진으로 말미암은 탁자의 작은 진동 때문인지, 아니면 먼 시카고에서 누군가의 재채기가 일으킨 미세한 공기의 움직임 때문인지, 아니면 코스타리카의 우림 지역에 사는 나비의 날갯짓 때문인지, 멀고 먼 은하 전쟁에서 사용된 광자 어뢰의 우르르 소리 때문인지, 연필은 알아차릴 수 없을 만큼 아주 미세하게, 예측 불가능한 임의의 방향으로 기울더니 흔들린다. 연필은 한두 번 작게 진동한 후, 끝에 달린 녹색 지우개가 '운명적으로' —또는 우연히—선택한 방향을 가리키며 멈춘다. 소년은 연필지우개의 방향이 선택한 특정 소녀를 바라본 후 그녀에게 다가가 춤을 신청한다. 결정이 내려졌다. 연필은 대칭을 깨뜨렸다. 소년이 춤추고 싶어하는 수많은 아름다운 소녀가 원주 위에 앉아 있는 상태의 대칭을 말이다. 선택은 무작위적으로, 높은 수준의 자발성으로 이루어졌다. 따라서 이는 자발적인 대칭 깨짐이다.

연필이 수직으로 서 있을 때, 거기에는 실제로 대칭이 존재한다. 댄스 상대로 선택될 확률은 모든 소녀에 대해 같다. 따라서 연필 자루의 수직축에 대해 회전 대칭이 존재한다. 소녀들 수가 유한하면, 대칭은 불연속적이다.[1] 그러나 물리적으로 연필이 완벽한 수직 상태를 이룬다면 중력은 0으로 완벽하게 상쇄되고, 이때 연필 축에 대한 연속 회전 대칭이 존재한다. 수직축에 대한 임의의 회전은 그 계와 중력 위치에너지의 상태를 변화시키지 않는다.

그러나 이러한 연필 계는 불안정하다. 심 끝에 서 있는 연필의 대칭적인 상태는 매우 비자연스러운 '고에너지' 배치이다. 연필은 결국, 비틀비틀 흔들리면서 위치에너지 배치를 낮추는 방법을 찾는다. 뒤에, 연필은 공간상 어떤 다른 방향을 가리킨다. 어떤 방향이든 가능하다. 회전 대칭은 연필이 가리킬 수 있는 모든 방향이 등가임을 의미한다. 그러나 방향은 무작위적으로 선택된다. 연필의 수직축에 대한 회전 대칭은 연필이 무작위적으로 방향을 선택하면 깨진다. 선택될 가능성은 누구에게나 같지만 오직 한 명의 소녀만 선택된다.

물리법칙에는 분명히 잃어버린 대칭들이 있다. 왜 약력은 약하고 전자기력은 그보다 강하며, 강력은 그보다 더 강할까? 꽃병을 이동시키거나 회전시키기 위한 공간의 차원은 왜 셋뿐이며 그 이상은 없을까? 어떤 대칭이 성립하고 깨지는 것을 결정하는 것은 무엇일까? (가능한) 모든 대칭은 어디로 사라졌을까?

더 우아한 해결책이 있을까? 이 우주를 통제하는 물리법칙, 타이탄의 초신성과, 탄소와 질소의 생성, 그리고 궁극적으로는 인류의 진화를 촉진한 기본 입자와 그들의 힘에 대한 법칙들은 우연히, 자발적으로 깨진 완벽히 대칭적인 규칙의 지배를 받을까? 이들은 모두 통찰력 있는 의문들이며, 그에 대한 답은 적어도 부분적으로 '그렇다'이다. 대칭 깨짐의 영향은 또한, 우주 전체에서 극적으로 나타난다.

자석

자석은 직관에 반하는 상당히 흥미로운 사물로서, 자연에 반하는 듯 보이는 현상을 구체적으로 실현한다. 고대 사람은 자석이 신비한 기원을 가졌거나 악마의 작품이라고 생각했다. 자연에서 가장 흔히 나타나는 영구 자석은 자철석이라 불리는 광물로 구성되며, 자철석은 흑색의 산화철 Fe_3O_4로 구성된다. 금속광택을 가진 자석은 흔히 알니코라 불리는 알루미늄, 니켈, 코발트 합금으로 만든다. 사마륨과 네오디뮴과같이 희귀한 지구 원소를 함유한 자석은 훨씬 강력하다.

자석의 영어 명칭Magnet은 마그누스Magnus라는 그리스의 양치기 소년이 자철석을 발견한 데서 유래했다는 설이 있다. 소년은 암석 속의 어떤 광물이 철못을 끌어당긴다는 사실을 알아차렸다. 후에 철학자 루크레티우스는 그 광물이 서로 끌어당기거나 밀어내는 이상한 힘이 있다고 기록했다. 중국인은 그보다 수년 앞서 자철석으로 최초의 나침반을 만들어낸 듯하다.[2]

13세기 유럽인은 자석이 항상 두 말단부, 곧 '극'을 가진다고 기록했다. 자석의 한쪽 극, 이를테면 '북' 극은 또 다른 자석의 '남' 극에 이끌리고 그 자석의 '북' 극은 밀쳐낸다. 유럽인은 정교한 환경에서 자석의 한 극은 자연스럽게 북극성을 찾아내어 그 방향을 가리킨다고 기록했다. 유럽인은 나침반을 사용하여 항해했는데 북쪽을 가리키는 극은 언제나, 심지어는 낮이나 구름이 낀 날에도 북극성의 방향을 가리켰기 때문이었다. 콜럼버스는 대서양을 건널 때 나침반을 이용하였으며, 나침반의 바늘이 정확한 북쪽(별을 기준으로 정해진)에서 살짝 편향되어 있다는 사실과 그 편향이 항해 경로에 따라서 변한다는 사실을 깨달았다. 16세기 과학자들은 나침반 자석이 '북쪽'을 가리키는 까닭은 지구 자체가 하나의 거대한 자석이기 때문임을 알았다.[3)]

콜럼버스의 발견은 자석의 북극과 지구의 회전 북극이 같지 않다는 사실을 보여주었다! 자석의 북극은 지구의 오랜 역사에 따라 이동했다. 때때로 지구의 자기장 전체가 거꾸로 되면 자석의 북극과 남극의 위치도 바뀌었다. 놀랍게도 아직 우리는 지구가 어떻게 거대한 자석이 되었으며, 왜 그것은 몇백 년마다 주기적으로, 때로는 극적으로 방향을 바꾸면서 변화하는지를 정확히 설명하지 못한다.

냉장고 자석은 저렴해서 크기와 모양별로 구할 수 있어 실험용으로 적당하다. 일상에서도 종종 '홍보용' 공짜 냉장고 자석을 얻는다. 어떤 것은 납작하고 잘 구부러지며, 뒷면에는 보통 부동산 중개업자나 피자 가게 명함이 인쇄되어 있다. 어떤 자석은 플라스틱 모형에 들어 있거나 장식용 광고물이 부착되어 있다. 자석을 포함한 장식용 플라스틱 홍보물, 이를테면 여러 종류의 아이스크림에 둘러싸인 광대의 머리라든가 플라스틱 치아가 부착된 치과의사의 전화번호를 제거하면, 거기에는 냉장고나 서류 캐비닛 문에 철썩 달라붙는 검은 색의 고리 모양 물체가 남는다. 사람은 대개 이것을 보면 장난을 치고 싶어한다. 그와 같은 자석 한 쌍으로 그 둘 사이에 작용하는 힘, 어떤 위치에서는 달라붙고 다른 위치에서는 밀어내는 그 힘을 느끼길 좋아한다. 그것은 거의 살아 있는 듯하다. 독자들 중에도 분명히 자기 부상을, 또는 그것이 유용하게 활용된 자기 부상 고속 열차를 보거나 타본 사람이 있을 것이다.

셔먼은 어떤 실험을 해보기로 했다. 그는 냉장고 자석을 두 개 구해서 그들이 서로 달라붙는 위치에 놓아 하나의 자석으로 만들었다. 다음으로, 그는 조심스럽게 분젠 버너를 켜서 냉장고 자석 한 쌍을 제법 높은 온도까지 가열한다. 자석이 뜨거워짐에 따라 인력은 약해져서, 결국 두 자석은 서로 떨어졌다. 셔먼은 집게로 자석을 집어 들고, 자석을 서로 끌어당기는 힘이 완벽하게 사라졌음을 확인했다. 냉장고 자석의 자성은 열에 파괴되었다!

얼마 후에, 자석 온도는 상온으로 내려갔다. 자기력은 여전히 존재하지 않았다. 그러나 셔먼에게는 또 다른 더 강력한, 완벽하게 자화된 자석이 있었다. 그는 차갑게 죽은 냉장고 자석을 강력한 자석 가까이 놓았고, 서로 접촉하기도 했다. 세상에! 냉장고 자석은 다시 자화되었다. 더 자세히 조사한 결과, 그들의 자기장은 접촉한 자석과 나란히 같은 방향을 가리키도록 '재충전' 되었다. 두 냉장고 자석을 가까이 놓으면 다시 철썩 달라붙어 하나가 된다.

셔먼이 그 자석을 재가열하자, 또 한 번 자기력은 사라졌다. 그는 뜨거운 냉장고 자석을 더 강한 자석 옆에 놓았으나, 자기력은 되돌아오지 않았다. 이번에는 강한 자석 옆에 놓아둔 채로 냉장고 자석을 식혔다. 온도가 내려간 뒤, 냉장고 자석은 다시 '재충전' 되었다. 그들의 자기력은 다시 돌아왔다.

이렇게 자성이 사라졌다가 다시 나타나는 현상은 참으로 불가사의하며, 『해리 포터』에 나오는 호커스 포커스 주문처럼 인상적이다. 냉장고 자석 속에는 가열하면 증발하지만 다시 잘 달래면 되돌아오는 일종의 '본질' 이 있는 듯하다. 이 본질은 뜨거운 냉장고 자석들이 식어갈 때 더 강력한 자석으로부터 흘러나올까? 그것은 위험한 천연두나 수증기처럼, 자석이 가열되면 날아가 버릴까? 아무래도 자기력에는 특수한 치유력이 있지 않을까?

오늘날처럼 과학과 문명이 발달한 시대에도, 겉보기에 신비한 자석의 특징은 부두교 같은 신앙의 대상이 된다. '자석 치료'는 1조 원대의 전 세계적인 사업이다. 특히, 자기장이 약한 냉장고 자석은 만성적인 고통을 완화하고, 심지어는 끔찍한 질병을 고칠 것이라는 호언장담 속에서 판매된다.[4) (회의적인 인간이 되도록 훈련받은) 필자들은 이 같은 자석 치료와 관련된 어떠한 물리적, 생물학적 설명도 들어본 바가 없다. 현재로서 약한 자기장 치료가 단순한 플라세보 효과가 아닌, 실제로 효험이 있는 치료인지 단정할 수 없다. 자석 치료는 어쩌면 그것이 유해할 가능성과 비슷한 정도로 효험이 있을지도 모른다. 아무 효과가 없을 확률이 높다.

로버트 파크는 '치료 자석'이 근본적으로 홍보물 부착에 쓰이는 납작하고 유연한 냉장고 자석과 다르지 않음을 관찰했다. 그는 약 50달러짜리 '자석 치료 도구'에서 한 쌍의 자석으로 시험했다. 치료 자석들의 자기 강도는 매우 약해서 철제 서류함에 붙은 10장의 종이를 들지도 못했다. 따라서 그것의 자기장은 인간의 피부를 거의 통과하지 못한다. 그는 기록했다. '이 자석은 치유력이 전혀 없을 뿐만 아니라, 상처 부위에 닿지도 못한다. 자석은 분명히 일반적으로 의사에게 받는 진찰보다 비용이 덜 들며 유해하지도 않다. 그러나 사람들이 필요한 의학적 치료를 멀리하게 한다면 자석 치료는 위험하다.[5)

물론 자기장에 민감한 생명체도 존재한다. 산소를 혐오하는 어떤 박테리아(무산소 박테리아)는 지구의 자기장을 이용하여 방향을 감지한다. 그 박테리아의 내부에는 자철석 알갱이들이 들어 있다. 물에 떠다니면서 중력을 느끼기에 너무 가벼운 이 작은 박테리아는 자철석을 이용하여 '아래' 방향을 감지한 후 산소가 용해된 표면에서 더 깊은 곳에 사는 또 다른 생명체로 움직인다. 비둘기와 꿀벌의 귀소 본능도 항해용 나침반을 제공하는 중추 신경 내부의 자철석 때문일지도 모른다.

자기장은 자석을 구성하는 개별 원자에서 나온다. 원자핵을 궤도 운동하는 전자는 각각 고유의 스핀과 궤도 각운동량을 가지며, 이들은 양자역학 규칙에 따라 결정된다. 주어진 전자의 궤도와 스핀 운동의 결합은 그 전자의 총 각운동량이 된다. 전자의 스핀과 궤도 운동은 미세한 전류를 생성하며, 이는 차례로 미세한 자기장을 발생시킨다. 따라서 하나의 원자 그 자체는 하나의 작은 자석처럼 행동할 수 있다. 전자의 궤도와 스핀 각운동량의 방향은 원자의 자기장 방향을 결정한다. 원자는 자신의 '북' 극과 '남' 극이 있다. 궤도상의 전자 배열은 원자에 따라 달라지므로, 원자는 서로 다른 자기적 성질을 가진다.

엄청난 고온에서, 자철석처럼 철(Fe)을 함유한 강자성 물질의 내부에서는 원자 자석들이 무작위적으로 정렬된다. '결정 격자 진동' 과 고온의 광자 복사가 이루어지는 '열저장체' 속에서, 원자는 여기저기 튀어 오르며 정렬 상태를 바꾼다. 물질 온도가 내려가면, 원자는 정착하기 시작하고, 인접한 원자간에 작용하는 힘을 통해 스스로 정렬되기 시작한다. 강자성 물질은 '자기구역' 이라는 수많은 하위 미세단위들을 발달시킨다. 각 구역은 원자를 수백만 개씩 담고 있으며 북극을 따라 모두 같은 방향을 가리키며 정렬되어 있다.

자기 물질의 온도가 내려가고 주변에 다른 자기장의 존재가 없을 때, 각 구역은 완전히 무작위 방향을 가리킨다. 이러한 현상은 회전 대칭의 결과이다. 그러나 마치 심 끝으로 선 연필 전체가 탁자 위로 떨어지듯, 각 자기구역 내에는 자발적으로 형성된 특정 방향이 있다. 냉각 환경에서 조그마한 원자 자석 하나는 주변 원자에 영향을 주어 같은 방향을 향하도록 하고, 차례로 다른 원자가 여기에 동참한다. 이런 식으로 확장되는 정렬은 유한한 거리 안에서만 영향을 주며, 다른 자기구역의 경계에 닿으면 중단된다. 마치 하나의 정당이 형성되어 그 안의 수백의, 수천의, 수백만의 의견이 모두 한 방향으로 정렬된 후, 또 다른 방향으로 의견이 정렬된 다른 정당과 충돌하는 모습과 유사하다.

강자성체에 강한 자기장을 적용하면(또는 주변에 자기장이 존재하는 상태에서 강자성체 온도가 내려가면), 모든 구역을 강제로 정렬시킬 수 있다. 이때 강자성체는 자화된다. 적용한 주변 자기장이 제거된 후에도 자기구역은 정렬된 채로 남는다. 모든 개별적인 자기구역들이 한 방향으로 정렬되면, 그 물질은 강력한 자기장을 퍼뜨리며 자석이 된다.

여러분도 생각했을지 모르겠지만, 자석의 극과 관련하여 생각했을 때 강자성체에는 무언가 수상한 점이 있다. 정렬이란 한 원자의 북극이 이웃(왼쪽 또는 오른쪽) 원자의 북극과 똑같이 배열되는 현상이다. 그러나 앞서 말했듯, 또는 냉장고 자석으로 수행한 간단한 실험에서도 금방 알 수 있듯, 이를 자석들이 기꺼워하지 않는다. 북(남)극끼리는 서로 밀어내며, 남(북)극에는 끌린다. 따라서, 강자성체가 되려면 수직 방향에서 원자 간에 작용하는 힘들 중, 한 원자의 북극이 그 위에 있는 원자의 남극과 나란히 있도록 정렬시키는 힘이 가장 강력해야 한다. 이는 특수하고 복잡한 현상이며 궁극적으로는 양자역학과 관련된다. 강자성체는 이례적인 예로, 자연에서 강자성을 띤 물질은 매우 드물게 존재한다. 어떤 물질은 '상자성'을 띠는데, 개별적인 원자는 강자성을 띨 때처럼 행동하지만, 주변의 원자와 강하게 상호작용하지 않거나, 이웃 원자와 반대로 정렬하여 자기장을 생성하지 않는다. 이들 원자는 외부의 자기장에 대하여 스스로 정렬되지만, 그 정렬은 외부 자기장이 제거되면 사라진다. 물질은 대개 '반자성'의 성질을 가진다. 곧 원자(또는 분자) 자체는 자석이 아닐 수도 있지만, 적당히 강한 외부 자기장이 적용되면 자신을 정렬해 자석이 된다. 반자성과 상자성의 영향은 대개 매우 사소하며 외부 자기장이 제거되면 사라진다.

강자성 물질은, 19세기 프랑스 물리학자 피에르 퀴리의 이름에서 딴 퀴리 온도 또는 퀴리점이라고 불리는 특정 온도 이상으로 가열될 때마다 자신들의 자기 배열을 아주 잃어버린다. 자석 내의 자기구역은 물질 온도가 퀴리점 밑으로 내려갈 때만 되살아난다. 이 현상을 상전이라고 부른다. 열 복사와 원자들의 요동이 일어나는 고온에서, 이웃한 원자 간의 섬세한 자기적 상호작용은 무시된다. 이때 물질은 대칭의 명령만을 따른다. 회전 대칭을 따르면 자석이 가리키는 공간상 특정 방향이란 존재하지 않으므로, 자기장은 사라진다. 깨져 있던 자석의 회전 대칭은 고온에서 부활한다.

자연에서 일어나는 자발적인 대칭 깨짐

강자성은 물리학에서 관찰되는 자발적인 대칭 깨짐의 전형적인 형태이다. 고온에서 원자 스핀은 공간상 무작위적인 방향을 향하며, 계는 통계적으로 회전 대칭이 된다. 강자성체가 낮은 온도에서 자화되면, 스핀은 무한히 가능한 방향 중 한 곳으로 정렬된다. 실제로, 자기구역들 내에서, 마치 연필이 임의의 방향으로 떨어지듯 스핀은 자발적으로 어떤 방향을 선택하여 정렬된다. 고온에서 회전 불변 대칭은 특정 방향을 알고 있는 물리계에 의해 깨어진 듯하다. 그러나 이와 같은 일은 우연히 일어난다. 한 쌍의 원자가 임의로 선택한 방향은 계 온도가 더 낮아지면서 확장되어, 저온에서 관찰되는 거시적인 현상으로 나타난다.

자발적인 대칭 깨짐은 자연에서 관찰되는 일반적인 현상이다. 계의 대칭적 배치가 비대칭적인 배치보다 에너지가 더 높으므로, 물리적인 계에서 자발적인 대칭 깨짐은 흔히 일어난다. 심 끝에서 균형을 잡고 있을 때 연필의 에너지는 가장 높다. 연필을 쓰러뜨릴 알짜 중력은 작용하지 않지만, 그럼에도 이러한 배치는 불안정하다. 미세한 교란도 연필을 조금이라도 기울게 하며, 이때 중력은 연필을 평형 상태에서 더 멀리 잡아당기기 시작한다. 연필은 특정 방향으로 쓰러지면서 위치에너지를 잃는다. 마찬가지로 강자성체의 모든 원자를 아주 무질서하게 흩뜨린다면, 곧 개별적인 스핀이 제각기 다른 방향을 무작위적으로 가리키게 한다면, 그 계의 에너지를 높이는 일과 같다. 계가 매우 뜨거워지면, 에너지는 상승하고, 자성은 계가 다시 완전한 대칭을 이루면서 사라진다. 저온에서 계는 원자의 스핀을 정렬함으로써 전체적인 에너지를 감소시킨다. 정렬은 처음에는 좁은 구역에서 시작되지만, 개별적인 자기구역은 강한 자기장이 적용된 뒤에야 정렬되기 시작한다. 이는 마치 카펫의 주름을 펴는 일과 같아서, 강자성체는 결국 진정한 의미에서 가장 낮은 에너지를 갖는 배치에 이른다.

사실, 물질은 대개 고온의 액체나 기체 상태에서 혼란스러우며 원자 배치가 무질서하다. 물질 온도가 낮아져서 고체가 되면, 원자들은 규칙적이고 주기적으로 배열된 결정 격자를 형성한다. 염화나트륨(소금)은 매우 규칙적인 정육각형 격자를 형성하는데, 현미경으로 소금 알갱이들의 결정체를 관찰하면 볼 수 있다. 다이아몬드와 수정처럼, 결정은 흔히 두 인접한 원자 평면을 정확하게 가르는 식으로 쪼개지거나 잘리는데, 이때 시각적으로 눈부신 투명성을 보여줄 때가 많다. 물의 고체 상태인 얼음 역시 결정의 한 형태이다. 물질의 결정체 상태는, 그것이 기체나 액체에서 고체 상태로 압축됨에 따라, 자발적으로 공간상 특정 방향을 선택하여 특별한 결정 평면과 축을 결정한다. 고체 결정의 회전 대칭은 불연속 대칭으로서, 물질이 고온의 액체나 기체였을 때의 연속 회전 대칭들의 집합 전체보다 규모가 더 작다. 따라서 공간의 회전 대칭은 자발적으로 붕괴하여 더 작은 결정 격자의 대칭이 되는 셈이다.

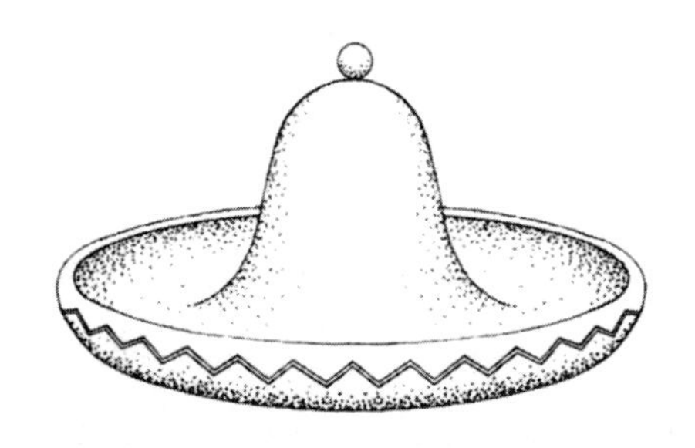

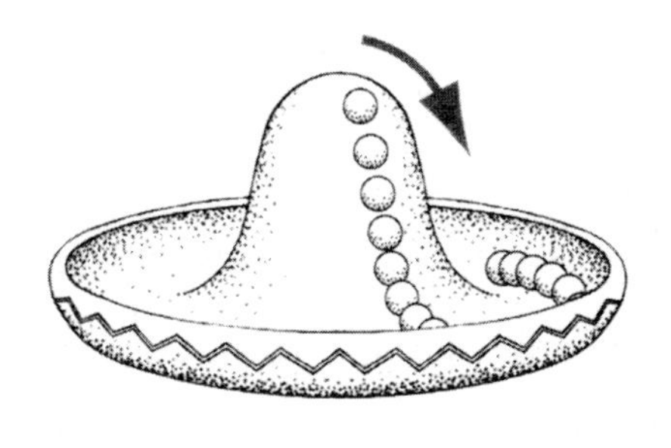

그림 21 멕시코 모자 퍼텐셜. (그림 시어 페렐.)

유명한 '멕시코 모자 퍼텐셜'로 수많은 자발적인 대칭 깨짐을 기술할 수 있다. 커다란 멕시코 모자인 솜브레로가 평평한 탁자 위에 놓인 모습을 상상해보자. 모자 꼭대기의 부드러운 곡선은 넓은 원형의 챙을 향해 부드럽게 떨어진다. 테두리의 가장 낮은 지점에는 원형의 골이 있다. 모자의 꼭대기에 구슬을 놓았다고 가정하자. 꼭대기에 놓인 구슬은 중력 위치에너지가 크다. 최고점에서, 중력의 세기는 0이지만, 구슬에게 이 위치는 불안정하다. 열역학, 심지어는 양자역학적인 미세한 떨림 효과도 구슬을 슬쩍 움직이게 하기에 충분하다. 일단 움직이면, 구슬은 모자의 측면으로 굴러떨어지고 결국엔 중력 위치에너지가 최소화된 테두리의 홈에 이른다.

구슬이 테두리의 홈으로 굴러떨어지는 동안 에너지는 보존되지만, 에너지가 대부분 허공 속으로 사라졌다고 가정하자. 일단 테두리의 홈에 도달하면 구슬은 자신이 안주할 수 있는, 위치에너지가 최소화된 지점을 발견한다. 그림 21은 구슬이 임의의 방향을 '선택하는' 과정을 보여준다. 사실, 구슬은 홈의 어느 시점에라도 도달할 수 있다. 이 지점은 모두 같은 위치에너지를 가지는데, 모자 자체가 축에 대하여 회전 대칭이기 때문이다.

여기에서 연속적인 대칭이 자발적으로 깨짐에 따라 놀라운 결과가 나타난다. 계는 자신이 자발적으로 배열될 한 방향을 선택하였고 — 구슬은 모자 테두리의 무한히 많은 동등한 지점 중 하나를 선택하여 안주하였고 — 이 전체적인 배열을 바꾸는 데는 어떤 에너지도 필요하지 않다. 다시 말해서 (마찰이 전혀 없는 탁자의 표면 위에서) 모자를 회전시킬 수 있고, 그 회전을 매우 매우 느리게 해서 운동에너지가 전혀 관련되지 않도록, 위치에너지의 변화량이 0이 되도록 할 수 있다. 비틀거리는 연필을 마찰이 없는 탁자 위에 놓으면, 그것을 천천히 회전시킬 수 있다. 소년이 똑똑하다면 연필이 다음 소녀를 가리킬 때까지 기다렸다가 그녀에게 춤을 청할 수 있다. 인내심을 가지면 소년은 연필이 회전하는 동안 모든 소녀와 춤을 출 수 있으며, 그 과정을 무한정 반복할 수 있다. 모든 참가자가 적절히 인내심 있고 이 생각에 동의한다는 가정 아래에서 말이다.

강자성체의 원자 스핀이 모두 정렬되면, 조류들이 해수의 흐름에 따라 굽이치듯, 정렬된 원자 블록 전체가 부드럽게 진동할 수 있다. 이러한 진동을 '스핀파spin wave'라 한다. 가장 긴 파장을 가진 스핀파가 계 전체의 회전을 나타낸다는 사실은 자발적인 대칭 깨짐의 주요한 결과이다. 곧 본질적으로 계를 회전할 때는 에너지를 쓰지 않으며(계는 마찰이 전혀 없는 표면에 놓여 있거나, 공간 속을 자유로이 떠다니고 있으며, 원하는 만큼 천천히 계를 회전시킨다고 가정한다) 모든 스핀 운동은 무한히 긴 파의 부드러운 율동이라고 할 수 있다. 곧, 이 말은 가장 낮은 에너지의 스핀파는 사실상 에너지가 0이며,

이 때 모든 원자들이 등속 회전을 하면서 자신들이 속한 자기장 전체를 회전시킨다는 뜻이다. 이렇게 파장이 길고 에너지가 0인 스핀파는 '제로 모드 zero mode' 라고 불리며, 자연에서 대칭이 자발적으로 깨져 왔음을 보여주는 중요한 지표이자, 어떤 물리적 상황에서 감추어진 대칭을 찾을 때 물리학자들이 찾는 단서 중 하나이다.

우주 팽창

앞에서 언급했듯, 우주가 엄청나게 큰 이유는 대부분 자발적인 대칭 깨짐과 유사한 현상의 결과로 있다. 여기서 핵심은, 초기의 대칭적인 우주 상태가 마치 심 끝으로 서 있는 연필처럼 실제로는 불안정하므로 자발적인 대칭 깨짐이 일어났다는 생각이다. 극대의 대칭 상태는 극대의 에너지를 가진다. 어떤 점에서 대칭적 상태의 계는, 훨씬 낮은 에너지를 갖는 비대칭적 상태로 폭발할 준비가 된 불안정한 폭탄과 같다.

자연에서 공간 전체에 스며들어 있는 어떤 장을 상상해보자. 물리학자들은 그것을 '인플라톤' 장이라 부른다. 이 장은 전기장이나 자기장처럼 원리상으로는 공간과 시간상의 어떠한 물리적 값도 가질 수 있다. 그러나 물리학자들은 인플라톤 장의 값이 0일 때 에너지가 마치 멕시코 모자의 꼭대기에 불안정하게 놓인 구슬의 위치에너지처럼 커진다고 가정한다. 이 에너지는 진공 에너지로 나타나며, 중력에 영향을 미쳐 우주가 팽창하도록 한다. 인플라톤 장의 값이 0이 아니라면, 구슬이 멕시코 모자의 테두리 홈에 있는 '깨진 대칭 위상' 에 대응하며, 진공 에너지는 0이 된다(또는 오늘날 그렇듯, 0에 거의 가까운 값이 된다). 우주의 팽창 속도는 따라서 인플라톤 장이 멕시코 모자 퍼텐셜의 가장자리에 정착했을 때, 곧 자발적으로 깨진 위상에서 현저히 감소한다. 따라서 과학자들은 우주는 인플라톤 장의 값이 0일때 곧 멕시코 모자의 꼭대기에서 엄청난 진공 에너지를 가질 때(그리고 밝혀진 바로는, 진공 압력이 음수인 상태에서) 시작하여 팽창했다고 가정했다. 진공 에너지의 압력은 우주를 급속히 팽창시켰으며, 폭발적인 팽창은 인플라톤 장이 마침내 멕시코 모자의 가장자리 홈에 정착하면서 진공 에너지(와 압력)가 사라지자 끝이 났다. 이를 가리켜 '인플레이션' 이라고 한다. 진공 에너지와 압력은 인플레이션을 거치면서 시간과 공간으로 전환되었다.

마치 정신 나간 이론물리학자가 꾸민 음모처럼 들리겠지만, 분명히 이와 비슷한 일이 일어나 자연에서 관찰되는 힘들, 특히 전기력과 약력의 대칭이 깨지고 기본 입자의 질량이 생겨났음이 알려졌다. 이를 '힉스 메커니즘' 이라고 하는데, 12장에서 이 주제로 다시 돌아온다. 1970년대 후반 입자물리학자 겸 천체물리학자 앨런 구스를 따르면 우주 팽창은 힉스 메커니즘이 적용된 결과이다. 힉스 메커니즘은 초기의 극적인 우주 팽창을 일으킨 미지의 물리학을 수학으로 기술한다.

사실, 초기 우주 위상에 진공의 막대한 에너지(와 음의 압력)를 제공했을 수도 있는, 이론적으로 가능한 실체는 많다. 팽창 이론을 따르면 인플라톤 장은 제법 긴 시간 동안 심 끝으로 선 연필처럼 불안정하고 '위태위태한' 위상에 머물러야 하므로, 그 이론은 현실적으로 구성되기 어렵다. 인플라톤 장이 단시간에 진공에너지가 매우 작거나 0인 최저 에너지 상태로 굴러떨어진다면, 공간의 팽창 규모는 줄어들 것이며, 그렇다면 우주는 딸꾹질한 것이나 다를 바가 없다. 게다가 연필심이 한 곳에 접착되어 절대로 떨어지지 않는 것과 유사한 상황, 곧 인플라톤 장이 멕시코 모자 퍼텐셜 꼭대기의 움푹 파인 곳에 갇혀서 절대로 가장자리로 떨어지지 않는 끔찍한 상황도 상상해볼 수 있다. 이렇게 되면 우주는 영원히 팽창하며, 모든 물질은 영원한 시간과 공간의 황량한 허무 속에서 희미해진다. 영원이 언제나 좋지만은 않다.

놀랍게도, 인플레이션(팽창)과 유사한 일이 실제로 일어났음을 증명하는 강력한 천문학적 증거가 존재한다. 팽창은 우주가 왜 그토록 큰지, 왜 그것이 거대한 규모의 회전과 병진 불변성이라는 포괄적인 대칭을 갖는지를 설명한다. 실제로, 우주는 모든 방향에서 똑같이 보이며, 모든 장소에서 똑같이 나타난다. 물리학자들은 우주가 등방성과 균질성을 가진다고 말한다. 이 모든 것을 팽창 과정 없이 빅뱅 모델로만 설명하면 우주는 방향에 따라 다른 모습을 갖는 울퉁불퉁한 형상이 된다.

인플레이션 이론을 따르면 오늘날 우주에 남아 있는 물질 전체의 에너지 밀도는, 아인슈타인의 방정식에 의하면 대략 무한한, 곧 평평한 우주에 대응되는 어떤 특정 '임계값'에 매우 가까워야 한다. 이는 폭발적인 팽창이 우주를 무한에 가까운 거대한 상태로 만들었기에 나타난 결과이다. 같은 이유로, 우주는 거의 완벽한 균질성과 등방성을 가져야 하며, 이는 극초단파 우주선 복사를 정밀하게 관측한 결과 확인되었다. 마지막으로, 우주배경복사 — 빅뱅의 뜨거운, 초기 위상의 잔여물인 극초단파 — 에서 나타나는 요동과 충돌, 흔들림 등은 인플라톤 장이 멕시코 모자 퍼텐셜의 꼭대기에서 굴러 내려오는 동안 일어나는, 일종의 양자 요동 현상에서 예측되는 그것과 정확히 같다.

따라서 우주의 거대함은 자발적인 대칭 깨짐 현상과 관련이 있는 듯하다. 그러나 놀랍게도, 그것은 연필이나 높은 탑이 쓰러지듯 거의 우연히 일어난 일이었다. 우주가 시작될 때보다 훨씬 비대칭적인 파편의 상태에 도달한 우리 인간은 창조의 그 순간에 일어났던 근본적인 물리 현상이 화석화된 기록을 재구성해내기가 매우 어렵다. 인류가 고안하고 건설할 수 있는 가장 강력한 입자가속기는 최초의 순간을 탐사할 결정적인 도구이다. 오직 이러한 도구들만이 갓 태어난 온전한 상태의 원래 대칭을 보여줄 수 있다.

10장
양자역학

참 명제의 반대는 거짓 명제이다.
그러나 심오한 진리의 반대는 또 다른 심오한 진리일 것이다.
닐스 보어

고전역학의 한계

20세기 초반에 이르기까지 축적된 물리 지식을 고전역학이라 한다. 기본적으로 뉴턴의 형식에 기반을 둔 고전역학은, 200년이 넘는 시간 동안 수천 번의 반복 실험으로 검증되었고, 언제나 옳다는 결론이 내려졌다. 1800년대에 뉴턴의 법칙이 수십 년에 걸쳐 확립되었고, 제임스 클러크 맥스웰의 수식으로 깔끔하게 정리된 전자기 법칙이 뉴턴 역학을 보강했다.

그럼에도, 빛의 에너지 함유량과 원자에 관한 생각은 고전적인 세계상과 맞지 않았다. 수많은 의문이 쌓여갔다. 1900년쯤, 독일 물리학자 막스 플랑크는 뜨거운 철 조각에서 방출되는 빛의 색깔 때문에 초조해하고 있었다. 적당한 온도에서, 철은 빨간 빛을 내며 연소했지만, 훨씬 고온으로 가열되자 파란색-흰색으로 변했다. 그러나 맥스웰-뉴턴 역학을 이용한 자신의 정밀한 계산을 따르면 철은 모든 온도에서 파란 빛을 내야 했고, 낮은 온도에서는 어두운 파란 빛, 높은 온도에서는 밝은 파란 빛이어야 했다. 플랑크는 맥스웰 이론에 심각한 문제가 있음을 깨달았다. 그 이론은 광선의 에너지 함유량을 올바르게 예측하지 못했다. 이 문제는 해결 과정에서 일대 혁명을 일으켰고, 오늘날 '양자역학'이라고 부르는 새로운 물리학이 뒤따라 등장했다.

양자역학은 1900년부터 1930년까지 약 30년 동안 진화했다. 당시 새 이론은 놀라운 성공을 거두었으며, 물리 세계에 대한 사고방식을 아주 새롭게 재정의했다. 양자역학은 단순히 철학의 존재론이 아니다. 양자역학과 전자, 원자, 빛에 대한 이해는 오늘날의 미국의 총 생산량에 주요한 기여를 하고 있다. 양자역학은 알려진 모든 물리법칙의 근간이 되며, 물질과 우주의 깊은 수수께끼를 해결하는 중요한 열쇠이다.

양자역학 현상은 '엄청나게 작은 물리계'에서 나타난다. 작은 계 속에서는 매우 미세한 물체가 극미량의 에너지로 매우 짧은 시간 안에서 움직인다. 양자 현상은 원자의 크기, 곧 대략 십억 분의 1미터 곧 10^{-10}m의 길이에 이르면 극적으로 모습을 드러낸다. 사실, 양자역학 없이는 원자를 이해할 수 없다.

이 말은 관찰자가 극미의 세계를 방문하는 순간 자연이 스스로 돌연 고전역학이기를 '중단'하고, 양자역학이기를 '시작'한다는 뜻이 아니다. 양자역학은 언제나 유효하며 자연의 모든 규모에서 성립한다. 단지 원자의 영역으로 내려갈수록 더욱더 선명하게 드러날 뿐이다. 양자역학은 우리가 아는 한 자연을 지배하는 궁극적인 규칙이다. 게다가 양자역학은 매우 기괴하다. 양자역학을 진정으로 '이해한' 사람은 아무도 없다는 말이 있을 정도이다. 과학자들은 그저 그 이상한 규칙을 다루는 데 익숙할 뿐이다.

흔히 양자 현상은 이렇게 묘사된다. 행성과 사람처럼 거대한 대상을 구성하고, 코끼리처럼 느리게 움직이는, 많고 많은 원자로 이루어진 거시적 세계에서, 양자역학 현상은 거의 인지 불가능하다. 뉴턴에서 비롯된 고전역학은 일종의 '평균' 효과를 기술할 뿐이다. 비유를 들어, 국가적 차원의 설문 조사를 따르면 미국의 평균 가정은 정확히 자녀를 2.27명 둔다는 결과가 나왔다고 하자. 조사는 통계 오차가 대략 0.01일 정도로 정밀하다. 이것이 바로 고전역학의 기술이다. 뉴턴의 방정식은 평균 가정의 자녀 수를 연속 숫자로 예측하며, 실험은 그 숫자가 2.27±0.01임을 보여준다. 그럼에도, 개별 가족 차원 — '미시적' 수준 — 에서 볼 때, 자녀를 2.27명 둔 가정은 존재하지 않는다! (설마 이 결과에 놀라지는 않았으리라) 모든 가족은 사실 양자화되어 있으며, 자녀의 수는 0이나 1, 2, 3처럼 불연속이다. 수많은 가정을 평균 내야 2.27이라는, 정수가 아닌 '고전적인' 결과가 나온다.

일반적으로 계가 거대해질수록, 구성 요소들의 평균으로 행동한다. 곧 더 고전적이 된다. 그러나 이와 같은 단순한 예에서는 양자역학의 기괴한 본질을 파악하기 어렵다. 여기서 보이려는 양자역학 현상은, 단순한 통계적 평균치보다 훨씬 무시무시하다.

양자 현상은 때로 거시 계에서 극적으로 나타나기도 한다. 중성자별, 초신성, 레이저를 사용하는 가전 기기들(CD나 DVD 재생기 같은)과 같은 사물과, 신기한 초전도(저항이 0일 때의 전류의 흐름)현상은 양자역학의 직접적인 결과이다. 또한, 이와 관련한 모든 화학과 생물학이 양자역학에 따라 형성된다. 우주의 물질 분포와 구조는 양자역학의 결과로 나타난다. 우리는 양자역학적 세계에서 산다.

빛은 입자인가 파동인가

십중팔구 아이작 뉴턴과 로버트 후크 사이에서 오간 논쟁을 시작으로, 물리학자들은 몇 세기 동안 빛이 '파동' 인가 '입자' 인가에 관하여 논쟁했다. 빛은 그림자를 드리우며, 거침없이 직선상을 달리고, 물체에 부딪히면 멈춘다. 조그만 총알들의 흐름과 유사하다.

그러나 빛은 회절하거나 간섭을 일으키기도 하며, 날카로운 모서리나 좁은 슬릿을 통과할 때 물결무늬를 만든다. 이러한 무늬들, 수면을 교란시키는 물체를 지나칠 때 물결파가 만드는 무늬는 파동이 갖는 특성이다. 20세기 초까지 의문은 풀리지 않았다. 빛은 입자인가 파동인가?

19세기에 제임스 클러크 맥스웰과 그의 전자기 이론으로 빛은 전자기장이 움직이며 만드는 파동이라는 사실을 알았다. 그래서 수많은 물리학자가 수수께끼는 해결되었다고 생각했다. 빛은 결국, 광속 c로 이동하면서 광원에서 수신자에게 에너지를 전달하는 파동이었다. 맥스웰의 전자기 이론을 따르면 빛은 급속히 가속되는 전하에서 발생하며, 멀리 있는 전하를 가속할 때 흡수된다. 이것은 실험적으로 검증되었으며, 19세기 후반 최초의 라디오 송신도 이 성공적인 이론을 바탕으로 실행되었다. 전자를 적절히 흔들고, 진동시키고, 밀쳐 냄으로써 가속하는 것이라면 무엇이든 광원이라고 할 수 있다.

빛의 현상을 이해하기 위해 모닥불을 예로 들 수 있다. 뜨거운 모닥불 속 원자에 포함된 전자는 '열로 들떠서', 서로 충돌하기도 하고 모닥불 자체의 빛과 부딪히면서 반대 방향으로 가속됨에 따라 광파를 방출하거나 흡수한다. 빛은 광원에서 나와 일부는 결국 눈을 통과하여 망막 속 수용 세포의 전하를 흔들고 밀어낸다. 이때 광파는 흡수되어 에너지로 저장된다. 이러한 전자 요동 덕분에, 일련의 화학적 반응이 시작되고 여기에서 발생한 신경 충격들이 우리 뇌의 시신경계로 전달된다. 그리고 의식의 영역으로 들어가면 한여름 밤의 모닥불 광경을 지각하여 마음을 진정시킨다.

라디오파 역시 빛의 한 형태로서, 눈이 지각하는 범위 밖에 있으므로 보이지 않는다. 실제로 라디오 파를 송신하는 안테나는 긴 전선으로서 그 안에서 교류—가속하는 전자들—가 발생하며 라디오파를 방출한다. 라디오 수신자에게도 안테나가 있으며, 수신된 라디오파는 전자를 가속하는데, 이때 발생한 전류는 수신자 회로에 따라 증폭되어 가수 노라 존스의 잔잔한 발라드나 뇌리를 떠나지 않는 구레츠키의 심포니를 들려준다. 맥스웰의 이론은 오늘날까지도 안테나 설계에 활용된다. 또한, 20세기 중반 내내 전자공학의 절대적인 이론 기반이었다.

파동이란 무엇인가? 공간 속을 이동하는 긴 진행파를 상상해보라. 진행파는 때로 '파동열차', 또는 파열wave train이라고 하며, 수많은 골과 마루가 공간 속을 가로지르는 동안 반복되어 나타난다. 이러한 파동은 세 가지의 양으로 기술된다. 바로 진동수, 파장, 진폭이다. 파장은 인접한 두 마루나 골 사이의 거리이다. 진동수는 파동이 1초 동안 공간상 고정된 한 점에서 진동하는 횟수이다.

파동을 일종의 화물 열차로 생각한다면, 파장은 열차 한 량의 길이에 해당된다. 진동수는 초당 우리 앞을 지나치는 차량의 대수이다. 진행파의 속력은 따라서 차량의 길이를 그것이 지나가는 데 걸린 시간으로 나누어 준 값이다. 곧 수학적으로 말하면 파장에 진동수를 곱한 값이다. 따라서 속력이 정해진 상태라면, 파장과 진동수는 서로 역수 관계이다. 곧, 파장은 파의 속력을 진동수로 나눈 값이며, 진동수는 파의 속력을 파장으로 나눈 값이다.

파장의 진폭은 평균치에서 측정한 마루의 높이, 곧 골의 깊이를 말한다. 곧, 마루의 꼭대기에서 골의 바닥까지의 길이는 진폭의 두 배이며, 진폭은 화물 열차 차량의 높이라고 생각할 수 있다. 전자기파의 진폭은 파동이 속하는 전기장의 세기와 같다. 물결파의 진폭을 두 배로 하면 파가 지나갈 때 배가 골에서 마루까지 들려진 거리와 같다. 그림 22는 이 설명을 그림으로 보여준다.[1)]

19세기 맥스웰의 전자기 이론을 통해 파장과 파장의 역 개념인 진동수를 결정할 수 있게 되면서 가시광선의 원리를 분석하게 되었다. 진동수를 작게 잡으면 파장은 그에 대응하여 길어진다. 파장의 길이가 가장 긴 가시광은 빨간색이며, 그보다 짧은 파장을 가진 가시광은 파란색이다.

빨간 가시광의 파장은 대략 $6.5 \times 10^{-5} = 0.000065$ 센티미터이다. 파장이 길수록 빨간색은 명암이 더 낮아지며, 약 $7 \times 10^{-5} = 0.00007$센티미터에 이르면 시야가 감지할 수 있는 범위에서 사라진다. 파장을 더 길게 하면 적외선을 얻는데, 눈으로는 보지 못하지만 따스한 열을 느낄 수 있다. 파장이 더욱 길어지면, 마이크로파 영역을, 그 이상 길어지면 라디오파를 얻는다.

이와 반대로, $4.5 \times 10^{-5} = 0.000045$센티미터보다 파장이 짧아지면 빛은 파란색이 된다. 거기서 더 짧아지면(진동수가 커지면) 어두운 보랏빛 파랑이 되고, 더 짧아져 $4 \times 10^{-5} = 0.00004$센티미터에 이르면 가시성이 사라진다. 계속해서 파장이 짧아지면 빛은 자외선이 되고, 결국엔 엑스선x-ray과 감마선gamma ray이 된다.

빛에 관한 고전 이론의 주요한 문제는 그것의 에너지 함유량과 관련이 있다. 고전 전자기 이론에서 파동의 에너지는 오직 진폭에만 관계된다. 따라서 전자기파의 에너지는 파장과는 무관하게, 곧 색깔과는 무관하게 예측된다. 빨간 빛과 파란 빛은 진폭, 곧 세기가 같다면 정확히 똑같은 에너지를

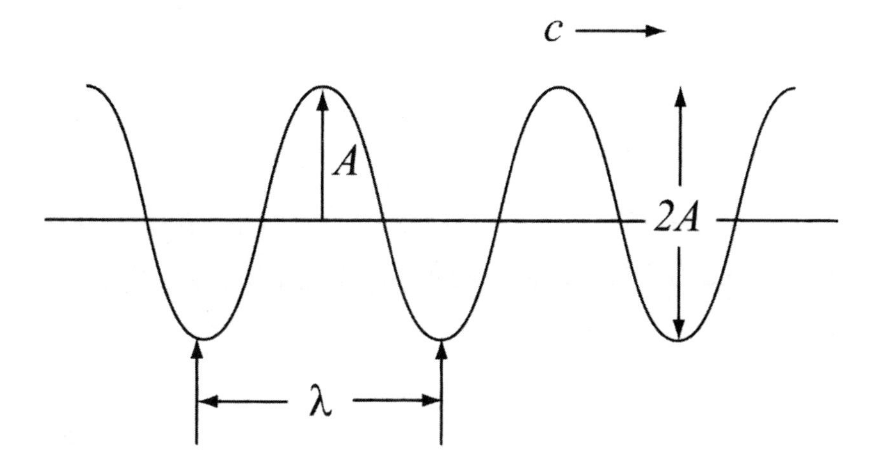

그림 22 파열 또는 진행파. 오른쪽으로 진행하는 파동의 속력은 c이며, 파장(완전한 주기의 길이, 곧 마루에서 마루, 또는 골에서 골까지의 길이)은 λ이다. 정지한 관찰자가 진행하는 파동을 볼 때, 마루 또는 골은 초당 진동수 c/λ로 그를 지나친다. 진폭은 파동의 평균에서 마루까지의 높이이다.

가진다.

문제가 무엇인지를 알려고 뜨거운 철 덩어리를 생각할 필요는 없다. 전자기파의 에너지에 관한 고전 이론은 곧 흔히 떠올릴 수 있는 반례에 부딪친다. 여름밤 모닥불에서 피운 숯은 온도가 내려가면서 빨간 빛을 낸다. 숯 온도는 뜨거워진 숯의 모든 극미 요소가 가진 평균 에너지의 척도일 뿐이다. 대략 (특정한 온도 값과 같은) 같은 에너지를 가진 원자와 전자들의 다양한 운동과 진동 상태는, 같은 확률을 가지고 들뜬 상태가 되어야 한다. 따라서 뜨거운 열은 고에너지의 원자 운동 상태를 들뜨게 할 수 있으며, 원자는 더 높은 운동에너지를 가지고 움직이므로 그에 대응하는 고 에너지 광파가 복사된다. 이와 반대로 얼음 덩어리는 온도가 낮으므로, 매우 낮은 에너지의 원자 운동과 진동 상태만이 들뜰 수 있다. 얼음 덩어리는 매우 낮은 에너지의 빛을 소량만 복사할 뿐이다.

식어가는 모닥불 숯에서는 왜 파란 빛이 방출되지 않을까? 고전적인 전자기 이론을 따르면 파란 빛이 결국엔 빨간 빛과 같은 에너지를 가지고 있는데 말이다. 뜨거운 숯은 식어갈수록 빛이 더 희미해지고, 더욱더 붉어지다가, 결국엔 식어 보이지 않는 적외선으로 사라진다. 고전 이론이 옳다면, 사라진 숯은 모든 온도에서 빨간 빛과 똑같이 파란 빛을 방출했어야 한다(마찬가지로 다량의 엑스선과 감마선도 내보냈어야 했다!). 막스 플랑크는 계산을 통해 죽어가는 모닥불이 사실은 파란 빛을 냈어야 한다는 결론을 내렸다. 그 까닭은 엄밀히 말하면, 파장이 긴 빨간 파보다는 파장이 짧은 파란 빛이 뜨거운 숯을 둘러싼 공간 속에 훨씬 많이 압축되어 들어갈 수 있기 때문이다. 그러나 이는 실제와 맞지 않았고, 고전적인 전자기 이론과 상당 부분이 일치하지 않는다고 생각한 플랑크가 옳았다.[2)]

플랑크는 이 수수께끼에 급진적인 해결책을 제시했다. 그는 빛이 어떤 방식인지는 모르지만 파동처럼 움직이는 기본 요소, 곧 입자를 포함한다고 생각했다. 그는 이 작은 요소를 양자quantum나 광자photon라고 일컬었으며, 오늘날에도 같은 이름을 사용한다. 플랑크가 제시한 바로는 각 광자가 가진 에너지는 광파의 진동수에 비례하며, 방정식 $E = hf$로 표현된다. 여기서 E는 광자의 에너지이며, h는 기본 상수이고, f는 진동수를 나타낸다. 빛의 세기는 광파 속에 들어 있는 광자의 총수로 측정된다. 모든 광파에는 일정 수의 광자가 있으므로 총 에너지는 $E_{total} = Nhf$이다. 곧 파동이 가진 총 에너지는 광자의 수 N과 상수 h와 각 광자가 가진 진동수 f를 곱한 값이다.

광파의 세기가 클수록, 더 많은 광자가 나타난다. 그러나 각 광자가 가진 에너지는 진동수에 좌우되므로, 진동수가 더 큰 파란 광자는 빨간 광자보다 더 많은 에너지를 가진다. 이 가설은 왜 죽어가는 모닥불 숯에서 빨간 빛이 파란 빛보다 더 들뜨기 쉬운지를 '설명한다'. 에너지가 낮은 빨간 광자는 낮은 온도에서 더 쉽게 활성화되며, 에너지가 더 높은 파란 광자는 낮은 온도에서 활성화되기 어렵다.

처음에는 많은 이가 플랑크의 생각이 열역학적인 상황에서만 적용된다고 생각했다. 그러나 더 많은 실험이 다른 분야에서 수행되면서 빛의 에너지 함유량과 관련된 문제는 반드시 해결해야 하는 상황이었다. 가장 골칫거리가 된 실험은 광전효과에 관한 실험이었다. 물리학자들은 특정한 금속에 빛을 쬐어주기만 하면 전자가 쉽게 튀어나온다는 사실을 알았다. 이러한 현상은 빛을 전기적 신호로 전환하는 텔레비전과 디지털카메라의 기초이다. 그리고 이 현상은 전자기 복사라는 고전 이론에 반기를 들었다.

금속에 빨간 빛을 쬐어주면 전자가 배출되지 않지만, 파란 빛을 쬐어주면 방출된다는 결과가 나왔던 것이다. 또한, 파란 빛이 더욱 짙어질수록 배출되는 전자는 더 많은 에너지를 가졌다. 고전 이론을 따르면 빛 에너지는 파장, 곧 색깔에 따라 달라지지 않으므로 이러한 차이는 나타나지 않았어야 했다. 빨간 빛을 얼마나 밝게 비추든 관계없이 전자는 배출되지 않았다. 그러나 희미한 파란 빛에서는 소량의 전자가 금속 표면에서 배출되었다. 파란 빛을 밝게 비추어주면 다량의 전자가 배출되었다.

아인슈타인은 '경이로운 해annus mirabilis'인 1905년(아인슈타인이 특수 상대성 도입을 비롯, 노벨상 수상 급의 논문 다섯 편을 발표한 해)에, 플랑크의 새로운 아이디어가 광전효과를 깔끔하게 설명해 준다는 사실을 깨달았다. 금속 전자는 개개의 광자와 충돌한다. 하나의 광자가 전자를 금속에서 끌어낼 만한 충분한 에너지를 갖지 않는다면, 그 광자들이 얼마나 많이 있건 관계없이 전자는 배출되지 않는다. 따라서 빨간 빛의 세기가 매우 크다고 해도

— 곧, 광자들의 수는 매우 많지만 개개의 광자 에너지가 낮을 때 — 전자가 배출되지 않는다고 예측할 수 있다.

이와 반대로, 빛이 파란색이어서 개개의 광자가 더 큰 에너지를 가질 때, 전자와 충돌하는 개개의 광자는 전자를 금속에서 탈출시킨다. 파란색이 희미하면 광자가 적어서 전자가 소량 배출되지만, 파란색이 진하고 광자가 많으면 전자가 다량 배출된다. 사실 배출된 전자의 개수를 세면 광자의 개수를 알 수 있다! 아인슈타인에게 노벨상을 안겨준 것은 결국 특수 상대성과 일반 상대성이론이 아니라 광전효과이다.

앞에서 언급했듯, 막스 플랑크는 열에 의해 발생하는 빛의 색깔 분석을 통해 양자역학을 정의하는 '마법의' 상수를 고안했다. 이 상수는 '플랑크상수'라고 불리며 알파벳 문자 *h*로 쓴다.[3] 플랑크상수는 진동수가 주어졌을 때 광자가 갖는 에너지의 양을 알려준다. 사실, 플랑크상수와 광속은 오늘날까지도 가장 중요한 두 물리 상수이다(초끈 이론에서 질량의 기본 척도를 설정하는 뉴턴의 중력 상수 역시 많은 이론물리학자는 같은 정도로 중요하다고 여긴다). 플랑크상수 *h*는 물리학자들이 물리학에서 '작다'라고 말할 때 의미하는 무엇, 곧 양자적 행동의 징후가 나타나는 분기점을 결정한다(마치 빛의 속력이 특수 상대성 효과가 뉴턴 역학을 대체하는 시점을 결정했듯이). 물리계의 운동이 에너지와 시간(또는 운동량과 거리)을 포함하며 둘을 곱한 값이 *h*와 비슷하거나 작다면, 양자 영역에 들어온 것이다.

*h*의 물리적 값은 정확히 초당 6.626068×10^{-34}킬로그램 곱하기 미터제곱으로 측정된다. 매우 작은 이 수는 양자 영역을 정의하는 미세한 거리, 시간, 에너지와 운동량의 규모가 지닌 특성을 보여준다.

더욱 기이해지는 양자론

그래서 양자론의 태아는 차츰 그 형상을 갖추기 시작했다. 그때까지 양자론은 파동–입자의 모순이 가장 두드러지게 나타나는 분야에서 빛의 행동만을 설명해주는 듯했다. 그러나 양자론은 파동은 아니지만 그와 유사하게 '주기적인', 곧 진동하는 상황에서도 적용될 수 있다.

오늘날 모든 것이 원자로 구성된다는 사실이 알려졌다. 모기 속눈썹은 원자 백만 개쯤으로 구성된다. 원자의 구조에 대한 새로운 그림이 그려지기 시작했다. 원자 구조의 일부는 플랑크와 아인슈타인의 시기에 실험을 통해 알려졌다. 어니스트 러더퍼드가 1907년 맨체스터 대학교에서 여러 번의 중요한 실험을 한 결과, 원자 내부에는 원자핵이라고 불리는 작고 단단하며, 원자 질량의 99.98퍼센트를 차지하는 부분이 존재한다는 사실이 알려졌다.[4] 원자핵은 다량의 양전하를 띠고 있었으며, 1897년 조지프 톰슨은 음전하를 띠는 전자가 그 주위를 궤도 운동하고 있다는 사실을 알렸다. 원자는 태양계와 같다는 사실이 점점 분명해지고 있었다. 중심에 있는 원자핵은 태양이고 그 주위를 도는 전자는 행성이었다. 그러나 여기서도 맥스웰의 전자기와 에너지 이론을 적용하면 심각한 문제들이 나타났다.

궤도에 놓인 전자는 가속되어야 한다. 실제로 앞서 속도의 방향이 시간에 따라 계속해서 바뀌게 되는 원운동은 가속도 운동임을 살펴보았다. 또한, 맥스웰의 전자기 이론을 따르면, 가속되는 전하는 전자기 복사파, 곧 빛을 방출해야 한다. 계산을 따르면 전자의 모든 궤도 에너지는 순식간에 전자기파로 방출되어 버린다. 그렇게 되면 다시 맥스웰의 이론에 따라 전자의 궤도와 원자 자체가 붕괴한다. 붕괴한 원자는 화학적으로 죽은 상태, 무용지물이 된다. 여기서도 전자, 원자, 원자핵의 에너지 모두 고전 이론에 들어맞지 않는 듯했다.

게다가, 19세기 과학자들은 원자가 실제로 빛을 방출하기는 하지만 분명한 색깔을 가진 개개의 스펙트럼선, 혹은 불연속적인(양자화된) 파장값(또는 진동수)을 가진 형태로만 방출된다는 사실을 알고 있었다. 어떤 특수한 전자 궤도만이 원자에 존재하고 전자는 빛을 방출하거나 흡수함에 따라 이러한 궤도들 사이를 껑충껑충 뛰어다니는 듯했다. 고전 궤도 이론을 따르면 가능한 궤도는 연속적으로 존재하므로 복사되는 빛은 연속 스펙트럼으로 나타났어야 했다. 그러나 실제로는 원자 세계는 마치 '디지털' 방식으로 된 듯 보이고, 연속적으로 변화하는 뉴턴 역학의 세계와는 거리가 멀었다.

1911년, 맨체스터 대학교에서 러더퍼드와 함께 연구하던 젊은 닐스 보어는 광전효과와 뜨거운 쇳조각의 색깔을 설명해낸 양자론이 원자의 세계도 해명하리라 믿었다. 보어는 전자 궤도들이 실제로 입자 — 태양 주위를 도는 행성 — 의 궤도와 같지만, 이 궤도 전자들은 입자인 동시에, 역설적으로 파동과 같다고 생각했다. 그렇다면 새로운 양자론의 개념을 어떻게 적용해야 할까? 보어는 하나의 양성자를 원자핵으로 전자 하나가 그 주위를 도는 가장 단순한 원자인 수소에 집중했다.

보어는 1911년에 전자의 운동이 파동과 같다면 궤도를 한 바퀴 회전하는 동안 전자가 이동하는 거리(궤도의 원주)는 양자파장의 정수배가 되어야 한다는 사실을 깨달았다. 보어의 주장을 따르면 양자 파장은 플랑크상수와 함께 궤도상의 전자가 갖는 운동량의 크기와 관련된다. 곧, 전자의 운동량은 플랑크상수 h를 양자 파장으로 나눈 값과 같다. 이 값이 궤도의 원주, 곧 파장의 정수배와 조화를 이루어야 한다는 사실은 원자를 이해하는 중요한 열쇠이다. 따라서, 전자의 운동량은 그것의 궤도 크기와 관련하여 특정 값만 가질 수 있다. 이것은 악기가 연주되는 원리이기도 하다. 특정 소리의 파장은 금관의 크기나 북의 지름, 현의 길이 등이 특정한 값일 때에만 생성된다.

이 모든 생각을 종합하여, 보어는 특별히 허용된 에너지를 지닌 궤도들이 모인 이산집합에서만 전자의 운동이 가능하다는 사실을 발견했다. 전자는 이러한 궤도 중 오직 하나를 택해 자리해야 하지만, 빛을 흡수하거나 방출하면 궤도들 사이를 뛰어다닐 수 있다. 보어는 방출된 광자들이 갖는 에너지를 예측했고, 그 값은 극고온의 상태로 가열된(보통 수소 기체가 들어 있는 관 속에 전기 스파크를 일으켜 가열시킨다) 수소 기체에서 방출된 빛을 관찰한 결과와 정확하게 일치했다. 마침내 수소 원자의 기본 성질들이 드러나고 있었지만, 수많은 세부 사항은 여전히 오리무중인 채였다. 양자역학의 실체가 무엇인지는 여전히 불명확했다. 양자역학의 일반적이며 참인 규칙은 무엇일까? 그것은 전자 궤도와 빛에서만 적용될 뿐인가? 아니면 더 보편적으로 적용되는가?

그리고 마침내, 자연의 모든 입자는, 모든 상황에서 언제나 양자 입자-파동처럼 행동한다는 깨달음이 물리학자들을 해방했다. 1924년, 젊은 대학원생이었던 드 브로이는 전자가 빛과 마찬가지로 모든 상황에서 양자 입자-파동이므로 자유로운 전자의 파동 운동에서는 빛과 마찬가지로 회절과 간섭무늬를 관측할 수 있어야 한다는 의견을 제시했다. 그는 파리의 소르본 대학교에서 이와 관련된 방정식을 세 페이지짜리 박사학위 논문에 간략히 기술했다. 해결의 열쇠는 이미 입자의 운동량이 h를 파장으로 나눈 값과 같다는 보어의 아이디어 속에 들어 있었다. 따라서, 입자의 운동량이 있으면 파장을 계산할 수 있다. 그러나 그의 생각은 기존의 생각을 크게 벗어났다. 드 브로이의 이론은 원형의 궤도를 움직이는 입자뿐만 아니라 언제든, 어디에서든, 어떠한 입자에든 모두 적용되었다!

소르본의 저명한 교수들은 드 브로이의 논문을 이해할 수 없었으므로, 논문 전체를 폐기하고 그를 제적시키려 했다. 다행히도 누군가가 그 논문의 사본을 아인슈타인에게 보내 의견을 구했다. 아인슈타인은 의문의 그 젊은이가 박사학위가 아닌 노벨상을 받을 만한 자격이 있다고 대답했다. 드 브로이는 결국 제적당하지 않았다.

자유로이 움직이는 전자가 가진 파동적인 성질은 1927년, 조셉 데이비슨과 레스터 거머가 벨 연구소에서 수행한 유명한 실험을 통해 실제로 관찰되었다. 전자는 광파들이 그렇듯 결정 금속의 표면에서 되튀어나갈 때 회절성 간섭을 일으켰다. 이는 놀라운 발전이었다. 이제는 누구도 전자가 입자이면서 파동처럼 행동하기도 한다는 데 의문을 제기하지 않았다. 드 브로이는 그 뒤 1929년에 실제로 노벨 물리학상을 받았다. 양자 퍼즐의 조각들이 맞춰지면서 자연의 새로운 실체가 드러나기 시작했다.

불확정성원리

이제, 양자역학 세계에서 또 하나의 이상야릇한 현상이 나타난다. 양자역학의 법칙은 에미 뇌터가 자신의 정리를 증명한 후, 추상대수학 연구를 진척시키던 괴팅겐 대학교에서 그 형식을 갖추고 있었다. 그곳에서는 뛰어난 이론물리학자 베르너 하이젠베르크가 양자역학을 정확하게 정의할 수학을 개발하는 중이었다. 하이젠베르크는 새로운 양자 법칙들로 불확정성이 있을 수밖에 없음을 확신했다.

그의 생각을 이해하기 위해서, 사고 실험을 해보자. 플랑크상수를 앞서 언급한 작은 수가 아닌, 어마어마하게 큰 수라고 가정하자. 질량 1단위를 자동차 한 대의 질량, 거리 1단위는 네브래스카 주의 길이, 시간 1단위는 한 시간이라고 가정하자. 일리노이 주 시카고에서 출발하여 콜로라도 주 아스

펜으로 관찰자가 장거리 자동차 여행을 간다고 할 때, 네브래스카 주를 거쳐서 가면 차 안에서 어떤 경험을 하게 될까?

관찰자는 80번 주간고속도로를 타고 가다가 네브래스카 주 한가운데 어딘가에서 고속도로의 거리 표지판을 스쳐 지나갈 때 자동차의 속도를 측정했다. 속도계는 정확히 시간당 100킬로미터를 가리켰다. 수치를 여러 번 확인하고 심지어는 자동 주행 속도 유지 장치를 달기까지 했다. 정교한 독일제 수입차를 운전하고 있고, 그 차를 사려고 은행 융자까지 받았으므로 속도계에는 어떤 오류도 없다. 정말이지 정확한 속도계이다!

이제 창 밖을 통해 가장 가까운 고속도로 표지판을 보니 '300킬로미터'라고 쓰여 있으며, 따라서 관찰자는 오마하에서 서쪽으로 어느 정도 떨어져 있는 셈이다. 80번 주간고속도로 위의 위치를 정확히 측정했다. 동시에 속도계를 다시 확인한다. 정말 놀랍게도, 현재 시간당 400킬로미터로 달리고 있다!

속도계를 재확인하고 속도 유지 장치를 재조정한다. 그 뒤 다시 창 밖으로 다음 고속도로 표지판을 살펴보고는 위치를 측정한다. 표지판에는 '48킬로미터' 라고 쓰여있다. 두 시간 전에 오마하를 지나 서쪽으로 가고 있었는데도, 이제는 사실상 거꾸로 운전하여 오마하에 가까워지고 있었다! 다시 속도계를 보니 시간당 19킬로미터다! 이것은 있을 수 없는 일이다. 아무래도 차를 세워서 주유를 하고, 아스피린이라도 먹어야겠다. 그러나 다음 번 도로 출구를 보니 거리 표지판에는 515킬로미터라고 쓰여 있으며, 이제 주의 서쪽 끝인 오갈라라에 와 있다!

주유소의 정확한 위치에 차를 아주 정지시키려고 노력할수록, 멈출 수가 없다. 속도계는 시간당 80킬로미터로 가다가, 640킬로미터로 갔다가, 다시 220킬로미터로 미친 듯이 가고 있다. 마침내 브레이크를 세게 밟아 완벽하게 0의 속도에 이르지만, 창 밖을 보니 모든 것이 흐려져 있다. 오마하는 여기 있고, 키어니는 저기 있으며, 콜로라도의 로키 산맥은 저 멀리 있고, 시카고는 여기에 있다. 정확히 0의 속도로 멈추어 있지만, 그와 동시에 모든 곳에 있다! 반면 '주유소에 정확히 와 있음'을 확인하면 동시에 가능한 모든 속도로 움직이고 있다! 관찰자는 정확히 어떤 속도(또는 속도에 질량을 곱한 운동량)로 정확히 어디에 있는지를 동시에 알 수 없는 듯하다.

속도(또는 운동량)를 정확히 측정할 때마다, 곧 속도계를 쳐다보면서 그것이 고정된 속력을 가리키고 있음을 확인할 때마다, 관찰자는 자신의 공간상 위치가 무질서하게 변화됨을 알게 된다. 또한, 근처의 표지판을 관찰해서 위치를 정확히 측정하면, 운동량(속도)을 무질서하게 변화시킨다.

위의 이야기가 마치 로드 셀링의 『환상특급』 시리즈에 나오는 기괴한 악몽 같겠지만, 플랑크상수가 이렇게 큰 숫자라면 진정 현실이 될 것이다. 그때는 사람들 한명 한명이 저마다 양자 입자-파동이 된다. 다행히 플랑크상수는 매우 작은 수이므로, 전자와 같은 미세한 입자만이 이러한 운명을 겪는다.

양자역학에서 이것은 현실이다. 전자의 운동량을 정확히 알 수 있는 그때, 전자는 모든 장소에 동시에 존재한다. 전자가 정확히 어디에 있는지 알 수 있는 그때 동시에 가능한 모든 운동량(속도)을 가진다. 전자를 공간의 어떤 영역 속에 '적당히' 놓고 그 운동량을 '적당히' 측정함으로써 두 물리량에 존재하는 불확실성의 균형을 맞출 수 있다. 그러나 전자를 더 작은 영역 속에 가두어 둘수록, 운동량은 더 불확실해진다. 따라서 전자를 점점 더 작은 공간에 속박하려 할수록, 운동량의 변동 폭이 점점 더 커지므로 엄청난 힘이 든다.

실제로, 원자가 전자기력을 통해 전자를 궤도에 놓을 때, 운동량이 널뛰

듯 변하는 전자를 궤도에 붙들어 놓을 정도로 전자기력의 힘은 강하기 때문에 균형에 이른다. 그러므로 원자는 양자역학에서 붕괴하지 않는다(그러나 앞서 말했듯, 플랑크상수 h가 0인 뉴턴 역학에서는 붕괴한다). 따라서 원자에 속박된 전자의 궤도는 태양 주위를 도는 케플러의 행성과 전혀 같지 않다. 전자는 모호하며, 갇혀 있는 파동으로서 정확한 위치와 운동량을 가질 수 없다. 그래서 전자는 원자핵을 둘러싼 '전자 구름' 이라고 한다.

더 정확히 말해서, 운동량의 불확정도에 위치의 불확정도를 곱하면 언제나 플랑크상수를 2π로 나눈 값보다 크거나 같다. 이러한 현상은 하이젠베르크의 불확정성원리로 알려졌다.[5] 이 현상은 실제로 존재하며, 측정 기구를 아무리 정교하게 조정하거나 성능이 더 좋은 장비를 사용해도 제거하거나 감소시킬 수 없다. 어떤 물체의 운동량(속도)을 더 정확하게 결정할수록 그 위치를 정확히 알 수 없고 역도 마찬가지이다. 운동량의 불확정도와 위치의 불확정도를 곱하면, 플랑크상수가 된다.

운동량과 파장 (또는 운동량의 불확정도와 위치의 불확정도) 사이의 역관계는 실제적인 응용성을 지닌다. 매우 작은 무언가를 연구할 때는 연구하려는 대상보다 더 작은 탐색자를 사용해야 한다. 따라서, 현미경을 사용할 때도 이용하는 현미경의 파장은 연구하려는 대상보다 반드시 작아야 한다.[6] 가시광은 약 $5 \times 10^{-5} = 0.00005$미터의 파장을 가지므로 광학현미경은 이 정도의 거리 범위보다 더 작은 물체를 분해할 수 없다. 광학현미경으로 어떤 유기체 세포핵 일부분을 조사하려면, 그들은 가시광의 파장 거리만큼 작기에 흐릿하게 나타난다. 더 작은 대상은 아예 분해할 수가 없다. 돈으로 살 수 있는 가장 값비싼 광학현미경을 사용해도 이 흐릿함은 없어지지 않는다. 이는 빛의 파동성에 따른 현상으로, 보고자 하는 것보다 빛의 파장이 커서 일어난다.

그러나 드 브로이는 전자가 파동과 같은 성질을 가지며, 생물의 세포핵보다 훨씬 작은, 극도로 짧은 파장을 가진 전자가 상당히 쉽게 만들어질 수 있음을 알아냈다. 그저 전자를 텔레비진의 브라운관에서 발생되는 정도로 크게 가속하기만 하면 된다. 따라서 전자현미경은 광학현미경보다 훨씬 높은 투명도로 훨씬 작은 형태를 분해할 수 있다. 그보다 더 작은 대상을 더 짧은 거리 범위에서 연구하려면 더 큰 운동량을 갖는 탐색자, 곧 더 큰 에너지를 가진 도구가 필요하다. 따라서 원자핵 내부의 물질 구조를 연구하려면 가장 미세한 양자 파장을 갖는 탐색자를 만들 수 있는 거대하고 강력한 입자가속기가 필요하다. 입자가속기와 검출기는 일종의 거대한 현미경인 셈이다.

파동함수

이처럼 입자가 파동처럼 행동할 수 있다면, 파동으로서 행동한다 함은 무슨 뜻인가?

매우 거대한 영역의 공간에 전자 하나만이 존재한다고 가정하자. 이는 한 입자가 우주의 모든 것들에서 고립된 상황을 단순화한 것이다. 사실, 이는 그 입자가 전자든, 광자든, 중성자든, 양성자든 (입자로 본) 원자든 관계없이, 공간 속을 (그리고 심지어는 금속이나 기체와 같은 물질 속에서도) 자유로이 떠도는 모든 입자에 관한 상당히 잘 적용할 수 있는 상황이다.

이 고독한 입자를 어떻게 기술할까? 고전역학의 뉴턴과 특수 상대성의 아인슈타인은 단순하게 시각 t에서 입자는 공간상 위치 x에 놓여 있다고 말한다. 이때 '운동 방정식'은 약간의 시간이 지난 후 시각 t'에서 위치 x'을 결정한다. 이러한 기술은 대상의 입자적 측면을 강조하지만 파동적인 측면은 모두 놓쳐 버린다. 양자역학에서는 이 같은 식의 기술을 지양한다.

그러나 물리학자들은 양자론이 고안되기 훨씬 전부터, 공기(수많은 입자를 포함한) 중의 음파처럼 연속적인 매질 속의 (고전적인) 파동을 기술하는 데 익숙해졌다. 예를 들어 바다 위의 파도를 생각해보자. 과학자들은 이 파도를 묘사할 때 물결파의 진폭을 나타내는 수학적인 양 $\Psi(x, t)$ (Ψ는 '사이 sigh' 라고 읽는다)를 사용한다. 수학에서 $\Psi(x, t)$는 함수이다. 곧, 그것은 수면을 기준으로 임의의 시각 t와 임의의 지점 x의 물결파의 높이를 구체적으로 나타낸다. 진행파의 형식은 자연스럽게 나타난다. 그것은 사실상 물의 운동이 교란되었을 때를 기술하는 방정식의 해와 같다. 따라서, 파동의 깨짐, 쓰나미, 물결파의 수많은 형태와 모양도 물의 '파동함수' $\Psi(x, t)$를 결정하는 미분 방정식으로 묘사된다. 물리학자들은 $\Psi(x, t)$와 같은 파동의 개념을 훔쳐다가 양자역학에서 사용한다. 그리고 이러한 절도를 저지를 때, 처음에는 자신도 실제로 무엇을 하고 있는지 몰라 혼란스러워한다.

수학에 재능 있는 물리학자 에르빈 슈뢰딩거는 드 브로이의 논문에 매혹되어 1924년, 자신의 모교인 취리히 대학교에서 그것을 주제로 세미나를 열었다. 청중 중 한 사람은, 전자가 만약 파동처럼 행동한다면, 수면파를 기술하는 파동방정식과 똑같이 전자의 행동을 기술하는 파동방정식이 존재해야 한다고 제안했다.

슈뢰딩거는 그 자리에서 영감을 얻어 하이젠베르크의 대담한 수학적 형식이 실제로 파동 교란을 기술하는 익숙한 물리 방정식과 매우 유사하게 기술될 수 있음을 알아차렸다. 따라서 적어도 형식적으로, 양자 입자는 슈뢰딩거가 '파동함수' 라고 명명한 새로운 함수 $\Psi(x, t)$를 써서 올바르게 기술할 수 있다. 슈뢰딩거가 해석한 대로 양자론의 장치를 활용하면, — '슈뢰딩거 방정식' 을 풀면 — 입자의 파동함수를 계산할 수 있다.[7] 그러나 이 단계에 이르자, 누구도 양자론의 파동함수가 무엇을 의미하는지 알지 못했다.

양자역학에서는 따라서, 시각 t에서 입자는 위치 $\vec{x}$에 놓여 있다는 말을 더는 할 수 없다. 입자 운동의 양자 상태는 파동함수 $\Psi(\vec{x}, t)$라고, 곧 시각 t와 위치 $\vec{x}$의 양자 진폭 Ψ를 말할 뿐이다. 입자의 정확한 위치는 더는 알 수 없다. 파동의 진폭이 어떤 특정한 위치 $\vec{x}$에서 크고, 그 밖의 다른 지점에서는 0에 가까우면 그 입자가 특정한 그 위치와 근접한 곳에 놓여있다고 말할 수 있다. 일반적으로 파동함수는 그림 22의 진행파처럼 공간 속에 퍼져 있으므로, 원리상으로도 입자가 정확히 어디에 있는지 절대 모른다. 그러나 파동함수라는 개념의 발달이 이 단계까지 이르렀음에도, 물리학자들은, 심지어 슈뢰딩거 자신도, 파동함수가 정말로 무엇인지를 여전히 확실히 알지 못했다는 사실은 중요하다.

그러나 여기에서, 놀라운 이정표가 될 반전이 나타났다. 슈뢰딩거는 입자를 기술하는 파동함수가 마치 파동처럼 시공간의 연속 함수이지만, 함수값으로 실수를 취하지 않는다는 사실을 발견했다. 이는 모든 시간과 공간의 지점에서 항상 실수값을 갖는 물결파나 전자기파와 매우 다르다. 예를 들어 물결파는, 파의 골에서부터 마루까지의 거리가 3미터이면 진폭은 1.5미터이며, 이 정도면 소형 선박의 피해에 대비하여 기상 주의보가 발령된다. 거대한 쓰나미가 다가올 때 해변의 파도 진폭은 15미터라고 말할 수도 있다. 이 수치는 모두 여러 종류의 도구를 이용하여 측정될 수 있는 실수로서, 우리 모두 그 숫자가 의미하는 바를 안다.

그러나 양자 파동함수는 진폭의 값이 '복소수'이다.[8] 양자 파동은, 어떤 지점에서는 그 진폭이 $3 + 5i$이다. 여기서 i는 $\sqrt{-1}$로서, 제곱했을 때 -1이 되는 수이다. 이러한 숫자들은 피타고라스를 심히 괴롭혔다. 슈뢰딩거의 파동방정식 자체는 본질적으로 언제나 i를 포함하므로, 파동함수의 값은 복소수가 된다. 양자론에서 나타난 수학적 반전은 피할 수 없다.[9]

이 사실에서 알 수 있는 바, 양자역학적인 입자의 파동함수를 절대 직접적으로 측정할 수 없다. 실험할 때는 오직 실수만 측정할 수 있기 때문이다. 파동함수의 해석은 그 어느 때보다도 더욱 불투명해졌다. 뛰어난 독일 물리학자 막스 보른이 해답을 제시했다. 1920년대에 괴팅겐 대학교에서 볼프강 파울리, 베르너 하이젠베르크와 함께 연구했던 보른은 파동함수에 대한 물리적 해석을 제안했고, 이 해석은 그때부터 양자역학과 함께 붙어 다니며, 힘을 실어 주었다. 하이젠베르크의 불확정성원리에 깊은 영향을 받은 보른은 파동함수의 (절댓값의) 제곱이 언제나 양의 실수이며, 어떤 특정한 시각과 지점에서 입자를 발견할 확률을 뜻한다고 제안했다.

$|\Psi(\vec{x}, t)|^2$ = 위치 $\vec{x}$와 시각 t에서 입자를 발견할 확률

슈뢰딩거의 파동함수에 대한 보른의 해석은 입자의 개념과 파동의 개념을 긴밀하게 결합한다. 또한, 누군가의 관점을 따르면 끔찍하고, 수치스러운 일이다. 물리학은 이제 확률을 물리 이론의 근본 요소로 다루어야 한다. 물리학자는 더는 사물의 운동과 위치에 관해 정확히 진술할 수 없다. 물리법칙이 이렇기에 더 제한된 실험 결과의 정보에 만족할 수밖에는 없다. 뉴턴이나 아인슈타인의 언어와 달리, 시각 t의 입자의 정확한 위치 $\vec{x}$는 말할 수 없다. 대신, 이용 가능한 모든 정보는 이제 $\Psi(\vec{x}, t)$에 암호화되어 있다. 위치 $\vec{x}$와 시각 t에서 양자 파동함수의 절댓값의 제곱만이 측정 가능할 뿐이다. 사실, '양자역학' 이란 용어를 만들어낸 사람은 막스 보른이었다. 그는 팝 가수 올리비아 뉴턴존의 조부이기도 하다.[10]

양자역학은 본질적으로 확률론이다. 물리학이 원자 수준에서 확률만을 예측할 수 있다는 생각은 고전역학의 철학과 상당히 동떨어져 있었으므

로, 새로운 직관이 물리학자들에게 수용되기까지는 오랜 시간(과 눈물)이 필요했다.

여기에 하나의 예가 있다. 화창한 어느 날 사람들로 붐비는 거리를 걷고 있다. 그러다가 덴마크식 제과점을 지나가게 되었고, 창을 통해 진열된 맛있는 덴마크식 페스트리를 본다. 또한, 창을 통해 희미하지만 알아볼 수 있는, 반사된 자신의 이미지를 본다. 무슨 일이 일어나고 있는 것일까? 광자들의 흐름인 햇빛이 얼굴에 부딪혀 일부는 반사된 후 창문을 향한다. 수많은 광자가 계속해서 창문을 통과하여 제과점 안에 있는 소용돌이 모양의 산딸기 치즈를 비추지만, 일부는 창문에서 반사되어 눈으로 들어오므로, 자신의 모습을 본다. ('흠, 이 정도면 바지 치수가 36이나 되겠군. 페스트리는 역시 그만둬야겠어.') 이 과정은 하나 하나의 광자에 대해 말하지만 않는다면, 고전역학으로도 잘 설명된다. 그렇다면 무엇이 특정 광자가 유리를 통과하거나 반사되는 것을 결정할까?

슈뢰딩거의 파동방정식을 풀어보면 충격적인 답이 나온다. 하나의 광자에 대한 파동함수의 일부는 유리를 통과하고, 일부는 반사된다! 따라서 광자가 일정한 확률로 유리를 통과한다고밖에 말할 수 없다. 파동함수에서 유리를 통과하는 부분을 제곱한 결과 98퍼센트가 나오고, 반사되는 부분을 제곱한 결과 2퍼센트가 나왔다고 가정하자. 광자 그 자체가 둘로 나뉘어 하나는 창문을 통과하고 하나는 반사되는 것은 아니다. 그러나 파동함수는 둘로 나뉜다! 광자는 분명히 창을 통과하거나 그렇지 않거나 둘 중 하나이지만, 결과의 확률을 계산할 수 있을 뿐, 확실한 결과를 계산할 수는 없다. 양자역학적 해답은, 창문과 광자, 심지어는 페스트리 주변의 모든 정보를 알아도, 광자가 창문을 통과하거나 반사될 '확률' 밖에는 절대 계산할 수 없다는 것이다.

물리적 실체가 갖는 이러한 확률적 성질 때문에, 아인슈타인은 양자론을 절대 받아들이지 않았다. "어떤 경우에든 나는 그(신)가 주사위 놀이를 하지 않는다고 확신한다"라고 아인슈타인은 주장했다. 그러나 제과점 창문에 부딪히는 광자의 반사 통과는 균일하지 않은 주사위에 따라 결정된다. 사실, 양자론 발전이 절정에 달했던 1920년대 중반에 아인슈타인의 놀라운 시대, 그의 통찰이 세계를 떠들썩하게 한 시대는 본질적으로 막을 내렸다. 그러나 오늘날의 모든 물리학자는 (부차 요소를 제외하면) 양자론이 타당함을 부정하지 못한다.

속박 상태

고전역학에서, 입자는 어떤 힘으로 속박 상태에 갇힐 수 있다. 태양의 중력에 이끌리는, 곧 태양 주위의 중력 퍼텐셜 안에서 태양 주위를 도는, 케플러의 행성 궤도에서 이 현상이 관찰된다. 물리학자들은 이와 유사한 무언가가 원자에서도 나타난다는 사실에서 보어의 불연속적인 운동 상태를 얻었다. 입자의 파동적인 행동의 관점에서 볼 때, 어떻게 이러한 일이 일어날 수 있을까?

이를 가장 쉽게 이해할 수 있는 매우 간단한 예가 있다. 기다란 분자에 속박된 전자 하나가 있다. 긴 분자에 속박된 전자의 파동함수는 기타 현을 튕길 때 나타나는 움직임의 파동함수와 정확히 같다는 사실이 드러난다. 사실은 원자의 에너지 준위가 무엇인지 쉽게 이해하는 모델이 바로 기타 현의 진동이다.

한 양자 입자, 이를테면 전자가 '1차원 퍼텐셜 우물'이라는 길고 좁은 우물에 빠졌다고 가정하자. 다시 말해, 물리학자는 전자에게 허용된 위치가 여러 전자기력과 긴 분자속 원자들의 배열상태에 따라 제한되므로 전자는 이 안에서만 움직일 수 있다고 가정한다.

여기서 잠깐 길이가 L인 우물 속으로 (고전역학적인 물체인) 테니스공이 빠졌다고 생각해보자. 테니스공은 반동으로 튀어 오르고, 우물의 한 끝에서 다른 끝으로 굴러가 우물의 한쪽 벽에 부딪힌 후, 다시 반대쪽으로 굴러가 다른 쪽 벽에 부딪친다. 이것이 완벽한 탄성충돌이라면, 다시 말해 공의 운동에너지를 보존한다면 공은 영원히 우물의 벽 사이를 왔다갔다하며 우물 주위를 돈다. 에너지가 0일 때 공은 정지한 채 우물의 어딘가에 있다. 그러나 이제 테니스공을 전자로 대체하면, 작지만 깊은 우물 속에서 양자 효과들이 나타난다.

옷장에서 먼지 쌓인 낡은 기타를 꺼냈는데 그 기타에는 기타 현이 적어도 하나 남아 있다고 하자. 기타 현은 두 지점에 고정되어 있는데, 한 군데는 기타의 브리지이고, 다른 곳은 넥의 끝 부분에 있는 너트다. 기타 현을 치면, 진동하면서 어떤 음이 발생한다. 기타 현의 진동은 갇힌 파, 곧 정상파이다. 실제로, 현의 길이가 무한하다면 줄을 튕겨 현을 따라 진행파를 무한히 보낼 수 있으며, 이는 양자역학에서 허공을 자유롭게 진행하는 입자를 나타낸다. 그러나 기타 현은 기타의 브리지와 너트에 고정된 채, 길이가 L로 유한하다. 보통의 기타에서 L은 약 1미터 정도이다.

이제 될 수 있으면 기타 피크가 아닌 엄지손가락을 사용하여 현의 가운데 지점을 살짝 튕겨본다. 이때 현의 '최저 진동 상태'가 일어난다. 최저 진동 상태는 최저 양자 에너지를 갖는 우물 속 전자의 운동 상태에 대응한다. 그림 23에서 볼 수 있는 이러한 진동 모드의 파장 람다 $\lambda = 2L$인데, 이 말은 곧 현의 길이 L이 전체 파장의 정확히 반이라는 뜻이다(곧, 완전한 파장이 하나의 골과 하나의 마루를 모두 갖는 데 반해, 여기서는 골이나 마루 중 하나밖에 존재하지 않는다). 이것이 바로 계의 최저 상태, 최저 에너지 준위, '바닥 상태' 이며 현을 튕겼을 때 발생하는 가장 낮은 음에 대응한다. 파의 형태는 그림 23에 나와 있다.

이제 현의 진동에서 이차 상태를 생각해 보자. 파장 λ는 이제 L과 같다. 곧, 그림 23에서 볼 수 있듯, $\lambda = L$안에 골과 마루가 모두 존재한다. 약간의 인내심이 있다면 실제 기타 현으로 이차 상태를 만들 수 있는데, 현의 가운데 지점을 손가락으로 살며시 누른 채, 손가락과 브리지 사이의 중간을 퉁기고 재빨리 손가락을 떼면 된다.

손가락으로 누르면 현의 중앙이 진동하지 않는데, 이것은 이차 상태의 특징이다(이처럼 움직이지 않는 지점은 파동함수에서는 마디node라고 부른다). 이차 상태는 최저 상태에서 한 옥타브 위로 올라간, 하프 같이 청아하고 기분 좋은 음을 낸다. 이차 상태의 파장은 더 짧으므로, 양자 입자는 더 큰 운동량을 가지고 최저 상태 때보다 더 많은 에너지를 가진다. 전자에 적당한 양의 에너지를 가진 광자를 쬐어주면, 전자를 가속해 이차 상태 곧 계의 '1차 들뜬 양자 상태' 로 도약하게 할 수 있다. 역으로, 전자는 광자를 방출하여 바닥 상태로 다시 내려갈 수 있다.

다음으로 높은 에너지 준위를 갖는 3차 진동 상태는 3/2파동, 곧 파장의 길이 λ가 $2L/3$이다. 삼차 진동 상태를 만들려면 너트에서 현의 되는 1/3 지점에 손가락을 놓고 브리지와 손가락 사이의 가운데 지점을 튕긴 후 재빨리 손가락을 떼면 된다. 이때 매우 희미하지만 청아한 5번째 음이 들린다(현이 C로 조율되어 있다면, 이 음은 C에서 두 옥타브 올라간 상태의 G이다). 따라서 이 음은 매우 짧은 파장을 가지며 매우 큰 운동량에 대응한다. 그리고 에너지 역시 더 커진다.[11] 여기에서도, 적당한 에너지를 가진 광자가 전자를 치면 전자는 이전의 들뜬 상태에서 가속되어 이 같은 상태로 올 수 있다. 또는 광

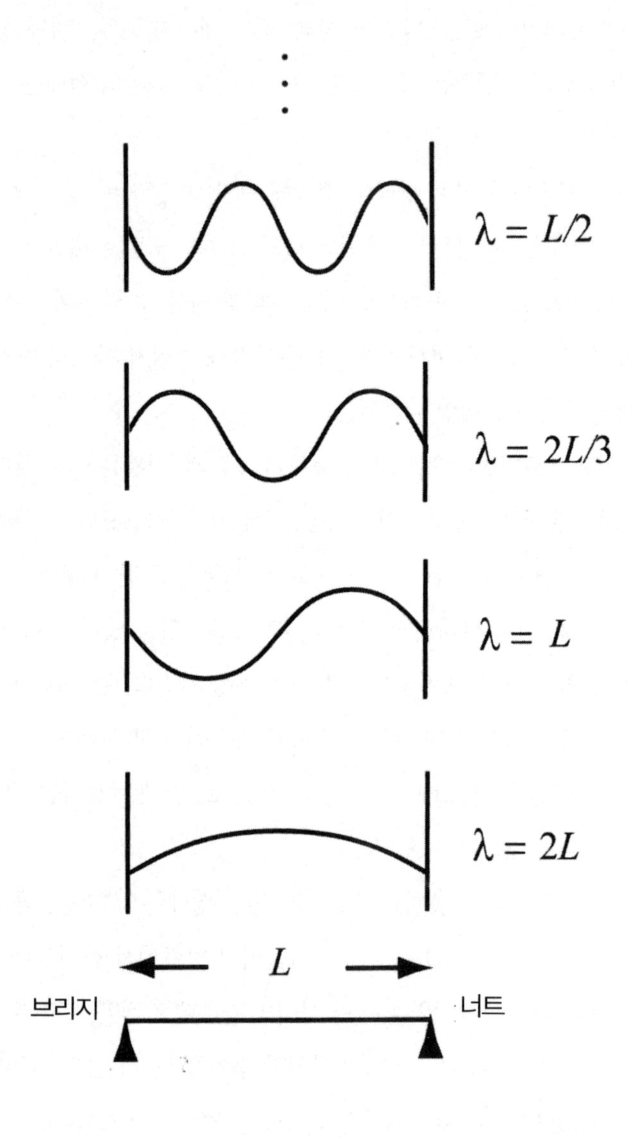

그림 23 기타 현은 이를테면 베타카로틴처럼 긴 유기 분자의 퍼텐셜 우물에 갇힌 전자를 나타낸다. 기타에서 낼 수 있는 각각의 음에 대응하는 현의 진동 형태는 전자의 파동함수 형태와 같다. 파장이 짧아질수록 전자의 에너지는 증가한다. 전자는 일정한 에너지 — 두 에너지 준위의 차 — 를 가진 빛을 방출하면서 두 운동 상태 간 전이transition, 곧 '도약한다.'

자를 방출하여 여기에서 더 낮은 에너지 상태로 내려갈 수 있다.

더 많은 에너지를 줌으로써 전자를 네 번째, 다섯 번째, 여섯 번째 에너지 준위로 도약시킬 수 있으며, 이들 에너지 준위 각각은 기타 현의 더 높은 진동 상태에 대응한다. 결국 전자가 퍼텐셜을 탈출할 수 있을 정도로 충분한 에너지를 얻게 되면, 자유 입자가 된다(드디어 파동함수는 현장에서 떠난다). 이때 계가 '이온화' 되었다고 한다.

1차원 우물에 갇힌 전자의 예와 똑같이 행동하는 물리계는 실제로도 존재한다. 당근의 주황색을 내는 베타카로틴처럼 긴 유기 분자 속의, 일부 탄소 원자들의 바깥 궤도에 존재하는 전자는 느슨히 묶여 있기 때문에 마치 긴 우물에 갇힌 전자처럼 긴 분자의 길이를 따라 이동한다. 분자의 길이는 원자 지름의 수 배이지만, 폭은 고작 원자 지름 하나에 해당한다. 그렇기에 분자는 1차원 퍼텐셜—전자가 움직이는 일종의 깊은 우물—과 상당히 유사하다. 전자가 한 양자 상태에서 다른 상태로 건너뛸 때 방출되는 광자는 두 에너지 준위의 차이에 해당하는 불연속적인 에너지를 가진다. L값이 큰 긴 분자에서 방출된 광자는 적색빛과 적외선에 대응한다. 유사한 유기 분자에서 방출된 광자들의 스펙트럼을 측정함으로써 길이 L의 크기를 결정할 수 있으며, 분자 구조까지도 추론할 수 있다.

일반적으로, 원자 속 전자처럼 속박된 입자는 불연속적이고 양자화된 상태들 사이만을 이동할 수 있다. 따라서 원자는 불연속적이며 일정한 값을 갖는 에너지를 갖는 광자를 흡수하거나 방출할 수 있다. 이렇게 분리된 스펙트럼선은 전문적으로 제작한 간단한 분광계로 관찰할 수 있다.[12] 또한 테니스공과는 달리, 전자는 바닥 상태에서도 정지하지 않는다. 전자는 유한한 길이의 파장을 가지며, 유한한 운동량과 운동에너지를 가진다. 이러한 바닥 상태의 운동을 '영점운동' 이라고 하며 모든 양자계에서 일어난다. 최저 에너지 상태에 있는 수소 원자의 전자는 정지하지 않고 움직인다. 절대 영도란 사실 모든 것이 정지한 상태가 아니라 모든 것이 '바닥 상태'에 있는 온도를 말한다. 양자역학에서는 심지어 바닥 상태에서도 사물이 끝없는 운동상태에 있다. 영구 운동 기관을 만들려 했던 수많은 이들의 끊임없는 노력은 어쩌면 이 때문에 그 정당성을 입증받을지도 모른다. 자연은 양자역학을 따르면 영구 운동 기관이다. 그럼에도 에너지 보존과 뇌터의 정리는 여전히 성립한다. 그래서 애크미전력회사는 양자의 영역에서도 뉴턴의 세계와 마찬가지로 파산했다.

퍼텐셜 안에 갇힌 모든 입자는 기타 현에 갇힌 파동과 똑같이 행동하며 불연속적이고 특정한 값만이 허용된, 곧 양자화된 에너지 준위를 가진다. 원자에 속박된 전자와 원자핵에 속박된 양성자와 중성자들, 양성자와 중성자 내에 속박된 쿼크는 모두 이러한 일을 겪는다. 입자 내 속박된 쿼크의 들뜬 운동 상태를 나타내는 에너지 준위는 사실상 새로운 입자로 나타난다! 마지막으로 초끈 이론은 상대성이론으로 미화된 버전이다. 초끈 이론은 쿼크 자체(와 여타의 기본 입자)를 끈의 양자 진동으로 설명하리라고 기대된다. 적절히 연습하기만 하면, 낡은 기타에서도 멋진 음악을 들을 수 있다.

양자론의 스핀과 궤도 각운동량

각운동량은 물리계나 사물의 회전 운동에 대한 물리적 척도이다. 물리학에서 그것은 보존량이며, 뇌터의 정리를 따르면 이는 회전 대칭에 의한 결과이다. 뉴턴 역학에서 연속적으로 변하는 각운동량은 양자역학에서 그 특성이 과감하게 바뀐다. 각운동량도 '디지털화', 곧 양자화된다.

회전하는 거대한 자이로스코프를 생각해보자. 회전하는 자이로스코프는 각운동량을 가진다. 고전역학에서, 그것의 스핀 각운동량은 어떤 값이라도 될 수 있을 듯하다. 그러나 자이로스코프가 계속해서 작아지면 결국, 그것의 각운동량은 한 가정당 평균 자녀 수가 아닌 실제 자녀의 수처럼 불연속적인 값을 취한다. 각운동량은 양자역학에서 항상 양자화된다. 관측된 모든 각운동량은 플랑크상수를 2π로 나눈 값인 '하바h-bar(또는 에이치바)', 곧 $\hbar = h/2\pi$의 정수배가 된다는 사실이 밝혀졌다. 자연에서 관찰되는 모든 입자의 스핀과 궤도 운동 상태는 다음과 같은 값들만을 각운동량으로 가질 수 있다.

$$0, \hbar/2, \hbar, 3\hbar/2, 2\hbar, 5\hbar/2, 3\hbar$$

각운동량은 언제나 $\hbar$의 정수배거나 정수배를 반으로 나눈 값이다.

그렇다면 이와 같은 사실은 회전하는 지구의 각운동량과 어떤 관련이 있을까? 본질적으로 전혀 관련이 없다. 지구의 각운동량은 플랑크상수에 비하면 너무나 거대하므로 이러한 질문에 정밀한 답을 얻기는 어렵다. 또한, 지구의 총 스핀 각운동량은 양자 스핀처럼 정확한 값이 아니므로 문제는 복잡해진다. 지구는 주변 환경과 끊임없이 상호작용하는 수많은 원자로 구성된 거대한 계이다. 지구의 각운동량은 양자 수준에서 보면 정확하게 결정되지 않는다. 지구의 각운동량은 조그만 전자 하나의 영속적이고 안정된 각운동량과 전혀 같지 않다. 원자나 기본 입자와 같은 극도로 미세한 계에서만 양자화된 각운동량을 관측한다.

어떤 점에서, 각운동량의 양자화는 마치 깊은 퍼텐셜 우물에 갇힌 전자처럼 회전 운동이 구속되어 있기 때문에 일어난다. 계를 360도(2π라디안)만큼 회전해서 출발한 지점으로 다시 되돌려 놓을 수 있을 뿐이다. 이것이 바로 공간의 회전 대칭이다. 입자는 반드시 회전각이 0부터 360도(또는 2π라디안)에 달하는 유계 각공간bounded angular space 안에서 '살아야' 한다. 따라서 유계 퍼텐셜 우물 속의 전자의 운동량이 양자화되는 것처럼(운동량과 직접적으로 관련되는 에너지 역시 양자화되는 것처럼) 유사한 물리량인 각운동량도 회전의 유계적 성질 때문에 양자화된다.

각운동량은 또한, 기본 입자와 원자가 갖는 고유의 성질이다. 모든 기본 입자는 스핀 각운동량을 갖는 일종의 소형 자이로스코프이다. 절대로 전자의 회전을 늦추거나 멈추게 할 수는 없다. 전자는 항상 일정한 스핀 각운동량 값을 가지며 그 크기는 정확히 $\hbar/2$임이 밝혀졌다. 전자를 홱 뒤집으면 각운동량은 정확히 반대 방향을 가리키며 값이 $-\hbar/2$이다. 오직 이 두 값만이 관측 가능한 전자 스핀의 값이다. 전자의 각운동량이 특정한 양 $\hbar/2$를 가진다는 점에서 전자를 스핀 ½ 입자라고 부른다.

각운동량이 $\hbar$의 정수배를 2로 나눈 수인 입자, 곧 각운동량의 값이 다음과 같은 입자는 이러한 개념을 처음으로 연구한 저명한 물리학자 엔리코 페르미Enrico Fermi의 이름을 따서 페르미온fermion이라고 한다.

$$\hbar/2,\ 3\hbar/2,\ 5\hbar/2$$

여기에서 언급되는 전자, 양성자, 중성자(그리고 뒤에 나타날 양성자와 중성자를 구성하는 쿼크와 같은 몇몇 다른 입자) 역시 페르미온이며, 각운동량은 각각 $\hbar/2$이다. 전체를 가리켜 '스핀 ½ 페르미온'이라고 부른다.

반면, 각운동량이 $0, \hbar, 2\hbar, 3\hbar$ 등처럼 $\hbar$의 정수배인 입자는 아인슈타인의 친구이자 이러한 개념들 일부를 발달시킨 인도 물리학자 사티엔드라 나드 보스Satyendra Nath Bose의 이름을 따 보손boson이라고 한다. 곧 살펴보게 되겠지만 페르미온과 보손 사이에는 근본적인 차이가 있다. 앞으로 우리와 관계될 보손 입자에는 광자와 같은 입자('게이지 보손'이라고 한다)가 있으며 이들은 '스핀 1'이어서 각운동량이 $1\hbar$이다. 또한, 실험실에서는 아직 검출된 바가 없지만 '스핀 2' 곧 각운동량이 $2\hbar$인 중력의 입자인 중력자가 있다. 마지막으로 중간자로 불리는 입자는 '스핀 0' 곧 각운동량 값이 0이다. 양자론에서 모든 궤도의 각운동량은 $0, \hbar, 2\hbar, 3\hbar$ 등처럼 $\hbar$의 정수배다.

동일 입자의 대칭

미시 물리계에서만 양자역학 현상을 볼 수 있는 것은 아니다. 양자역학의 지배를 받는 거시 계가 실험실, 심지어는 집에도 존재하며 눈으로 관찰할 수 있다. 이들은 우리 우주뿐 아니라 실험실에서 심지어는 집에서도 관찰된다. 특수한 이들 계에서는 미묘한 양자 현상이 감춰져 있지도 않으며 '평균이 0'도 아니다.

이들 기괴한 거시 현상 중에서 정말 재미있는 예는 '초유동체'라 불리는 물질이다. 초유동체의 예로는 극저온의 액체 수소가 있다(사실 그것은 ^{4}He의 동위원소가 절대영도나 그 근처까지 냉각되었을 때 나타난다). 탁자 위 유리컵 속에 들어 있는 초유동체는 물과 같은 여타의 액체와 다를 바가 없어 보인다. 그러나 물과 달리 액체 헬륨이 든 잔을 세게 치면 액체 전체는 비커의 측면으로 밀려 올라갔다가, 다른 쪽 측면으로 내려오면서 바닥 위에서 증발하며 사라진다. 펌프 없이 스스로 움직이는 초유동체 분수를 만들 수도 있다. 액체는 스스로 관을 통해 위로 올라갔다가 다시 비커로 떨어지며 이러한 순환은 영원히 계속된다. 이것은 뇌터의 정리나 에너지 보존에 어긋나지 않는

데, 그 이유는 손실된 알짜 에너지가 없기 때문이다. 따라서 에너지는 보존된다. 그러나 이런 식으로는 여분의 에너지를 창조할 수도 없어서 애크미전력회사의 부활을 기대할 수 없다. '초' 유동체는 액체가 흐를 때 어떠한 저항도 없다는 뜻에서 붙여진 이름이다. 액체 전체는 마찰력이 없는 운동 상태를 공유하는 하나의 집합적인 대상으로 모든 원자는 마치 거대한 한 무리의 거위들처럼 정확히 똑같은 방향으로 일제히 움직인다! 사실 이것은 실제로 일어나는 일 그대로의 표현이다. 모든 원자는 한 가지 운동 상태 속에서 움직이고 있다. 이렇게 소름 끼치는 양자역학적 현상은 일반적으로 결맞음 상태로 알려졌다.

아직은 누구도 초유동체의 상업 용도를 발견해내지 못했지만 결맞음 상태를 활용한 수많은 관련 양자계는 현재 사람들의 가정에서 일상적으로 사용되고 있다. 예를 들어 레이저는 빛의 결맞음 상태를 만든다. 레이저는 모든 광자들이 정확히 엄격하게, 마치 초유동체라도 되는 것처럼 움직이는 강렬한 광선이다. 광자들은 입자인 동시에 파동이다. 그들은 둘 다면서 둘 다가 아니다. 그들은 양자역학의 지시를 따라 움직이는 양자역학적 입자-파동이다. 레이저는 대량의 자료가 조밀한 광매체에 저장되고 레이저 광선으로 '읽히는' DVD, CD 재생기 같은 기기들에서 핵심 역할을 한다. 레이저는 유리 섬유를 통해 광신호를 전달하는 원격 통신에서 핵심 역할을 한다. 이제 성년기로 접어드는 '양자 광학'은 국내 총 생산량과 생활에서 막대한 비중을 차지하는 요소가 된다.

거시적인 양자 효과의 또 다른 주목할 만한 예로 초전도체가 있다. 초전도체는 납(Pb) 합금이나 니켈(Ni)처럼 상온에서는 형편없는 전기 도체이다. 그리고 절대영도에 가깝게 가능한 한 가장 낮은 온도로 냉각되면 모든 양자입자는 최저 에너지 상태가 되고 전류는 양자 결맞음 상태 속에서 흐른다.

초유동체처럼 전류의 흐름에는 어떠한 저항도 없다. 초전도체 전선을 활용한 자석은 의학 영상 기기들에서 널리 사용된다. 이러한 초전도체 자석은 본래 거대 입자가속기, 특히 페르미연구소의 테바트론에 쓰일 목적으로 발명되었다. 최근 물리학자들은 '고온' 초전도체를 발견하였으며 이들은 절대영도에서 몇십 도 정도 높은 곳에서 작용할 수 있다. 고온 초전도체는 앞으로 일상생활에 주요한 영향을 미칠 가능성이 크다. 그때가 되면 볼품없는 고압 전력선은 해체되고 땅속에 묻힌 소형의 고온 초전도체 케이블로 대체될 것이다. 이 케이블들이 일단 설치되고 나면 발전소에서 소비자에게 전력이 송달되는 동안 어떠한 손실도 일어나지 않는다!

이러한 기괴한 거시적 현상은 물리 세계를 형성하는 가장 중요한 대칭 — 양자역학의 동일 입자 대칭 — 에 의한 결과이다. 양자역학에서 이러한 기괴한 대칭이 입자를 다루는 방식은 너무나 근본적이어서 동일 입자는 주근깨나 사마귀, 또는 자신을 구별해 줄 어떠한 물리적 표시도 없으며 서로 절대로 구분해 낼 수 없다. 이러한 특수한 거시적 현상은 물리학자들이 보손(정수 스핀을 가진 입자)이라 분류한 입자의 종류와 관련이 있다. 본질적으로 원하는 만큼 수많은 동일 보손을 똑같은 양자 운동 상태에 놓을 수 있다. 그리고 보손은 그것을 좋아한다. 광자와 ^{4}He 원자는 보손이다.

슈뢰딩거의 파동함수에서 이러한 현상의 기원이 대칭임을 이해할 수 있다. 입자가 두 개 포함된 계를 생각해보자. 두 궤도 전자를 가진 헬륨 원자나, 두 동일 입자가 들어 있는 퍼텐셜 우물이 이러한 계의 예다. 일반적으로 물리학자는 양자역학적 파동함수를 통해 두 입자의 계를 기술한다. 이때의 파동함수는 $\Psi(\vec{x_1}, \vec{x_2}, t)$와 같이 두 동일입자의 서로 다른 위치를 변수로 가진다. 다시 막스 보른을 따르면(아인슈타인에게는 괴로운 일이겠지만) 파동함수(의 절댓값)의 제곱인 $|\Psi(\vec{x_1}, \vec{x_2}, t)|^2$은 시각 t와 위치 $\vec{x_1}, \vec{x_2}$에서 입자를 발

견할 확률이다.

이제 한 입자를 다른 입자로 교환하는 행위를 생각해보자. 다시 말해 두 위치의 맞바꿈 $\vec{x_1} \leftrightarrow \vec{x_2}$를 통해 계를 재배열하는 행위를 말이다. 새롭게 '맞바꾸어진' 계는 단순히 두 입자의 위치를 교환한 파동함수 $\Psi(\vec{x_2}, \vec{x_1}, t)$에 따라 기술된다. 그런데 이것은 정말 새로운 계일까 아니면 처음 시작했던 계에 불과할까? 곧 이 파동함수는 새롭게 교환된 계를 묘사하는가, 아니면 계의 원래 파동함수와 같은가?

일상생활에서 '강아지'라는 사물의 범주는 매우 포괄적이며 그에 속한 어떤 두 강아지도, 심지어 그 강아지들이 같은 하위범주(종)에, 예를 들면 푸들에 속해 있다 해도 동일하지 않다. 만약 푸들을 1호 집에 넣고 테리어를 2호 집에 넣으면, 이 계는 테리어를 1호 집에 넣고 푸들을 2호 집에 넣는 계와 다를 것이다. 그런데 모든 전자는 정확히 같다. 전자는 매우 제한된 양의 정보만을 가지고 다닌다. 전자 공장에서 갓 생산된 전자는 다른 모든 전자와 정확히 같다. 다른 기본 입자도 마찬가지이다. 따라서 모든 물리계는 입자를 서로 교환하는 행위에 대해 대칭 곧 불변이어야 한다. 파동함수에서 동일 입자의 교환은 자연의 근본적인 대칭이다. 자연은 매우 단순한 생각으로 전자를 다루므로 어떤 두(또는 그 이상의) 전자의 차이도 알지 못한다.

파동함수의 이러한 '교환 대칭'은 입자가 동등한 까닭에 물리법칙을 불변의 상태로 놓아둔다. 양자 수준에서 이는 교환된 파동함수가 원래 파동함수와 같은 관찰 가능성의 확률을 주어야 함을 의미한다. 곧, $|\Psi(\vec{x_1}, \vec{x_2}, t)|^2 = |\Psi(\vec{x_2}, \vec{x_1}, t)|^2$ 이다. 그러나 이같은 조건은 파동함수의 교환 효과에 따른 수학적 해가 두 개 존재할 수 있음을 의미한다.

$$\Psi(\vec{x_1}, \vec{x_2}, t) = \Psi(\vec{x_2}, \vec{x_1}, t) \text{ 이거나 } \Psi(\vec{x_1}, \vec{x_2}, t) = -\Psi(\vec{x_2}, \vec{x_1}, t) \text{ 이다.}$$

다시 말해, 교환된 파동함수는 원리상으로 원래 함수의 +1배로 대칭적이거나 −1배로 반대칭적이다. 오직 확률(파동함수의 절댓값의 제곱)만을 측정하므로 원리상으로 언제나 허용된다.

그렇다면 +1인가 −1인가? 사실 양자역학은 수학적으로 두 가지 가능성을 허용하므로, 자연은 그 둘을 모두 실현할 방법을 발견한다! 결과는 충격적이다. 보손은 파동함수에서 두 입자를 교환할 때 +부호를 얻게 된다는 사실이 밝혀졌다.

동일 보손 입자의 교환 대칭 : $\Psi(\vec{x_1}, \vec{x_2}, t) = \Psi(\vec{x_2}, \vec{x_1}, t)$

이 결과에서 중요한 역학적 현상을 하나 기대할 수 있다. 바로 두 동일 보손은 공간상 같은 지점에 위치하기 쉽다는 것, 곧 $\vec{x_1} = \vec{x_2}$가 될 수 있다는 사실이다! 따라서 $\Psi(\vec{x}, \vec{x}, t)$는 0이 될 수 없다! 실제로, 하나의 거대한 파동함수로 기술되는 같은 공간 영역에 갇힌 수많은 보손을 고려하면 계의 모든 보손이 서로의 위에 쌓여 있을 가능성이 가장 크다는 사실을 증명할 수 있다! 곧, 확률론 관점에서만 보았을 때 다량의 동일 보손은 사실상 거의 점에 가까운 같은 미세 영역을 공유할 수 있다.

마찬가지로 수많은 동일 보손을 어떤 양자 상태, 각 보손이 정확히 똑같은 운동량을 갖는 상태로 만들 수도 있다. 보손은 빽빽한 상태 또는 결맞는 상태로 '응축' 되기를 좋아한다. 이러한 현상은 '보스−아인슈타인 응축' 이라고 한다.

앞서 언급했듯 보스−아인슈타인 응축에는 수많은 변형이 있으며 수많은 보손이 하나의 양자 운동 상태를 공유하는 현상의 종류도 무수히 많다. 레이저는 수많은 광자가 모두 동일 운동량 상태로 축적되어 동시에 정확히 같은 방향으로 일제히 움직이는 결맞음 상태를 만든다. 초전도체는 결정 진동(양자 소리)에 속박된 전자쌍을 스핀 0의 보손입자에 관련시킨다. 초전도체에서 전류는 정확히 같은 운동량 상태를 공유하는 수많은 전자쌍의 일관된 움직임이다. 초유동체는 (앞에서 말한 ^{4}He 액체에서와 마찬가지로) 액체 전체가 똑같은 운동 상태로 응축되어 마찰에 전혀 영향을 받지 않게 된 극저온 보손들의 양자 상태이다. 초유동체는 ^{4}He이어야 하며 동위원소 ^{3}He는 보손이 아니므로 초유동체가 될 수 없다(^{3}He는 페르미온이다. 아래를 보라). 보스-아인슈타인 응축은 수많은 보손 원자가 서로의 위에 쌓이면서 밀도가 매우 큰, 극도로 농축된 물방울로 압축될 때 일어난다. 보스-아인슈타인 응축은 어느 겨울 일요일 오후에 그린 베이 시에서 보았던 미식축구 태클을 연상시킨다.

이와 반대로 만약 한 쌍의 동일 전자(페르미온)를 일정한 양자 상태 속에서 교환하면 파동함수 앞에 음의 부호가 붙는다. 이 규칙은 스핀 $\frac{1}{2}$의 전자처럼 분수 꼴의 스핀 값을 가진 입자이면 모두 성립한다.

동일 페르미온 입자의 교환 대칭 : $\Psi(\vec{x_1}, \vec{x_2}, t) = -\Psi(\vec{x_2}, \vec{x_1}, t)$

이에 따라 동일 페르미온에 대한 단순하지만 심오한 사실을 알 수 있다. 어떤 두 동일 페르미온(스핀, 쿼크의 색 등이 모두 '같은')도 공간상 같은 지점에 있을 수 없다. 곧, $\Psi(\vec{x}, \vec{x}, t) = 0$이다. 이 식은 위치 x를 그 자신과 교환하면 $\Psi(\vec{x}, \vec{x}, t) = -\Psi(\vec{x}, \vec{x}, t)$이며, 0만이 마이너스 기호가 붙은 자신과 일치하므로 $\Psi(\vec{x}, \vec{x}, t) = 0$을 얻는다는 사실에서 유도된다!

더 일반적으로 어떠한 두 개의 동일 페르미온도 같은 양자 운동량 상태를 가질 수 없다. 이 규칙은 오스트리아 태생 미국의 천재적 이론물리학자

볼프강 파울리의 이름을 따서 '파울리의 배타원리'로 알려졌다. 파울리는 실제로 스핀 ½입자들에 대한 자신의 배타원리가 물리법칙의 기본적인 회전 대칭과 로렌츠 대칭에서 유도된다는 사실을 보였다. 그 증명에는 스핀 ½입자가 회전할 때 무엇을 하는지 수학적으로 자세히 기술되어있다. 두 동일 입자를 일정한 양자 상태에서 교환하는 것은 일정한 배치의 계를 180도 회전하는 것과 같으며 이때 스핀 ½ 파동함수들의 행동은 음의 부호를 준다.

교환 대칭 : 물질의 안정성과 중성자별

물질의 안정성은 페르미온들의 배타적인 특성으로 대부분 설명된다. 스핀 ½입자에서는 '위'와 '아래'(위와 아래는 공간상 임의의 방향이다)라고 부르는 두 가지의 스핀 상태가 허용된다. 따라서 헬륨 원자에서, 두 전자는 기타 현을 퉁길 때 최저 상태(퍼텐셜 우물에 갇힌 전자의 바닥 상태)와 유사한 최저 에너지 궤도의 운동 상태를 공유할 수 있다. 두 전자가 하나의 궤도 속에 있게 하려면 한 전자의 스핀은 '위'를 가리키고 나머지 다른 스핀은 '아래'를 가리켜야 한다. 그러나 세 번째 전자를 같은 궤도에 넣을 수는 없는데, 세 번째 전자의 스핀은 다른 두 전자가 이미 가리키는 위 또는 아래 방향을 가리킬 것이기 때문이다. 교환 반대칭은 파동함수가 0이 되게 한다. 곧, 스핀이 같은 두 전자를 교환하려면 파동함수는 자신의 음의 값과 같아야 하므로 0이 된다! 따라서 주기율표의 다음 원자인 세 번째 원자 리튬의 세 번째 전자는 새로운 운동 상태, 새로운 궤도에 들어가야 한다. 따라서 리튬은 닫힌 내부 궤도, '닫힌 껍질'(곧 헬륨 상태가 내부에 존재하는)과 하나의 바깥 전자를 가진다. 바깥 전자는 수소의 전자와 상당히 유사하게 행동한다. 따라서 리튬과 수소는 화학 성질이 비슷하다.

여기에서 주기율표가 출현한다. 전자가 페르미온이 아니고 다른 방식으로 행동했다면, 원자 속의 모든 전자는 바닥 상태로 재빨리 붕괴하고 모든 원자는 수소 기체와 똑같이 행동한다. 유기(탄소를 포함한)분자가 만드는 정교한 화학은 존재할 수 없었을 것이다. 바흐의 칸타타도 그것을 듣는 이도 존재하지 않았을 것이다.

또 다른 페르미온의 극단적인 행동으로 중성자별을 들 수 있다. 중성자별은 거대한 초신성 폭발에서 별의 나머지 부분이 산산조각이 되어 흩어질 때 중심핵에서 형성된다. 중성자별은 중력에 속박된 중성자들로만 구성된다. 중성자는 스핀이 ½인 페르미온이므로 배타원리의 적용을 받는다. 별의 상태는 둘 이상의 중성자가 같은 운동 상태를 가질 수 없다(각 스핀이 반대로 정렬된 상태에서)는 원리에 따라 중력 수축에 저항하며 유지된다. 만약 별을 압축하려 하면, 중성자는 같은 저에너지 상태로 응축될 수 없어서 자신이 가진 에너지를 증가시키기 시작한다. 페르미온들에게 똑같은 양자 상태가 허용되지 않는다는 사실에 따라 일종의 압력, 붕괴에 저항이 존재하는 셈이다.

사실 중성자별은 흔히 초신성 폭발 때 자신을 낳아준 부모 초거성의 자기장을 가두어 둔다. 이때 강력한 자기장은 중성자별과 함께 초당 100회 이상에 달하는 높은 회전 진동수로 회전한다. 자기장은 미세한 별을 선회하는 물질을 삼켜버리며 물질은 전자기적으로 들뜬 상태가 되면서 빛이 빠른 속도로 번쩍이는 섬광 현상이 일어난다. 이 현상을 '펄서pulsar' 라고 한다.[13]

놀랍게도 중성자별의 질량이 태양 질량의 1.4배를 초과하면, 중력은 사실상 페르미온 배타원리를 이긴다. 중력이 이길 때 중성자별은 — 여러분이 추측하는 — 블랙홀로 수축한다. 태양과 비슷한 별이 죽으면, 모닥불에서 꺼져가는 숯처럼 점점 더 빨개지면서 거대한 초신성보다는 훨씬 평화로운 방식으로 식어간다. 별은 처음에 중력에 대항하는 복사 압력으로써 자신을 지키지 못하고 수축한다. 그러나 결국, 전자가 중력 수축에서 별을 지켜낸다. 별을 압축하려고 할수록 전자는 더 높은 에너지 준위로 올라가며, 별은 이 '배타 압력'을 이겨낼 만큼 적당히 무겁지 않다. 태양 질량의 1.4배보다 낮은 질량을 가진 별은 물질의 양자역학이 중력에 대해 승리를 거두면서 생기 없이 차갑게 죽어 버린 왜성으로 종말을 맞는다. 태양 질량의 1.4배보다 무거워 중력이 승리를 거둔 별은 수축을 거듭하여 위협적인 블랙홀로 붕괴한다. 이때 태양 질량의 1.4배는 결정적 수이며 '찬드라세카르 한계'라고 한다. 찬드라세카르 한계는 죽어가는 별의 마지막 운명을 결정할 전쟁터에서 배타원리에 대한 중력의 승리를 나타내는 분기점이다.

지금까지 모든 기괴한 거시적 현상은 기본 입자의 양자 파동함수가 갖는 교환 대칭에서 비롯된다. 푸들이나 사람, 여타의 일상적인 거시적 개체들 사이에서는 이러한 교환 대칭이 보이지 않는 것은 그 물체가 가진 복잡성 때문이다. 복잡성은 개별 입자가 서로 멀리 떨어져 있어 수많은 물리적 상태가 가능하면서, 각 입자들이 절대로 동시에 같은 양자 상태에 놓이지 않는 조건에서 이루어진다. 푸들은 양자 요소들의 이러한 복잡한 배열 때문에 다른 푸들과 구별된다. 따라서 동일성의 효과는 양자 바닥 상태에서 멀리 벗어난, 확장된 복잡계에서는 분명하게 드러나지 않는다.[14)]

양자론과 특수상대성이론의 만남 : 반물질

양자론이 특수상대성이론과 만나면 어떤 일이 벌어질까? 다소 믿기 어려운 일이 일어난다.

앞서 상대성에서 에너지, 운동량, 입자의 질량이 다음의 식 $E^2 - p^2c^2 = m^2c^4$에 따라 서로 연관된다는 사실을 알았다. 이는 근본적으로 특수 상대성의 시공간 대칭과 뇌터의 정리에 따른 귀결이다. 입자의 에너지를 계산하기 위해서는 먼저 위의 식과 동치인 $E^2 = m^2c^4 + p^2c^2$을 쓴 다음 식 전체에 제곱근을 취하여 E에 대한 식을 구한다. 그러나 모든 수는 두 개의 제곱근을 가진다. 예를 들어 1은 $1 = \sqrt{1}$과 $-1 = -\sqrt{1}$을 제곱근으로 가진다. 곧, $1 \times 1 = 1$이며, $-1 \times (-1) = 1$이다. 양수의 '또 다른' 제곱근은 음수이다. 물리학자는 왜 아인슈타인의 공식에서 유도된 에너지가 양수임을 확신할까?

상식적으로 에너지, 특히 질량을 가진 입자의 정지 에너지 mc^2은 언제나 양수여야 한다. 그래서 과거의 물리학자들은 음의 제곱근의 존재 가능성에 대해서 이야기하기를 거부했으며 분명 '그럴듯한 가짜'로서 어떤 물리적 입자도 기술하지 못한다고 말했다.

그러나 음의 에너지를 갖는 입자, 곧 음의 제곱근 $E = -\sqrt{m^2c^4 + p^2c^2}$을 택해서 얻는 입자는 정말 존재하지 않을까? 있다면 그 입자는 운동량이 0인 상태에서 음의 정지 에너지 $-mc^2$을 가진다. 이들의 에너지는 운동량이 증가할수록 사실상 감소한다. 이들은 다른 입자와 충돌하고, 광자를 방출함으로써 계속해서 에너지를 잃는 동시에 '속력은 증가'한다! 실제로 에너지는 계속해서 낮아져 결국에는 음의 무한대가 된다. 입자는 계속해서 가속되어 무한한 음의 에너지라는 심연 속으로 떨어진다. 우주는 이러한 무한한, 음의 에너지를 가진 괴이한 입자로 가득할 것이다.

이러한 문제는 특수 상대성의 구조 속에 깊숙이 묻혀 있으므로 그저 무시될 수도 있다. 그러나 전자의 양자론이 등장하면서 문제는 심각해졌다. 결코 음의 제곱근을 피할 수 없다는 사실이 밝혀졌다. 양자론을 따르면 전자는 임의의 운동량에 대해서 양의 에너지와 음의 에너지를 모두 가진다. 음의 에너지를 가진 전자가 결국은 전자에게 허용된 또 다른 양자 상태라고 할 수는 없을까? 그러나 이렇게 되면 또 다른 재난이 발생하는데 평범한 원자, 심지어는 가장 단순한 수소 원자도 안정하게 존재할 수 없다. 양의 에너지를 가진 전자는 에너지가 모두 합해 $2mc^2$이 되는 광자들을 배출한 뒤, 음의 에너지를 가진 전자가 되어 음의 에너지가 무한한 심연 속으로 추락할 수도 있다. 음의 에너지 상태가 정말로 존재한다면 확실히 전체 우주는 안정적으로 존재할 수 없다. 음의 에너지를 가진 전자의 상태에 관한 문제는 아인슈타인의 특수상대성이론과 양립하도록 빛과 상호작용하는 전자의 양자론을 세우려는 초기 시도에서 주요한 골칫거리였다.

1926년의 어느 날, 천재 이론물리학자 폴 디랙에게 한 가지 아이디어가 떠올랐다. 앞서 살펴보았듯 파울리의 배타원리를 따르면 어느 두 전자도 동시에 정확히 같은 양자 운동 상태에 놓일 수 없다. 곧, 일단 전자가 일정한 운동 상태 — 일정한 양자 상태 — 를 점유하고 나면 그 상태는 '채워진다.' 어떤 전자도 더는 거기에 참여할 수 없다.

디랙의 아이디어란, 진공 그 자체는 모든 음의 에너지 상태를 점유하는 전자로 완벽하게 채워진다는 것이었다. 모든 음의 에너지 상태가 채워지면 양의 에너지 전자는 광자를 방출함으로써 음의 에너지 상태로 떨어질 수 없는데, 그들은 그렇게 할 수 없게 '거부' 당하기 때문이다. 그 결과 진공은 가능한 모든 음의 에너지의 운동량 상태가 이미 채워진 하나의 거대한 비활성 원자가 된다. 디랙의 아이디어로 음의 에너지 준위에 대한 논의는 영원히 끝난 듯 보였다.

그러나 디랙은 이야기가 거기서 끝이 아님을 깨달았다. 진공을 '들뜨게' 하는 일이 이론적으로 가능했기 때문이다. 이 말은 마치 어부가 심해의 물고기를 낚아 올리듯 음의 에너지 전자를 진공에서 끌어올려 충돌시킬 수 있다는 뜻이다. 예를 들어 강한 감마선이 진공 속에서 음의 에너지 상태를 점유한 전자와 충돌했다고 가정하자. 여기서 운동량, 에너지, 각운동량을 보존하기 위해 다른 입자, 이를테면 주위의 무거운 원자핵을 충돌에 참여시키게 된다. 감마선은 음의 에너지 상태에서 전자를 이끌어내 양의 에너지 상태로 만들고, 무거운 원자핵으로 되튄다. 그후 진공 속에는 '구멍'이 생긴다.

디랙은 그 구멍이 음의 에너지를 가진 전자의 부재임을 깨달았다. 곧 구멍은 사실상 양의 에너지를 가진다. 또 한편으로, 구멍은 음의 전하를 가진 전자의 부재이기에 양의 전하를 띤 입자가 된다. 이 입자를 가리켜 양전자라고 부른다. 구멍은 정지 상태이므로 정확히 $E = +mc^2$의 에너지를 가져야 한다. 이때 m은 전자의 질량이다. 양전자는 전자의 반입자이며 특수 상대성과 양자론이 모두 참이라면 반드시 존재해야 한다.

사실 양전자는 1933년 칼 앤더슨이 발견하였다. 양전자는 강한 자기장을 걸어 입자의 운동을 휘게 함으로써 전하의 존재를 보여주는 안개상자 속의 자취로서 관찰되었다. 안개상자는 수증기 또는 알코올 증기로 과포화된 공기를 포함한 일종의 초기 입자 검출기였다. 전하를 띤 입자가 안개상자 속에서 진행할 때 증기는 작은 구름 방울들로 응축되어 입자의 경로를 표시해주고, 이들은 사진으로 촬영되기도 한다. 앤더슨은 디랙이 예측한 뒤 몇 년 후 전자와 양전자쌍 각각의 휘어진 경로를 관측했다. 양전자의 질량은 특수 상대성의 대칭이 요구한 그대로 전자의 질량과 같았다.

반물질과 물질이 충돌하면 서로 소멸하면서 다른 입자의 형태를 갖춘 다량의 에너지(정지 질량 에너지의 직접적인 전환)를 발생시킨다. 전자는 '디랙의 바다'에 있는 구멍 속으로 뛰어들어가면서 대개 광자나 낮은 질량을 가진 입자의 형태로 에너지를 방출한다.

우주의 어딘가에서 반물질을 채굴할 수 있다면 탁월한 에너지원이 되리라는 점에서 환상적인 일이다. 그러나 오늘날까지 수수께끼로 남아 있는 이유들 때문에 우주에는 풍부한 반물질 자원이 남겨져 있지 않다. 8장에서 살펴보았듯 이론물리학자들은 CP 대칭 위반을 통해 이러한 일이 원리적으로 어떻게 일어날 수 있었는지를 이해하고 있지만, 여러 가지 이유 때문에 정확한 메커니즘은 아직도 밝혀지지 않았으며 그에 대한 설명은 새로이 등장할 물리학의 과제로 남겨졌다. 양전자는 특정한 원자핵의 방사성 붕괴를 통해 자연스럽게 생성되며 의학 영상 기기(양전자 단층 촬영, 곧 PET 스캔)에 활용된다. 반물질의 유용성이 우주선 엔진에까지 확대될지는 확실하지 않지만 결국엔 분명히 더 실용적인 쓰임새가 발견되어 앞으로 미국 경제에 엄청난 영향을 줄 것이다.

아직은 시기상조이지만 태양 주위의 매우 가까운 궤도에 입자가속기를 건설하여 풍부한 태양에너지를 활용함으로써 에너지 문제를 해결하는 방안도 있다(태양의 표면에서 160만 킬로미터 정도 떨어진 곳에서는 제곱미터당 10메가와트의 전력이 공급된다. 안타깝게도 그곳에서 녹지 않는 물질을 찾아내기란 쉬운 일이 아니다). 이러한 시설을 가지고 강한 태양에너지를 활용하면 한 해당 500킬로그램의 반물질을 만들고 수집하여 자기병에 담아 지구로 실어 나를 수 있다. 그 반물질이 지구에 존재하는 물질과 충돌하여 소멸하면 1,000킬로그램의 질량과 동등한 정지 질량 에너지 — 현재 한 해당 미국에서 소비하는 에너지 — 를 얻는다. 이것이 현실화되려면 넘어야 할 기술적 장애가 존재하겠지만 아마 그 문제는 돈으로도 해결하지 못할 것이다. 결국 입자물리학과 함께 살아가는 편이 낫다.

반물질의 궁극적인 쓰임새가 무엇이 될지는 모른다. 그러나 언젠가 정부가 거기에 세금을 매길 것이라는 점은 확실하다.

11장
빛의 숨겨진 대칭

"아, 그때까지는 깨어 있을 수 있을 것 같습니다."
제임스 클러크 맥스웰, 케임브리지 대학교에 도착한 뒤
오전 6시 예배에 의무적으로 참석해야 한다는 이야기를 듣고

전하량 보존 법칙으로 인도하는 숨겨진 다리

몇백 년 동안 전하량은 모든 역학적 과정에서 보존된다고 알려졌다. 전하량의 보존에 관한 생각은 1700년대 중반 윌리엄 왓슨과 벤저민 프랭클린과 같은 사람이 처음으로 확립하였다. 전하량 보존 법칙은 전기장과 자기장 곧 전자기장에 대한 고전 이론에서 중요한 위치를 차지한다. 전하량 보존은 중성자 붕괴 $n^0 \rightarrow p^+ + e^- + \bar{\nu}^0$ 에서 볼 수 있다. 중성자는 전기적으로 중성이므로 전하량이 0이다. 중성자가 붕괴하면 양의 전하를 가진 양성자와 음의 전하를 가진 전자, 중성의 (반)중성미자가 생겨난다. 양성자가 가진 양의 전하량은 전자가 가진 음의 전하량과 정확히 반대이며 중성미자의 전하량은 0이므로, 중성자 붕괴의 최종 산물이 가진 총 전하량은 0이다.

전하량 보존은 모든 물리적 과정에서 성립하는 정확한 보존 법칙이다. 어

떤 물리적 과정에서도 전하량이 순수하게 획득되거나 손실되는 것은 관찰된 적이 없다. 이러한 보존 법칙이 존재하므로, 뇌터의 정리에 따라 이 질문을 하지 않을 수 없다. 전하량 보존 법칙에 이르는 근본적인 연속 대칭은 무엇인가?

전자기, 곧 '전기역학'은 전하량과 전류를 포함한 전기장과 자기장에 관한 역학적 기술이며, 19세기 전반에 걸쳐 고전적(비양자적) 틀 속에서 체계화되었다. 보통 이 시기의 가장 큰 성과로 여겨지는 맥스웰의 방정식은, 1865년 제임스 클러크 맥스웰이 발표한 간결하면서도 완전한 일련의 방정식들로서, 알려진 모든 전기역학의 내용을 정리하고, 임의의 전하량과 전류분포에 대해, 모든 공간과 시간에서 전기장과 자기장을 계산할 수 있게 해준다.[1)]

스코틀랜드에서 태어나 48세에 생을 마감한 맥스웰은 과학 역사에서 독보적인 인물이다. 물리학에서 그가 차지하는 중요성은 아인슈타인과 뉴턴에 비견될 정도이다. 그는 처음으로 빛이 전기장과 자기장의 교란에 따라 전파되는 파동이며, 모든 전기와 자기 현상을 기술하는 맥스웰 방정식의 해답이라는 사실을 곧 깨달았다. 특수 상대성의 법칙은 이미 맥스웰 방정식에 포함되어 있었다. 아인슈타인은 '그저' 서로 다른 상태의 관성 운동하에서 방정식이 갖는 대칭을 숙고한 결과로 발견했을 뿐이다.

맥스웰의 고전 전기역학 이론은 전하량 보존 법칙이 존재하지 않는다면 성립하지 않는다. 그러나 전하량 보존 법칙으로 인도하는 근본적인 연속 대칭을 언뜻 보면 다소 수수께끼 같고 모호하다.

뉴턴의 중력 이론에서 질량이 중력장의 원천이듯 전하는 전기장의 원천이다. 전기장은 간단히 말해서 임의의 지점에 있는 단위 전하량에 작용하는 전기력이다. 전하가 움직일 때 전류가 생겨 자기장을 발생시킨다. 자기장은 다시 움직이는 전자(전류)에 작용하는 힘을 발생시킨다. 실제로, 순수한 전기장은 단순한 운동만으로 전기장과 자기장이 결합한 형태가 된다.

맥스웰의 이론을 따르면 맥스웰 방정식에서 전기장의 원천인 전하가 무로 사라져 버리는 해는 허용되지 않는다. 그리스 신화의 타르타로스, 곧 블랙홀까지도 전하를 사라지게 할 수 없다는 점에서 이는 매우 까다로운 조건이다. 전하가 블랙홀로 떨어지면 블랙홀은 그것이 삼켜버린 전하와 같은 전하량을 가진다. 그러나 여기서 논의를 멈추기에는 무언가가 불완전하다. 전하량 보존을 위해 뇌터의 정리에서 요구하는 연속 대칭은 무엇일까? 그것은 분명히 어딘가에 존재해야 하지만, 과연 어디에 존재하는가?

암시된 대칭

맥스웰 이론의 수학적 구조를 더 깊이 탐구하다 보면 거기에는 전자기장보다 훨씬 더 근본적인 무언가가 존재한다는 사실을 알게 된다. 더 근본적인 이 대상에는 멋진 이름이 있다. 게이지 장gauge field이 바로 그것이다. 게이지 장은 기묘한 방식으로 전자기장과 관련된다. 공간과 시간상의 영역에 게이지 장이 있으면 언제나 그 영역의 전자기장 값을 계산할 수 있다. 그러나 이 과정의 역은 성립하지 않는다. 곧, 같은 시공간의 영역의 전자기장만으로는 그들을 발생시키는 정확한 게이지 장을 결정할 수 없다. 정확히 말하면, 같은 전자기장에 대해 그들을 발생시키는 게이지 장을 무한히 많이 찾을 수 있다.

게이지 장은 언제나 불확실하다. 게이지 장을 재구성하려 할 때마다 형태에는 어떤 모호함이 존재한다. 게다가 전자기장은 실험실에서 쉽게 측정되지만 게이지 장은 어떤 실험이나 이론을 통해서도 명확하게 결정되지 않는다. 심지어 전자기장이 모든 지점에서 0이어도—진공—게이지 장의 값을 결정할 수 없다. 전자기장의 값이 0이 되도록 하는 게이지 장은 무한히 많기 때문이다. 따라서 게이지 장은 '숨겨진 장'이며, 그것의 정확한 형태를 결정하려는 어떤 형태의 측정에도 순순히 응하지 않는다.

게이지 장의 개념은 전자기력을 표현하는 편리한 도구로서 1800년대 중반 여러 과학자가 고려하였다. 학자들은 흔히 저마다 다른 게이지 장을 기술하였으므로 그들이 기술한 게이지 장이 같은 현상을 기술하는지 아닌지는 언제나 불명확했다. 1870년, 전자기 이론에 대한 공헌으로 유명한 헤르만 폰 헬름홀츠는 서로 다른 형태의 게이지 장이 같은 역학적 결과, 다시 말해 같은 전자기장을 발생시킬 수 있음을 보였다. 따라서 하나의 게이지 장을 다른 게이지 장으로 연속 변환시킨다고 해도 물리 현상은 그대로 유지될 수 있다. 이는 본질적으로 전기역학의 새로운 대칭 변환—'게이지 변환'—을 보여주는 최초의 예였다. 비록 당시에는 게이지 변환이 근본적인 자연의 대칭으로서 갖는 의의를 인식하지 못했지만 말이다.[2)]

사실, 이 결과를 뒤집어서 게이지 장은 언제나 감춰져 있으며 명확하게 결정될 수 없음을 대칭 원리로서 강조한다면 놀라운 발견을 하게 된다. 게이지 대칭은 전하량이 반드시 보존되어야 한다는 사실을 의미한다! 선택된 게이지 장을 또 다른 게이지 장으로 연속 변환시킬 수 있으며, 그 과정에서 전자기장의 값을 변화시키지 않아도 된다. 그리고 이는 뇌터의 정리를 따르면, 전하량 보존으로 인도되는 대칭이다. 숨겨진 이 기묘한 대칭은 '게이지 불변성'이라고 한다.

감춰진 장, 곧 '숨은 변수 이론'은 언제나 물리학자들의 심기를 불편하게 했다. 수많은 과학자가 시대에 걸쳐 이러한 이론에 반대되는 철학적 배경을 언급했다. 자연은 반드시 직접적으로 측정하거나 관측할 수 있는 것을 통해 엄격히 기술될 수 있어야 한다. 이러한 생각은 보이지 않는 방식으로 세계를 조종하는 숨은 악마들의 존재를 인정하지 않은 데카르트 같은 철학자들에게서 유래된 듯하다. 그러나 이러한 철학 논쟁은 분명히 자연의 작동 방식에 영향을 주지 못한다. 전자 하나의 양자 파동함수의 완전한 형태는 직접적으로 관측할 수 없다. 오직 그것의 절댓값, 어딘가에 위치하는 전자를 발견할 확률만이 실험을 통해 측정될 뿐이다. 이제 게이지 장도 관측 불가능한 자연 현상으로서 파동함수의 대열에 합류하였다.

그러나 잠시만 멈추어 생각해보자. 이렇게 숨겨진 자연의 두 가지 특성이 결합하면 더 대단한 무언가가 생기지 않을까? 사실, 게이지 불변성이라는 새로운 대칭은 양자역학을 통과했을 때 훨씬 더 설득력 있으며 어떤 점에서는 이해하기도 더 쉽다. 마치 고전 전기역학이 양자역학의 존재를 간절히 구걸하는 듯하다.

국소 게이지 불변성 대칭

양자역학의 발달과 전자와 전자기를 하나의 완전하고 일관성 있는 이론에 포함하려는 노력에 따라 게이지 불변 대칭은 무엇보다 중요한 주제로서 20세기에 등장했다. 사실, 게이지 불변성은 20세기 물리학 전체에서 주요한 주제가 되었다. 모든 힘은 이제 게이지 대칭에 따라 지배된다는 사실이 밝혀졌으며 이에 관한 기술을 게이지 이론이라고 한다.

모든 입자는 양자론에서 파동으로 간주하며 파동함수를 통해 기술된다. 입자의 운동량에 관한 정보는 파장을 통해, 에너지는 진동수를 통해, 각각 $p = h/\lambda$ (운동량은 플랑크상수를 파장으로 나눈 값이다), 식 $E = hf$ (에너지는 플랑크상수에 진동수를 곱한 값이다)로 결정된다. 에너지와 운동량의 정보가 언제나 파동함수 속에 나타나기는 하지만 파동함수 자체에 물리적으로 관찰 불가능한 복소수를 포함하므로 절대로 직접적으로 측정될 수 없음은 앞에서 살펴보았다. 막스 보른은 사실상 측정 가능한 것은 파동함수의 크기(파동함수의 절댓값의 제곱)의 크기, 곧 확률뿐이라고 주장했다.

그렇다면 이제 전자의 파동함수 속에 숨겨진 이러한 특성을 더 자세히 조사해보자. 전자가 어떤 커다란 방 속에 갇혀 있어 방 전체가 전자의 파동함수로 가득하다고 가정하자. 전자의 양자 파동함수 전체를 측정할 수 있는 '애크미 파동함수 탐지기' 라는 특수한 가상 기기를 가지고 전자의 양자 파동함수에 대해 생각해보자. 탐지기에는 게이지라는 원형의 숫자판이 있고 화살표 모양의 표시기가 그 위에 있는 숫자를 가리킨다. 숫자판 위에 있는 숫자는 시계의 숫자와 같으며 화살표는 시계의 긴 바늘과 같다. 애크미 탐지기에는 빛 표시기도 있어서 밝아지거나 흐려질 수 있다. 이 탐지기를 가지고 관찰자가 공간(과 시간)을 가로지르며 숫자판과 빛 표시기를 통해 이전의 장에서 $\Psi(x, t)$라고 부른 전자 파동함수 전체를 측정할 수 있다고 가정한다.

애크미 탐지기에서 빛 표시기의 밝기는 시공간의 임의의 지점에서 전자를 발견할 확률이다. 곧 빛 표시기의 밝기는 막스 보른이 파동함수의 절댓값의 제곱으로 규정한 $|\Psi(x, t)|^2$이다. 공간에서 전자를 발견할 확률은 실험을 통해 물리적으로 관측 가능하다. 그리고 빛 표시기가 밝게 빛나고 있다면 그곳이 전자를 발견할 확률이 가장 높은 지점이다. 따라서 빛 표시기의 밝기는 자연에 숨겨진 무언가가 아닌 측정 가능한 무언가이다.

탐지기에는 숫자판의 화살표가 가리키는 특정한 숫자도 있다. 이 숫자는 파동함수의 위상phase이라고 하며 이것은 탐지기가 아닌 다른 어떤 수단으로도 직접 측정할 수 없다. 그럼에도 전자의 에너지와 운동량에 대한 관찰

가능한 정보는 위상에 있다.

예를 들어 공간상 어떤 지점에 서 있을 때, 빛 표시기가 중간 정도의 밝기로 빛나고 있다면 전자가 그곳에서 발견될 확률은 적절한 어떤 값을 가진다. 이제 화살표 표시기를 보면 화살표가 12에서 3으로, 3에서 6으로, 6에서 9로, 9에서 다시 12로 1초마다 한 번씩 숫자판을 일주하고 있음을 보게 된다. 이것은 전자 파동함수의 진동수 f가 초당 한 번임을 뜻하며, 이 사실에서 막스 플랑크의 식 $E = hf$를 통해 전자의 에너지를 계산할 수 있다. 이번에는 공간 속의 직선을 따라 수많은 탐지기가 정렬되어 있다고 가정하자. 특정 순간에 각 숫자판을 가리키는 화살표를 관찰하자. 첫 번째 화살표는 12를 가리키고 다음 탐지기의 화살표는 3을, 다음 화살표는 6을, 그 다음 화살표는 9를, 그다음은 다시 12를 가리킨다. 이와 같은 순환이, 이를테면 10미터 떨어진 곳에서도 똑같이 일어난다고 하자. 전자의 파동함수 파장을 $\lambda = 10$미터로 측정하면 이 결과는 $p = h/\lambda$에 따라 운동량(정확히 말하면 공간상에서 선택한 직선과 나란한 운동량 벡터의 성분)을 결정한다. 이때 가상의 애크미 탐지기는 파동함수의 위상을 읽을 수 있지만 실제 세계에서 그것은 사실상 숨겨져 있음을 기억하라.

앞줄에 앉은 똑똑한 학생이 묻는다. "저에게는 이 과정이 모두 이상해 보입니다. 만약 시공간의 임의의 지점에서 관찰 가능한 확률을 변화시키지 않으면서 어떻게든 전자 파동함수를 바꾼다면 어떤 일이 일어날까요? 전자 파동함수의 관측 불가능한 위상은 아주 다르게 만들고 공간의 모든 지점에서 확률을 같게 유지한다고 해 봅시다. 관측할 수 있는 것은 달라지지 않았는데 전자의 물리적 상태가 달라졌다고 할 수 있을까요? 아니면 전자의 물리적 상태는 실제로 동일합니까? 이것이 아직 우리가 생각지 못했던 전자의 대칭 변환이 될 수 있을까요?" 그녀는 사물을 같은 상태로 두는 변환—

바로 이 책의 주제인 대칭 — 의 관점에서 사고하고 있다. 그녀는 A학점을 받을 자격이 있다.

그렇다면 빛 표시기의 밝기는 모든 시공간의 지점에서 그대로 둠으로써 전자를 발견할 관측 가능 확률에는 영향을 주지 않은 채 어떻게든 전자 파동함수를 변화시킬 수 있다고 가정하자. 시간 또는 공간 속을 이동하는 동안에는 화살표(또는 위상)가 숫자판의 값을 무질서하게 가리키게 하여 전자 파동함수를 변화시키자. 정지 상태라면 화살표는 시간에 따라 연속적으로 움직이겠지만 거기에는 규칙적인 진동수가 없다. 화살표는 부드럽게 12에서 1로 이동하였다가 다시 반시계방향으로 부드럽게 움직여 9를 가리키고, 멈추었다가 시계방향으로 움직여 6을 가리키고 그다음 8을 가리키는 등의 식으로 움직인다. 비록 표시기의 밝기는 전과 같지만 전자 파동함수는 이제 일정한 진동수를 갖지 않아 일정한 에너지를 갖지 않으므로 이제 전자의 양자 상태는 상당히 변한 듯하다. 방 안을 돌아다닐 때 빛은 변화를 주기 전과 마찬가지로 전자를 발견할 확률이 높은 지점에서는 밝아지고, 전자를 발견할 확률이 낮은 지점에서는 흐려진다.

전자 파동함수의 이 같은 변화는 탐지기의 화살표에만 영향을 주므로 — 곧, 탐지기의 '게이지' 부분 — 게이지 변환이라고 부른다. 그런데 이 변환에서는 분명히 불변인 것이 없는 듯하다. 게이지 변환은 원래 양자 상태의 대칭이 아니라 새로운 에너지와 운동량의 값을 갖는 양자 상태를 만든 듯하다.[3] 그림 24가 이를 보여준다. 그림에서는 들어오는 전자의 파장, 곧 탐지기 화살표가 숫자판을 온전히 한 바퀴 도는 거리만을 바꾼다. 이 변화 때문에 들어오는 전자의 운동량이 분명히 바뀌지만, 어떻게 이 변환이 대칭일 수 있을까?

이제 어떤 다른 양자 입자의 존재를 가정하여 그 입자가 우리의 전자와

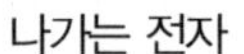

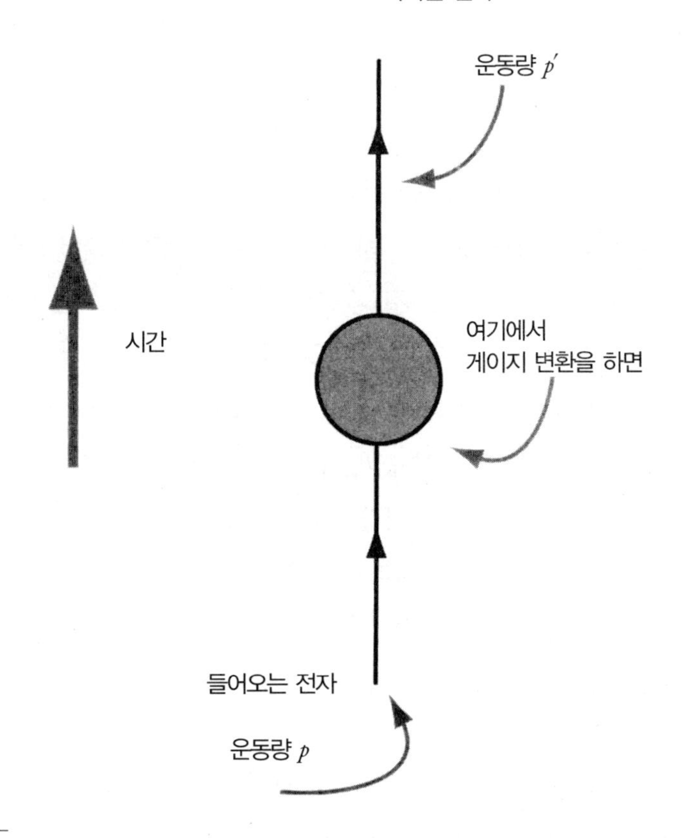

그림 24 운동량 p를 가진 전자 파동함수에 게이지 변환을 하면 파동함수의 파장이 바뀌고, 따라서 전자는 새로운 운동량 p' 을 갖게 된다. 게이지 장이 없다면 이 변환은 최종 전자 상태가 시작 상태와 다르므로 대칭이 아니다.

상호 작용한다고 하자. 또한, 전자의 파장과 진동수를 바꾸는 순간 새로운 입자가 관련된 양자 상태를 창조한다고 가정하자. 새로운 입자가 갖는 파동함수는 시공간 속에서 하나의 장을 이루며 그 속에서 움직이는 전자는 장과 상호 작용한다. 추가된 이 새로운 장은 어떤 효과가 있을까?

애크미 파동함수 탐지기를 자세히 보자. 거기에는 작은 스위치가 달렸고, 그 스위치를 누르면 게이지 장의 효과가 감지된다. 스위치를 누르고 다시 한 번 전자 파동함수의 수정된 위상을 관찰하자. 화살표는 여전히 무질서하게 12에서 1로 갔다가 다시 부드럽게 반시계방향으로 움직여 9로 갔다가 잠시 멈춘 뒤 시계방향으로 전진하여 6으로 갔다가 다시 8로 움직인다. 그런데 자세히 보면 이제는 숫자판도 회전하고 있다! 화살표가 12시에서 1시 위치로 이동하는 동안 숫자판은 뒤로 두 칸을 움직이므로 화살표는 전과 마찬가지로 3을 가리킨다. 숫자판과 화살표는 서로 다른 위치에 있으나 계기는 3을 가리킨다! 또한, 화살표가 9시 위치로 이동하면 숫자판은 앞으로 다섯 칸을 이동하므로 화살표는 전자 파동함수가 변하기 전과 똑같이 6을 가리킨다. 회전하는 숫자판 위에서 화살표가 실제로 가리키는 숫자는 12에서 3, 6, 9 그리고 다시 12가 되고, 따라서 화살표는 1초 동안 숫자판을 한 바퀴 돈다! 게이지 장이 포함되면 전자의 진동수 f는 정확히 그 전과 같아져 초당 1회전이 된다. 따라서 전자의 에너지는 플랑크의 식 $E = hf$에 따라 정확히 전과 같아진다.

이 과정이 그림 25에 도식적으로 나타나 있다. 전자 파동함수의 관측 불가능한 위상을 교란시킨다고 해도, 새로운 게이지 입자가 도입되면 원래의 에너지와 운동량은 그대로 유지된다. 따라서 게이지라는 용어에는 전자가 가진 실제 운동량을 결정하려면 눈금으로 측정되는 게이지 장의 존재가 필요하다는 뜻이 들어 있다. 게이지 장이 결합한 전자 파동함수만이 물리적으로 의미 있는 총 운동량과 에너지를 산출한다.

전자와 상호 작용하는 게이지 장의 존재는 전자 파동함수의 변화를 보상하기 위해 고안되었으며, 따라서 전자와 게이지 장의 작용에 의한 총 운동량은 전자의 원래 운동량과 같은 상태가 된다.[4)]

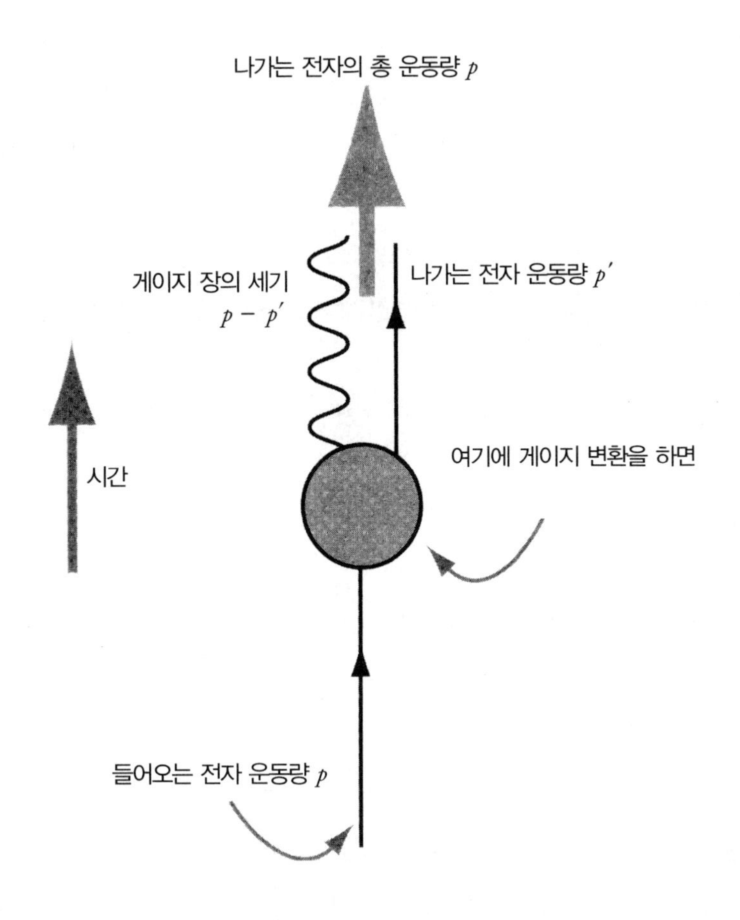

그림 25 전자 파동함수와 게이지 장에 게이지 변환을 하면 계의 총 에너지와 운동량은 보존된다. 이제 게이지 변환은 대칭이다. 전자 파동함수는 항상 순수수학적인 파동함수와 게이지 장의 '혼합체'이다.

이는 정말이지 기괴한 발상이다. 애크미 파동함수 탐지기는 실제로 존재하지 않는다. 게이지 장은 절대 관측 불가능하다. 전자 파동함수 역시 관측 불가능하다. 두 관측 불가능한 대상에 관측 불가능한 변환을 한 것이다! 설사 이러한 대상이 직접 관측 가능하다고 할지라도 이는 전자라는 개념이 그 자체만으로는 절대적이지 않다는 사실을 말해준다. 전자 하나는 총 운동량을 본래의 값으로 되돌려놓는 게이지 장의 존재와 게이지 대칭 변환에 따라 다른 파장을 가진 다른 전자와 등가이다. 전자와 게이지 장은 효과적으로 혼합되어 하나의 대칭을 만든다. 그런데 물리학자들은 정말로 자기 본분을 다한 것일까, 아니면 그저 소설을 쓴 걸까? 유령 같은 게이지 장의 정체는 무엇일까? 이 기괴한 대칭에는 물리적으로 관찰 가능한 내용이 조금이라도 있을까?

그렇다, 있다. 게이지 대칭을 창조하면서 신은 이렇게 말했다. "빛이 있으라."

복사의 양자적 과정 : 양자전기역학

숨겨진 대칭과 함께 게이지 이론은 심오한 결과를 이끌어낸다. 전자를 역학적으로 '차면' 곧 전자가 가속되면 게이지 장 자체에서 양자 입자가 방출된다. 이 과정을 가시화하기 위해서 초기 상태의 전자에 물리적인 타격을 주었다고 하자. 전자가 처음에 운동량 p를 가지고 있었고, 물리적 타격을 주었을 때 새로운 운동량 k를 갖게 되었다면, $p - k$의 운동량을 가진 '게이지 입자'가 발생한다. 전자의 주위만을 맴도는 유령 같은 게이지 장은 이제 물리적 실체가 되어 전자가 가속되는 동안 떨어져 나와 물리적인 양자 입자로서 공간에 방출된다. 게이지 장은 이제 맥스웰이 빛에 대해 상상했던 것과 똑같이 고유의 운동량과 에너지를 가진 (측정 가능한) 전자기장의 진행파이며, 멀리서는 실제 광자로서 관측될 수 있다. 전자는 가속되면서 자신을 둘러싼 유령 같은 게이지 장을 털어버린 듯하다. 멀리 있는 관찰자가 보기에 가속된 전자는 물리적으로 검출 가능한 새로운 입자를 방출해낸다. 이

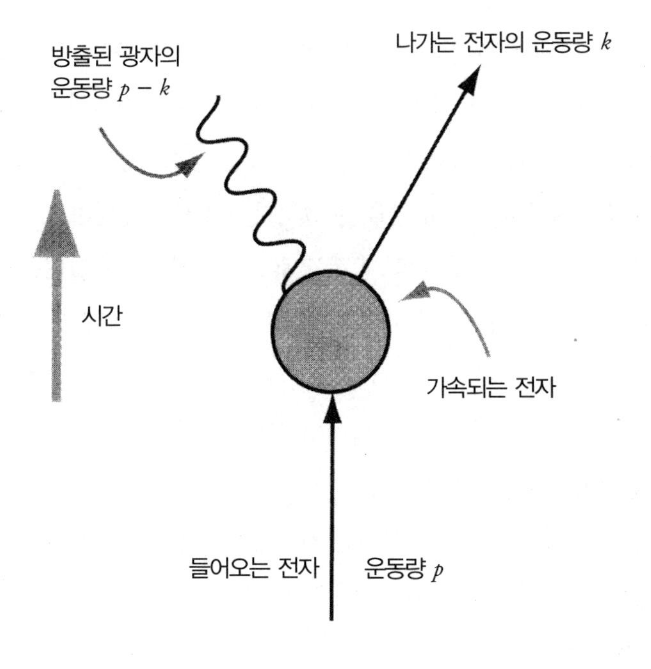

그림 26 전자가 가속되면 검출 가능한 운동량과 에너지를 가진 광자가 공간에 방출된다.

새로운 입자를 광자photon라고 한다(그림 26).

따라서 빛은 가속된 전하에서 방출된다. 이 같은 현상은 원자핵이나 원자 또는 다른 전자에서 나타나는 전자 산란과 같은 무수히 많은 역학적 과정에서 일어난다. 광자 방출은 실험실에서 쉽게 관측 가능하다. 매우 낮은 에너지 상태에서 광자는 모닥불에서처럼 방출된다. 가속된 전자는 커피를 덥히는 전자레인지 속의 마이크로파를 방출하거나 거실에 저녁 뉴스를 송신해 주고 태양을 빛나게 한다.

파인만 다이어그램

전자기(또는 양자역학의 모든 상호작용)와 같은 게이지 역학을 가장 쉽게 가시화해 주는 것이 파인만 다이어그램이다. 파인만 다이어그램은 역학적 과정만을 보여주는 단순한 그림이 아니다. 이들은 상호작용의 강도가 알려졌고, 그 크기가 지나치게 크지 않을 때 그러한 상호작용의 양자적 결과와 주어진 과정이 일어날 확률을 어떻게 계산해야 할지 정확하게 알려준다. 물리학자들은 파인만 다이어그램이 어떻게 작동하는지 개념상으로 기술할 수 있다. 예를 들어 두 전자가 전자기력으로 서로에게서 떨어져 산란하는 전형적인 과정을 생각해보자. 파인만 다이어그램은 양자 입자 수준에서 이러한 일이 어떻게 일어나는지 보여준다.

전하를 띤 두 입자 사이에 작용하는 전자기력의 법칙은 18세기 후반 샤를 오귀스탱 드 쿨롱이 최초로 제시하였으며 뉴턴의 중력 법칙과 놀라울 정도로 유사하다.

두 정지 전하 입자 간에 작용하는 힘은 역제곱법칙의 힘이다. 두 전기 전하 q_a와 q_b가 R만큼 떨어진 채 정지한 상태라면, 두 전하 간에 작용하는 힘에 의한 위치에너지는 $k\, q_a\, q_b / R$, $k = 9.0 \times 10^9$이며 이때 전하량은 쿨롱 단위로 측정된다. 전자는 음의 전하를 가지고 있으며 전하량은 $q_{\text{electron}} = -e = -1.6 \times 10^{-19}$쿨롱이다.

이제, 전하를 띤 입자가 광속에 가까울 정도로 빠르게 움직이고 있다고 하자. 이때 쿨롱의 정적인 이론은 이 입자를 기술하는 데 한계가 있다. 맥스웰의 고전 이론에서는 전자가 광속에 가깝게 움직여도 되지만 전자를 고전적인 점입자로, 빛을 고전적인 파동으로 다루기 때문에 양자역학을 수용하지 못한다. 그러나 광자와 전자는 파동인 동시에 입자처럼 행동하는 양자 입자이다. 그래서 물리학 전체와 생물학, 화학에서 가장 중요하고 근본적일지도 모르는 전자와 광자의 상호작용에 대해 완전하게 기술하여 모든 물리 법칙을 올바르게 통합한 하나의 이론을 정립하는 일은 근본적으로 중요하다. 오늘날 전자와 광자의 상호작용에 대한 상대론적인 양자론은 양자전기역학QED이라고 하며, 양자전기역학은 이러한 문제들에 대한 완전하고 아름다운 해를 제공한다. 사실 양자전기역학은 모든 물리학, 어쩌면 인류의 모든 지식을 통틀어 가장 정밀하고 철저하게 검증된 이론일 것이다.

양자전기역학의 체계화와 그것의 유용성에 관한 문제는 줄리안 슈윙거, 리처드 파인만, 도모나가 신이치로가 1940년대 후반 독립적으로 해결하였고, 이들은 1965년 공동으로 노벨상을 받았다. 슈윙거의 접근은 거침없이 수학적 위력을 보여주었다. 그는 수많은 강력하고 정교한 기법을 발달시켰고, 그 기법은 오늘날 모든 양자장 이론의 근본이 되었으며 고전 전자기 이론을 더 깊이 이해할 수 있게 되었다. 싱크로트론 광원과 같은 고도의 기기들에서 발생하는 강력한 전자기 복사는 대부분 슈윙거의 연구에 기반을 둔다. 이러한 기기는 감마선의 강력한 원천으로서 미묘한 화학적 반응 과정의 빠른 시간 의존성, 금속의 구조, 희귀 원자핵의 특성들, 심지어는 핵융합 원자로 내부에서 일어나는 역학까지도 분석할 수 있다. 슈윙거는 또한, 전자의 미묘한 전자기적 특성들 일부를 최초로 계산해내어 회전하는 전자의 자기장(이상 자기 능률)에 양자 보정을 가해 최초로 극적인 결과를 얻어낸 사람이었다.

파인만은 이와 달리 양자전기역학의 문제에 더 직관적으로 접근했고 그 결과 양자 상호작용 효과를 계산해내는 기발한 방법을 고안했다. 오늘날 이 방법은 사실상 물리학의 모든 분야에서 사용하는 가장 빛나는 기법이 되었다. 파인만 다이어그램을 사용하면 역학적 과정과 양자 계산이 그림으로 표현된다. 결과를 계산할 수 없을 때조차도 이 다이어그램으로 과정을 시각화할 수 있다. 파인만이 이 기법을 발달시킨 장소인 코넬 대학교의 한 대학원생은 이렇게 기록했다. '코넬에서는 청소부들도 파인만 다이어그램을 사용한다.'

전자기 힘으로 서로 충돌했다가 산란하는 두 전자를 생각해보자. 이 과정은 그림 27에 파인만 다이어그램으로 표현되어 있다. 양자 산란의 과정은 T 매트릭스T-matrix라는 것이 결정하는데, T의 절댓값의 제곱 $|T|^2$을 계산하여 그 과정이 일어날 확률을 알 수 있다. T매트릭스는 전자 한 쌍이 가장 가까이 접근했을 때 갖는, 앞서 말한 총 위치에너지와 직접 관련이 있다.

가장 간단한 형태의 파인만 다이어그램에서 두 전자가 사실상 정지 상태이거나 매우 느리게 움직일 때 적용되는 고전적인 쿨롱의 결과를 재발견할 수 있다. 더 일반적으로, 파인만 다이어그램은 전자와 광자를 임의의 운동상태에 있는 양자 입자로서 다룬다. 대략 말하면 그것은 이런 식으로 기능한다. 첫 번째 전자가 게이지 불변성에 따라 광자를 방출한 뒤 가속되거나 반동으로 후퇴한다. 광자 방출은 T매트릭스의 한 성분인 전기 전하 q_a로 표현된다. 방출된 광자는 성분 k/R를 가지고 다른 전자로 전달된다. 이때 두 번째 전자는 '방출 꼭짓점 성분' q_b를 가지고 광자를 흡수한다. 종합하면 이 과정에서 전체 T매트릭스는 $q_a \times (k/R) \times q_b = k\,q_a\,q_b/R$이며, 이 결과는 쿨롱의 위치에너지를 재표현한 것이다. 물리학자들은 쿨롱 퍼텐셜과 쿨롱 힘이 전자 사이의 광자 '교환'에 의해 일어난다고 표현한다.

지금까지의 이야기는 파인만 다이어그램이 실제에서 어떻게 쓰이는지를 엄청나게 단순화한 예에 불과하다. 파인만 다이어그램이라는 온전한 기법으로 서로 충돌하는 두 전자빔의 산란율을 계산하면 실험물리학자는 실험실에서 측정한 결과를 이론적으로 계산된 결과와 비교한다. 보라! 그 둘은

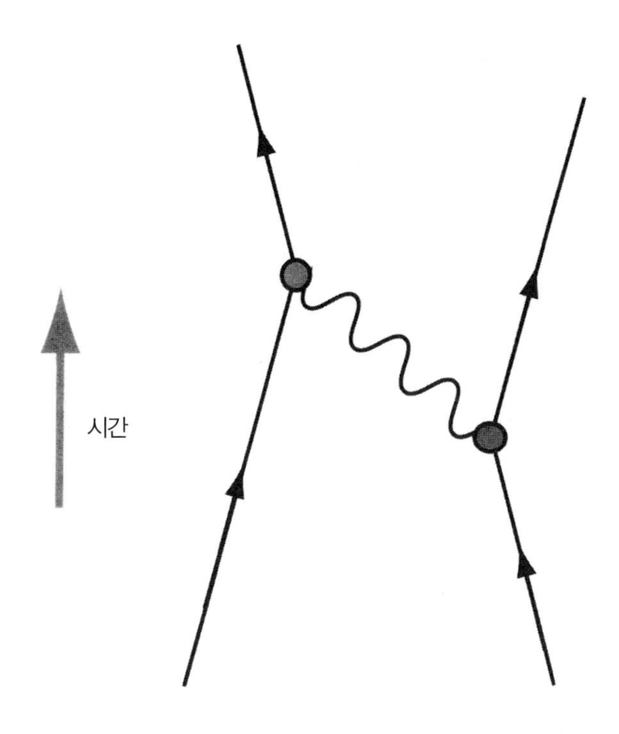

그림 27 전자-전자 산란에 관한 파인만 다이어그램. 전자 간의 상호작용을 일으키는 힘은 그들 사이의 광자 교환으로 발생한다. 광자는 가속되는 전자에서 방출되며, 이 과정은 전자와 상호작용하는 광자의 게이지 대칭에 따라 일어난다.

일치한다. 물론 전자 스핀 같은 전문적인 세부사항들까지 낱낱이 밝히진 않았지만, 부디 믿어주시길. 파인만 다이어그램은 믿을 수 있다.

앞서 보았듯 특수 상대성과 양자론을 결합하면 반물질의 존재가 예측된다. 폴 디랙은 상대성에서 음수 에너지를 가진 전자에 관한 문제를 해결하면서 반물질이라는 엄청난 이론적 발견을 해냈다. 몇 년 후 칼 앤더슨은 전자의 반입자인 양전자를 관측했다. 파인만은 자신의 다이어그램을 통해 새

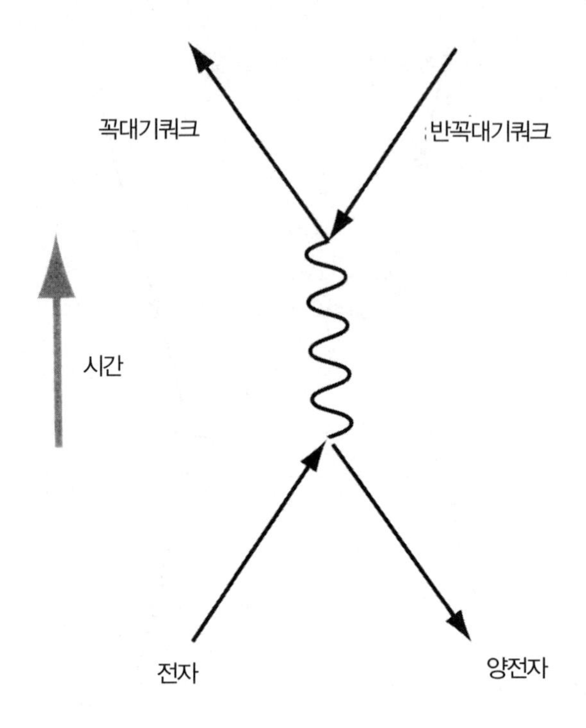

그림 28 들어오는 양의 에너지 전자(물질)는 광자를 발생시킨 다음 방향을 바꾸어 음의 에너지를 지닌 상태로 시간을 역행한다. 이를 전자와 양전자가 충돌하여 광자로 소멸하는 과정으로 관측한다. 광자는 미래에서 온 음의 에너지를 가진 꼭대기쿼크(반꼭대기쿼크)와 충돌하고 이때 생성된 양의 에너지 꼭대기쿼크는 미래로 돌아간다. 전자가 양전자와 충돌하여 양의 에너지를 가진 꼭대기쿼크와 반꼭대기쿼크가 생성되는 과정이 관찰된다.

로운 언어로 반물질을 재해석함으로써 반물질은 무엇인가에 대한 놀라운 대안적 해석을 제시했다.

그림 28은 전자와 양전자가 만나 광자가 되고 그것이 다시 꼭대기쿼크와 반꼭대기쿼크를 만드는 소멸을 기술한다. 이 과정은 고에너지 전자 충돌기에서 일어나며, 오늘날 페르미연구소의 테바트론에서는 이것이 변형된 과

정이 일어난다. 이때 초기 입자는 쿼크와 반쿼크이다.

그러나 달리 보면 에너지를 가진 광자가 방출되는 시공간상 사건을 향해 양의 에너지를 가진 전자가 접근한다고도 볼 수 있다. 이러한 사건이 일어날 때 전자는 엄청나게 가속되어 실제로 음의 에너지를 얻게 되고 방향을 바꾸어 시간 속을 거꾸로 가기 시작한다! 실제로 파인만은 반물질을 이러한 식으로 시각화했다. 반물질은 음의 에너지를 가지고 시간을 역행하는 물질이다! 이와 유사하게, 방출된 광자는 미래에서 온 음의 에너지를 가진 꼭대기쿼크와 충돌하고 가속되면서 양의 에너지를 획득한다. 이때 등장한 꼭대기쿼크는 양의 입자로서 다시 미래를 향해 진행한다! 이것은 반물질을 진공의 구멍으로 설명한 디랙의 아이디어를 급진적으로 재해석한 것이다.

파인만의 관점에서, 이것은 특수상대성이 결합한 양자 세계에서 어떤 것도 광속보다 빠르지 않다는 사실을 보증하려면 왜 반물질이 필요한지를 설명한다. 시간을 역행하는 전자인 반전자가 없으면 신호가 공간상 한 지점에서 다른 지점으로 순식간에 전파될 수 없다는 것이다. 멀리 떨어진 켄타우루스자리의 알파 별에서 시각 $t = 0$일 때 일어난 입자 방출은 원리상으로 즉시 감지될 수 있다(실험적으로는 성립하지 않는다). 그러나 시간을 거꾸로 가는 음의 에너지 파동을 포함하면 이 파동은 빛보다 빠른 신호를 정확하게 상쇄시킨다. 입자가 반입자와 조금이라도 다른 특성이 있었다면, 곧 질량이나 전하 또는 스핀 값이 조금이라도 다르면 상쇄는 완벽하게 일어나지 않으므로 신호는 빛보다 빨리 갈 수 있으며 CPT 대칭은 어긋난다!

파인만 다이어그램의 진정한 위력은 상대론적인 양자 이론에서 나타나는 역학적 과정을 매우 정확하고 체계적으로 계산할 수 있다는 점에 있다. 이 위력은 양자 보정이라는, 이른바 고차과정에서 나타난다. 그림 29는 2차 양자 보정이 가해진 두 전자의 산란 과정을 보여준다. 이 다이어그램들의 집합을 각각 상세히 계산한 후 그림 27에 나온 다이어그램과 함께 더하면 T 매트릭스의 최종 결과가 나온다. (T매트릭스는 위에서 언급한 대로 본질적으로는 전자 간 위치에너지에 대한 양자 수준에서 표현한 것으로 전자의 산란 과정을 기술한다.) 이때 산출된 총 T매트릭스는 그 정확성이 대략 1/10,000이다. 그 뒤에도 3차 양자 보정을 통해 실험 결과에 더 정확하게 일치하는 결과를 얻으려 시도한다. 그러나 3차 계산은 이론물리학자들에게 극히 어려우며 까다로운 계산이다. 가장 정력적이고 용감한 이들만이 3차 계산을 시도한다.

파인만 다이어그램의 복잡성이 높아지면 광자 방출이 더 많이 보인다. 곧, 더 많은 전자가 광자를 방출하거나 흡수함에 따라 전자와 광자의 전달선이 늘어난다. 기본 과정에 가해진 보정의 크기 규모order of magnitude는 꼭짓점의 개수가 결정한다. 각 꼭짓점은 전기 전하 e라는 성분을 주는데, 각 산란 다이어그램은 적어도 두 개 이상의 꼭짓점을 갖기 때문에 급수는 $\alpha = e^2 / 4\pi\hbar c$ 의 거듭제곱으로 전개한다. 이러한 기본 상수들의 특수한 조합을 '무차원수dimensionless number' 라고 부른다. 이와 같은 조합에서는 모든 물리 단위들(미터, 초, 킬로그램)이 상쇄되어 없어지고 순수하게 수학적인 수 1/137만이 남는다. 이 수는 (다행히도) 매우 작아서 추가한 파인만 다이어그램 집합은 T매트릭스의 계산 정확성을 약 1/100배 정도로만 높여줄 뿐이다. 세 개 고리의 차수three-loop order를 가진 파인만 다이어그램이 계산됨에 따라 양자전기역학은 10^{12}분의 1의 정확성을 가진 것으로 실험을 통해 확인되었다. 곧 그것은 실험 결과와 완벽하게 일치하는 셈이다. 어떤 물리 이론도 이처럼 정밀하게 검증된 적이 없었다.

그림 29의 2차 과정에서 이제 '고리 다이어그램loop diagram' 의 형태가 보인다.

첫 번째 다이어그램의 고리는 입자와 반입자가 동시에 생성된 후 다시 소

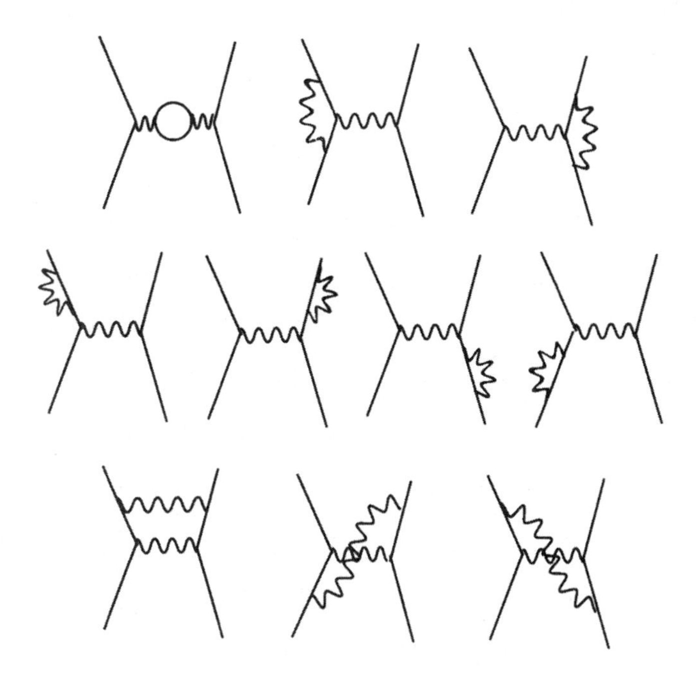

그림 29 그림 27의 결과에 1차 양자 보정이 가해진 파인만 다이어그램.

멸하는 과정을 보여준다. 고리 다이어그램에는 입자의 운동량과 에너지의 순환 흐름이 담겨 있다. 들어오고 나가는 에너지와 운동량이 보존되도록 고리 속에서 나타날 수 있는 가능한 운동량과 에너지를 모두 더해야 한다. 파인만 고리는 물리학자들에게 새로운 문제를 던져주었고 그 문제들은 수많은 방식으로 수년 동안 물리학자를 괴롭혔다. 간단히 말해서, 특정 고리 다이어그램들의 고리 합을 계산하면 무한대가 나왔다! 지금까지의 계산 과정은 무의미해진 듯했다. 이론은 추락하여 불타 버린 듯했다.

그러나 고리 운동량이 점점 커질수록 파장(의 크기)과 운동량 간의 양자

반비례 관계에 따라 고리는 점점 더 작은 시공간을 차지한다. 따라서 사실상, 어느 정도 큰 거리 규모에서 작은 거리 규모까지만 고리 운동량들을 더할 수 있고, 그 범위 내에서 이론적인 구조를 신뢰한다. 고리 운동량과 에너지가 더 높아질수록 점점 더 짧은 거리의 힘을 다루기 때문에 불확실성은 더 많이 침투한다. 그와 같은 규모에서는 설명하기 어려운 수많은 새로운 현상이 나타나기도 한다.

적절히 해석하면 고리 다이어그램은 다양한 확대율을 가진 이론 현미경처럼 다양한 거리 척도의 물리적 현상을 어떻게 탐구해야 할지 알려준다. 알려진 거리 척도에서 전자 질량과 전하량을 주의깊게 측정한다면, 고에너지 상태, 곧 더 짧은 거리 척도에서도 믿을 만한 값을 얻을 수 있다. 어느 정도까지는 고에너지, 짧은 거리 척도에서도 가능한 모든 실험의 결과를 완벽하게 예측할 것이다. 그와 같은 고에너지 수준에서 아마도 초끈 이론과 같은 다른 이론으로 전환해야 할 것이며, 예측을 실험적으로 검증하려면 훨씬 더 큰 현미경인 입자가속기가 필요하다.

모든 힘들의 통합을 향해

게이지 이론 시대는 1954년 양전닝ChenNing Yang과 로버트 밀스Robert Mills의 놀라운 논문과 함께 시작되었다. 이들은 매우 직접적으로 물었다. '전자의 게이지 대칭을 다른 대칭으로 대체하면 어떤 일이 일어날까?' 전자의 게이지 대칭은 애크미 탐지기에서 숫자판의 회전에 대응한다. 곧, 그것은 U(1)이라 불리는 '원의 대칭'이다. 양과 밀스는 복잡성의 다음 단계인 SU(2) 대칭, 곧 실 3차원 구대칭(또는 복소 2차원의 원대칭, 또는 실 3차원의 정규 구대칭. 부록을 보라.)에 주목했다. 이 대칭이 양-밀스 이론이라는 더 일반적인 형태의 전기역학을 이끌어낸다는 사실이 밝혀졌다. SU(2)는 세 개의 게이지 장, 따라서 세 개의 점과 같은 대상을 가지며 이 게이지 장은 광자가 전기 전하를 운반하는 전기역학에서와 달리 스스로 전하를 운반한다. 또한, 양-밀스 구조는 모든 대칭에서 성립한다. 그러므로 대칭은 힘에 관한 양자론의 기본 구조의 일부이다. 당시 물리학자들은 자연의 모든 힘을 하나의 이론으로 통합하는 문이 열렸다는 사실을 거의 인식하지 못했다.

지금은 자연의 알려진 모든 힘이 국소 게이지 대칭 이론에 기반을 둔다는 사실이 알려져 있다. 이는 물리학의 모든 것을 설명해 줄 통합 이론을 향한 주요한 진보이다. 그러나 아직은 아주 다른 네 개의 게이지 불변성 구조가 자연에 존재한다. 아인슈타인의 중력이론에는 좌표계 불변성이 포함된다. 곧, 어떤 좌표계를 쓰든, 시공간에서 관성 운동을 하든 그렇지 않든 자연을 기술하는 데는 전혀 문제가 되지 않는다. 이러한 대칭은 에너지와 운동량, 물질의 존재 때문에 구부러지고 새로운 형태를 갖춘 기하로서 중력을 표현한다. 이때 입자는 반드시 하나의 게이지 장, 곧 중력의 '양자'인 중력자를 방출하거나 흡수한다. 뉴턴의 중력 이론은 에너지가 낮은 상태(지나치게 질량이 크지 않은 상태의 느린 계)에서 근사치로만 의미가 있을 뿐이다.

중력이 아닌 나머지 힘들에 관한 기술은 양-밀스 이론에 기초를 둔다. 앞에서 전기역학이 어떻게 작용하는지 살펴보았다. 타이탄들의 폭발에서 약한상호작용을 이야기했으며 앞으로는 이 또한 게이지 대칭으로 설명된다는 사실을 다룬다. 이러한 약 게이지 대칭은 실제로 전자와 같은 입자 종을 중성미자와 같은 다른 입자 종으로 바꾼다. 약력은 전자기에 통합되며 이들은 또한 모든 기본 입자의 질량 기원과 밀접한 관계가 있다.

강력은 원자핵을 단단히 결합하며, 이 힘이 쿼크라고 불리는 입자 간의 양-밀스 게이지 장 상호작용과 관련된다는 사실을 다룬다. 전기역학이 전자 파동함수와 광자를 긴밀하게 연결했듯, 강력과 약력은 기본 입자의 세부 형태와 특성들로 긴밀하게 얽혀 있다. 사실 현대 물리학에서 '기본 입자'와 '힘'의 구별은 인위적인 것에 가깝다. 그런데 기본 입자란 무엇일까? 필자들은 이제 이 질문에 주의를 집중하려 한다.

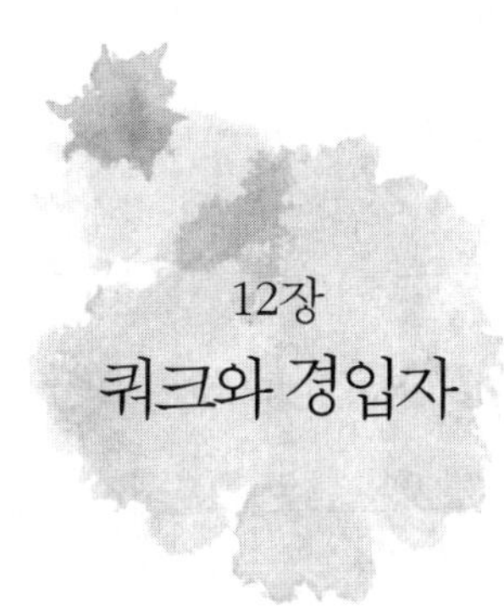

12장
쿼크와 경입자

"도대체 그건 누가 주문한 거래?"
이시도어 라비, 뮤온 발견 소식을 듣고

최후의 마트로슈카가 될 입자

지난 몇 세기 동안 사람들은 강력한 화학적 증거를 토대로 원자의 존재를 믿게 되었다. 원자는 화학 반응 속에서도 그 특성이 변하지 않는 기본 '원소'로 간주하였다. 그렇기에 연금술사는 납(Pb)을 절대로 금(Au)으로 바꾸는 데 성공할 수 없었다. 그들은 무수히 많은 시도를 거듭한 끝에 수많은 물질의 원소를 재배열하고 화학이라는 학문의 기초를 형성할 거대한 정보 기반을 축적했을 뿐이다.

물질은 그것이 해체되는 첫 단계에서 대부분 분자의 형태로 나타난다. 분자는 크든 작든 원자들의 집합체이다. '원소'는 본질적으로 '원자'와 동의어이다. 소금은 이를테면 나트륨(원소)과 염소(원소)가 결합한 분자이다. 물은 두 개의 수소 원자와 한 개의 산소 원자의 분자 결합체이다. 메탄은 네 개의 수소 원자와 한 개의 탄소 원자로 이루어진 분자이다. 그리고 다른 분자도 이처럼 원자로 구성된다. 따라서 소금, 물, 메탄은 원리상 그 구성요소들인 원자로 분해될 수 있다. 연금술사들의 충분한 노력이 있다면 말이다. 그러나 거기까지가 화학의 끝이다. 나트륨, 염소, 수소, 산소, 탄소 등등은 화학의 기본 입자다. 원자는 화학 실험실에서는 불가능한 엄청난 고 에너지 과정을 거치지 않는 이상 더 작은 단위로 분해될 수 없다.

19세기 중반까지, 원소는 드미트리 멘델레예프가 정한 화학적 성질들에 따라 분류되었다. 이에 따라 원소 주기율표가 나타났고 현재 그것은 모든 고등학교의 화학실 벽에 걸려 있다. 표의 세로에 유사한 화학적 성질을 가진 원소를 나열한다. 표가 '주기적' 인 까닭은 19세기 과학자들에게 수수께끼였던 어떤 패턴을 반복하기 때문이다. 수수께끼는 양자론이 나타난 후에야 풀렸다. 그럼에도 원소 주기율표는 몇백 년 동안의 연금술과 과학의 결정체로서, 사실상 무한에 가까운 분자를 자연에서 발견되는 백여 개의 원자로 압축하여 나타낸다. (가장 무거운 원소들 다수는 최근에 와서야 인위적으로 생성되었으며, 이들은 수명이 매우 짧다. 이 원소들은 고등학교 교실 벽에 걸린 주기율표에서는 찾아보기가 어렵다.) 주기율표는 원자가 가진 형태와 특성의 복잡한 패턴을 보여주는 동시에, 원자가 반드시 내부 구조를 가지며 그곳에는 아원자 물질이라는 더 깊숙한 층이 존재함을 간접적으로 알려주었다.[1)]

과학자들은 멘델레예프 사후 약 50년 뒤 톰슨의 전자 발견과 러더퍼드의 원자핵 발견, 보어의 초보적인 전자 궤도 이론 양자역학이 갓 태어나면서 원자를 자세하게 이해하기 시작했다. 원자는 실제로 더 작은 물질들로 이루어져 있다. 멘델레예프에서 보어에 이르러, 분자에서 원자, 원자보다 더 근본적인 물질들—핵과 전자, 그 다음으로 핵 속의 양성자와 중성자—이 발견되었다. 마치 러시아 인형 마트로슈카가 차례로 열리고 마지막 인형이라고 생각했던 인형 속에 또 하나의 인형을 발견하는 상황과 비슷했다. 어디에서 끝이 날까? 어쩌면 원자 속에 들어 있는 물질이 가장 작은 최후의 러시아 인형일지도 모른다. 물질을 가장 기본적인 부분들로 분해할 수 있는 도구들, 특수 상대성과 양자역학이 적소에 나타났다. 뒤이어 기본 입자의 물리학—가장 근본적인 학문—이 시작되었다.

20세기 중반의 원자

20세기 초반까지 과학자들은 원자가 태양계와 매우 흡사하다고 생각했다(그림 30). 원자의 중심—원자핵—은 태양에 비유되었다. 원자핵 자체는 양성자와 중성자를 포함한 혼합물이다. 모든 원소는 핵 속에 있는 양성자의 수(핵의 전기 전하와 등가)로 정의된다. 예를 들어 수소의 원자핵에는 하나의 양성자가 있지만 탄소의 원자핵에는 언제나 여섯 개의 양성자가 있다. 핵 속에 있는 양성자 외에도 물리학자들은 중성자로 불리는, 전기적으로 중성(전하를 띠지 않는)인 입자를 발견했다. 핵 속의 중성자의 수는 고정된 양성자 수와 달리 다양할 수 있다. 예를 들어 탄소-12는 6개의 양성자와 6개의 중성자를 가지며, 탄소-13은 6개의 양성자와 7개의 중성자를 가진다. 이렇게 양성자는 6개이지만 중성자의 수가 다른 탄소 원자핵을 가리켜 탄소의 동위원소라고 한다.

원자핵은 매우 강한 힘으로 서로 결합해 있다. 그 성격 그대로 이름붙여 이 힘을 '강력'이라고 한다. 양성자는 모두 양의 전기 전하를 가진 상태에서 전기적으로 서로 밀어내므로 강력은 매우 강해야 한다. 압도적인 세기의 강력이 양성자들의 반발을 상쇄시키고, 조밀한 원자핵 속에 양성자와 중성자들을 묶어 놓지 않는다면 원자핵은 산산조각이 난다. 강력은 파이온(π중간자)이라 불리는 입자에서도 발견되는데 이 입자는 양성자와 중성자들 사이를 앞뒤로 뛰어다닌다(빛의 입자인 광자가 파인만 다이어그램에서 전하를 띤 입자 사이를 뛰어다니며 전기력을 일으키듯). 원자핵은 실제로 매우 조밀하고 빽빽하며, 그 크기 규모는 보통 10^{-15}미터 정도이다. 모든 원자에서, 핵은 전체 원자 질량의 99.95퍼센트를 차지한다.

전자는 비교적 더 큰 거리 규모에서 궤도 운동하며, 태양 주위를 도는 행성에 비유된다. 전자의 궤도 크기는 보통 10^{-10}미터이며, 전자는 그들이 가진 음전하가 양성자의 양전하에 이끌리는 전기적 인력으로 원자에 속박된다. 정상적이고 전기적으로 중성인 상태에서 원자의 전자수와 양성자 수는 균형을 이룬다. 전자는 강력을 경험하지 못한다. 전자의 운동은 양자역학 법칙에 따라 지배되며 운동 궤도는 구름과 모양이 비슷하다.

두 원자가 바깥 전자 궤도 운동을 공유할 때 다시 말해 바깥 전자의 궤도 운동이 두 원자 사이를 '앞뒤로 뛰어' 다닐 때, 원자를 결합하여 분자로 만드는 힘이 생겨난다. 이 힘은 자세히 보면 다소 복잡하므로 매우 다양한 형태의 원자 결합, 곧 분자가 존재할 수 있다. 마치 한 통의 유성 페인트에서 미술관에 전시된 수많은 걸작이 나타나듯, 분자로 향하는 사슬을 거슬러 올라가며 복잡성이 증가하므로 자연은 풍요로워진다. 따라서 광범위한 화학적 현상은 모두 전자의 양자 운동과 광자의 양자역학적 교환의 결과인 전자기력으로 설명된다. 그리고 이 모든 것이 게이지 대칭의 결과이다.

실제로 20세기의 중요한 교훈 중 하나는 앞 장에서 파인만 다이어그램으로 보았듯, '힘' 과 '입자' 는 서로 뒤섞여 하나의 통합된 실체가 된다는 사실이다. 힘은 입자(전하를 띤 전자나 양성자들 같은) 사이에서 또 다른 입자(광자와 같은)가 교환된 결과이다. 바흐의 음악에 등장하는 대위법 패턴처럼, 이들은 근본적인 수준에서 미묘한 방식으로 위대한 음악 작품인 자연을 지휘

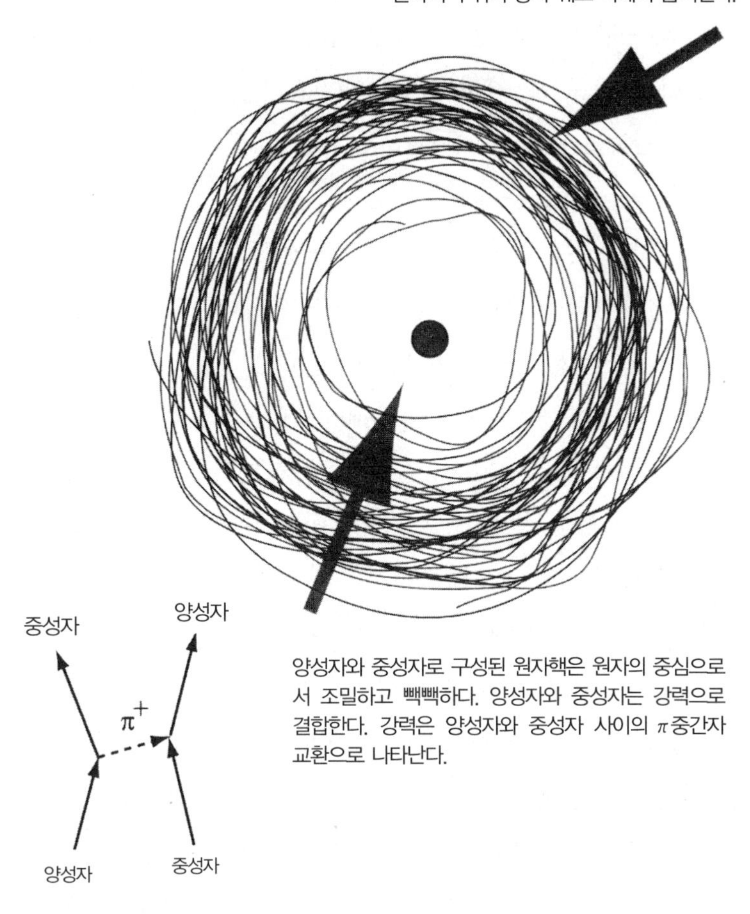

그림 30 원자를 개략적으로 묘사한 그림.

한다.

정리하면 20세기 중반까지, 원자핵을 구성한다고 알려진 모든 입자, 양성자와 중성자, 파이온은 가장 기본 점입자로 간주하였다. 당시 이론을 따르면 양성자와 중성자 사이를 뛰어다니며 강력을 매개해 줄 입자가 존재해야 했고, 1935년, 유카와 히데키는 알려진 원자의 특성에 기반을 두어 파이온의 존재를 이론적으로 예측하였다. 뮤온이라 불리는 입자는 1937년, 우주선cosmic ray 관측을 통해 파이온과 같은 시기에 갑작스럽게 발견되었고, 파이온의 질량과 거의 같은 질량을 가질 것으로 예측되었다. 뮤온은 처음 발견되었을 때 파이온으로 여겨져 엄청난 혼란을 일으켰다. 뮤온은 양성자나 중성자와 강하게 상호작용하지 않아 유카와가 예측한 강력의 매개체가 될 수 없었기 때문이다. 사실, 200배나 더 무겁다는 사실을 제외하면 (그리고 백만분의 일 초 만에 붕괴한다는 사실도 제외하면) 뮤온은 전자와 판박이처럼 보였다. 그러나 뒤에 파이온이 발견되고 유카와 이론은 독창성을 인정받아 노벨상을 받았다. 뮤온은 일종의 가자미처럼 생겨서 라비는 그 모양을 보고 후에 유명해진 농담—"도대체 그건 누가 주문한 거래?"—을 던졌다. 그러나 뮤온도 마지막 러시아 인형이 아니었다.

이제 정상적이고 일상적인 물리 영역을 갓 벗어나 기본 입자의 세계로 들어왔음을 알려야겠다. 이 세계에서 측정의 단위들, 특히 킬로그램 단위는 쓸모가 없어진다. 기본 입자의 질량을 언급할 때 아인슈타인의 유명한 공식 $E = mc^2$을 적용하여 질량의 척도로 에너지를 사용한다. 전자볼트는 유용한 에너지 단위이다. 1전자볼트는 전자 회로 속에서 하나의 전자를 이동시킬 때 1볼트짜리 배터리가 소비하는 에너지양과 같다. 전기 회로 속에는 보통 몇조 개의 전자가 지나가므로 1전자볼트의 크기는 극도로 작다. 그러나 전자볼트는 기본 입자의 질량을 언급할 때 편리한 단위 체계이다. 전자의 질량은 0.511백만 전자볼트, 곧 0.511MeV(메가전자볼트)이다. 양성자는 이보다 훨씬 무거워서 질량이 0.938 십억전자볼트, 곧 0.938GeV(기가전자볼트)이다.[2)]

쿼크

1950년대 초, 갓 태어난 입자가속기 기술을 활용하여 원자핵과 양성자를 충돌시킨 결과 예상치 못한 새로운 입자 무리가 생겨났다. 새로이 발견된 입자의 목록은 빠르게 늘어나 곧 원자들의 수를 넘어섰다. '기본' 입자의 대란이 일어났다. 새로이 발견된 다양한 입자는 원자핵의 구성 요소인 양성자, 중성자, 파이온 사촌과 강하게 상호작용하고 있었다. 새로운 입자들은 불안정했고 수명이 극도로 짧았으므로 지구에서 발견되는 일반적인 물질을 구성할 수 없었다. 강한 상호 작용 입자가 넘쳐남에 따라, 오직 하나의 도구만이 그들에게 의미를 부여할 수 있었으니, 바로 대칭이었다.

머레이 겔만은 당시 대칭이라는 도구를 사용하는 일에 가장 능숙한 물리학자였다.[3)] 신동이었던 겔만은 20대 초반에 물리학에 중요한 첫 공헌을 했다. 그는 일찍이 대칭이 필수불가결한 도구로써, 분류 계획과 특성 간의 관계, 입자의 정량적인 특성을 성공적으로 예측했음을 깨달았다. 1세기 전의 멘델레예프처럼, 겔만도 정교한 대칭군 수학을 통해 강한상호작용 입자의 동물원에서 핵심 패턴을 발견했고, 학계의 물리학자들에게 양자 대칭이라는 불가사의한 언어로 사고하는 법을 다양한 방식으로 가르쳤다.

강한 상호 작용 입자의 광범위한 분류 과정에서 복잡성이 등장하면서, 그것들이 기본 입자가 아님이 밝혀졌다. 이 입자들에서 나타나는 대칭은, 반복되는 원자의 화학적 특성이 그러했듯 또 다른 내부 구조의 존재를 암시했다. 그러나 이와 같은 생각에는 심각한 문제가 있었다. 강한상호작용 입자를 구성하는 것이 무엇이든 간에 그것은 절대로 자유로울 수 없었다. 가장 격렬한 충돌을 일으키는 강력한 입자가속기조차도 강한 상호 작용 입자 내부의 구성 요소를 해방시킬 수 없었으며, 불안정한 강한 상호 작용 입자를 더 많이 생성시킬 뿐이었다. 그럼에도 겔만은 이 가설적인 내부 구성 요소에 실재이든 순수하게 수학적인 존재이든 관계하지 않고 제임스 조이스의 소설에서 빌려온 쿼크quark라는 이름을 붙여주었다.[4] 마침내 1970년대 초, 스탠퍼드 선형 가속기 센터에서 양성자의 내부 구조를 찍은 최초의 '고해상도 사진'이 나왔고, 이때 처음으로 쿼크 모양의 구조가 관측되었다. 대칭이라는 개념과 실험을 통해, 강한상호작용 입자의 수수께끼는 해결되었고 그들을 이루는 기본 구성 요소인 또 다른 러시아 인형—쿼크—이 모습을 드러냈다. 쿼크는 자연에 실제로 존재하며 그 특성 역시 물리적으로 측정 가능하다. 그러나 이상하게도, 쿼크는 자신을 구성하는 강한상호작용 입자 밖으로 절대 빠져나올 수 없다.

쿼크의 발견에 관한 역사는 매혹적이고 모험으로 가득하지만 매우 긴 이야기이기도 하다. 그러니 재빨리 건너뛰어 오늘날 물질의 기본 구성 요소들에 대해 알려진 사실을 살펴보도록 하자.

입자와 힘을 기술하는 표준 모형

기본 입자에 대해 연구하기 시작한 대학원생은 동물학을 공부하는 학생과 마찬가지로 막대한 입자 명칭과 종류에 압도당한다. 그러나 동물학에서는, 수많은 종이 있더라도 진화 과정에서 나타난 패턴 덕분에 하나의 포괄적인 생물 분류 체계가 존재할 수 있다. 신출내기 동물학자가 구두동물문

(가시 돋친 머리를 가진 기생충으로 약 1,150종에 달한다)이라 불리는 기생충 문과 선충류(회충으로 약 12,000종이 알려졌다)라 불리는 기생충 문의 차이를 안다면, 자신의 전문 분야가 아닌 이상 특정 하위 종들에 관한 세세한 내용까지 알 필요가 없다.

입자물리학자가 다루는 분류 계획은 더 단순하고 입자의 수도 더 적다. 그러나 언뜻 다소 위협적이다. 입자의 패턴은 물리법칙에서 비롯되지만, 아직 그 원인과 과정은 알려져 있지 않다. 그것은 양자론이 출현하기 이전의 멘델레예프 주기율표 같은 수수께끼이다. 기본입자의 패턴 역시 주기적이다. 쿼크와 경입자, 게이지 보손 입자 속에는 분명한 대칭과 패턴이 보인다. 그러나 그 모든 것을 예언하듯 설명해 줄 사람은 아직 나타나지 않았다. 입자물리학에 막 발을 담근 어느 젊은 대학원생의 끈기있는 노력과 신선한 창의력이라면 언젠가는 성공할 것이다.

현재 물리학자들의 지식 범위 내에서, '기본 입자'로 불리는 것들은 형태가 없으며 점과 같은 물질 파편이다. 2004년 실험 자료를 보면 기본 입자는 다양한 특성이 있지만 내부의 물리적 차원, 곧 크기는 0이다! 앨리스의 체셔 고양이처럼, 입자는 스핀, 전하, 질량 등등 여러 가지 다른 특성과 미소만을 남겨 놓고 크기가 0으로 줄어들어 버렸다고 생각할 수 있다.

기본 입자에는 기본적으로 세 개의 '종족'이 있는데, 그중 둘은 물질의 기본 구성 요소들인 쿼크와 경입자(표 1을 보라)이며 세 번째 족은 일반적으로 자연의 힘에 관련된 게이지 보손이다(표 2를 보라). 다행히도 알려진 입자족은 꽤 단순하며 지구상의 생물종보다 훨씬 규모가 작다.

쿼크와 경입자는 소위 '물질 입자'라고 한다. 이러한 입자 각각은 마치 소형 자이로스코프와 같으며 양자역학 법칙에 따라 스핀이 ½이다. 일상적인 물질은 업과 다운이라는 두 개의 쿼크와 전자라는 하나의 경입자로 구성된다.

아래쿼크와 전자로 이루어진 입자는 전하량과 질량에 따라 구분된다. 전자의 전기 전하량은 언제나 −1로 정의한다. 이 같은 단위를 따르면 위쿼크(u)의 전하는 +⅔이며 아래쿼크(d)의 전하는 −⅓이다. 양성자는 기본 입자가 아닌 합성 입자로서, 세 개의 쿼크가 u + u + d(또는 uud)의 형태로 모여서 이루어진다. 구성 쿼크들의 전기 전하량을 더하면 양성자의 전하량이 + ⅔ + ⅔ − ⅓ = +1임을 알 수 있다. 마찬가지로, 중성자는 u + d + d로 구성되며 전하의 조합은 + ⅔ − ⅓ − ⅓ = 0이 된다.

앞서 살펴보았듯, 아인슈타인의 특수 상대성과 양자역학이 결합하면 자연의 모든 입자는 그에 상응하는 반입자를 가져야 한다는 결론이 나온다. 자연적으로 발생하는 반물질은 수수께끼 같고 불확실한 이유 때문에 우주에서 사라진 상태이지만, 실험실에서 재창조될 수 있으며 강한 상호 작용 입자 내에서 찰나의 순간 동안 존재한다. 반쿼크는 자신들의 쿼크 짝과 반대 전하를 가진다. 반위쿼크는 $\bar{u}$로 표시하며, 전기 전하는 −⅔이다. 반면 반아래쿼크는 $\bar{d}$로, 전하량이 +⅓이다. 양성자와 중성자들을 핵 속에서 결합하는 파이온은 쿼크와 반쿼크의 조합으로 구성된다. u, d, $\bar{u}$, $\bar{d}$를 포함한 쿼크–반쿼크 조합이 네 가지 $\bar{u}d(-1)$, $\bar{u}u(0)$, $\bar{d}u(+1)$, $\bar{d}d(0)$이라는 사실을 쉽게 알 수 있다.

양자역학에서, 중성 입자 파동함수가 '뒤섞이는blended' 일(곧, 특정 방식으로 더해지는 일)은 흔히 있으며, 그 결과 실험실에서 $\pi^+ \leftrightarrow \bar{d}u$, $\pi^0 \leftrightarrow \bar{u}u - \bar{d}d$, $\pi^- \leftrightarrow u\bar{d}$, $\eta^0 \leftrightarrow \bar{u}u + \bar{d}d$와 같은 합성 입자가 관찰된다. 처음 세 입자는 파이온이며 네 번째는 '에타 중간자η-meson'라 한다. 네 입자 모두 실험을 통해 잘 알려졌으며 이들의 쿼크 구성은 깔끔한 패턴을 이룬다. 실제로, 파이온과 다른 중간자들의 질량을 통해 쿼크의 질량을 유추할 수 있으며 그 결과는 표 1에 나와 있다.

원자에는 전자도 존재한다. 전자 역시 기본 입자인 경입자로 알려졌다. 입자물리학에 관한 신문 기사에서는 보통 모든 물질이 쿼크로 구성되어 있다는 식으로 언급한다. 이는 사실이 아니다. 경입자는 쿼크나 관찰 가능한 어떤 것으로도 구성되지 않기 때문이다. 이들은 그 자체로 기본 입자이다. 쿼크는 물질의 가장 낮은 곳에 있으며 원자핵 내부의 양성자와 중성자, 파이온을 구성한다. 화학적 관점에서 원자핵은 단순히 모래주머니에 불과하다. 원자 속에서 궤도 운동하고 그들 사이를 뛰어다니면서 화학적, 생물학적 다양성을 이끌어내는 주체는 바로 전자이다.

쿼크						경입자		
입자	전하	질량	빨강	파랑	노랑		질량	전하
				제 1세대				
위쿼크	+2/3	0.005GeV	u	u	u	· 전자중성미자		0
아래쿼크	−1/3	0.01GeV	d	d	d	· 전자	0.005GeV	−1
				제 2세대				
맵시쿼크	1.5	1.5GeV	c	c	c	· 뮤온중성미자		0
야릇한쿼크	0.15	0.15GeV	s	s	s	· 뮤온	0.10GeV	−1
				제 3세대				
꼭대기쿼크	178	178GeV	t	t	t	· 타우중성미자		0
바닥쿼크	5	5GeV	b	b	b	· 타우	1.5GeV	−1

표 1 쿼크와 경입자의 주기율표. 여기에 더해 특수 상대성의 대칭이 요구하는 반입자가 존재한다. 반입자는 전기 전하량이 반대이고 색깔은 색상환에서 보색에 해당한다. 따라서, 파랑 쿼크의 반입자는 '반파랑'이며 이 입자는 빨강과 노랑의 조합처럼 행동한다. 중성미자는 극도로 미세한 질량을 가지며 그 값은 1전자볼트 정도이거나 그보다 작다고 예상된다. 중성미자의 질량과 그 영향(진동oscillation)은 최근에 와서 발견되었으며 현재 기본 입자물리학에서 가장 활발히 연구되는 분야이다.

앞에서는 또한, 타이탄의 초신성 폭발이 $p^{+} + e^{-} \leftrightarrow n^{0} + \nu_{e}$의 과정에 따라 일어났으며, 또 다른 경입자인 전자 중성미자 ν_{e}가 이 과정에 관련되었음을 보았다. 실제로 이와 같은 과정은 지금 이 순간에도 태양의 핵 깊숙한 곳에서 일어나고 있다(그래도 태양은 초신성이 되지 않으므로 걱정하지 않아도 된다). 수십억 개의 전자 중성미자가 태양에서 흘러나와 매초 우리 몸을 관통하고 있다. 중성미자의 전기 전하량은 0이며 질량도 극히 작아서 무시해도 좋을 정도이다. 중성미자는 전기적 상호작용이나 강한상호작용을 하지 않는다(따라서 그들은 경입자이다). 그들은 나머지 물질과 매우 약하게 상호작용한다.

지금까지의 내용을 종합하면, u와 d쿼크, e와 ν_{e} 경입자는 제1세대라는 '족'을 이룬다. 이들은 질량이 가장 가벼운 쿼크와 (전하를 띤) 경입자다. 쿼크와 경입자 세대는 표 1에서 보이는 패턴을 형성한다. 여기서 수많은 이론이 넘쳐남에도 '제1세대'란 진정 무엇을 의미하는지 더 정확히 알지 못했다는 점을 강조하겠다. 제1세대란 이름은 편리한 표현방식이지만 아직 과학적으로 정립된 표현은 아니다. 인류는 우주에 관한 지식의 최전선을 향해 접근하는 중이며, 모든 일이 11장에서도 언급했듯이 불확실하고 모호해지고 있다. 어느 순간에 어떤 이론이 튀어나올지 아무도 예측하지 못한다!

그렇다면 무엇이 세대의 구조에 영향을 주는가? 우선 이 네 가지 입자는 그들 중에서 가장 가벼우므로, 질량을 기반으로 하여 묶으면 언젠가 이러한 묶음을 더 상세히 설명해줄 대칭이 나타날지도 모른다. 더 나아가 각 쿼크 색까지 구분하여 모으면 한 세대 안의 입자가 가진 전기 전하량의 총합은 0이 된다. 곧, 세 개의 위쿼크와 세 개의 아래쿼크, 전자와 중성미자의 전하량을 더하면 $(3 \times 2/3) + (3 \times (-1/3)) - 1$, 곧 0이다! 이는 어떤 패턴을 보여주는 또 다른 증거로서 더 깊은 대칭의 존재를 암시한다. 그러나 아직

이 패턴이 어디에서 유래하는지는 정확히 알려져 있지 않다.[5]

여러 가지 이유로, 우주의 설계가 우리에게 달렸다면 여기서 멈추었을지도 모른다. 모든 물질과 그에 관련된 일상 현상은 제1세대의 네 가지 입자만으로 이루어진 듯하다. 현재로서는 실제적으로 다른 입자가 필요하거나, 그로부터 얻는 이익이 거의 없는 듯하다. 자연은 더 무겁기만 하지 본질적으로는 같은 특성과 패턴이 있는 쿼크와 경입자를 두 세대나 더 우리에게 수수께끼로 남겨주었다.[6]

표 1 밑에 제시된 제2세대는 c로 표시된 맵시charm쿼크와 s로 표시된 야릇한strange 쿼크, 뮤온과 ν_μ라는 경입자를 포함한다. 발견의 시초부터, 이 입자들은 물리 세계를 구성하는 요소들의 목록에 붙여진 사족처럼 보였다(라비의 유명한 농담이 다시 한 번 떠오른다. "누가 주문한거래?"). 그리고 제2

	입자	전하	질량
전자약력	광자	0	1 Gev
	W^+	+1	80.4 Gev
	W^-	−1	80.4 Gev
	W^0	0	90.1 Gev
강력	(빨강, 반파랑) 글루온		0 Gev
	(빨강, 반노랑) 글루온		0 Gev
	(블루, 반빨강) 글루온		0 Gev
	(블루, 반노랑) 글루온		0 Gev
	(노랑, 반빨강) 글루온	·	0 Gev
	(노랑, 반파랑) 글루온		0 Gev
	(빨강, 반빨강) − (파랑, 반파랑) 글루온		0 Gev
	(빨강, 반빨강) + (파랑, 반파랑) − 2(노랑, 반노랑) 글루온		0 Gev
중력	중력자	0	0 Gev

표 2 게이지 보손을 정리한 표. 게이지 보손은 '힘 전달자'라고 표현되기도 하며, 모두 게이지 대칭들로 정의된다.

세대가 사족처럼 보인다면 꼭대기top쿼크와 바닥bottom쿼크, 타우와 ν_τ 를 포함한 제3세대는 전혀 불필요해 보였다. 다음 세대는 전 세대의 복사판처럼 보이며 단지 질량이 더 커졌을 뿐이다. 세대 안에는 왜 그와 같은 패턴이 존재할까? 세 개의 세대 외에는 더는 존재하지 않을까? 각 세대의 질량 패턴을 결정하는 것은 무엇일까? 이와 같은 질문들은 아직도 해결되지 않았다. 이론물리학자들은 이 문제를 해결하는 데 별 도움을 주고 있지 못하므로 해결은 실험에 달렸다.

그러나 꼭대기쿼크가 진정 꼭대기top이며 순서의 끝이라는 암시는 존재한다. 약한상호작용을 상세히 연구한 결과, 물리학자들은 실험을 통해 쿼크와 경입자의 세대가 이 이상으로 존재하지 않는다 — 적어도 지금과 같은 특정한 패턴이 있는 세대가 더는 존재하지 않는다 — 는 간접 암시를 얻었다.[7] 게다가 꼭대기쿼크의 질량은 다른 쿼크와 경입자보다 상당히 큰데, 간접 증거를 따르면 이 이상의 무거운 쿼크가 존재할 만한 공간은 없다. 사실, 현재의 감질나는 상황이 암시하는 바로는 자연에 대하여 품는 근본 질문 — 기본 입자의 질량은 어디에서 유래되었는가 — 의 해답에 거의 근접해가고 있다. 꼭대기쿼크가 아마도 이 해답에서 중요한 역할을 할 것이며, 아니라고 해도 가장 앞줄의 귀빈석에 앉은 관객 정도는 된다. 이 문제의 의미를 제대로 이해하려면, 자연의 힘에 주의를 돌려야 한다.

실제로, 강한상호작용 입자 — 양성자와 중성자, 파이온, 1950년대와 60년대에 발견된 관련 입자 — 속의 쿼크와 반쿼크를 묶어 주는 무언가가 존재해야 한다. 그 무언가는 강력과 관련이 있으며 이 강력을 통해 합성 입자, 곧 양성자와 중성자들, 파이온이 상호작용하게 된다. 그러나 이 때, 강력은 다음 단계의 더 근본적인 층, 쿼크 사이에서 작용해야 한다. 쿼크 사이의 강력은 자신의 복잡성을 가져온다.[8]

실험에서는 특정한 조합의 쿼크 합성물만이 나타난다. 자연에서는 중입자baryon로 불리는, 세 개의 쿼크로 이루어진 물질(또는 세 개의 반쿼크로 이루어진 반중입자)과 하나의 쿼크와 하나의 반쿼크로 구성된 중간자meson라는 대상만이 발견된다. 쿼크 수준에서 강력이 어떠하든, 그것은 이 특정한 조합의 패턴을 설명해야 한다. 그렇다면 강입자hadrons 속의 쿼크를 묶어주는 강력의 본질은 무엇인가? 사실, 앞서 언급해왔듯 그동안 실험상으로 쿼크를 해방하려 무수한 시도가 거듭되었지만, 그때마다 강입자 속에 갇힌 채 빠져나오지 못했다. 이 같은 문제는 쿼크의 근본적이고도 미묘한 특성때문에 일어났고 이에 따라 새로운 대칭이 모습을 드러냈다.

앞서 표 1에 제시된 쿼크를 더 자세히 조사하여 그들이 각각 '세쌍둥이'로 나타난다는 사실을 알아보았다. 곧, 위쿼크에는 세 종류가 있고 아래쿼크에도 세 가지 종류가 있다. 쿼크의 이 새로운 특성에 쿼크색quark color이라는 이름이 붙었다. 따라서 '빨강 위쿼크'와 '파랑 위쿼크'와 '노랑 위쿼크'가 존재한다. 이러한 명칭은 무지개에서 나타나는 시각적인 색깔과는 아무런 관련이 없지만 쿼크의 완전한 대칭을 기술하기에는 기발하고 기억하기 쉬운 방법이다.

쿼크의 색은 물리적으로 감지하기 어려운데, 그 이유는 쿼크로 구성된 입자인 강입자는 언제나 알짜 색이 0이기 때문이다. 예를 들어, 양성자는 언제나 uud로 구성되지만 어떤 쿼크는 빨강, 다른 쿼크는 노랑, 나머지 쿼크는 파랑이므로 전체적으로 색이 중성이 된다.

반쿼크는 색상환의 관점에서 보색에 해당하는 색을 가져야 한다. 따라서 반파랑 위쿼크는 사실 빨강-노랑, 곧 '오렌지' 쿼크가 된다. 따라서 쿼크 쌍과 반쿼크 쌍을 결합하면 균형 잡힌 색깔의 중간자가 만들어진다. 단순한 이 규칙은 우리가 보는 속박된 입자의 형태를 설명해준다. 그뿐만 아니라 강한상호작용의 기본 이론에 대한 단서를 제공한다.

강력은 게이지 대칭이다

쿼크의 색깔을 볼 수 없다면 그것이 존재함을 어떻게 아는가? 사실 쿼크색의 존재는 쿼크 이론의 초창기에 동일 입자의 교환 대칭을 통해 예견되었다. 1963년 겔만은 어떤 강한상호작용 쿼크 합성물 입자 특성을 극적이고도 정확하게 예측하였다. 실험물리학자는 신속하게 브룩헤이븐 국립연구소에서 그 예측을 확인했다. 이 입자는 Ω^-, '오메가 마이너스' 입자로서 세 개의 야릇한쿼크 sss로 구성된다. Ω^-를 구성하는 쿼크는 하나의 공통 궤도 속에서 움직인다고 알려졌지만 쿼크색이 존재하지 않는다면 이러한 상태—곧, 세 개의 같은 페르미온이 같은 양자 상태에 놓인 상황(10장을 보라)—는 교환 대칭에 따라 엄격하게 금지되어야 한다. 그러나 Ω^-는 분명히 존재한다. 이 같은 모순을 피해 갈 유일한 길은 쿼크색의 존재이다. 첫 번째가 '빨강'이고 두 번째는 '파랑', 세 번째가 '노랑'인 쿼크가 Ω^-를 구성한다면 이들은 같지 않으며, 따라서 세 쿼크가 동시에 모두 같은 양자 운동 상태를 점유하는 데는 문제가 없다. 실험을 통해 쿼크색의 수를 '세는' 방법은 다양하지만 결과는 언제나 세 가지로 일치한다.

이러한 결과는 쿼크색 대칭의 진정한 본질에 대한 의문을 제기한다. 쿼크는 3차원 공간에 존재하며, 쿼크의 세 축은 세 개의 색깔로 표현된다고 생각할 수 있다. 공간에서 쿼크 하나는 임의의 방향을 가리킬 수 있는 화살표(벡터)로 간주할 수 있다. 빨간 쿼크의 화살표는 빨간 축을 가리킨다. 파란 쿼크는 파란 축을 가리킨다. 그러나 화살표가 회전하면 다른 방향을 가리킬 수도 있다. 색깔 대칭은 쿼크 화살에 가할 수 있는 회전들의 집합이다. (이

집합은 대칭군 SU(3)라고 부른다. 부록을 보라.)

이제 전 장에 나왔던 개념인 게이지 불변성을 일반화해 보자. 전자에서처럼 게이지 불변성에 따라 쿼크 파동함수의 보이지 않는 '위상'(애크미 파동함수 탐지기의 화살표가 가리키는 방향)을 변화시킬 수 있다. 전자 파동함수의 위상을 변화시키면 전자의 에너지와 운동량을 휘저어 놓았다. 전자의 경우, 대칭을 위해 광자를 도입하여 일어난 변화를 '되돌려서'(애크미 탐지기의 숫자판을 거꾸로 회전해서) 전자의 본래 에너지와 운동량을 복구시켰다. 전자는 자신의 파동함수와 게이지 장의 혼합물이 된다. 전자를 흔들어서 가속하면 광자로 불리는 물리적인 게이지 입자, 곧 게이지 보손의 방출을 유도할 수 있다.

이제 쿼크의 대칭 개념 또한 확장해보자. 쿼크 파동함수에 변화(게이지 변환)를 가하는 색공간에서 회전이 되는 동시에 쿼크의 운동량과 에너지에 변화를 일으킨다고 하자. 이러한 변환은 빨강 아래쿼크를 파랑 아래쿼크로 회전하면서 그것의 운동량과 에너지를 휘저어 놓는다. 물리학자는 이 변환이 대칭이기를, 최종적으로는 쿼크의 색이 순수한 빨강인 동시에 변환 전과 같은 운동량과 에너지를 갖기를 바란다. 전자에서처럼, 이러한 과정에서 빨간 쿼크에 가한 변화를 '되돌리고' 에너지와 운동량을 복구하여 전체 결과를 변하지 않게 하는 입자가 있어야 한다.

색 게이지 대칭을 얻으려면 글루온(접착자라고도 한다)이라는 8개의 새로운 게이지 입자가 필요하다. 글루온은 광자와 같은 쿼크에서 방출되며 이때 쿼크가 원래 가진 색깔을 가지고 나가 새로운 색깔을 가지고 들어온다. 따라서 글루온에는 색깔과 반색깔이 있다. 국소 게이지 회전을 통해 빨강 쿼크를 파랑 쿼크로 변화시킨다면, 이와 동시에 (빨강, 반파랑) 글루온이 생성되면서 전체 색은 빨강 + 반파랑 + 파랑 = 빨강이 되어 결국 처음의 색깔을

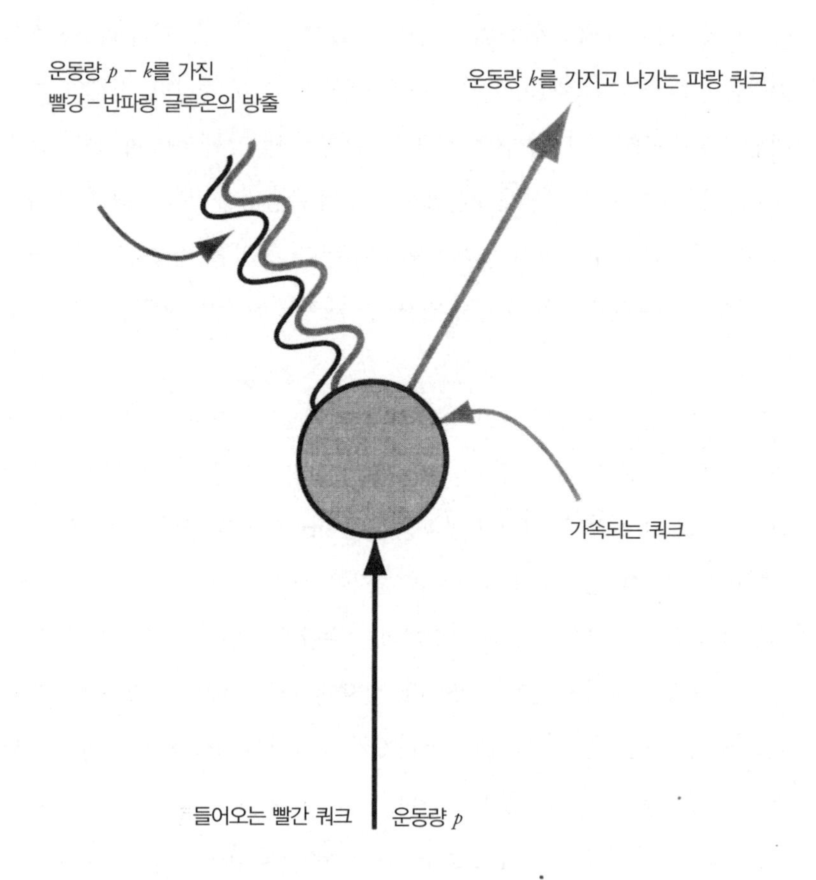

그림 31 쿼크의 글루온 방출. 쿼크는 가속되면서 빨강에서 파랑으로 색이 바뀌지만 (빨강, 반파랑) 글루온이 방출되어 총 색깔은 보존된다. 운동량과 에너지도 보존된다.

다시 찾는다. 글루온은 또한 흐트러진 운동량과 에너지 정보를 보상하므로 마지막 쿼크 양자 상태는 처음의 운동량과 에너지를 갖게 된다(그림 31). 이제 쿼크의 색과 관련된 새로운 게이지 대칭과 새로운 힘을 찾아냈다![9] 글루온의 존재를 뒷받침하는 실험상의 증거는 1980년대부터 축적되어 이제는 매우 견고해졌다.

쿼크가 가속되면 글루온이 방출된다. (빨강, 반파랑) 글루온은 빨강 쿼크에서 방출될 수 있으며, 이때 빨강 쿼크는 파랑 쿼크로 바뀐다는 사실을 주목하라. 글루온이 쿼크와 충돌하면 쿼크는 그것을 흡수하면서 가속된다. 국소 게이지 불변이라는 단순한 대칭 하나에서 광자와 양자 전기역학이 나오고, 이 대칭은 쿼크색에 적용하면 강한상호작용에 관한 올바른 이론이 나온다는 사실은 현대 과학의 가장 놀라운 발견 중 하나이다. 양자색동역학 quantum chromodynamics : QCD이라 불리는 이 이론은 물리학이 이루어낸 기막힌 성공이다.

따라서 쿼크는 글루온을 교환함으로써 상호작용한다(그림 32). 적당한 파인만 다이어그램을 그려서 이러한 상호작용을 계산한다. 전하와 유사한 '색 전하'는 크기가 매우 크므로 힘의 강도는 높다.

양자색동역학의 놀라운 발견 중 하나는 쿼크가 글루온과 상호작용할 때의 결합 강도 g_3(앞에서 언급했듯 전기 전하량 e의 유사물)은 쿼크가 극도로 짧은 길이 상에 놓이면 사실상 약해진다는 점이다. 역으로 길이가 길어지면 쿼크-글루온 결합 강도는 매우 강해진다. 이렇게 쿼크는 서로 강하게 끌어당기므로 실험실 안에서 그들이 분리되거나 고립되는 상황은 발생하지 않는다. 또 이러한 강한 결합 때문에, 정확히 중성의 색을 띠는 쿼크들 — 세 가지 쿼크의 색이 어느 순간이든 완벽한 균형을 이룬 상태 — 로 구성된 양자 속박 상태만이 존재할 수 있다는 사실이 밝혀졌다. 이 말은 *rby*조합의 중

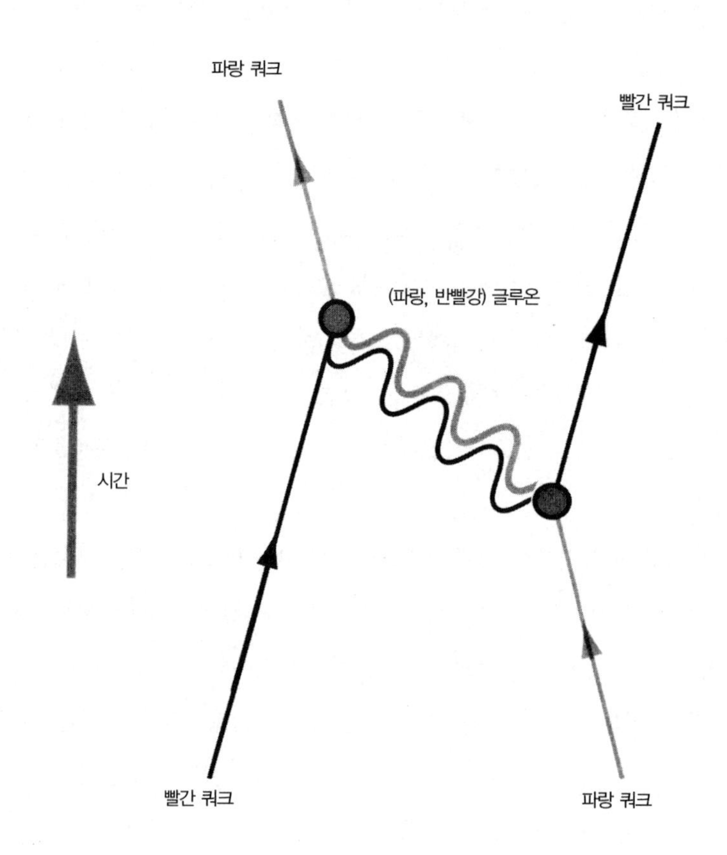

그림 32 빨간 쿼크가 파랑 쿼크로 산란하는 과정. 쿼크는 (빨강, 반파랑) 글루온을 통해 색을 교환하고, 글루온이 두 쿼크 사이를 뛰어다니는 동안 강력이 발생한다. 양성자는 쿼크 사이에서 글루온이 교환됨에 따라 단단히 결합한다. 글루온은 대략 10^{-24}초마다 양성자 속의 쿼크들 사이를 뛰어다닌다.

입자나 $\bar{r}\bar{b}\bar{y}$ 조합의 반중입자($\bar{q}$ 는 q의 보색이다), 색 중성 양자 조합($r\bar{r}$ + $b\bar{b}$ + $y\bar{y}$)의 중간자들만 존재한다는 뜻이다. 색 게이지 이론 양자색동역학은 지난 30년 동안 가속기 속에서 발견된 강한상호작용 입자의 패턴을 깔끔하게 설명한다.

g_3가 클 때는 이론적 성질을 계산하기가 매우 어렵지만 짧은 거리에서 그 값이 작아지면 파인만 다이어그램을 가지고 상당히 정확하게 계산할 수 있다. 이때 매우 높은 에너지를 가진 쿼크들이 충돌하고 산란하는 과정이 드러난다. 이는 페르미연구소의 테바트론(그림 33) 속 고 에너지 충돌에서, 각 쿼크와 글루온은 충돌 후 자취를 남긴다. 이때 쿼크 젯quark jet이라는 현상이 일어난다. (글루온 젯도 함께 일어난다.) 자연이 찍는 드라마 『프리즌 브레이크』라 할 수 있다.

테바트론에서 1조 전자볼트(1TeV)의 에너지를 가진 양성자는 같은 에너지를 가진 반양성자와 정면으로 충돌한다. 양성자는 uud쿼크로 구성되지만 반양성자는 반쿼크 $\bar{u}\bar{u}\bar{d}$로 구성된다. 에너지의 최고점 또는 최단 순간에, 각 쿼크는 해체되어 자유 입자에 가깝게 행동한다. 따라서 충돌은 한 쌍의 쿼크, 어쩌면 u와 $\bar{u}$가 정면으로 충돌하는 지점에서 일어난다. 이들 쿼크와 반쿼크는 매우 큰 각도로 산란하면서 양성자와 반양성자를 찢고 나오지만 남아 있는 다른 쿼크와 글루온은 그들이 원래 움직이던 방향으로 계속해서 진행한다. 짧은 순간 동안 쿼크와 반쿼크는 상당히 높은 에너지를 가지고 자유롭게 움직이게 되어 양성자와 반양성자 속의 다른 쿼크와 글루온 동료들에게서 벗어나 평상시에 속박되어 있던 길이의 100배나 되는 거리를 여행할 수 있다. 쿼크는 짧은 순간이지만 자신들이 갇혔던 감옥을 부수고 나온다.

그러나 그때 강한상호작용이 주도권을 쥐면서 진공 자체가 충돌 지점 근

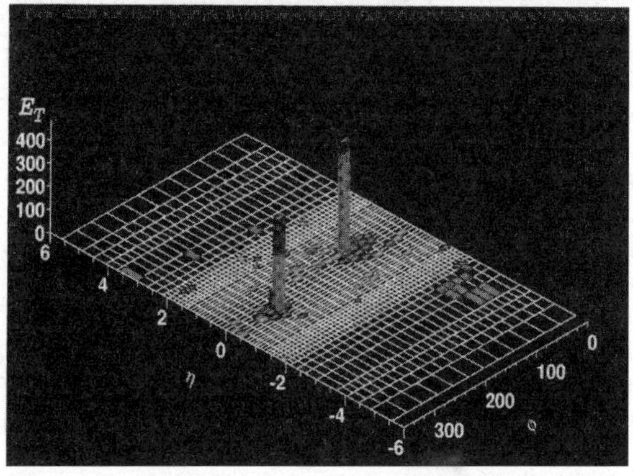

그림 33 페르미연구소에서는 두 거대한 탐지기(CDF와 D-Zero)를 가지고 양성자와 반양성자의 정면충돌을 관측한다. 양성자 빔과 반양성자 빔은 CDF 탐지기의 중심을 통과한다. 사진에서 CDF 탐지기의 중심은 기기를 개량하려고 제거한 상태이다. 빔은 광속의 99.9995퍼센트의 속력으로 반대 방향을 향해 이동한다. 탐지기는 마치 중심부의 충돌 지점을 감싼 거대한 통처럼 보인다. 충돌 과정에서 양성자의 쿼크와 반양성자의 반쿼크가 소멸한다. 아래 그림은 충돌의 결과를 보여준다. 탐지기는 튜브가 평평한 판으로 펼쳐진 형태로서 시각화된다. 정사각형은 탐지기에서 축적된 에너지를 기록하는 '화소'이다. 레고 블록 더미 같이 생긴 기둥의 길이는 그 화소에 기록된 에너지이다. 이는 상당한 에너지를 가진 전자와 양전자를 생성시키는 충돌임을 보여준다. 이것은 인류가 관찰한 범위 내에서 가장 큰 에너지가 관련된 몇몇 충돌 중 하나이며, 현재까지 조사된 가장 짧은 거리인 1/10,000,000,000,000,000,000(10^{-19})미터보다 짧은 길이의 공간 구조를 탐사한다. (사진 제공 페르미연구소.)

처에서 갈가리 찢어지기 시작한다. 쿼크와 반쿼크 그리고 글루온 짝은 주문에 걸린 듯 충돌의 격한 에너지로 인해 진공에서 뜯겨 나오고, 창조의 순간과 유사한 플라스마 소용돌이가 충돌 지점에서 도망자를 체포하는 경찰의 긴 보조봉과 같은 줄무늬를 형성한다. 해방된 쿼크는 새로운 물질과 반물질의 이러한 혼란에 따라 속박된다. 곧 모든 쿼크와 글루온이 포획되어 새로운 파이온, 양성자, 중성자들로 반환된다. 쿼크의 탈옥은 끝났다.

그럼에도 탈출한 쿼크의 발자국은 지워지지 않은 채 남아 있다(그림 34). 잘 정의된 입자의 두 충격파, 곧 앞에서 언급한 젯은 거의 대부분 파이온으로 구성되었으며, u와 $\bar{u}$가 탈출했던 방향으로 공간 속을 흐른다. 입자의 젯은 경로를 분명히 보여주며 해방된 쿼크가 가진 에너지 전부를 실어 나른다. 젯은 쿼크의 뚜렷한 추적자이다. 따라서 충돌이 일어나는 미세한 영역을 감싼 거대한 입자 탐지기를 통해 충돌 사건의 구조, 잠시나마 자유를 자축하는 쿼크들의 행동을 볼 수 있다.

쿼크는 또한 순간적으로 소멸하여 글루온이 되기도 하는데, 이때 곧이어 진공이 찢겨나가면서 꼭대기쿼크와 반꼭대기쿼크가 생성된다(그림 35). 꼭대기쿼크의 붕괴 특성은 탐지기에서 재구성된다. 이런 식으로 자연의 가장 무거운 기본 입자—꼭대기쿼크—이자 가장 최근에 '발견' 리스트에 추가된 기본 입자는 우리를 둘러싼 숨겨진 물질의 보고인 진공의 심해 속에서 끌어올려진다. 꼭대기쿼크는 낚시꾼이 말하는 일종의 대어로서, 금 원자의 원자핵만큼이나 무거운 미세한 물질 조각이다. 거대한 괴물 꼭대기쿼크는 다음과 같은 질문을 일으킨다. 쿼크와 경입자 질량은 어디에서 왔는가?

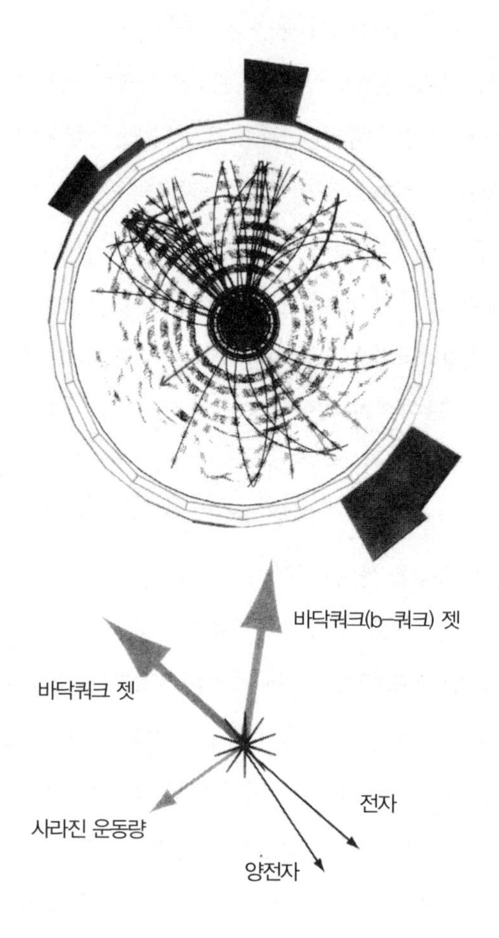

그림 34 위와 같은 충돌에서 양성자의 운동 방향을 따라가면 반양성자와 정면충돌하면서 수많은 기본입자가 생겨나 탐지기 속으로 던져지는 과정이 보인다. 탐지기 속의 거대한 자기장은 전하를 띤 입자의 경로를 구부려 그 입자의 정체를 알려준다. 아래 그림은 이러한 충돌의 잔해 중에서 움직임이 활발한 주요 부분을 보여준다. 물리학자들은 바닥쿼크와 반바닥쿼크를 역추적하여 두 경입자(전자와 양전자)와 잘 시준된 두 방향의 젯을 관찰한다. 충돌에서는 중성미자의 형태로 많은 양의 에너지와 운동량이 소실된다. 이 사건은 그림 35에서 기술된 바와 같이 꼭대기쿼크와 반꼭대기쿼크 쌍의 생성으로 해석될 수 있다. (사진 제공 페르미연구소.)

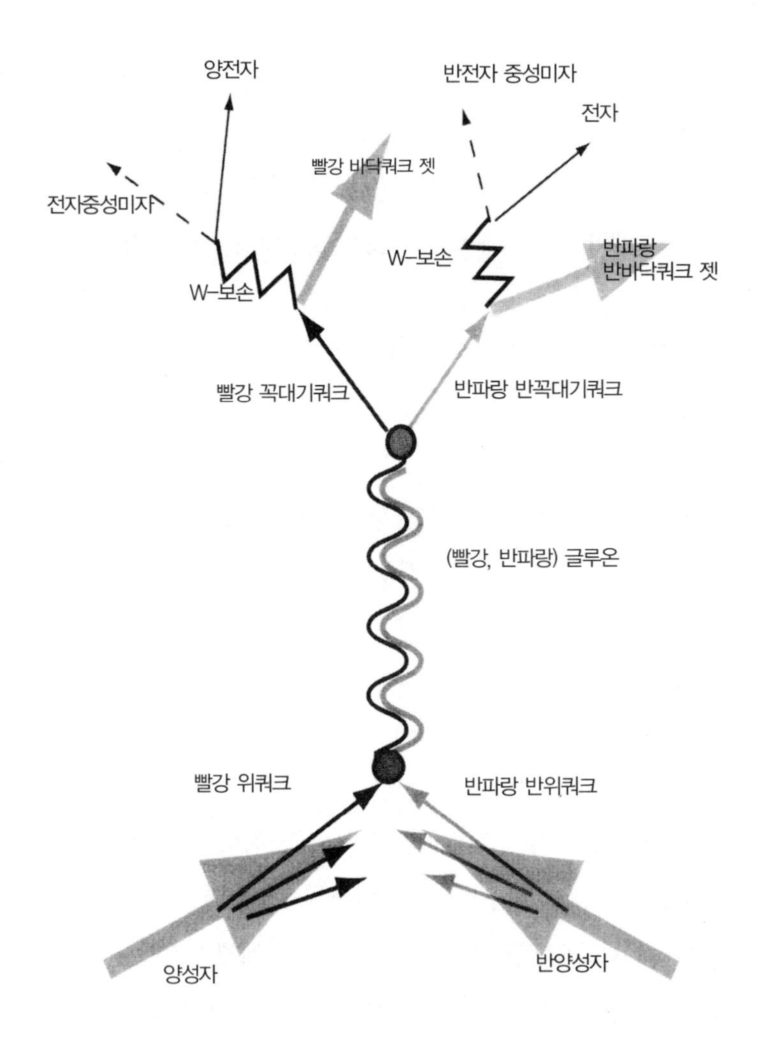

그림 35 위쿼크(양성자에서 나온)와 반위쿼크(반양성자에서 나온)의 소멸에서 중개자인 글루온을 거쳐 꼭대기쿼크와 반꼭대기쿼크 쌍이 생성되는 과정. 꼭대기쿼크는 차례로 W-보손과 바닥쿼크(젯을 만드는)로 붕괴한다. W-보손은 다시 양전자와 중성미자로 붕괴한다. 마찬가지로 반꼭대기쿼크도 반입자로 붕괴한다. 중성미자는 검출되지 않지만 '사라진 운동량과 에너지'로 나타난다.

약력

지금까지 자연의 세 가지 힘 — 전자기와 양자색동역학의 강한 '색' 력, 중력 — 에 대해 어느 정도 상세히 기술했다. 이제 마지막으로 남은 힘은 더 근본적인 방식으로 입자의 정체를 규정한다. 바로 게이지 대칭으로 기술됨으로써 전자기력과 통합되는 약력weak force이다. 약력은 모든 힘들의 궁극적인 통합으로 가는 길로 이끈다. 쿼크와 경입자, 알려진 모든 힘을 정의하는 게이지 대칭을 종합해보면 오늘날까지 관측된 거의 모든 물리 현상을 완전히 설명하는 '표준 모형 이론Standard Model' 이 나타난다.

지금으로부터 65년도 더 전, 엔리코 페르미는 '약한상호작용' 을 기술하는 최초의 양자론을 썼다. 당시, 약한상호작용은 초신성의 화약 역할을 했다고 볼 수 있는 베타 붕괴 방사능 과정에서 관찰되는 미약한 힘이었다. 마치 뉴턴이 중력 상수 G_N을 도입해야 했을 때처럼 페르미는 약한상호작용들의 전반적인 세기를 구체화하기 위해 새로운 기본 상수를 도입해야 했다. G_F라고 불리는 페르미 상수는 약력의 크기를 규정하는 질량의 기본 단위를 나타내며 그 크기는 약 175GeV이다.

약력은 후에 국소 게이지 대칭과 관련된다는 사실이 밝혀졌다. 표준 모형 — 셸던 글래쇼, 압두스 살람, 스티븐 와인버그가 주도하고 헤라르뒤스 엇호프트와 마르티뉘스 펠트만이 양자론으로 완전한 체계를 갖춘 — 의 구조에 관한 이러한 이론적인 발견들은 1970년대 초반, 쿼크가 최초로 실험상에서 희미하게 모습을 드러냈던 시기에 일어났던 입자물리학계의 혁명이었다. 자연의 모든 힘이 최상위의 대칭 원리인 게이지 불변성에 지배된다는 사실이 이론과 실험 모두에서 확립되었다. 여러분은 이미 이 원리가 강한 색력과 전자기력에서 어떻게 작용하는지 살펴보았다.

그렇다면 약한상호작용에서 게이지 대칭이란 무엇인가? 각 세대 내에서 쿼크와 경입자가 쌍을 이룬다는 사실은 안다. 다시 말해 빨강 위쿼크는 빨강 아래쿼크와 쌍을 이루고, 전자 중성미자는 전자와, 맵시쿼크는 야릇한쿼크와, 꼭대기쿼크는 바닥쿼크와 쌍을 이룬다. 이쯤에서 '대칭 게이지'가 익숙해 보일지도 모르겠다. 이제 전자와 그것의 중성미자가 2차원상의 하나의 실체이며, 그 2차원은 '전자'라 이름붙인 축 하나와 '전자 중성미자'라 이름붙인 다른 축으로 이루어져 있다고 상상하자. 양자 대상은 이 공간에서 임의의 방향을 가리킬 수 있는 화살표이다. 화살표가 전자 축을 가리키면 전자를 얻는다. 화살표를 회전하면 중성미자를 얻는다. 화살표에 가하는 회전들은 SU(2)라고 하는 대칭군을 이룬다(부록에 이에 관한 내용을 기술하였다).

이제 일정한 운동량과 에너지를 가진 전자 중성미자 파동함수가 들어온다고 상상해보자. 이때 게이지 변환을 가해서 음의 전하를 띤 전자로 함수를 회전시키고 전자 운동량과 에너지를 교란시킨다. 이러한 변환이 대칭이려면 W^+라 불리는 게이지 장을 도입해서 총 에너지와 운동량을 복구시키는 동시에, 양자 화살표를 원래 자리인 전기적 중성의 '전자 중성미자' 방향으로 회전시킬 수 있어야 한다. 어떤 면에서, 게이지 장은 좌표축을 회전함으로써 좌표계에 대한 화살표의 상대적인 위치를 원래의 방향으로 돌려놓으므로 시작점인 원래의 중성미자로 돌아온다. 이러한 과정은 앞에서 쿼크색에 가한 변환, 곧 한 색깔에서 다른 색깔로 게이지 회전을 시킬 때 글루온 장에 의해 변화가 보상되는 과정과 완벽하게 유사하다.

이 과정에서는 총 세 개의 게이지 입자 W^+, W^-, Z^0이 필요하며, 이들은 광자와 밀접한 관련이 있다. 사실, 전기역학과 약한상호작용은 대칭에 의해 '전기 약한상호작용'이라 불리는 실체로 통합된다. 쿼크와 경입자의 수준에서, 중성자 붕괴(이제는 매우 친숙한)는, 매우 우수한 고성능 현미경으로 관찰했을 때, 각각의 아래쿼크가 위쿼크로 붕괴하면서 W^- 보손을 방출하는 과정이 된다. W^- 입자는 매우 무거우며 이 과정은 하이젠베르크의 불확정성원리에 따라서 일어나므로, 극히 짧은 순간동안 W^-가 가진 에너지의 양은 매우 불확실하다. W^-는 재빨리 전자와 중성미자로 붕괴한다. 이렇게 W^-의 엄청난 질량은 약한상호작용 과정을 매우 취약하게, 시간과 에너지가 불확실한 거대한 양자 요동에 의존하게 한다. 간단히 말해서 약력이 약한 이유는 약 게이지 보손들이 중량 때문이다.(그림 36).

따라서 광자와 이 세 게이지 장 사이에는 엄청난 차이가 존재한다. 광자는 질량이 0인 입자이지만, W^+, W^-, Z^0는 모두 매우 무거운 입자다. 쿼크와 경입자 사이에서 W 입자가 양자 교환됨으로써 생성되는 힘은 65년 전 페르미가 설명한 약력과 정확히 같다. 그러나 어떤 일이 일어났기에 질량이 0인 광자와 무거운 W^+, W^-, Z^0 간의 차이가 생겨났을까? 서로 비교할 수조차 없는 질량을 가진 입자 간에 어떻게 대칭이 존재할 수 있을까?

힉스 장

약력의 대칭 깨짐을 설명하는 단서를 물리학의 다른 분야에서 찾을 수 있다. 자유 공간의 진공에서 전자기 게이지 장, 곧 광자는 질량이 완전한 0이다. 따라서 광자는 언제나 광속으로 이동한다. 그러나 실험실에서도 물질매질 속에서 일종의 '가짜 진공'—초전도체—을 만들 수 있다. 이는 자석의 정렬이나 심 끝으로 선 연필의 낙하처럼 자발적인 대칭 깨짐의 한 형태이다. 대개 납이나 니켈-니오브와 같은 극저온 물질의 초전도체에서, 광자는 약 1전자볼트 정도의 적당한 질량을 가진다. 광자에 질량이 생기면 초전도체는 기이한 특성을 나타낸다. 앞에서 언급했듯, 초전도체에는 전기 저항이 전혀 존재하지 않는다. 초전도체는 광자와 상호작용하는 극저온의 금속 안에서 '양자 수프'가 만들어진 결과이다. 이 양자 수프는 전기 전하를 가지며, 광자는 그 전하를 느끼므로 약간 무거워진다.

초전도체에서 영감을 받은 물리학자들은 무언가가 우주 전체의 진공을 변화시켜 약 게이지 보손들에 거대한 질량을 주었다고 믿는다. 이 무언가는 공간을 채우는 어떤 새로운 장, 새로운 입자의 파동함수로써 모형화될 수 있다. 이것은 에든버러 대학교의 물리학자 피터 힉스의 이름을 따 힉스 장 Higgs field이라고 한다. 피터 힉스는 수정된 초전도성의 수학적 형식으로 약력이 왜 그토록 약한지, 약전기 대칭이 어떻게 자발적으로 깨지는지를 설명할 수 있음을 보여준 초기 연구자이다. 진공의 힉스 장 세기는 이미 측정되었으며 일정한 에너지 척도energy scale 혹은 length scale 표현할 수 있는데, 그것은 힉스 장이 페르미 상수 175GeV의 이론적 기원이기 때문이다. 이 단계에서 물리학자들은 힉스 보손이라는 새로운 입자를 가정하여 현상을 설명하지만 그렇다고 힉스 보손이 무엇이며 어디에서 유래되었는지를 완벽하게 이해하지는 못한다. 그럼에도 힉스 메커니즘이 어떻게 작용하는지 슬며시 엿볼 수 있다.

표준 모형에서, 모든 물질 입자와 W^+, W^-, Z^0는 진공을 채운 힉스 장과 상호작용함으로써 질량을 얻는다(그러나 초전도체와는 달리 광자는 이 특별한 장과 상호작용하지 않으므로 질량이 존재하지 않는 채로 남는다). 입자는 그들의 '결합 강도'라는 개념을 통해 힉스 장을 '느낀다'. 예를 들어 전자와 힉스 장의 결합 강도는 g_e이다. 그래서 전자의 질량은 $m_e = g_e \times 175\text{GeV}$로 결정된다. $m_e = 0.0005\text{GeV}$이므로, $g_e = 0.0005/175 = 0.0000029\text{GeV}$임을 알 수 있다. 이 정도면 결합 강도가 상당히 약하므로, 전자는 매우 낮은 질량을 가진 입자가 된다. 질량이 $m_{top} = 175\text{GeV}$인 꼭대기쿼크의 결합 강도는 거의

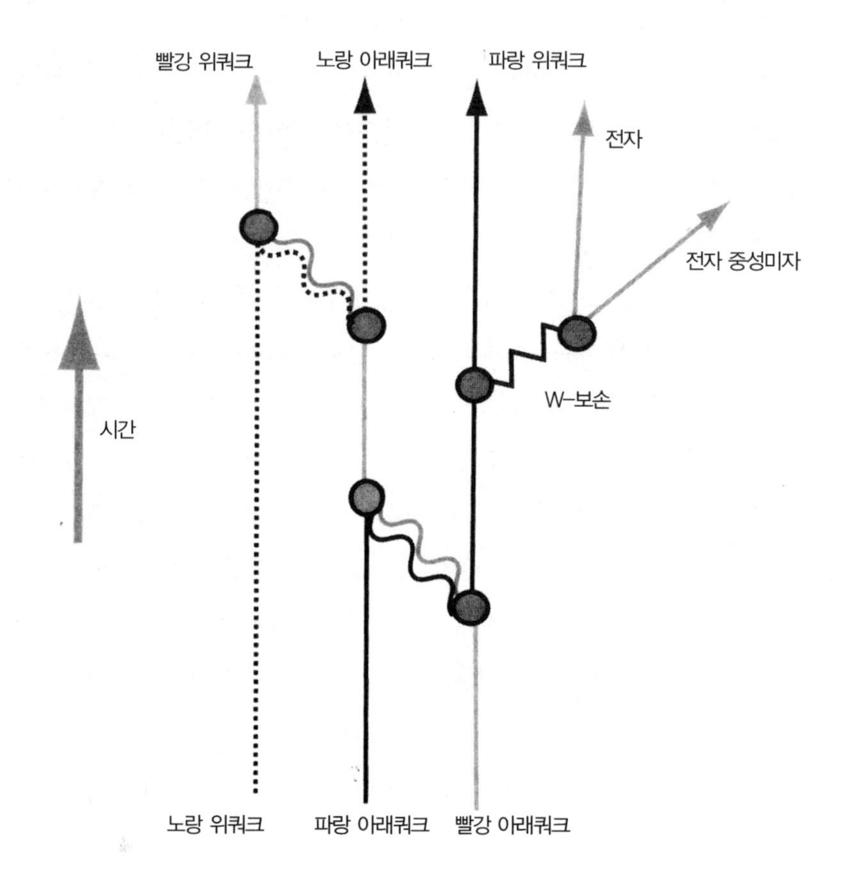

그림 36 쿼크와 경입자에 세계에서는 중성자 붕괴 $n^0 \rightarrow p^+ + e^- + \overline{\nu}^0$가 W 게이지 보손의 교환을 통한 쿼크 전이 $d \rightarrow u + e^- + \overline{\nu}^0$이다. W는 매우 무겁기 때문에 그 엄청난 질량의 에너지로 만들 수 없으므로, 하이젠베르크의 불확성정원리가 허용하는 한에서 소량의 에너지로 짧은 순간동안만 생성될 수 있다. 이것은 있을 법하지 않은 양자적 요동으로, 약력을 매우 약하게 한다. 자유 중성자는 반감기가 10여 분 정도이다.

1에 가까우며, 여기서 꼭대기쿼크가 대칭 깨짐에서 특별한 역할을 한다는 사실이 어렴풋이 드러난다. 중성미자와 같은 다른 입자는 거의 0에 가까운 질량을 가져서 결합 강도도 거의 0에 가깝다.

이렇게 보면 굉장한 성공을 거둔 듯하지만, 실제로는 약간 문제가 있다. 현재로서는 g_e와 같은 결합 상수들의 기원을 설명해 줄 이론이 없다. 이 상수는 표준 모형에서 입력 변수로서만 나타날 뿐이다. 물리학자들은 전자 질량에 관해서 거의 아무것도 알아내지 못했으며 알려진 실험값 0.511MeV을 새로운 수 $g_e = 0.0000029$로 교환했을 뿐이다.

표준 모형은 힉스 장과 W^+, W^-, Z^0와의 결합 강도를 성공적으로 정확하게 예측했다. 이 결합 강도는 알려진 전기 전하량 값과, 중성미자 산란 실험에서 측정된 '와인버그 각'으로 결정된다. 따라서 질량 M_W와 M_Z는 (W^+와 W^-는 서로 입자와 반입자의 관계이므로 질량이 똑같다는 사실을 상기하라. Z^0는 그 자체로 자신의 반입자이다) 이론적으로 (정확하게) 예측된다. W^+와 W^-의 질량은 약 80GeV, Z^0의 질량은 약 90GeV이다. 이러한 양은 유럽입자물리연구소CERN, 스탠퍼드선형가속기센터SLAC, 페르미연구소 등에서 한 실험을 통해 측정된다.

대칭과 힉스 입자에 의한 자발적인 대칭 깨짐은 따라서 모든 입자의 질량족을 완벽하게 지배한다! 그러나 잠깐, 힉스 입자란 무엇인가?[10)]

이 질문은 이 시대의 가장 중요한 과제 중 하나이다. 미 정부는 현명하게도 1980년대에 페르미연구소의 테바트론보다 20배나 더 강력한 입자가속기를 건설하여 힉스 보손을 철저히 조사하려는, 더 일반적으로 말해서 약전기 상호작용들의 자발적인 대칭 깨짐의 메커니즘과 질량의 기원에 대한 모든 것을 발견하려는 계획을 세웠다. 안타깝게도 과학과는 관계없는 여러 가지 복잡한 이유 때문에 그 계획은 1993년에 취소되었다. 현재 과학자들은 힉스 입자가 무엇인지 알지 못한 채 언젠가 어떤 실험에서든 최초의 암시나 그 비슷한 무엇이라도 나타나기를 초조하게 기다린다.

힉스 입자에 대한 단서는 스위스 제네바에서 유럽입자물리연구소CERN의 강입자충돌기LHC에서 언젠가는 나타날 것이다. (CERN은 힉스 입자의 존재 가능성을 암시하는 증거를 찾았다고 2011년 12월 9일에 발표했다. 과학적 발견이라 할 수 있는 정확도 99.9999%에 못 미친 98~99.9%이지만 곧 발견될 가능성이 한층 높아졌다. — 옮긴이) 강입자충돌기는 2008년 9월 10일에 가동을 시작했으며 이후 각각 7TeV의 에너지의 양성자를 충돌시켰다. 이 기계는 2011년에 가동 중단된 테바트론의 7배에 달하는 배율을 가진 현미경이다. 갈릴레오가 발명한 망원경이 인간의 육안보다 20배 강력했기에 수많은 혁명적인 발견이 이루어졌음을 상기하자. 필자들은 그에 결코 뒤지지 않는 혁명이 유럽입자물리연구소의 강입자충돌기에서 일어나리라고 기대한다. 물론 그동안 테바트론에서 일했던 이들도 입자물리학 혁명에 크게 기여해왔지만 말이다. 이제는 강입자충돌기가 가동되고 있으니 세계에서 가장 강력한 현미경이 거의 1세기 만에 최초로 북미권 밖에 존재하는 셈이다.

비록 실험을 통해 힉스 입자가 무엇인지를 알지 못한다 하더라도 그것이 실재함을 보이려는 이론은 넘쳐난다.

힉스 보손을 넘어서면 초대칭일까

지금까지 자연의 모든 힘들에 관한 지식을 포괄하는 통합자로서의 대칭과 뇌터의 정리, 게이지 불변성의 심오한 귀결들에 초점을 맞추었다. 지금까지 대부분 알려진 것들을 다루었으며, 더 복잡하고 이론적인 처방은 다른 이의 몫으로 남긴다. 그러나 힉스 보손의 발견은 그것이 가지고 올 법한 결과 때문에 과학에서 매우 중요하다. 아래에 힉스 보손과 관련하여 몇 가지를 더 언급하려 한다.

표준 모형은 현재 알려진 모든 현상에 대한 성공적인 기술로서 30년 동안 자리를 지켰다. 그것은 자연에 관한 현대의 이론으로서 상당히 유력한 후보이다. 앞으로 가장 약한 힘인 중력을 표준모형에 추가해야 한다. 그러나 입자물리학 실험실에서 중력은 거의 아무런 역할을 하지 못한다. 중력은 우주와 과수원 등에서는 자신을 분명히 드러냈지만 여타의 힘과 그들의 대칭이 등장하는 짧은 거리에서는 수년 동안 면밀한 분석을 거부했다. 그러나 중력은 자연의 일부이며, 따라서 기하학적인 게이지 대칭을 가지고 있으므로 모든 것을 설명하는 더 큰 그림에 들어맞아야 한다.

오늘날 모든 물리학자는 힉스 보손을 포함하여 결국에는 중력과도 관련되는 더 거대하고 포괄적인 표준 모형이 반드시 존재하리라고 믿는다. 힉스 보손과 관련하여, 자연이 오직 하나의 입자만으로 다른 모든 입자가 질량을 얻도록 했으리라는 생각은 분명히 말이 되지 않는다. 그러나 현재의 모든 실험 자료는, 힉스 입자가 오직 하나밖에 없다는 가설을 뒷받침한다. 나머지 물질은 이미 관찰했다. 이 새로운 포괄적인 표준 모형의 구조가 사실상 무엇인지에 관해서는 물리학에서 탁월한 감식안을 가진 궁극적인 결정자에 해당하는 실험으로 밝혀내야 한다.

표준 모형의 영역 밖의 우주론에서는 새로운 형태의 물질—암흑 물질이라 불리는—이 우주에 존재한다는 증거가 있다. 은하와 성단에 존재하는 중력에 의한 단서를 바탕으로 한 증거는 상당히 오랫동안 존재했으며 그 발견은 1950년대까지 거슬러 올라간다. 더욱 최근에는 우리의 우주가 순수 진공 에너지에 가속되는 우주라는 증거가 나타났으며, 이때 필요한 에너지는 인플레이션 이론에서 요구하는 수준과 유사하지만 그보다 훨씬 덜하다.

진공 에너지와 관련된 문제는 전체적으로 매우 난해하여 물리학자들은 양자역학의 초창기 시절부터 계속 잘못된 답 — 대략 10의 120거듭제곱만큼이나! — 을 계산했다.

실제로 이러한 이유 때문에 표준 모형은 현재 침묵을 지키고 있다. 그리고 아직도 그 답을 몰라 한 문제 한 문제마다 '모든 과학에서 가장 중요한 문제' 라고 이름 붙일 수 있는 미해결 문제의 긴 목록을 비 오는 일요일 오후에 우울하게 작성할 수도 있다. 힉스 보손에 관한 문제는 잘 정의된 연구 주제이지만, 이들은 명확하지조차 않다. 이 문제들에 어떻게 대답해야 할지, 어떻게 공략해야 하는지는 힉스 입자를 통해 발견한 내용에 달렸다. 확신할 수 있는 것은 심원한 우주를 관찰하는 허블우주망원경만큼이나 입자가속기에서도 훨씬 많은 내용이 계속해서 발견되리라는 사실이다.

힉스 보손을 넘어서 무엇이 있을지에 대한 추측들은 무성하다. 이러한 추측 중 단연코 가장 우세한 것(그 주제에 관한 몇만 편의 과학 논문을 근거로)은 초대칭이론super symmetry theory : SUSY이다. 초대칭이라는 개념의 밑바탕에 존재하는 이치는 매우 설득력 있으며, 그 개념은 궁극적으로 상당히 높은 에너지(짧은 거리)에서 중력을 포함한 자연의 모든 힘의 통합을 주도할지도 모른다. 몇 가지 근거를 토대로 초대칭이 힉스 보손의 에너지 척도, 페르미 상수인 175GeV와 관련 있다고 예상하며 이에 대한 실험적 설명은 곧 눈앞에서 보게 될 것이다. 초대칭은 자연스럽게 힉스 보손의 존재를 수용하며 왜 그것이 몇백 GeV의 에너지 규모에서 거주하는지를 부분적으로 설명한다. 초대칭이 다른 접근 방식보다 모든 힘들의 '대통합' 에 더 적합함을 간접적으로 뒷받침하는 증거들도 존재한다.

초대칭은 사실상 시간과 공간을 확장하여 이해하는 가설이다. 초대칭은 '페르미온적인' 여분의 차원들, 곧 사실상 스핀 ½ 입자처럼 행동하는 차원이 들어있다(스핀 ½ 입자를 페르미온으로 부른다는 사실을 상기하라). 이 말은 새로운 차원 자체에 기묘한 특성이 있다는 뜻이다. (예를 들어, 스핀 1의 보손 입자인 광자는, 페르미온 차원의 방향으로 밀려나면 '포티노' 라 불리는 스핀 ½의 페르미온이 된다. 스핀 ½의 페르미온인 쿼크는 페르미온 차원의 방향으로 밀려나면 '스쿼크' 라는 스핀 0의 보손이 된다.) 따라서, 초대칭이 예측하는 바로는 자연에서 관찰되는 모든 기본 페르미온 입자(보손)에는, 반드시 그에 상응하는 '초짝' 보손 입자(페르미온)가 존재해야 한다. 아직 이러한 '초짝들' 이 자연에서 관찰되지 않았지만, 만약 초대칭이 타당한 대칭이라면 관측 가능한 상대적으로 낮은 에너지 준위 — 오늘날까지 건설된 모든 입자가속기의 '낮은' 에너지 — 에 무언가가 숨어 있어야 한다. 초대칭은 따라서 깨진 대칭이다.

만약 초대칭이 결국 유럽입자물리연구소 강입자충돌기 등에서 관찰된다면, 기본 입자 목록은 그 길이가 배로 늘어날 것이다. 그리고 입자물리학자는 일자리 걱정을 할 필요가 없다. 모든 입자는 소위 초짝을 갖게 될 것이다. 초대칭은 있을 법한 '암흑 물질' 입자를 제공하며, 이 입자는 별에 통합되지 않기에 빛나지 않는(따라서 '암흑 물질' 이라는 이름이 붙여진 것이다) 은하 속 다량의 물질들에 대한 천문학적 관측을 설명해 줄 수 있다. 만약 존재한다면, 초대칭은 중력을 비롯한 자연의 모든 힘들에 관한 궁극적인 대통합인 초끈 이론에 확실한 힘을 실어줄 것이다.

초끈 이론은 모든 것의 이론이 될 수 있는 가장 강력한 후보이다. 앞서 1차원 퍼텐셜 우물 속에 들어 있는 전자의 양자 운동에 대한 비유로 진동하는 기타 현을 예로 들었었다.

초끈 이론은 전자뿐만 아니라 다른 모든 기본 입자가 말 그대로 진동하는 끈으로 관찰된다는 가설이다. 물질의 이러한 끈 구조를 관찰하려면 강력한 입자가속기인 테바트론보다 1조의 십만 배나 더 강력한 현미경이 필요하다.

무엇이 일부 이론물리학자들로 하여금 모든 물질의 끈 구조를 믿도록 설득했을까? 끈 이론은 중력을 자연의 양자적 구조와 통합시키는 문제를 해결한다. 양자 끈의 가장 낮은 진동 상태는 중력자이다. 모든 물질은 예외 없이 중력과 결합하고, 끈 이론은 이 사실에서 시작한다. 그리고 모든 게이지 대칭과 자연의 힘은 끈 이론이 제시하는 이 그림과 일치한다.

끈 이론은 초대칭이 필요하다. 그러나 반드시 테바트론이나 강입자충돌기가 도달할 수 있는 범위 내의 초대칭이 필요한 것은 아니다. 그래도 만약 초대칭이 실험실에서 발견된다면 과학자는 가장 강력하게 확신하고 초끈 이론에 표를 던질 것이다.

약한 규모, 곧 힉스 보손 입자의 질량 규모에서 가능한 초대칭 모형은 무수히 많지만, 그중 하나만 기준으로 삼고 있다. 최소 초대칭 표준 모형MSSM은 쿼크와 경입자, 게이지 보손들의 모든 초짝이 곧 관측가능하리라고 예측한다. 이 이론(MSSM)은 또한, 다섯 개의 힉스 보손 입자가 관찰 가능하리라고 예견한다. 이 이론은 또한 가장 가벼운 힉스 보손의 질량 범위에 대해 상당히 구체적으로 예측하며 140GeV보다 작은 범위 내에 위치시킨다. 이 같은 질량 범위는 페르미연구소의 테바트론에서의 충돌로 접근 가능하며, 따라서 테바트론의 후손인 강입자충돌기도 분명히 가능하다.

초대칭이 지닌 유일한 문제점은 알려진 물질 입자(무거운 꼭대기쿼크는 예외가 될 수도 있다)가 지닌 특성과 질량 패턴 대부분을 실질적으로 설명해주지 않는다는 데 있다. 이러한 특성은 끈 이론과, 여러 가지 수많은 대칭이 도달 불가능한 높은 에너지 규모에서 깨지는 미지의 과정과 관련이 있다. 이는 에너지 규모가 지나치게 커서 미래의 어떤 입자가속기로도 관측될 수 없기에 오직 인간의 머릿속에서만 도달할 수 있는 역학이다.

초대칭이 힉스 입자의 에너지 규모에서 관찰되지 않는다고 해도, 아이디어에 치명상을 입히지는 못한다. 이론적 구성물인 초대칭은 더 높고 더 도달이 어려운 에너지 안에 은거해 있을 수 있기에 그리 쉽게 검출되지 않는다. 그리고 설사 초대칭이 현실의 세계와 별 관련이 없다고 해도, 양자역학의 수학에 관해 너무나 많이 알려주기 때문에 앞으로도 유용한 사고 도구로 남는다. 앞으로의 십 년 동안 발견될 지식 자본의 양은 어마어마하다.

초대칭이 약한 에너지 규모에서 발견되지 않는다면, 힉스 보손은 어쩌면 자연의 새로운 힘과 관련된 역학적인 실체일 가능성이 크다. 수많은 이론물리학자는 꼭대기쿼크가 이러한 힘과 더불어 약한상호작용을 확립하고 따라서 모든 기본 입자의 질량을 결정하는데 더 긴밀한 역할을 할 가능성을 연구했다. 여기서 힉스 입자는 새로운 게이지 상호작용에 따라 결합한 꼭대기쿼크와 반꼭대기쿼크를 포함한 속박 상태일지도 모른다. 만약 그렇다면, 그와 같은 역학적 체계에 따라 우리의 사고는 완벽하게 새로운 방향을 향하게 될 것이다. 여기서도 실험은 결국, 궁극적 결정자 역할을 할 것이다.

철학적 관점에서 본 의견

고에너지물리학(소립자물리학), 가장 짧은 거리에서 물질의 구조와 행동과 힘에 관해 연구하는 이 학문은 궁극의 현미경이다. 고에너지물리학의 법칙은 우주 전체를 지배한다. 매우 실제적인 비유를 하자면 고에너지물리학에서는 물질 자체의 'DNA'를 조사하고 이해하려는 중이다. 이 이상 더 근본적일 수 있을까? 약전기 대칭 깨짐과 질량의 기원은 그리 오래지 않아, 어쩌면 십 년 안에 실험으로 밝혀질 수도 있으며, 그 실험에는 유럽입자물리

연구소 강입자충돌기 정도의 에너지 규모가 필요하다. 그리고 언젠가 강입자충돌기를 뛰어넘는 매우 거대한 강입자충돌기가 중국의 고비 사막 어딘가에 건설될 것이다.

필자들은 기본 입자물리학에 중요한 혁명이 다가오고 있다고 믿는다. 과거에 그런 혁명은 과학 지식과 전 세계 인류 생활 향상에 이바지했다. 20세기에 걸쳐 미국은 모든 학문 분야에서 우수하고 주도적인 대학과 연구 기관을 통해 물리, 화학, 생물학에서 풍요로운 결실을 누렸다. 에너지 영역의 최전선에서 앞으로 이루어질 발견이 가질 영향력은 예측할 수 없을 정도이다. 그것이 바로 기본 연구가 갖는 성질이다. 그러니 현재 기본 연구 투자가 수익 체감의 지점에 도달했다고 믿어야 할 이유는 없다. 어떻든 다가올 십 년은 우주의 가장 깊숙한 비밀을 이해하려는 인류의 여정에서 가장 짜릿한 시간이 될 것이다.

리하르트 바그너의 『니벨룽겐의 반지』는 「괴터데머룽Götterdämmerung」곧 '신들의 황혼'을 끝으로 막을 내린다. 브룬힐데는 오페라가 진행된 15시간 동안 내내 수많은 문제를 일으킨 금반지를 라인 강에 돌려준 다음 자신의 애마 그라네를 타고 불 속에 뛰어들어 자살한다. 이 감동적인 희생 장면 속에서, 발할라 궁전은 불타버리고 신들은 소멸하며 그들의 유산은 필멸의 인간이 지은 왜곡된 우화속에서만 살아남는다. 인류는 고통을 겪으며 그 의미를 완벽하게 이해하지 못한 채, 일상을 누린다.

아마도 이는 '분리의 고통', 보호자와 다시 연결되려는 욕망, 자신이 파멸의 위험에 처하지 않게끔 절제하라는 교훈을 비유로 나타낸 것 같다. 또는 어쩌면 지적인 충동, 사과를 먹고 에덴동산에서 쫓겨나야 했던 이유를 반영하는 것은 아닐까? 그러나 인간은 단순한 창조 설화를 넘어서서 그것을 다른 무언가—더 이성적이고 더 영속적인 무언가—로 바꿔야 할 운명을 가지고 태어났다.

10년도 더 전에 제임스 레바인이 메트로폴리탄 오페라하우스에서 니벨룽겐의 반지를 지휘했을 때, 곡 중에서 발할라의 붕괴가 마치 초신성 폭발처럼 들렸다. 격동적인 폭발은 밤하늘을 화려하게 수놓은 뒤 장엄한 별의 설원이 되어 저 아래에 사는 필멸의 존재를 당혹하게 한다. 시각적으로나 청각적으로나 경이의 순간이었다.

대칭 이야기를 시작할 때, 필자들은 '신들의 황혼' — '타이탄들'의 종말 — 이 천체물리학적 괴물에 대한 비유가 될 수 있음을 언급했다. 그것은 태양 질량의 100배의 질량을 가진 별들, 은하계의 타이탄이 화려하게 연소하면서 급격히 자신들의 융합 연료를 소모하고 종국에는 빅뱅에 버금가는 희생 장면으로 붕괴하는 과정에 대한 비유이다. 자연의 가장 약한 힘 중 하나와 가장 작은 입자가, 그들 힘과 입자의 역학을 지배하는 심오한 대칭의 지휘에 따라 이 모든 일을 벌였다. 이 특별한 신들의 황혼을 초월하여 무엇이 영속적인 의의가 있을까? 필멸의 인간에게 이 일은 어떤 교훈을 줄까?

인간 지성에 반영된 물리학 법칙은 영원하다. 그 모두를 이해하려는 여정 역시 인류가 존재하는 한 결코 끝나지 않는다. 모든 것을 둘러싼 '모든 것의 이론'은 존재하지 않을지도 모른다(글쎄 과연 그럴까?). 증명할 수 없는 이론, 가속기가 도달할 수 없기에 알지 못하는 고에너지 규모, 인간 의식의 한계는 언제나 존재할 것이며 인간은 창조의 순간에 드리워진 투명한 베일 밖에서 그 그림자만을 본다. 그러나 자연은 계속해서 존재할 것이다. 지금껏 일부분만을 우리에게 허용한 자신의 영원한 법칙과 함께 말이다. 모든 것의 이론은 여전히 인간의 손에 잡히지 않았지만, 대신 그것을 기술할 언어를 익혔다. 자연과 그것의 수학 구조에서 어떤 식의 새로운 해답이 발견되고 어떤 식의 심오한 질문이 제기되든 그 중심엔 항상 대칭이 자리할 것이다.

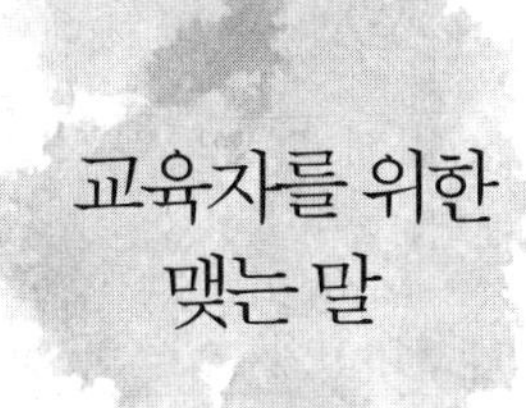

교육자를 위한 맺는 말

교육자를 위한 맺는 말

오늘날 세상은 너무나 복잡하다. 문제는 그 어느 때보다도 더 어렵고 해결은 한시가 급하다. 때로 그 문제들은 감당할 수 없을 것처럼 보인다. 세계 문제를 해결하는 데 이용 가능한 수단은 존재하지만 대개는 보통 사람의 이해를 훨씬 넘어선 고등 기술이 필요하다. 따라서 과학 기술 분야에 대한 이해와 참여가 저조한 지금의 사태에 대응하여 하루라도 빨리 무언가를 해야 한다. 무엇이 핵심 사안이며, 과학이란 무엇인지 — 자연법칙에 반영되고 논리에 기초한 그것의 자연 철학은 어떻게 작용하는지 — 에 대해 더 풍부하고 개선된 시각이 제시되어야 한다. 사실 우리의 미래는 결정적으로 여기에 달렸다.

친애하는 페르미연구소를 방문하는 손님은 조금만 부주의하면 연구소의 정문을 통과할 때 대칭에 걸려 넘어지곤 한다. 고대인들도 알고 있었던 대칭의 개념은 아인슈타인의 특수상대성이론에서 가장 주요한 영향을 주었다. 1905년, 아인슈타인은 대칭의 아름다움과 단순함—건축, 조각, 음악의 본질을 향상하고 그것을 아름답게 하는—이 자연을 기술하는 데 중요하다는 점을 깨달았다.

이제 고전물리학자와 현대물리학자, 수학자, 철학자가 나란히 앉아 있는 탁자의 중심에는 대칭이 놓여 있고 탁자 주변은 자연, 음악, 예술 등 갖가지 형태와 아름다움으로 둘러싸여 있다. 에미 뇌터도 다비트 힐베르트와 아인슈타인 옆에 나란히 앉아 있다. 그녀는 인간 지식의 가장 날카로운 통찰을 전해 주었다. 그녀의 놀라운 정리는 자연의 물리법칙을 이해함에 매우 중요하다. 그녀는 역사상 가장 위대한 수학자 중 한 사람이었지만, 조용하고 절제할 줄 알며, 친절한 사람이었다. 수학과 물리학 경계 밖에 있는 사람 중 그녀에 대해 들어본 사람은 극히 소수이다. 그녀는 모든 사람의 역할 모델이다.

안으로는 입자물리학인 동시에 밖으로는 천체물리학과 우주론에 이르는 근본 물리학은 오늘날 숨이 멎을 듯한 흥분과 완전한 혼란이 공존하는 상태에 놓여 있다. 관련 연구 기관과 대학들의 분위기는 우주의 역사와 진화를 이해하고 더 심층적인 자연의 지배 원리를 밝혀내는 극적인 진보가 일어나리라는 기대로 떨리고 있다. 앞으로 10년 내에 기술될 물리법칙은 현재의 그것과 상당히 다르리라 확신한다.

이 책은 본래 물리학, 화학, 생물학의 핵심 원리에서 중요한 역할을 하는 대칭의 일부 개념을 교과 과정에 포함하도록 고등학교 교사를 설득하는 프로그램에서 비롯되었다. 필자들은 처음에 대칭을 규정하고 그것이 어떻게 현대 물리학 최전선을 지배하게 되었는지, 어떻게 물리학과 화학, 생물학

과목의 중요 개념들 다수를 도출해 내었는지를 전달—적어도 교사에게는—하는 내용을 몇 부분에 걸쳐 쓰려고 생각했다. 그 뒤 자료를 널리 퍼뜨릴 목적으로 웹 사이트(http://www.emmynoether.com)를 만들었다. 그러나 결과는 고등학교와 대학교의 기초 수준 과정에서 더 나은 물리학 수업이 진행되는 모습을 보려고 한 필자들의 의도를 훨씬 뛰어넘었다. 필자들은 일반 대중을 위한 과학 교육이 학생들의 교육만큼이나 근본적이고 숭고한 야심이라고 믿고 적용 범위를 확대하였다. 이에 따라 필자들은 두 뜻을 모두 실현하려 한다. 수많은 젊은 학생과 나이가 더 많은 친구와 동료 학자는, 초끈 이론과 현대 우주론을 둘러싼 그 모든 소동에 관심이 생겼을 때 이 책을 통해 어디서부터 출발해야 할지를 알 수 있다.

이 책에서 전달한 아이디어는 물리학을 배우는 학생과 그것을 가르치는 교사들로 하여금—일반 대중들도 마찬가지로—과학이 어디를 향해 가고 있는지를 인식하는 데 중요한 역할을 하리라고 믿는다. 필자들은 경험을 통해 남녀노소를 불문하고 모든 사람이 반물질이나 블랙홀, 중성미자와 쿼크에 대한 이야기를 매우 좋아한다는 사실을 안다. 그래서 전통적으로 '뜨거운' 이들 주제에 더하여 대칭과 시공간, 게이지 대칭과 초대칭, CP 저항, 그리고 현대 이론물리학의 수많은 중요한 면모에 관한 다양한 내용을 첨가했다.

독자에게 현장의 과학자들—뇌터, 아인슈타인, 맥스웰, 보어, 페르미—이 겪는 일면을 보여줌으로써, 대칭을 중심 주제로 하여 과학 진보가 상상력과 영감, 과학자들의 헌신에 달렸다는 사실을 강조하고 싶다. 필자들의 열정을 공유하고, 모험과 발견에 관한 이야기를 전달하는 것, 무엇보다도, 과학적 경험—비록 그것이 대리 경험이라 할지라도—이 일반 독자에게 제공할 수 있는 사고의 방법을 전달하는 것이 이 책을 쓴 필자들의 동기였다.

과학과 함께 우리를 해방하는 동시에 제한하는 그 같은 사고 방법을, 유치원에서 고등학교까지 모든 학교에서 가르쳐야 한다고 믿는다. 논리 정연하고 빈틈없는 과학과 수학 연구에 빠져 있는 모든 학생에게 과학적 사고방식이 어떤 미래든 그것을 대비하고 안내해 주는 역할을 할 것이다.

그리고 우리의 캔버스가 펼쳐져 있는 기본 바탕인 대칭은 귀중하고 아름다우며 명료한 빛으로 자연이 작동하는 방식에 대한 감각을, 바라건대 모든 독자에게 알려줄 것이다.

인간이, 과학자들이 하려고 한 일을 음미해보자. 안갯속에서, 대칭이 사고와 방정식을 어떻게 형성시켰는지, 또한 궁극적으로는 안개가 서서히 걷힐 때 그것의 마술과 리듬—심지어는 그것의 불완전함까지도—이 우주의 아름다움과 우아함을 드러내리라는 확신이 어떻게 형성되었는지 알기 위해 계속해서 도전할 것이다.

부록
대칭군

수학에서 정의하는 대칭

아주 단순한 기하학 대상인 정삼각형에 존재하는 대칭들에 관해 구체적으로 생각해보자. 이 삼각형은 길이가 같은 세 개의 변을 가지고 있으며, 각 변은 꼭짓점이라는 세 개의 점 중 하나에서 다른 변과 만난다. 정삼각형은 가장 단순하지만 자명하지 않은 대칭의 예를 보여준다. 또, 크레용이나 색 볼펜을 가지고 어떤 평면에든 정삼각형을 그릴 수 있다. 원한다면 공간 속의 어떤 지점이든 어떤 방향으로든 그 삼각형을 가져다 놓을 수 있다. 이를테면 그 삼각형의 특정 꼭짓점은 맨 위로 갈 수도 있고 바닥이나 다른 위치에 놓일 수 있다.

그와 같은 정삼각형은 색깔이나 크기, 위치, 방향 등등에 관계없이 공통의 추상적인 특징이 있다. 그들만이 갖는 독특한 대칭은 정삼각형을 규정하는 대칭이다. 다시 말해 정삼각형의 대칭은 정삼각형이란 무엇인가를 정의한다. 지구인이 어떻게든 정삼각형이 갖는 대칭의 정수를 화성인에게 전달할 수 있다면 그들은 지구인이 말하는 사물을 재구성할 수 있겠지만, 그것이 얼마나 큰지 어떤 색깔인지 어디에 있는지는 알지 못한다. 그것은 중요하지 않다. 특정한 대칭이 정삼각형의 핵심이므로 여기서는 정삼각형을 비시각적인 방법으로 기술해 보여주고 싶다.

실험을 통한 접근 방식은 유용하다(여러분이 다음의 조작을 시각화할 수 있다면 별문제가 없다. 그러나 작은 실험을 혼자, 또는 교실의 다른 학생들 앞에서 실제로 수행해보기를 권한다). 투명한 종이 위에 같은 크기의 정삼각형을 두 개 그린다(그림 A1). 또는 가능하다면 각 도형을 OHP의 투명 종이 위에 그린다. 두 정삼각형을 컴퓨터 그래픽 프로그램에 분리된 '개체'로 그리면, 그것을 끌어다 옮기거나 회전시키거나 겹치게 할 수 있다.

두 삼각형의 크기는 같으므로 겹쳐 놓으면 세 변과 세 꼭짓점은 정확하게 포개진다. 좌표축이 세 개인 '기준 삼각형'을 가정하자. 기준 삼각형은 고정되어 있어서 무심코 그것을 밀어내거나 위치를 바꾸는 일은 없다. 기준 삼각형은 '좌표계'로서, 이 실험에서 '대조 표준'으로 작용한다. 일단 한 지점에 내려놓으면, 다시 옮기지 않는다. 꼭짓점을 ABC로 표시한 '실험 삼각형'은 실험에서 '변인'이 된다. 실험 삼각형을 자유롭게 이동시킬 수 있으며, 꼭짓점과 변끼리 정확히 맞추어 기준 삼각형 위에 겹쳐 놓을 수도 있다. 실험 삼각형의 꼭짓점을 각각 A, B, C로 표시하고 기준 삼각형의 축을 Ⅰ, Ⅱ, Ⅲ으로 표시하여 대칭 연산을 정의하는 과정을 추적해보자.

이제 실험을 시작하자. 우선 실험 삼각형의 꼭짓점 A가 가장 위에 놓인 상태에서 나머지 꼭짓점이 시계방향으로 B, C가 되도록 하여 기준 삼각형 위에 겹쳐 놓는다. 이 상태를 시작 위치라 부르자. 실험 삼각형을 들어 올려

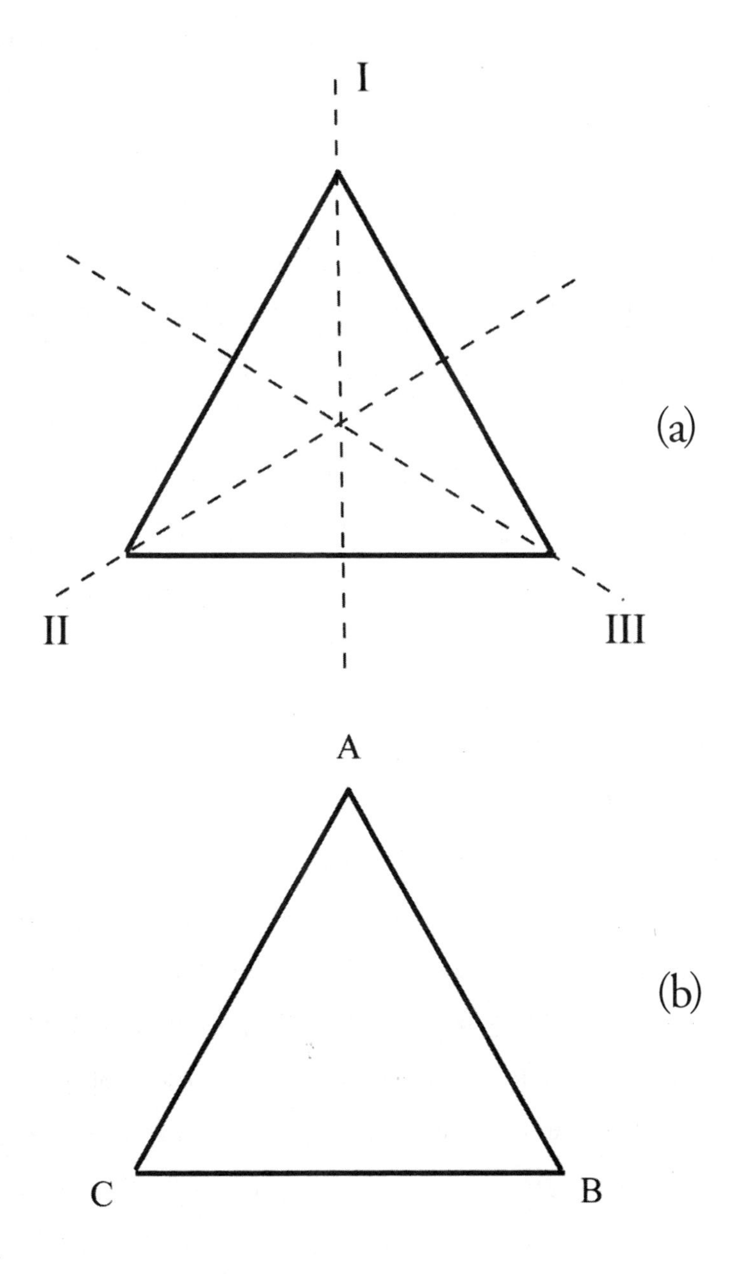

그림 A1 실험에서 사용할 두 정삼각형. '기준 삼각형' (a)에는 I, II, III축이 있고, '실험 삼각형' (b)의 꼭짓점은 A, B, C로 표시되어 있다.

서 기준 삼각형 위에 다시 되돌려 놓는 구분 가능한 모든 방법을 찾아보려고 한다. 그와 같은 각 연산은 '대칭 연산symmetry operation' 또는 '변환transformation'이라고 부른다. 이제 어떻게 전개해 나가야 할까?

우선 실험 삼각형의 꼭짓점이 꼭대기에서부터 시작해 시계방향으로 CAB가 될 때까지 실험 삼각형을 회전시킨다. 이때 실험 삼각형은 기준 삼각형 위에 겹쳐지게 되며, 이 과정은 120도(또는 $2\pi/3$라디안) 회전 대칭 연산에 대응한다. 이 첫 번째 대칭 연산을 R_{120}으로 표시한다. 대칭 연산의 목록을 작성하자. R_{120}이 목록의 첫 번째이다.

실험 절차를 일종의 '휴대용 계산기'로 생각하면 편리하다. 실험 삼각형을 시작 위치 ABC로 재설정한다. 시작 위치로 돌아가는 것은 다음 계산을 하려고 계산기의 '클리어' 버튼을 누르는 것과 같다. 구분 가능한 대칭 연산을 수행하려고 또 무엇을 할 수 있을까? 240도(또는 $4\pi/3$라디안) 회전은 분명히 또 다른 대칭 연산으로서, 그 결과는 BCA이다. 이것은 구분 가능한 대칭 연산의 두 번째 발견으로, R_{240}이라는 이름을 붙인다. 이 연산을 목록에 추가하자.

또 다른 대칭 연산이 존재할까? −120도 회전(또는 $-2\pi/3$라디안)도 가능한 연산으로 볼 수 있으므로 R_{-120}이라고 부르자. 연산 결과 삼각형은 BCA의 위치로(물론 처음의 시작 위치에서) 이동하므로, 이 결과는 R_{240}과 정확히 같다 R_{-120}을 새로운 대칭 연산으로 생각해야 할까? 아니면 R_{240}과 등가일까?

실제로 R_{-120}, R_{240}, R_{-480}, R_{600} 등등의 연산을 구별해서 그 모두를 목록에 추가한다면, 삼각형의 고유 대칭에 전혀 집중하지 못하고 그러니 대칭 연산을 수행할 때의 경로에 더 초점을 맞추게 될 수도 있다. 예를 들어, R_{240}과 같은 연산을 수행할 때는 실험 삼각형을 들어 올려 240도만큼 회전한 후 내려놓아 꼭짓점이 BCA가 되도록 할 수 있다. 또는 실험 삼각형을 집어서 밖으로 나가 뒷마당의 나무를 10바퀴쯤 돈 후 다시 집으로 돌아와 도넛을 먹은 후, BCA가 되도록 내려놓을 수도 있다. 이 둘은 같은 대칭 연산일까? 분명히, 뒷마당을 뛰어다니는 이 모든 행위를 연산 수행 경로에 추가함으로써 정삼각형의 대칭 분석에 더해지는 내용은 없다. 삼각형의 대칭은 여러분이 나무를 열 바퀴를 돌건 일곱 바퀴를 돌건, 햄 샌드위치를 먹건 도넛을 먹건 달라지지 않는다. 실제로, R_{240}이나, R_{-480}, 또는 R_X($X = 240° + 360°N$, N은 정수)연산을 했다면, 그 경로를 추적하지 않아도 된다. 무슨 경로를 택했는지는 중요하지 않다. 중요한 것은 삼각형의 처음과 마지막 위치일 뿐이다.[1)]

따라서 오직 한 가지 대칭 연산만을 생각해야 한다.

$$R_{240} = R_{-120} = R_{480} = R_X \quad (X = 240° + 360°N)$$

이들은 모두 삼각형의 꼭짓점을 BCA의 위치로 옮겨 놓는다. 이는 대칭 연산들의 '최대 구분 가능성'의 핵심이다.

이 단일 대칭 연산을 R_{240}으로 명명한다.

360도 (또는 2π라디안) 회전은 대칭 연산일까? 우선, 이 연산에 따라 삼각형이 처음 위치 ABC에서 다시 처음 위치 ABC로 돌아온다는 사실을 안다. 따라서 이는 실제로 대칭 연산이며, 그동안 고려해왔던 다른 연산과 구분된다는 점에서 매우 특별한 연산이다. 이 연산은 '아무것도 하지 않는' 행위와 등가이다. 따라서 아무것도 하지 않는 연산, 곧 항등 연산이라 부른다. 물리학자들은 숫자 1로 표시한다. 두 번째, 항등 원소는 어떤 대상에서든 대칭 연산임을 주의하라. 단순한 아메바나 돌무더기라 할지라도, 대칭 연산으로서의 항등원을 가진다. 마지막으로, 원하는 어떤 경로든 택할 수 있으며, 이때 360°회전과 360° × N(N은 정수)회전은 구분 불가능하다는 사실을 주목하라. 이 모든 회전이 항등 연산과 등가이다.

지금까지 정삼각형의 구분 가능한 세 가지 대칭 연산을 찾아냈다. 이 이외에도 더 있을까? 다시 한 번 삼각형을 시작 위치 ABC에 재설정하자. 이제 기준 삼각형의 세 축 가운데 하나를 기준으로 한 반사를 생각해보자. ABC 시작 위치에서, 하나의 대칭축을 따라 실험 삼각형을 '꿴다'(마치 하나의 거대한 쇠고기 스테이크 덩어리를 바비큐 꼬이에 꿰듯 말이다). 축을 따라 꿴 삼각형을 들어 올린 후 뒤집어 고정된 기준 삼각형 위에 겹쳐 놓는다. 이때 새로운 위치 ACB로 오게 된다. 이 대칭 연산을 축 Ⅰ에 대한 반사로 나타내며, 기호로는 R_{I}로 표시한다. 마찬가지로, 다시 시작 위치로 되돌아가 또 다른 두 반사를 고려한다. (1) 축 Ⅱ에 대한 반사는 R_{II}로 표시하며 연산 결과의 위치는 BAC이다. (2) 축 Ⅲ에 대한 반사 R_{III}의 경우 위치는 CBA가 된다.

이제 다음과 같은 대칭 연산 목록이 완성된다.

'아무것도 하지 않는' 곧 '항등원'	ABC
R_{120} 120° 또는 $2\pi/3$라디안 회전	CAB
R_{240} 240° 또는 $4\pi/3$라디안 회전	BCA
R_{I} 축 Ⅰ에 대한 반사	ACB
R_{II} 축 Ⅱ에 대한 반사	BAC
R_{III} 축 Ⅲ에 대한 반사	CBA

이외에 또 다른 대칭 연산이 있을까? 지금까지 본질적으로 세 가지 대상에 대한 여섯 가지 치환 3! = 6, 곧 삼각형의 세 꼭짓점의 여섯 가지 치환을

발견했다. 꼭짓점은 대칭 연산하에서 기준 삼각형과 실험 삼각형이 서로 포개져야 하므로, 모든 대칭 연산은 꼭짓점의 치환이 된다. 따라서 앞서 발견한 6가지 연산 이외의 다른 치환은 존재할 수 없어서, 가능한 대칭 연산을 모두 발견했다고 결론 내릴 수 있다. 그러나 이와 같은 결과는 흥미로운 질문을 제시한다.

Q : 정사각형, 정오각형, 정육각형, 정육면체 등과 같은 대상들의 꼭짓점 치환은 모두 대칭인가?

A : 답은 '아니오' 이다.

모든 대칭 연산은 꼭짓점의 치환이지만, 모든 꼭짓점의 치환이 대칭 연산은 아니다. 정사각형의 예를 통해 이를 쉽게 알 수 있다. 꼭짓점이 ABCD인 정사각형을 생각해보자. 정사각형의 대표적인 대칭 연산은 90도 회전으로서, 꼭짓점은 결과적으로 DABC라는 새로운 위치를 얻게 되며, 이는 꼭짓점 치환 중 하나이다. 그러나 'BACD라는 순서를 줄 수 있는 대칭 연산이 있을까?' 정사각형 모양의 종이를 '실험 사각형' 이라고 가정하여 어떻게 하면 ABCD에서 출발하여 BACD에 도달할 수 있을지 생각해보라. 실험 사각형을 접어 A와 B는 바뀌고 C와 D는 바뀌지 않도록 해야 하지만, 이때 실험 사각형과 기준 사각형의 변은 제대로 겹쳐지지 않는다. 변이 포개지지 않으므로, 전체 사각형에 대한 대칭 연산이 될 수 없다. 사각형의 대칭 연산은 8개뿐이며, 이는 모든 꼭짓점 치환들의 수를 3으로 나눈 4!/3과 같다. 3으로 나눈 까닭은 세 가지 종류의 접기(아무것도 하지 않음, 수평 접기, 수직 접기)가 있기 때문이다. 따라서, 모든 대칭 연산은 치환이지만, 모든 치환이 대칭 연산은 아니다. 정삼각형은 더 간단한 경우로, 위에서 나열한 대칭 연산 6가지만 갖는데, 이 연산은 세 가지 대상의 치환과 등가(동형isomorphic)이다.

요약하면, 약간의 실험(또는 놀이)을 통해 윗 삼각형을 아래 삼각형에 포갤 수 있는 서로 다른 방식은 여섯 가지뿐이라는 사실을 알았다. 한 정삼각형 위에 또 다른 정삼각형을 포개는 이들 여섯 가지 방식은 정삼각형의 여섯 가지 대칭 연산을 나타낸다. 하나의 겹친 위치에서 윗 삼각형을 들어 올려 또 다른 겹친 위치로 되돌려 놓는 방식으로 계를 조종한다는 점에서 이는 연산 또는 변환이다. 어렵지 않게 이런 질문이 떠오른다. '대상에 대한 위 대칭 연산 목록이 완전하다는 사실을 어떻게 확인할 수 있을까?' 연산의 수를 세는 일은 어려울 때도 있다. 또 다른 확인 방법이 있을까?

지금까지의 실험은 평이한 수준이었지만, 의미 있는 통찰을 얻는다. '이미 얻은 두 연산을 '결합하여' 새로운 대칭 연산을 추가로 얻을 수 있을까?' 곧 6개의 연산 중에서 임의로 두 가지, 이를테면 R_{120}과 R_{II}를 선택한다고 하자. 우선 실험 삼각형에 R_{120}을 행한 다음, 시작 위치로 돌려놓지 않고, 두 번째 연산 R_{II}를 한다. 시작 위치에서 시작했을 때 R_{120}을 하면 CAB가 된다. 그 후 곧바로 R_{II} 연산을 하면 ACB 위치에 온다. 그러나 ACB는 위의 목록을 보면 R_{I}의 연산 결과와 같다는 사실을 알게 된다. 따라서 흥미로운 결과를 얻었다. R_{120} 연산을 한 다음 R_{II} 연산을 하면 그 결과는 R_{I}이다. 이 사실을 다음과 같은 방정식으로 쓸 수 있다.

$$R_{120} \times R_{II} = R_{I}$$

여기서 도입한 곱셈 기호는 처음 연산을 수행한 뒤 시작 위치로 돌아가지 않고, 대칭 연산을 연달아 한다는 뜻이다. 임의의 대칭 연산 한 쌍을 곱셈

결합하면 또 다른 대칭 연산이 나온다는 사실은 쉽게 알 수 있다. 따라서 대칭 연산들의 집합이 곱셈 연산에 대해 닫혀 있다고 말한다. 따라서 두 대칭 연산이 결합하여 새로운 연산을 만드는 것은 수의 곱과 어딘가 비슷하다. 이러한 점에서 '아무것도 하지 않는 연산' 은 $1 \times X = X \times 1 = X$이므로 진정한 의미의 항등원이다.

수학자들은 정삼각형의 여섯 가지 대칭 연산의 집합에 이름을 붙였다. 이 집합은 정삼각형의 대칭군 S_3이라고 한다.

일반적으로, 임의의 대칭은 대칭군을 형성하는 대칭 연산의 집합에 따라 정의된다. 대칭군의 추상적인 특성들은, 기하학과 위상수학의 수많은 문제를 그와 등가인 대수(학) 문제로 환원하여 해결하는 수학자들에게 곧바로 주목받는다. 이제 추상 대칭 연산이 숫자처럼 특수한 대수적 성질을 갖는지 알아볼 수 있다.

방금 대칭군이 대수적으로 완비된 계를 형성한다는 사실을 알았다. 앞서 대칭 연산을 순서대로 결합함으로써 이 사실을 알 수 있었다. 두 대칭 연산을 결합하면 언제나 목록에 있던 제3의 대칭 연산, 곧 군에 속한 다른 원소가 생성된다. 결합은 '곱셈' 의 형태가 되므로, 대칭군이 곱셈에 대해 닫혀 있다고 말한다.

여섯 가지 대칭 연산으로 이루어진 단순 집합으로, 정삼각형 대칭군의 곱셈표 전체를 그릴 수 있다(그림 A2).

이 곱셈표는 고속도로 지도처럼 읽어야 한다. 표를 보고 $R_{240} \times R_{II}$의 값을 계산해보자. 첫 번째 연산 R_{240}은 가장 왼쪽 열에 있는 원소이다. 두 번째 연산 R_{II}는 가장 위쪽 행에 있는 원소이다. 표에서 계산 결과가 R_{III}임을 알 수 있다. 따라서 $R_{240} \times R_{II} = R_{III}$이다. 군의 여섯 가지 원소 중 임의의 두 원소 간의 곱은 언제나 또 다른 원소가 되므로, 군이 곱셈에 대해 닫혀 있다고

	1	R_{120}	R_{240}	R_{I}	R_{II}	R_{III}
1	1	R_{120}	R_{240}	R_{I}	R_{II}	R_{III}
R_{120}	R_{120}	R_{240}	1	R_{III}	R_{I}	R_{II}
R_{240}	R_{240}	1	R_{120}	R_{II}	R_{III}	R_{I}
R_{I}	R_{I}	R_{II}	R_{III}	1	R_{120}	R_{240}
R_{II}	R_{II}	R_{III}	R_{I}	R_{240}	1	R_{120}
R_{III}	R_{III}	R_{I}	R_{II}	R_{120}	R_{240}	1

그림 A2 정삼각형 대칭군의 곱셈표.

말한다.

대칭군의 놀라운 특성 중 하나는 곱셈표가 '마방진'을 형성한다는 점이다. 군의 여섯 원소(대칭 연산)는 표의 모든 열과 행에서 각각 한 번씩만 나타난다. 이는 모든 대칭군에서 성립한다.

더 나아가 놀랍게도, 3 × 4 = 4 × 3으로 나타나는 '곱셈의 교환법칙이 대칭군에서는 반드시 성립하지는 않는다'. 다시 말해 두 대칭 연산 A와 B에 대해서, A×B가 언제나 B×A와 같지는 않다! 간단한 예를 들어 이 사실을 알 수 있다. 이미 계산을 통해 $R_{240} \times R_{II} = R_{III}$임을 안다. 이제 곱의 순서를 바꾸어 계산하면 $R_{II} \times R_{240}$는 R_{I} 임을 알게 된다. 곱셈은 대칭군에서 가환이 아니다.

결합 연산에서 대칭 연산을 거꾸로 수행하면 일반적으로 다른 결과가 나온다. 일부 군에서는 곱셈이 완벽하게 가환이다. 이 경우 그 군에 아벨군 또는 가환군이라는 특별한 이름을 붙인다. 정삼각형 군과 같은 일반적인 대칭군은 비가환이다.

비가환성은 대칭과 일반적인 회전에서 발견되는 — 따라서 자연 자체에 관한 — 놀라운 사실이다. 비가환성은 책 한 권으로 쉽게 증명할 수 있다. 무슨 책이든 한 권을 구해서, 예를 들면 필자 리언 레더먼이 지은 책 『신의 입자The God Particle』로 실험해보자. 여러분은 구에서처럼 책에 대칭 연산을 할 수 있다. 차이점이라면 책은 시작 위치와 똑같은 상태로 되돌아오지 않고, 다른 위치로 오므로 회전의 최종 결과를 볼 수 있다는 것이다(그림 A3).

그림 A3에서처럼 가상의 좌표계를 생각하여 원점에 책을 놓자. 이제 가상의 *x*축에 대해 책을 90도 회전한다. 항상 '오른손 법칙'을 이용하여 회전한다. 다시 말해 엄지손가락이 축의 양의 방향을 가리킨 채 나머지 손가락을 말아쥘 때의 방향으로 회전한다(드라이버가 나사를 조일 때 회전하는 방향과 같다). 이 연산을 A라 부르자. 이제 가상의 *y*축에 대해 90도만큼 회전한다. 이 연산을 B라 부르자. 책이 어떤 위치로 왔는지 보자. 이 위치가 바로 A×B의 결과이다. 이제 책의 시작 위치로 돌아가서 *y*축을 따라 회전시킨 후(B), 그 뒤를 이어 *x*축을 따라 회전한다(A). 이때 책의 위치는 B×A의 결과임을 주의하라. A×B와 B×A는 같을까? 답은 분명히 '아니오!'이다. 회전 연산을 하는 순서는 중요하다. 비가환성은 회전 자체가 가진 특성이지 회전하는 대상의 특성은 아니다.

따라서 물리적 세계는 대칭 연산에 대응하는 추상적인 수의 형태와 관련된다. 이 숫자는 3, 4와 같은 보통의 숫자와 다르다. 3과 4를 이 순서대로 곱하면 그 값은 12이다. 반대 방향으로 4와 3을 곱해도 여전히 그 값은 12이다. 이러한 점에서 산술은 단순하다. 곱셈에서 순서는 중요하지 않기 때문이다. 산술 곱셈은 가환적이다. 그러나 지금 다루는, 물리계에 작용하는 연속 대칭 연산에 대응되는 추상적인 수는 곱셈이 가능하지만 그 순서가 중요

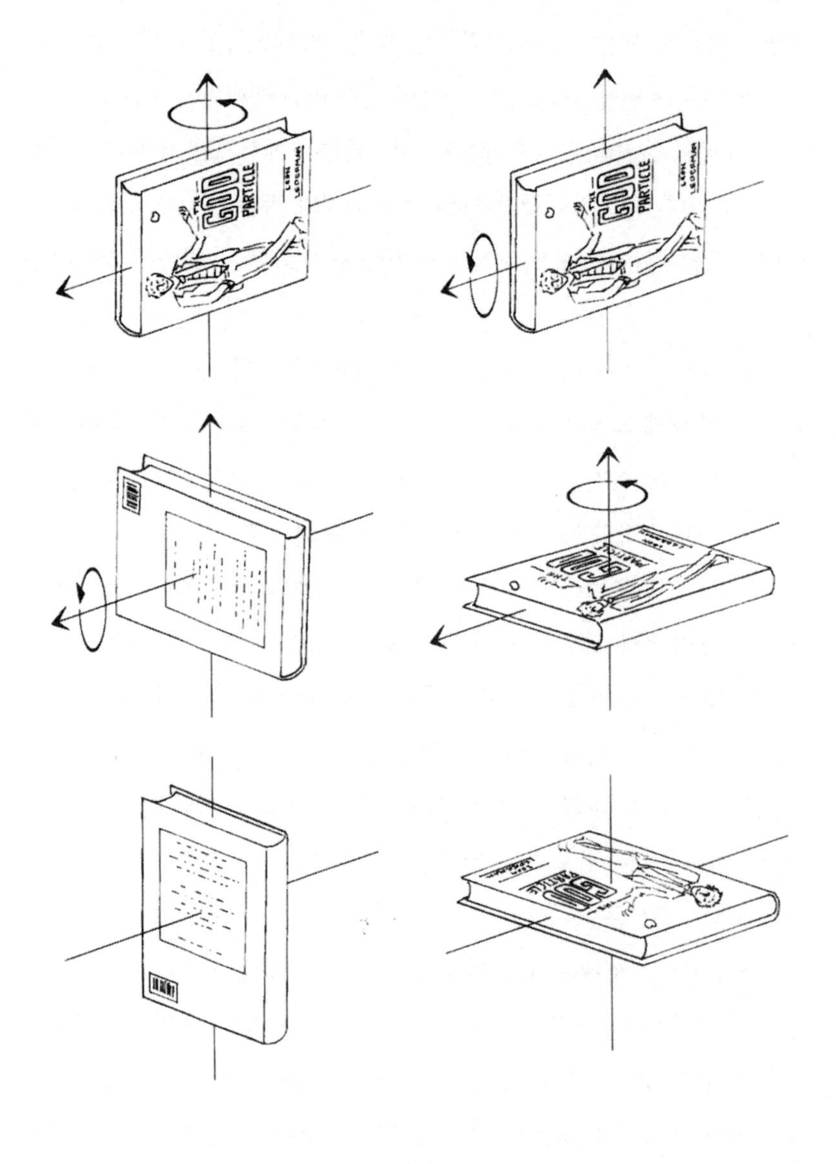

그림 A3 신의 입자 회전시키기. 회전을 반대의 순서로 하면 책은 다른 위치에 놓인다. 우리 우주에서 회전은 가환이 아니다. (그림 시어 페렐.)

해진다. 여러분은 방금 비가환 군의 두 가지 예인 S_3와 SU(2)를 살펴보았다.

대칭군의 자격을 부여하는 특성들의 최소 집합은 수많은 대칭을 연구해 온 수학자가 일반화하였다. 이 특성들은 대칭의 핵심을 잡아내어, 논리적이고 대수적인 일련의 진술 속에 그것을 부여한다. 그 특성을 열거하면 다음과 같다.

1. 군이란 원소 X_i와, 임의의 두 원소의 곱이 그 집합의 다른 원소가 되도록 하는 (닫힘성) 합성 규칙으로 이루어진다.
2. 모든 군은 그 군의 임의의 원소 X에 대해 $1 \times X = X \times 1 = X$를 만족하는 유일한 항등원을 가진다.
3. 군의 모든 원소는 유일한 역원을 가진다. 곧, 원소 X에 대해 $X \times X^{-1} = X^{-1} \times X = 1$을 만족하는 오직 하나의 원소 X^{-1}가 존재한다. (X와 X^{-1}는 같을 수 있음에 주의하라.)
4. 군의 곱셈은 결합 법칙을 만족한다. 곧 $X \times (Y \times Z) = (X \times Y) \times Z$이다.

위 공리에서 군을 증명하는 수많은 정리가 나온다. 모든 군의 곱셈표가 '마방진'을 형성한다는 사실도 이러한 공리들에서 도출된다.

결합성associativity은 약간 미묘한 개념이다. 임의의 원소 X, Y, Z에 대하여, 시작 위치에 있는 삼각형에서 첫 번째로 연산 Y를 하고 그다음으로 연산 Z를 한 다음, 그 결과를 기억(이 결과를 W로 부르자)한 상태에서, 다시 삼각형의 시작 위치로 돌아가 X를 한 다음 W를 한다. 이러한 연산의 순서는 언제나 X를 하고 Y를 한 다음 Z를 한 결과와 같다. 조금 복잡해 보이겠지만, 이것이 바로 연산이 갖는 결합성의 진정한 의미이다.

흔히 결합성을 당연한 것으로 생각들 하는데, 이는 일반적으로 접하는 산술 연산이 결합적이기 때문이다. 곧 3 × (4 × 5) = (3 × 4) × 5이기 때문이다. 그러나 순수수학에서는 $X \times (Y \times Z)$가 $(X \times Y) \times Z$와 같지 않은 비결합적 계가 존재한다. 이러한 계들로는 ×가 나눗셈을 의미하는 경우를 들 수 있다. 다시 말해, '3 나누기 4 나누기 5' 라고 말할 때, (3 / 4) / 5 = 0.15인지 3 / (4 / 5) = 2.75인지를 주의해야 한다. 따라서 나눗셈(역수의 곱으로 간주하지 않는 경우)은 비결합적이다. 덧붙여 말하면, '정규다원체' 라는 더 전문적인 계는 이러한 아이디어에서 나왔다. 정규다원체에서는 '8원수' 라는 새로운 종류의 수가 나왔다. 어떤 이론물리학자는 비결합성 수학을 물리학과 접목하려 시도했다. 8원수는 1970년대 중반 쿼크 물리학과 관련이 있을지도 모른다고 생각되었지만, 그 아이디어는 더는 발전하지 못했다. 비결합성은 자연에 대한 기술로서는 별 의미가 없는 듯하다. 따라서 우리가 아는 한, 자연은 언제나 결합적이다. 대칭은 자연과 관련이 있으며, 대칭군은 언제나 결합적이다.

군을 정의하는 공리를 모든 대칭에 대한 정의로 받아들이면, 존재할 가능성이 있는 모든 가능한 대칭은 수학적으로 분류 가능하다. 불연속적인 대칭들의 완전한 분류는 오랫동안 해결이 어려운 문제였으며, 지난 수십 년 만에 겨우 완성되었다.[2] 추상적인 세계에서만 존재하는 위력적인 불연속 대칭들도 있다. 예를 들어, n차원 공간에서 구 최조밀쌓기closest packing of spheres로 정의되는 결정 격자가 존재한다고 상상할 수 있다. 볼 베어링으로 가득한 무한한 상자를 생각해보자. 상자를 적절한 만큼 흔든다면, 볼 베어링은 규칙적인 결정 격자의 상태로 떨어진다. 여기서 2차원, 4차원, 임의의 차원에서 볼 베어링이 형성할 수 있는 서로 다른 격자가 몇 개나 되는지 의문을 가질 수 있다. 이러한 '격자군' 은 엄청난 수의 대칭 연산을 가진 불연속 대칭군이다. 서로 다른 차원에서 존재하는 격자와 그들의 대칭들 사이에는 유사점이 많다. 놀랍게도 정확히 26차원에서, 그보다 낮은 차원에서는 존재하지 않는 특별한 종류의 격자가 생겨난다. 그것은 '예외적인 대칭'으로서, '몬스터군'이라 한다. 몬스터군에는 8×10^{56}가지의 대칭 연산이 존재한다.

몬스터군과 같은 예외적인 대칭은 가능한 모든 불연속 대칭을 분류하려는 과정에서 맞닥트리는 골칫거리이다. 가능한 모든 이산 대칭을 찾는 문제를 해결하려면 컴퓨터를 사용하여 어마어마하게 복잡한 불연속 대칭들의 분류 정리를 증명해야 한다. 어떤 사람도 혼자 그 증명 전체를 이해할 수 없다고 한다. 실제로, 이러한 증명은 다소 불안정하므로, 오늘날에는 복잡한 정리를 증명하려고 컴퓨터를 사용하는 수학의 분야가 따로 있을 정도이다. 컴퓨터를 사용하여 수학의 정리를 증명한다는 새로운 생각은 여러 가지 이유로 수많은 사람의 심기를 매우 불편하게 한다. 원리적으로 컴퓨터가 올바른 결과를 내는지 어떻게 알 수 있을까? 컴퓨터는 결국 우리 인간들보다 추상 세계를 더 잘 이해할 수 있을까? 그러한 점에서 우리 인간은 아직도 덜 진화되었을까?

다행히도, 조금 전 우리가 정삼각형에 대해 해보았던 연습은 모든 간단한 기하 도형에 적용 가능하다. 정사각형에서는 어떨지 시도해 보자. 정사각형의 대칭 연산의 개수를 세어보면 몇 개나 될까? (답은 위에서 보았듯 8개이다.) 그 대칭 연산을 나열한 후 곱셈표를 작성해보자. 그다음에는 정육면체(정사각형의 3차원 일반화)나 초입방체(정육면체를 임의의 차원에 일반화한 형태)에 대해 시도해보자. 이들 각각은 저마다의 대칭 연산 집합을 가지며, 그 집합에는 고유의 대칭군이 있다.

셔먼의 미국 수학능력시험 모의고사 문제

이제 대칭이 물리학 문제에서 어떤 역할을 하는지 살펴보자. 옆집 고등학생 셔먼이 미국 대학수학능력시험SAT 연습 시험에서 물리 문제 하나를 풀게 되었다. 셔먼은 시험에서 고득점을 얻어 등록금이 비싼 사립대학교에 들어가 법학 공부를 해서 변호사가 되고 싶다. 그는 물리와 수학 문제를 두려워한다. 그러나 다음 물리 문제를 이해하고 셔먼의 풀이 과정을 따라가다 보면, 사실 물리나 수학에 대해 그다지 많이 알 필요가 없다는 사실을 깨닫게 된다. 방정식을 쓰지 않아도 물리계가 구체적으로는 어떻게 작용하고 어떻게 대칭에 지배되는지 감을 잡을 수 있다.

세 질량이 삼각형의 형태로 배열되었고 그 중심에 네 번째 질량이 놓여 있다(그림 A4). 삼각형으로 배열된 세 질량에 의해 중심에 놓인 질량이 받는 중력의 크기는 얼마일까?

그림 A4(a)에서, 질량을 가진 세 물체는 — 이제는 친숙해졌을 — 정삼각형의 형태로 배열된다. 곧, 가상의 삼각형 꼭짓점 마다 물체가 하나씩 놓여 있다. 이들 물체는 모두 정지한 상태로 간주한다. 그 자리에서 얼었거나, 접착제로 고정되어 있다고 생각하자. 물체는 당구공이나 행성, 블랙홀, 원자 또는 매우 무거운 쿼크 등 무엇이든 될 수 있다. 단 그 물체는 거의 완벽한 구, 삼각형의 대칭을 어지럽힐 만한 숨겨진 구조나 내부 구조가 없는 완벽한 점입자여야 한다는 점이 중요하다. 예를 들어 보이지 않는 북극과 남극을 가지거나 제멋대로의 방향을 가리키는 자석이어서는 안 된다(꼭대기쿼크처럼 무거운 쿼크는 무거운 쿼크 대칭heavy-quark symmetry이라는 것과 관련된 이유로 매우 약한 자성이 있다는 사실이 밝혀졌다). 또한, 물체는 순간적으로만 삼각형의 꼭짓점에 머물렀다가 움직여서도 안된다. 따라서, 세 질량으로

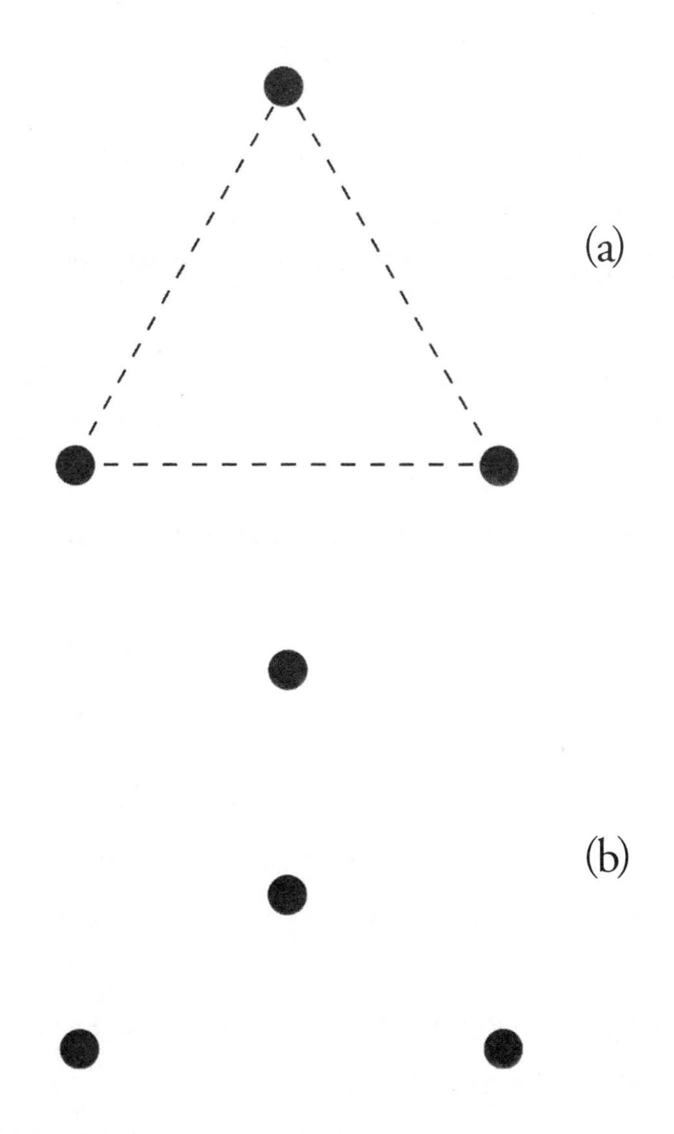

그림 A4 셔먼의 SAT 연습 문제. (a)는 대칭적으로 배열된 세 질량을 나타내며, (b)는 중심에 놓인 네 번째 질량을 보여준다. 중심에 놓인 질량에 작용하는 힘은 얼마일까? (그림 크리스토퍼 힐.)

이루어진 이와 같은 특수한 계는, 앞서 논의한 일반적인 정삼각형 대칭과 정확히 같은 대칭을 가진다. 이때 계가 정삼각형의 대칭 S_3를 가진다고 말한다.

이제 그림 A4(b)를 보면 네 번째 물체는 삼각형 배열의 중심에 놓여 있다. 이 물체 역시 어떤 것이든 될 수 있지만 대칭을 무효로 만드는 내적 특성이 없어야 한다. 네 번째 물체가 계의 중심에 있는 경우에도, 계는 정삼각형 대칭을 가진다.

셔먼이 풀어야 하는 물리 문제는 다음과 같다. '삼각형의 꼭짓점에 있는 세 물체에서 중심의 물체가 느끼는 중력의 힘은 얼마인가?' 한번 생각해보고 스스로 답을 구해보길 바란다. 힘에는 강도 곧 세기와 방향이 있다는 사실을 기억하라. 크기와 방향을 모두 갖는 것을 가리켜 '벡터'라고 부른다. 보통 작은 화살표를 가지고 벡터를 표시하는데, 이때 화살표가 가리키는 방향은 벡터의 방향이며 그 길이는 벡터의 크기를 나타낸다. 벡터의 크기가 0이면, 벡터 자체가 0임에 유의하라. 셔먼의 문제에 대한 답이 0이라고 생각했다면, 여러분은 맞았다!

그러나 셔먼은 무턱대고 힘을 계산해서 문제를 해결하려 한다. 셔먼은 벡터 수학을 이용하여 중심 질량에 작용하는 각 질량의 힘 벡터를 서로 더하려 한다. 이는 분명히 중심 물체에 가해지는 최종 힘을 계산하는 타당한 방법이다.

안타깝게도, 이 방법을 사용하면 계산의 양이 매우 많아지는데, 셔먼은 그림 A5(a)와 같은 결과를 얻었다.

대칭을 사용하여 이 문제의 정답을 확인하는 쉬운 방법이 있다. 그림 A5(a)에 나타난 셔먼의 답을 보자. 이 답은 주어진 상황의 대칭을 따르는가? 삼각형을 대칭축 I에 대해 뒤집으면, 같은 물리계를 얻는다는 사실을 기억

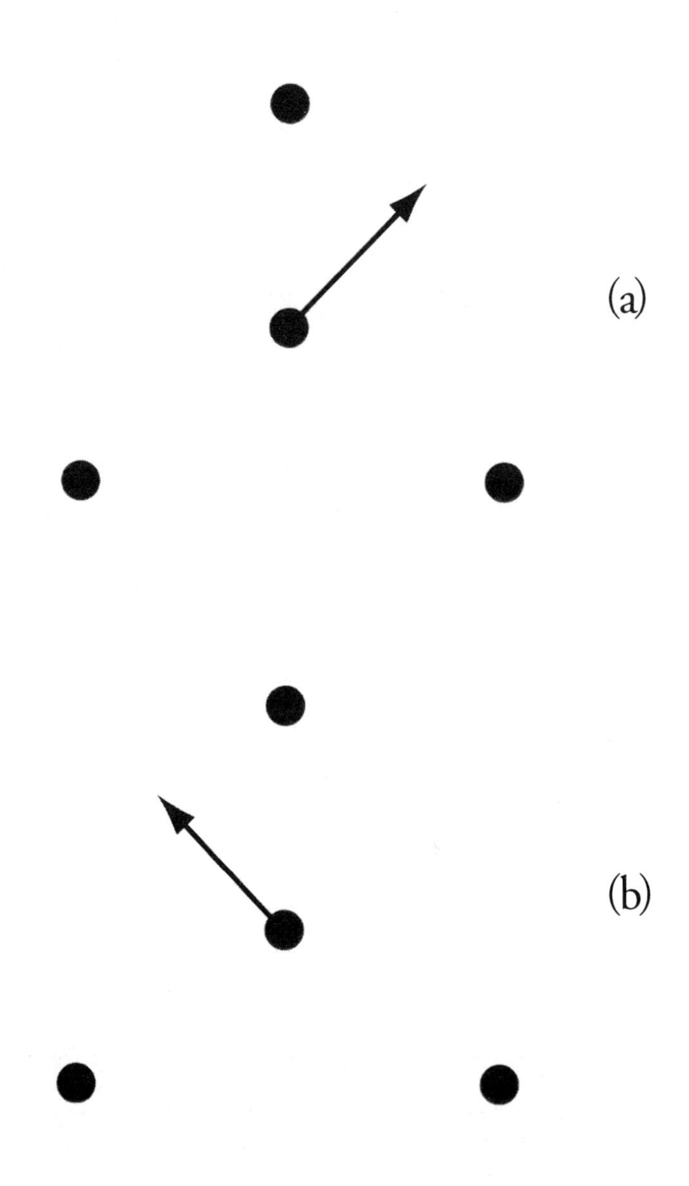

그림 A5 셔먼이 계산한 틀린 답. (a)는 셔먼이 계산한 힘 벡터이며, (b)는 축 I에 대해 그 결과를 반사시킨 것으로서 셔먼의 답과 다르다. 물리계는 같으므로 셔먼의 답은 정답이 아니다.

하라. 그러나 셔먼의 답을 축 I 에 대해 뒤집으면, (b)와 같은 결과를 얻게 된다. 중심에 있는 질량이 경험하는 힘은 셔먼의 답과 다르다. 그러나 대칭에 의해, 이 상황은 모든 면에서 이전과 같은 물리 문제이므로, 두 답은 같아야 한다! 따라서 셔먼의 답은 정답이 아니다.

자신의 답이 틀렸다는 사실을 알게 된 셔먼은 재빨리 풀이 과정을 확인하고는 실수했음을 깨달았다. 그는 사용한 방정식 중 하나에 존재하는 음의 기호를 놓치는 바람에 두 벡터의 x성분을 빼지 않고 더해버렸다. 답을 수정한 그는 그림 A6(a)와 같은 결과를 얻었다. 이제 힘 벡터는 대칭축 I 위에 놓여 있다. 따라서 삼각형을 축 I에 대하여 뒤집어도 같은 답을 얻는다. 확인 절차를 통과했으므로 이 답은 정답일지도 모른다.

그러나 정삼각형의 대칭은 축 I를 기준으로 한 뒤집기보다 더 큰 변환 집합이다. 중심을 고정한 채 삼각형을 120도 회전시킬 수도 있다. 마찬가지로 셔먼의 답을 회전하면, 그 결과가 그림 A6(b)와 같이 달라진다는 사실을 알 수 있다. 따라서 이 답 역시 정답이 아니다. 같은 물리계는 대칭 연산을 적용하기 전과 후에 같은 물리적 결과를 산출해야 하기 때문이다! 답이 틀렸다는 사실을 안 셔먼은 다시 책상으로 가서 계산을 반복한다. 그는 또 다른 실수를 찾아내고, 수정한다. 마침내 그는 정답을 알아낸다. 그것은 바로 0이었다!

중심에 있는 질량에 작용하는 힘은 정삼각형의 대칭에 따라 0이 되어야 한다. 여러분은 처음부터 정답을 추측해 내었을지도 모르겠다. 정삼각형의 대칭은 이렇게 단순한 예의 물리에까지 미치며 근본적인 방식으로 그 결과를 강조한다.

그러나 여기에 놀라운 사실이 있다. 여기서 말하는 힘이 중력이 아닌 다른 힘이라고 가정해보자. 전하들 사이에 작용하는 전기적 인력이나, 원자핵

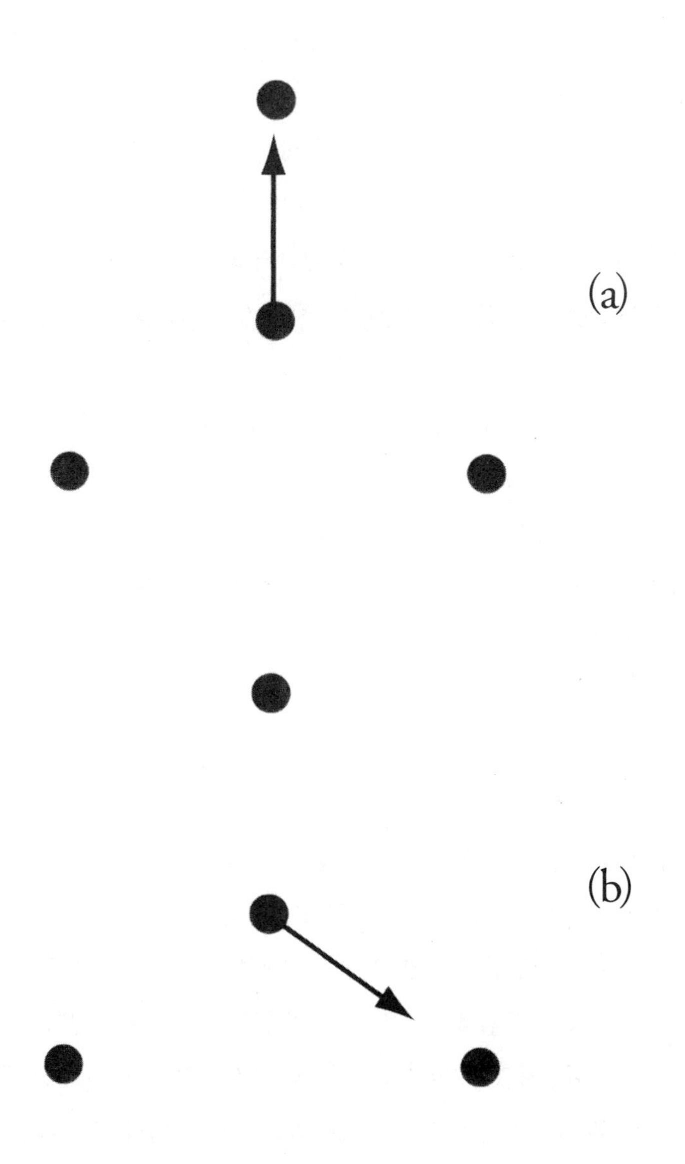

그림 A6 셔먼이 수정한 답. (a)는 축 I 에 대해 올바르게 반사되도록 수정된 힘 벡터값이다. 그러나 (b)에서 볼 수 있듯, 120도 회전 후에 그 답은 달라진다. 따라서 이 답도 정답이 아니다. 유일하게 가능한 정답은 $F = 0$이다!

안에서 양성자와 중성자를 단단히 묶어주는 강핵력, 쿼크를 결합하여 핵을 구성하는 입자로 만드는 힘이어도 된다. 삼각형으로 배열된 네 블랙홀의 중력일 수도 있다. 정삼각형 대칭이 문제에 등장하는 물리계의 대칭인 이상, 중심의 힘은 그 힘을 내는 것이 무엇이든 관계없이 0이다. 이러한 결과는 중력이나 전자기력, 또는 양자색동역학의 특수성에 따르지 않고 대칭에 의해 나타난다. 꼭짓점의 세 입자는 블랙홀일 수도 있고 자기 단극일 수도 있지만, 결과는 언제나 0으로 같다!

셔먼의 두번째 SAT 연습 문제는 다음과 같다. 정확히 구의 대칭을 가진, 속이 빈 행성의 중심에 있는 물체에 작용하는 중력은 얼마인가? 이번에 셔먼은 심지어 억지로라도 계산을 시도하지 않았다. 그에게는 이제 대칭이 여기에서도 힘을 결정한다는 사실이 분명해졌다. 셔먼은 제대로 배웠다. 대칭이 최고다!

연속 대칭군

원은 풍부한 대칭을 보여준다. 앞으로 보게 되겠지만, 실제로 원은 정삼각형에 비하면 무한한 대칭을 가진다! 똑같은 반지름을 가진 두 원을 한 쌍의 슬라이드나 투명 종이에 그린다. 이 원들은 중심에서 서로 포개어진 채 고정되어 있다. 중심을 고정한 채 위의 원을 부드럽게 회전시켜 보자. 어떤 각도로든 회전시킬 수 있다. 0부터 360도 사이의 어느 수든 그에 대응되는 회전은 무수히 많다. 가장 흥미로운 점은 우리가 위의 원을 아주 미세하게, 무한소만큼 회전해도 그것은 아래 원과 겹쳐진다는 사실이다. 따라서 한 원이 정확히 다른 원 위에 겹쳐지는 방법은 무한히 많다. 정삼각형은 그러한 방법이 여섯 가지뿐이며, 삼각형의 위치를 옮길 때 위의 삼각형을 들어 올려서 일정한 단계 — 뒤집거나 120도의 불연속적인 회전 등 — 를 거친 후 이동시킨다. 삼각형에서는 무한소의 대칭 연산이 존재하지 않지만, 원의 경우에는 무한소 회전 변화가 대칭 연산이 된다.

이것이 정삼각형과 원의 대칭이 갖는 주요한 차이다. 정삼각형 대칭에는 무한소 대칭 연산이 존재하지 않는다. 삼각형은 집어 올린 다음 적어도 120도는 회전시키거나 뒤집어야 다른 삼각형과 포개진다. 원은 어떤 회전이든 대칭 연산이 된다 0.000000001도 만큼의 회전도 원의 대칭 연산이다.

원의 대칭 연산 전체의 집합도 군을 형성한다. 수학자들은 여기에도 특별한 이름을 붙였다. 원의 대칭군은 U(1)이라고 한다. 이 군에 속한 대칭 연산은 무한하며 0이 아닌 가장 작은 대칭 연산은 존재하지 않는다. 이와 달리 정삼각형의 대칭군에는 이산적인 단계가 있으며 무한소 연산을 갖지 않으므로 불연속적이다. 원의 대칭군은 무한소 연산을 가지고 있으며, 대칭 연산의 개수가 무한하므로 연속적이라고 표현한다.

연속 대칭군은 무한히 많은 대칭 연산이나 원소를 갖기 때문에 곱셈표를 그릴 수 없다. 곱셈표의 원소들은 사실상 무한대에 무한대를 곱한 만큼 존재한다. 그렇다면 연속 대칭군을 어떻게 분석해야 할까? 미적분학을 배운 학생이라면 연속 함수에 적용되는 변화율, 또는 미분의 개념이 연속 대칭들에도 적용될 것으로 추측했을지도 모르겠다. 사실 이는 연속 대칭을 분류하는 방식의 핵심이다. 곱셈표 전체를 분석하는 대신 미소 대칭 연산, 또는 무한소 대칭 연산(각에 대한 회전의 미분)을 보기만 하면 된다. 이들은 그 군의 생성자라고 한다. 생성자를 가지고 그 군의 모든 대칭 연산을 재구성할 수 있다. 따라서 생성자는 포함된 특수한 수학적 계를 형성하며, 이 계는 유명한 노르웨이 수학자 소푸스 리Sophus Lie의 이름을 따서 리 대수Lie algebra라고 한다. 리는 1842년에 태어났으며 리 대수의 기법을 개척한 사람이다.[3] 무한한 변환 집합 대신 리 대수를 고려함으로써, 존재할 수 있는 가능한 모든 연속 대칭이 정해졌다. 가능한 모든 연속 대칭은 수학자들, 특히 20세기 초에 활동한 프랑스 수학자 엘리조지프 카르탕이 분류하였다.

원은 오직 한 방향으로만 회전시킬 수 있기 때문에, 대칭군 U(1)은 생성자 하나만으로 구성된 자명한 리 대수를 가진다. 다음 단계로 올라가면 '3차원의 원' 인 구가 나타난다. 하나의 구가 공간 속에 떠 있으며, 그 중심은 특정 지점에 고정된 상태라고 가정하자(예를 들면 농구공이 그 중심은 고정된 공간 속에 떠 있다고 가정하자). 중심을 고정한 채로, 원래의 구 자체에 포개질 수 있는 모든 회전에 대해 상상한다. 그와 같은 회전의 수는 분명히 무한히 많다. 농구공, 곧 구는 2차원 평면에 놓여 있는 원과는 다르다. 중심을 지나는 모든 직선에 대해 구를 회전시킬 수 있으며 그와 같은 회전은 구를 원래의 위치와 형태대로 유지한다.

구의 경우에는 세 개의 생성자가 있다. 이들은 가상의 x, y, z축에 대한 미세 회전이다. 구의 대칭 연산 역시 무한히 많다. 구는 세 개의 차원에서 회전시킬 수 있으므로 원보다 무한히 더 많은 대칭 연산을 가진다. 따라서 구가 원보다 더 큰 대칭군을 가진다고 말한다. 수학자들은 구를 불변으로 하는 대칭 연산의 집합을 대칭군 SU(2)라고 부른다. (SU(2)는 SO(3)이라는 또 다른 군과 등가이다. 사실, SU(2)가 SO(3)을 포함하므로 정확한 등가는 아니지만, 여기서는 이렇게 미묘한 부분까지는 고려하지 않는다.)

SU(2)의 생성자를 T_x, T_y, T_z라고 표시하면, SU(2)군의 원소인 임의의 연산(회전)은 θ_x, θ_y, θ_z가 군원소의 회전각(또는 '매개변수')일 때, $\exp(iT_x\theta_x + iT_y\theta_y + iT_z\theta_z) = 1 + iT_x\theta_x + iT_y\theta_y + iT_z\theta_z + \cdots\cdots$ 와 같이 표현될 수 있다. 이렇게 매우 작은 회전각의 근사적인 형태를 기술했으며, 이때 지수 함수는 급수 전개로 정의된다.

여기서도 비가환성의 흥미로운 특성과 마주친다. 구에 회전 연산 A를 한 다음 B라는 또 다른 회전 연산을 하면 A×B라고 간주할 수 있는 결과를 얻는다. 그다음 이 회전을 반대로 해서 B×A를 얻는다. 일반적으로 AB와 BA는 같지 않은데 이러한 성질은 비가환성이라고 한다. x축에 대한 무한소 회전 후 y축에 대한 무한소 회전의 결과와 반대순서의 회전의 결과를 비교하면 생성자들끼리 다음과 같은 관계, $T_xT_y - T_yT_x = 2iT_z$, $T_yT_z - T_zT_y = 2iT_x$, $T_zT_x - T_xT_z = 2iT_y$를 맺는다. 이러한 관계식은 곱셈표가 S_3군을 정의한 것과 마찬가지로 SU(2)군의 리 대수를 정의한다. 이것은 유한한 원소를 가진 불연속 군에 존재했던 곱셈표의 유사물이라 할 수 있다. 이제 비가환적인 리 대수를 만족하는 유한수의 생성자를 가진다. 모든 연속 대칭들의 분류 문제는 이제 모든 리 대수를 분류하는 문제로 환원되었다.

$T_xT_y - T_yT_x$와 같은 관계식은 군론과 양자역학(심지어는 고전역학에서도)에서 매우 중요하므로, 특별한 이름이 있다. 이들은 교환자commutator라 하며, $T_xT_y - T_yT_x = [T_x, T_y]$로 표현한다. 군 생성자들의 곱은 결합적이다.

리 대수가 둘 또는 그 이상의 부분들로 분해되는 일은 상당히 빈번하게 일어나며, 이때 각 부분은 나머지 다른 부분(들)과 완벽하게 호환된다. 이러한 사실은 둘 또는 그 이상의 대칭을 의미한다. 이와 같은 방식으로 분해되지 않는 리 대수는 단순군이라 한다. 더 복잡한 군은 두 대칭군을 데카르트 곱의 의미로 '곱함'으로써 얻는다. 이러한 예는 바닥쿼크bottom quark(흔히 'b-쿼크'라고도 한다)와 같은 무거운 쿼크에서 찾아볼 수 있다. 바닥쿼크는 스핀을 가지며, 따라서 회전 대칭군 SU(2)를 대표하지만, 이와 동시에 쿼크색도 있으므로 쿼크색 대칭군 SU(3)를 대표한다. 따라서 바닥쿼크에 적용되는 결합 대칭군은 합성체, 곧 곱의 군product of group SU(2) × SU(3)이며, SU(3)의 모든 색 회전은 SU(2)의 스핀 회전과 호환된다.

가능한 모든 리 대수들의 분류는 20세기 초에 완성되었으며, 카르탕 분류로 알려졌다. 리 대수는 다음과 같이 분류된다.

1. N 실수 좌표 차원에 존재하는 구의 회전 대칭 : O(2) = U(1), SO(3) = SU(2), SO(4), SO(5), ⋯ , SO(N), ⋯
2. N 복소수 좌표 차원에 존재하는 구의 회전 대칭 : U(1), SU(2), SU(3), SU(4), ⋯ , SU(N), ⋯
3. 심플렉틱 군은 N 조화 진동자의 대칭이다 : Sp(2), Sp(4), ⋯ , Sp(2N)
4. 예외군 : G_2, F_4, E_6, E_7, E_8

예를 들어, 특수 직교군이라고도 하는 SO(N)군은 N차원 공간에 거주하는 구의 대칭이며 이때, 공간은 실수 좌표를 가진다. 이들은 따라서 1 = $(x_1, x_2, \cdots, x_N) \rightarrow (x_1', x_2', \cdots, x_N')$인 함수로서 N차원 구를 불변으로 하는, 곧 $x_1^2 + x_2^2 + \cdots + x_N^2 = x_1'^2 + x_2'^2 + \cdots + x_N'^2$인 변환들의 집합이다. $(x_1, x_2, \cdots, x_N) \rightarrow -(x_1', x_2', \cdots, x_N')$와 같은 반사도 구를 불변으로 하는 불연속 변환임에 유의하라. 반사는 SO(N)의 정의에서 생략되었으며, 이러한 이유로 S는 SO(N)에서 '특별하다'(전문 내용이지만 '직교군' O(N)은 이러한 불연속적인 반사를 포함한다). 반면에, '특수 유니터리 군'이라고 불리는 SU(N) 군은 복소 좌표를 가진 N 공간 차원에 존재하는 구의 대칭이다. 이들은 따라서 $z_1^2 + z_2^2 + \cdots + z_N^2 = z_1'^2 + z_2'^2 + \cdots + z_N'^2$인 함수이면서 복소 N차원 구의 방정식 $|z_1|^2 + |z_2|^2 + \cdots + |z_N|^2 = |z_1'|^2 + |z_2'|^2 + \cdots + |z_N'|^2$을 불변으로 하는 변환들의 집합이다.

계의 역학적인 상태를 복소 공간의 벡터로 표현하므로, 이러한 대칭은 양자역학과 관련을 맺는다(이는 사실 파동함수보다 더 근본적인 기술방식이다).

예를 들어 쿼크색은 '빨강', '파랑', '노랑'이라고 불리는 축을 가진, 색 대칭군이 SU(3)인 3차원 복소 좌표 공간의 벡터이다. 여기서 대칭의 일부인 U(1)의 전체 인자들은 SU(N)의 정의에서 생략된다(엄밀히 말하자면, '유니터리 군' U(N)이 U(1)을 추가 인자로 포함한다). 심플렉틱 군은 비가환 숫자들로 구성된 2N 차원 벡터에 작용하며 유사한 불변성이 있다.

마지막으로, 그 유명한 예외군(돌발군, 예외적 리군이라고도 부른다—옮긴이) G_2, F_4, E_6, E_7, E_8에 이른다. 이들 군의 대칭에 대해서는 단순하고 분명한 해석이 존재하지 않지만, 그럼에도 이들은 주목할 만한 특성이 있다. 예외군은 국소 게이지 대칭에 따라 기술되는 자연의 근본 힘을 통합한다는 점에서 매력적인 대칭군이다. 그 까닭은 자연의 알려진 힘이 게이지 군들 $U(1) \times SU(2) \times SU(3)$로 기술되고, 이 군은 자연스럽게 SU(5)에 들어가며(곧, 이들은 더 SU(5)의 부분군이다), SU(5)는 다시 SO(10)에 들어가기 때문이다. SU(5) 군은 1970년대 중반 하워드 조지와 셸던 글래쇼가 제시한 최초의 대통합 이론이었다. 이 군은 서로 포함 관계를 갖는 예외군들의 집합에 자연스럽게 들어간다.

$$SO(10) \subset E_6 \subset E_7 \subset E_8$$

1980년대에 존 슈워츠와 마이클 그린은 가장 큰 예외군 E_8(정확히 말하면 직적 $E_8 \times E_8$)이 끈 이론과 긴밀한 관련이 있으며, 양자역학적 초끈에 따라 모순 없이 허용되는 자연의 몇 안 되는 대칭 중 하나를 대표한다는 사실을 증명했다. 이 사실은, 끈 이론이 모순 없이 자연스럽게 양자 중력을 포함하는 듯하다는 주장과 더불어, 자연의 모든 힘에 대한 궁극의 이론일지도 모를 초끈 이론에 엄청난 흥미를 불러일으켰다.

참고문헌

영문 웹 사이트 문서나 책 제목은 영문 표기하고 한국어판 도서가 있으면 따로 표기했다. 모든 웹 사이트는 2011년 12월에 접속이 확인되었다. 몇 개는 바로 접속해 볼 수 있도록 QR코드를 넣었다. (편집자 주)

서문

바흐 음악과 대칭성

1. 알베르트 슈바이처Albert Schweitzer, 『J. S. Bach』 어니스트 뉴먼Ernest Newman 옮김 (Mineola, NY : Dover, 1966), pp. 99–101, 227.
2. 바흐의 전기와, 음악 형식의 흥미로운 역사와 대칭과의 관계를 분석한 내용은 북애리조나 대학교의 티모시 스미스Timothy Smith 교수의 웹 사이트 「Sojourn : The Canons and Fugues of J. S. Bach」 (http://jan.ucc.nau.edu/~tas3/bachindex.html), 「Luneburg (1700–1703)」 (http://www.let.rug.nl/Linguistics/diversen/bach/lueneburg.html) 에 있다. 스미스 교수는 바흐의 음악에서 발견되는 복잡한 대칭 패턴의 일부를 지칭하는 표현으로 'back and forth technique' 이라는 용어를 만들었다.
3. 티모시 스미스Timothy Smith가 쓴, 「Bach : The Baroque and Beyond–– The Symmetrical Binary Principle」 (http://jan.ucc.nau.edu/~tas3/bin.html# note2) 를 참고하라. '춤을 모방하듯 나열된 음과 악절들은 무도회 사교 춤의 한데 얽힌 스텝처럼 서로 결합되고, 선율은 대칭적으로 배열되었으며, 이 모든 것들이 음악으로 쓴 시라고 할 수 있는 '곡' 을 형상화했다. 프랑스의 모든 야심이 직접적으로 향한 곳에 …… 마치 튈르리 궁전의 정원을 구성하는 울타리의 장식같은 미묘한 대칭적 분할들을, 곡 하나 안에 음악적 형태들로 구성한다. 바흐와 동시대인인 역사가 르블랑Abbot Jean–Bernard LeBlanc이 썼다고 생각되는 이 인용문은 부코프처Manfred F. Bukofzer가 지은 『Music in the Baroque Era』 (New York : W. W. Norton, 1947) p.351에 실려 있다.
4. 윌리엄 맨체스터William Manchester 『A World Lit Only by Fire : The Medieval Mind and the Renaissance Portrait of an Age』 (Boston: Back Bay Books, 1993), p.230 (한국어판 : 『불로만 밝혀지는 세상』)
5. 윌 듀란트Will Durant와 애리얼 듀란트Ariel Durant 『The Story of Civilization 2 : The Life of Greece』 (New York: Simon & Schuster, 1966), pp. 636–37
6. 사이먼 싱Simon Singh 『Fermat's Enigma』 (New York: Walker, 1997), pp. 223–26에서 군론과 갈루아의 생애에 관한 풍부한 설명을 참고하라. (한국어판 : 『페르마의 마지막 정리』)

7. 대칭의 기본적인 수학적 측면에 흥미가 있다면, 부록에서 기본적인 개념들과 이해하기 어렵지 않은 군론의 '놀라운' 결과들을 볼 수 있다. 이상적으로 생각하면 이 내용은 고등학교 대수 시간이나 물리학 시간에 대칭의 입문으로 학습하기에 적합하다. 비 오는 일요일 기분전환용 수학 훈련으로도 좋다.

1장

1. 빅뱅 이론 입문의 영원한 고전인, 스티븐 와인버그Steven Weinberg가 지은 『The First Three Minutes』 (New York: Basic Books, 1977)을 참고하라. (한국어판 : 『최초의 3분』)
2. 헤시오도스Hesiod 『Theogony』, N. Brown 옮김. (New York: Liberal Arts Press, 1953), Ⅱ. 116-138 관련 웹 사이트 「Online Medieval and Classical Library Hesiod」의 「Hesiod, the Homeric Hymns and Homerica」(http://sunsite.Berkeley.edu/OMACL/Hesiod/theogony.html)에서 번역본과 해설서를 제공한다. 여기에 그 내용을 요약한다. (한국어판 : 『신통기』)
   가이아는 거대한 외눈박이 괴물인 퀴클롭스(그리스어로 '둥근 눈'이라는 뜻) 삼형제를 낳았으며 이들의 이름은 브론테스, 스테로페스, 아르게스로 각각 천둥, 번개, 벼락을 대표했다(이들은 결국 올림푸스 산에서 제우스의 무기를 만드는 대장장이가 되었다). 가이아가 세 번째로 낳은 자식들은 헤카톤케이레스 삼형제로, 그 이름은 각각 코토스, 브리아레오스, 기에스이며 이들에게는 머리 50개와 팔 100개 달려 있었는데, 팔의 길이는 어마어마했다. 우라노스에게 헤카톤케이레스 삼형제는 너무나 혐오스러웠으며, 가장으로서의 긍지를 모욕하는 존재들임이 분명했다. 그래서 우라노스는 어머니인 가이아의 원망에도 불구하고 이들을 '지구의 비밀스러운 장소'에 가두어 놓았다.
   헤카톤케이레스 삼형제 사건에 분개한 가이아는 그녀의 아들이자 타이탄인 크로노스에게 우라노스를 타도하도록 설득했다. 크로노스는 매복하였다가 자신의 아버지를 급습하여 낫으로 그를 거세시켰고, 그 결과 타이탄들의 지배자가 되었다. 제거된 우라노스의 생식기는 바다에 던져져 바다 거품이 되었고, 그 거품 속에서 미의 여신 아프로디테가 탄생하였다. 헤카톤케이레스 형제는 감금 상태에서 풀려났다.
   그러나 크로노스는 편집증적인 지배자였다. 자신의 후손이 왕위를 찬탈할까 우려한 그는 자식들을 집어 삼키곤 했다. 그의 아내 레아는 남편 몰래 자식 대신 바위를 삼키도록 해서 나중에 그리스 헬레니즘 문명의 신이 된 제우스와 올림푸스의 12신을 구해냈다. 크로노스는 가이아의 괴물 자식인 퀴클롭스 형제와 헤카톤케이레스 형제를 지하세계인 타르타로스에 던져버렸다. 따라서 우라노스 타도는 가이아의 대의에 별 도움이 되지 못했다. 가이아의 나중 자식인 헤카톤케이레스 3형제는 타르타로스를 지켰다.
결국, 제우스는 자신의 아버지 크로노스와 다른 타이탄들에 대항하여 그들을 물리쳤다. 타이탄들은 모두 타르타로스로 추방되었으나 그중 크로노스만은 탈출에 성공하여 이탈리아에 정착함으로써 로마신 새턴으로 군림했다. 그가 통치한 기간은 지구의 황금기로 일컬어졌으며, 로마에서는 농신제 전통을 통해 그를 기린다. 타이탄들은 제우스와 올림푸스 신들의 지배를 받게 되었다.

3. 아서 쾨슬러Arthur Koestler 『The Sleepwalkers : A History of Man's Changing Vision of the Universe』 (New York: Macmillan, 1959, London : Arkana, 1989), p.35.

빅뱅우주 시간표

4. 원소의 형태에 대한 더 많은 정보를 보려면, 미국공영방송(PBS) 웹 사이트의 「From the Bing Bang to the End of the Universe: The Mysteries of Deep Space Timeline」 (http://www.pbs.org/deepspace/timeline/) 과 WMAP 홈페이지의 「Tests of the Big Bang : The Light Elements NASA」(http://map.gsfc.nasa.gov/m_uni/uni_101bbtest2.html)를 참고하라. 이용가능한 과학 기사는 다음과 같다. 피블스P. J. E. Peebles 외, 「The Case for the Relativistic Hot Big Bang Cosmology」, 『Nature』 352(1991):769 ; 피블스 외 「The Evolution of the Universe」, 『Scientific American』 271(1994):29. ; 구글 같은 검색 엔진에서 '핵합성nucleosynthesis' 을 검색하면 훌륭한 웹 사이트가 많이 나온다. '빅뱅 핵합성Big-bang nucleosynthesis' 은 (최초의 10분 정도에 해당되는) 초기 우주에서 헬륨, 중수소, 리튬이 생성되는 과정을 다룬다. '별의 핵합성stellar nucleosynthesis' 은 별 속에서 중원소들이 생성되는 과정을 다룬다. 철보다 무거운 원소들의 핵합성에 관한 자세한 설명은 「nucleosynthesis」 (http://ultraman.ssl.berkeley.edu/nucleosynthesis.html)에서 찾아볼 수 있다. 별의 핵합성을 다룬 고전적인 참고문헌은 알퍼R. A. Alpher, 베테H. A. Bethe, 가모브G. Gamow의, 『Physical Review』 73(1948):803 ; 버비지E. M. Burbidge 외, 『Reviews of Modern Physics』 29 (1957):547이다. 이 문헌의 저자 이름이 그리스 문자 알파, 베타, 감마를 장난스럽게 의도하고 있다는 점이 재미있다.

천연 원자로 오클로

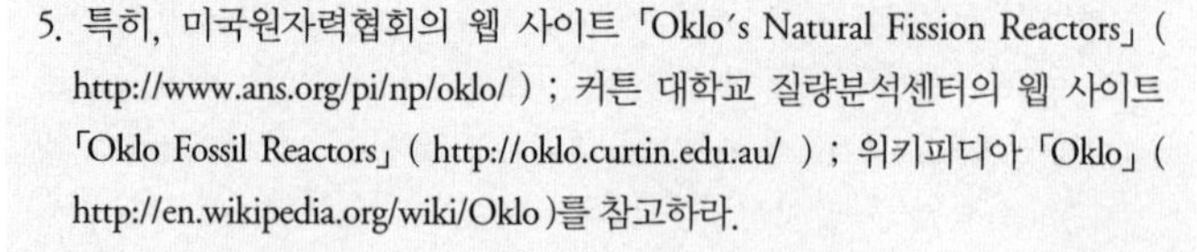
5. 특히, 미국원자력협회의 웹 사이트 「Oklo's Natural Fission Reactors」 (http://www.ans.org/pi/np/oklo/) ; 커튼 대학교 질량분석센터의 웹 사이트 「Oklo Fossil Reactors」 (http://oklo.curtin.edu.au/) ; 위키피디아 「Oklo」 (http://en.wikipedia.org/wiki/Oklo)를 참고하라.

6. 주 5에 언급된 자료들에서 제공되는 내용에 더하여, 물리학에서의 기본 매개 변수들이 갖는 시간 의존성의 한계에 관한 일반적인 논의를 보려면, 다이슨F. W. Dyson, 「Time Variation of Fundamental Constants in Aspects of Quantum Theory」 살람A. Salam, 위그너E. P. Wigner 편집 (Cambridge: Cambridge University Press, 1972), pp.213–36을 참고하라.

2장

1. 물리학, 공학에 등장하는 모든 사물은 세 가지의 기본 물리량, 길이 · 시간 · 질량으로 기술된다. 예를 들어, 성분과 관계없이 어떤 표본이 지닌 물질의 양을 구체적으로 나타내고자 할 때, 그 표본의 질량을 표시한다. '표본'은 양성자, 전자, 어떤 바이러스, 에펠탑, 목성일 수도 있다. 양성자를 기술할 때는 이런 종류의 질량을, 전자를 기술할 때는 저런 종류의 질량을 사용하지 않는다.
   일반적으로 물리학에서는 더 복잡한 양을 다룬다. 예를 들어, 운동의 척도는 물체가 움직일 때의 '속력'이다. 속력은 일정한 양의 시간 동안 지나온 일정한 거리이다. 따라서 속력은 시간 간격으로 나뉘어진 거리 간격이며, 속력의 공학 차원은 L/T라고 표시한다. 가속도는 단위 시간당 속도의 변화율이므로 공학 차원이 L/T^2 이다. 질량을 가진 물체가 운동할 때, 그 역학적 운동의 척도는 '운동량'이다. 운동량은 질량에 속도를 곱한 값, 곧 ML/T이다. 또한 에너지라는 물리량도 다루는데, 에너지는 자연에서 거의 모든 형태로 나타나며, 질량에 속도의 제곱을 곱한 ML^2/T^2 차원이다. 전력은 에너지량의 시간당 변화율로, ML^2/T^3 차원이다. 뉴턴의 방정식에 따르면 힘은 운동량의 시간당 변화율이므로 공학 차원이 ML/T^2 이다.
   과학에서, 우리는 두 가지의 측정 단위 체계들 (1) 센티미터–그램–초 : cgs 단위계 (2) 미터–킬로그램–초 : MKS단위계 중 하나를 주로 사용한다. 이 책에서는 주로 MKS단위계를 사용하였으나 사실 이러한 선택은 본질적으로 임의적이다. MKS단위계에서 질량은 킬로그램 단위로, 길이는 미터로, 시간은 (두 체계에서 모두) 초로 측정된다. 현재 살펴보는 예에서는 다음 변환이 사용된다. 1미터 = 100센티미터 = 3.28피트 = 1.09야드, (지표면에서) 1파운드 = 0.45kg, (지표면에서) 1kg = 2.22파운드, 1년 = 3.15 × 10^7초. 파운드는 무게, 곧 힘의 단위이며 차원은 ML/T^2 이지만 킬로그램은 질량, 곧 M 차원임에 유의하라. 달 표면에서 물체의 무게는 변하지만 질량은 변하지 않는다. cgs단위계가 편리한 것은 실내 온도에서 1세제곱센티미터의 물의 질량이 1그램이기 때문이다.
2. 인터넷 검색 엔진에서 쉽게 여러 단위 간 변환이 가능하다.

3. 영국에서는 피트–슬러그–초 단위 체계를 사용하며, 이때 슬러그는 질량의 단위로서 1파운드의 무게를 g로 나눈 값, 곧 32파운드와 같다. 당연히 물리학자는 이제 이 오래된 영국식 체계를 사용하지 않는다.

4. 또 다른 현대의 자유 에너지 계획안을 보려면, 로버트 파크Robert L. Park, 『Voodoo Science』 (Oxford: Oxford University Press, 2000), pp.3–14을 참고하라. 영구 운동 기관은 일반적으로 에너지의 소비나 생산 없이 무한정 돌아가는 기계로 정의되는 반면, 자유 에너지 기관은 무로부터 여분의 에너지를 생산해내는 기계를 가리킨다. 도널드 시머넥Donald Simanek이 운영하는 웹 사이트 「The Museum of Unworkable Devices」(http://www.lhup.edu/~dsimanek/museum/unwork.htm) ; '비판적 사고를 위한 필라델피아 협회' 웹 사이트 「Eric's History of Perpetual Motion and Free Energy Machines」(http://u2.lege.net/newebmasters.com_freeenergy/external_links_from_phact.org/dennis4.html)를 참고하라.
5. 마크 트웨인이 지은 『바보 윌슨의 비극』의 「14장 바보 윌슨의 달력」 '톰이 폐허를 바라보다Tome Stares at Ruin.'
6. 완전한 역학적 과정에서 실제로 일어나는 것은 더 복잡하다. 에너지와 운동량을 보존하기 위해서는 언제나 또 다른 입자들이 충돌 과정에 개입된다. 그럼에도, 전자에 의한 광자의 방출이나 흡수는 전기동역학을 정의하는 근본적인 과정이다. 우리는 이에 관하여 11장에서 다시 살펴볼 것이다.
7. 데이비드 굿스타인David Goodstein, 『Out of Gas: The End of the Age of Oil』 (New York: W. W. Norton, 2004). 굿스타인은 저서에서 열역학의 매혹적인 역사와 카르노 주기, 기관이 갖는 이론적인 효율성의 한계를 보여주었다. 그는 또한 석유가 고갈된 후 남아 있는 풍부한 석탄광의 채굴을 시작하는 것이 환경을 위협하는 가장 큰 재앙이며, 온실 기체의 엄청난 증가와 지구 온난화가 그 결과로 나타날 것이라고 주장했다.
8. 앞서 언급했듯, 질량은 물체가 가진 물질의 양에 관한 척도이다. 질량이 1,000kg인 자동차의 무게는 지표면에서 1t에 약간 모자란 998kgf('킬로그램 힘'이라 읽으며 킬로그램×미터/초^2)이다. 무게란 물체가 지표면에서 느끼는 중력이다. 흔히 무게의 단위로 혼동되어 쓰이지만 킬로그램은 질량의 단위이다! 차를 달에 가져가도 질량은 1,000kg으로 변하지 않지만 무게는 고작 167.8kgf이다. 차를 공중에서 자유낙하하면 질량은 여전히 1,000kg이지만 무게는 0kgf이다. 물리학에서, 여러분은 언제나 무게에 대해서는 잊어버리고 질량만을 생각해야 한다. 앞의 주 1을 참고하라.
9. 이 책 전반에 걸쳐 우리는 '물리학자의 어림 계산'을 활용할 것이다. 물리적 세계(또는, 같은 맥락에서 사회경제적 세계)를 이해하기 위해 할 수 있는

가장 중요한 일은 소위 말하는 사물의 크기 규모 계산이다.

10. 여기서는 뉴턴 역학의 간단한 운동 에너지 공식 $E = Mv^2/2$을 사용하고 있다. 측정된 물리량들을 토대로 얻는 새로운 물리량인 에너지(E) 등을 계산할 때는 일관된 단위 체계를 사용해야 하며, MKS단위계는 이와 관련하여 매우 편리한 체계이다. 앞의 주 1을 참고하라.

11. 이 간단한 실험을 개인용 자동차를 대상으로 실행한 결과를 오토바이나 소형차의 결과와 비교해보고 싶다면, 각 운송 수단의 질량을 알아야 한다. 뉴카즈닷컴 웹 사이트(http://www.new-cars.com)에 가면, 수동 변속기가 달린 5단 기어의 수입 소형차의 무게가 약 1,177kg(운전자, 휘발유 질량 제외)이라는 사실을 알 수 있다. 실제 실험을 따르면, 시간당 60마일의 속력을 시간당 50마일로 줄이는 데는 약 10초가 소요되므로 소형차는 전력을 약 16,100와트, 곧 16킬로와트를 소비하고 있었음을 알 수 있다. 1갤런의 휘발유에는 110,000,000(1억1천만)줄의 화학 에너지가 함유되어 있다. 시간 당 60마일의 속력, 또는 초당 1/60마일의 속력에서 이 소형차는 마일당 16,000와트/초(초당 1/60마일), 곧 마일당 약 1백만 줄의 에너지를 소비하고 있다. 100퍼센트 효율의 엔진이라면 연비는 (1억1천만 줄/갤런)/(마일당 1백만 줄), 곧 갤런당 약 110마일이다. 그러나, 차의 연비 표시기는 갤런당 35마일을 가리킨다. 따라서 차의 효율은 32퍼센트이다. SUV나 오토바이로 이 실험을 해보면 이들 운송 기관의 연료 소비의 차이와, SUV를 모는 당신과 당신의 이웃이 주유소에서 매번 엄청난 돈을 지불해야 하는 까닭을 알게 될 것이다.

12. 또 다른 에너지 단위인 BTU에서 흔히 인용된다. 미국의 연간 에너지 소비량은, 현재 시점에서 약 10^{15}BTU이다. 미국 자원부 웹 사이트(http://www.eia.doe.gov/emeu/aer/diagram1.html)를 참고하라. 1BTU는 대략 1,000줄이다. 따라서 미국에서는 해마다 10^{20}줄의 에너지가 소비되는 셈이다. 미국에는 약 3억 명의 사람들이 살고 있으며, 1년은 3,000만 초이기 때문에, 미국인들은 평균 약 10,000와트의 전력을 소비한다. 일상 속 개인 소비는 약 3,000와트로 추정된다. 이는 전 세계 평균의 5배 이상이다.

미국의 에너지소비량

13. 많은 사람들은 에너지 수요 문제에 관한 해답이 기본으로 돌아가는 것, 이를테면 장작을 태워 난로를 피우기 등에 있다고 믿는다. 한편, 현재 과학에서는 '생물에너지' 바이오매스 연료를 개발하려는 진지한 노력이 이루어지고 있다. 넓은 지역에 걸쳐 포플러나 미루나무, 버드나무를 심을 수도 있으며, 이들은 효과적으로 태양 에너지를 수집한다. 수치로 생각하면, 나무들은 대략적으로 제곱미터당 1와트의 전력을 산출한다. 이 정도면 태양 효율이 1퍼센트인 셈이며, 인구당 전력 소비가 높은 사회에서 소비하는 최저치

에 해당한다. 사실, 땔감의 연소로 인한 대기 오염의 정도는 낮지 않다. 바이오에너지 정보망 웹 사이트(https://bioenergy.ornl.gov/)를 참조하라. 여러 유용한 생물에너지 척도와 에너지 전환율 등을 제공한다.

14. 더 많은 정보가 필요하다면, 국제열핵융합실험로(ITER) 웹 사이트(http://www.iter.org)를 참고하라.

3장

1. 그러나 우주 최초의 순간, t=0에서의 조건들을 구체화하기 위해 추가 정보가 필요한지는 의문으로 남아 있다. 이 순간의 물리 법칙까지 외삽법extrapolation을 완만하게 적용하는 일이 충분하고 의미있다는 주장이 제임스 하틀과 스티븐 호킹의 저작 「Wave Function of the Universe」, 『Physical Review』 D28(1983): 2960에서 제기되었다.
2. 마시Robert K. Massie, 『Dreadnought』 (New York: Ballantine Books, 1991), pp.38–43
3. 사이먼 싱Simon Singh, 『Fermat's Enigma』 (New York: Walker, 1997), p.100. (한국어판 : 『페르마의 마지막 정리』)
4. 에미 뇌터에 대한 탁월한 전기인 오코너J. J. O'Connor와 로버트슨E. F. Robertson의 「Emmy Amalie Noether」(http://www-gap.dcs.st-and.ac.uk/~history/Mathematicians/Noether_Emmy.html)와 「Emmy Noether」(http://www-gap.dcs.st-and.ac.uk/~history/PictDisplay/Noether_Emmy.html)에서 인용된 1916–1917년도 괴팅겐 대학의 강의 요람에 주목하라. 후자의 웹 사이트에는 방대한 양의 사진이 게시되어 있다. 뇌터의 사진들은 소유권을 알 수 없어 이 책에 싣기 어려웠다.

에미 뇌터

5. 니나 바이어스Nina Byers, 『E. Noether's Discovery of the Deep Connection between Symmetries and Conservation Laws』, 에미 뇌터가 대수, 기하, 물리학에 남긴 유산에 관한 심포지엄에서 발표한 내용 ; 이스라엘 수학회 회보 『Israel Mathematical Conference Proceedings 12(1999)』에 발표된 내용 ; 니나 바이어스 편집 「Emmy Noether : 1882–1935」(http://www.physics.ucla.edu/~cwp/Phase2/Noether,_Amalie_Emmy@861234567.html) 등을 참고하라.
6. 에미 뇌터, 『Collected Papers』, Nathan Jacobson 편저 (New York: Springer Verlag, 1983).
7. 아주 간결하게 말해서, 괴델은 모든 수학적 체계가 언제나 옳다고도 그르다고도 증명될 수 없는 '정리'를 포함한다는 것을 증명했다. 힐베르트의 시대에는 수학이 논리상으로 산술과 등가임이 증명되었다. 공리, 곧 시작 가정은 소수(prime)들의 집합과 유사하다. 예를 들어, 주어진 수학적 체계가

소수 2, 3, 5, 7, 11에 대응하는 다섯 개의 공리를 포함한다고 하자. 증명 가능한 정리들은 이러한 소수 집합들로 인수분해되는 수들로 표현된다. 예를 들어, 수 44에 대응되는 정리는, 44 = 2 × 2 × 11이고, 2와 11은 공리이므로 증명될 수 있다. 그러나 숫자 17에 대응하는 정리는 증명될 수 없는데, 17은 앞서 선택한 다섯 소수의 집합으로 인수분해되지 않기 때문이다. 따라서 유한한 수의 공리들을 포함한 수학 체계는 모두 '불완전' 하다. 이것이 괴델의 정리에 담긴 내용이다. 이에 따라 힐베르트의 유명한 목록에 포함된 위대한 정리 중 몇은 사실상 증명 불가능할지도 모른다는 두려움이 수학자들 사이에서 일었다. 최근까지 페르마의 정리는 괴델의 불완전성의 후보로 여겨져 왔으나, 1993년 프린스턴 대학의 앤드루 와일즈가 당당히 증명하였다. (사이먼 싱, 『페르마의 마지막 정리』 참조.)

8. 헤르만 바일 Hermann Weyl, 「Emmy Noether」, 『Scripta Mathematica 3』 (1935) : 201–20
9. 또 다른 흥미로운 전기 출처들은 다음과 같다. 클라크 킴벌링Clark Kimberling이 운영하는 웹 사이트, 「Emmy Noether (1882–1935)」(http://faculty.evansville.edu/ck6/bstud/noether.html) ; 어거스트 딕Auguste Dick, 『Emmy Noether, 1882–1935』 블로허H. I. Blocher 역 (Boston: Birkhauser, 1981) ; 킴벌링C. Kimberling, 「Emmy Noether」, 『American Mathematical Monthly』 79(1972):136–49 ; 마르타 스미스Martha K. Smith, 『Emmy Noether: A Tribute to Her Life and Work』, 제임스 브루어James W. Brewer 편저 (New York: Marcel Dekker, 1981) ; 킴벌링Kimberling, 「Emmy Noether, Greatest Woman Mathematician」, 『Mathematics Teacher』 75(1982):53–57 ; 린 올슨Lyn M. Olsen, 『Women of Mathematics』 (Cambridge, MA: MIT Press, 1974), P. 141 ; 샤론 맥그레인Sharon Bertsch McGrayne, 『Nobel Prize Women in Science: Their Lives, Struggles, and Momentous Discoveries』 (New York: Carol, 1993).
10. 아인슈타인Albert Einstein, 「The Late Emmy Noether : Professor Einstein Writes in Appreciation of a Fellow Mathematician」, 『New York Times』, May 4, 1935, p.12.

4장

1. 다음은 자연의 기본 매개 변수들 몇 개이다. 이들은 사고 실험실이 우주를 떠돌아 다니며 측정했을 값들의 극히 일부이다.
   빛의 속력 $c = 2,99792458 \times 10^{8}$ m/s
   플랑크 상수 $\hbar = 1.054571596 \times 10^{-34} m^{2} kg/s$

뉴턴 상수 $G_N = 6.673 \times 10^{-11}$ m3/kg·s^2

전기 전하의 단위 $e = 1.602176462 \times 10^{-19}$C

전자 질량 $m_e = 9.10938188 \times 10^{-31}$kg

양성자 질량 $m_p = 1.67262158 \times 10^{-27}$kg

2. 놀랍게도, 이러한 결과들의 관점에서 다음 관측 실험은 다소 혼란스러워 보인다. 사고 실험실은 우주의 물질이 선호하는 운동 상태를 가진 듯하지만, 물리 법칙은 관찰자의 운동 상태와 무관하다는 사실을 발견했다. 곧, 모든 은하들과 우주에 남겨진 열 복사의 평균 운동이 상대적으로 0이 되는 특수한 운동 상태, 특정 속도가 존재한다. 물론 은하 하나는 임의의 속도로 움직이고 있지만, 전체적으로 은하들은 특수한 운동 상태를 보인다. 그러나, 빛의 속력이나 전자 질량, 여타의 물리량들의 측정치에서 나타나는 물리량의 기본 법칙들은 실험실의 운동 상태에 영향을 받지 않는다.
3. 흔히 여기에 절댓값을 취해서 길이를 $L = | x_{끝} - x_{손잡이} |$, 곧 양수로 정의한다. 뒤에서 상대성에 관하여 이야기할 때는 $L = x_{끝} - x_{손잡이}$ 로 정의한 '간격' 이라는 개념을 쓸 것이다. 본질적으로 간격이나 길이나 비슷한 개념이지만 간격은 음수 표기가 가능하다.
4. 힐C. T. Hill, 터너M. S. Turner, 스타인하트P. J. Steinhardt 공저, 「Can Oscillating Physics Explain an Apparently Periodic Universe·」, 『Physics Letters』 B252 (1990): pp.343–48과 참고문헌을 참고하라.
5. 이 시점에서 수많은 사람을 언짢게 하는 질문이 제기되는데, 그 질문은 물리학이 사물을 기술하는 방식의 본질과 관련 있다. 우리는 시간과 공간의 병진 대칭이 모두 유효함을 보았다. 그러나 우리 스스로를 공간상에서 이동시킬 수 있어도, 시간상에서 이동시킬 자유는 없는 것 같다. 시간 여행은 공상 과학 소설에 나오는 이야기이지, 현실에서는 불가능하다. 또한, 나는 산맥을 조망할 수 있고 3차원의 공간을 조망할 수 있지만, 시간은 순간만을 경험한다. 나는 산맥처럼 모든 역사를 조망할 수 있으며, 공간의 산맥을 여행하듯 시간의 산맥을 자유롭게 이동할 수 없다. 나는 과거의 사건을 회상할 수 있지만 미래의 사건을 회상할 수 없다. 나는 마치 중국인들이 말하는 식으로, '미래로 역행하고 있다'. 나의 '눈' 은 과거만 볼 수 있기 때문이다. 왜 시간의 인식은 공간의 인식과 이렇게 다를까? 여기에서 핵심은 인식이며, '시간의 화살' 은 '지금' 이라는 순간의 인식과 관련된다. 이것은 사실 물리학에서 다루는 분야가 아니며, C질문(C-question)이라는, 인간 의식의 영역에 속하는 질문이다. 우리는 존재하는 동안 일어나는 사건의 기록을 저장하며, 뇌는 끊임없이 새로운 사건을 이 기록과 비교하면서 우리가 '지능' 이

라고 지각하는, 과거와 미래 사이에서 지각된 경계면을 만들어낸다. " '그것이' 시각 t_1일 때 위치 x_1에서 출발한다면, 시각 t_2 에서의 위치는 어디일까?" 알다시피, 시간 병진 대칭은 다음의 의문이 첫 번째 질문과 같은 답을 준다는 것을 의미한다. " '그것이' 시각 $t_1 + T$일 때 위치 x_1에서 출발했다면, 시각 $t_2 + T$에서의 위치는 어디일까?"

6. 삼각법을 이용하면 (x', y')을 (x, y)와 회전각 θ에 관한 식으로 표현할 수 있다. 곧 $x' = x\cos\theta + y\sin\theta$, $y' = -x\sin\theta + y\cos\theta$이다. 이 표현식을 $L = \sqrt{x'^2 + y'^2}$에 대입하면 $L = \sqrt{x^2 + y^2}$ 을 얻는다. 따라서 이 수식은 회전을 한 뒤에도 지시봉의 길이를 동일하게 해준다. 곧, 이 수식은 회전 대칭을 포함한다.
7. 이 실험을 집에서 하지 않기를 바란다. 블랙홀에 빠지면, 강체 계인 우주선의 질량 중심은 자유 낙하 상태지만, 우주선 말단부 등 질량중심에서 벗어난 부분은 그렇지 않다. 질량 중심에 단단히 붙어 있으면서도 정확한 자유 낙하 상태에 있을 수 없다. 그 이유로 기조력tidal force이라는 압력이 가해지는데, 사건 지평선이 가까워지면서 이 힘은 더욱 강력해져 불운한 추락자를 온통 찢어놓는다. 블랙홀이 아닌 태양이나 달, 지구와 같은 대부분의 '가벼운' 중력 계에서는 이 효과가 그리 크지 않아 우주선 각 점에 작용하는 중력 차이가 그다지 크지 않다. 물론 지구에서도 기조력을 관찰할 수 있다. 지구- 달 계에서 달과 지구는 지구 - 달의 질량 중심으로 서로 '자유 낙하' 한다. (지구와 달처럼 서로의 질량이 충분히 비슷하면서 적당히 무거운 경우 자유 낙하는 궤도 운동으로 나타난다. 자유 낙하와 궤도 운동은 본질적으로 같다!) 이때 지구 표면의 해수는 자유 낙하하지 못하고 기조력에 의해 자유로이 흐른다. 이 힘은 지진 등을 일으킨다.

5장

1. 보존량의 개념은 보존되는 유량conserved current 개념과 관련이 있다. 보존되는 유량의 한 예로는 계의 전기 전하의 흐름이 있으며, 가상의 상자는 축전기나 저항기와 같은 회로 요소일 수도 있다. 전기 전하는 전기 회로의 어떤 지점에서도 생성되거나 파괴되지 않는다. 곧, 전기 전하는 보존된다. 그러나 전기 전하는 전류의 특정 지점에서 흘러나오거나 특정 지점으로 흘러갈 수 있으며, 전기 전하의 보존을 이야기할 때는 이 경우를 고려해야 한다. 다음과 같은 진술로 마무리해 본다. '임의의 국소적인 가상의 상자 안에 있는 전기 전하의 시간당 변화율은 가상의 상자에서 나오거나 흘러들어가는 전류량과 같다.' 이는 보존 법칙을 다른 형태로 다시 진술한 것으로, 전기 전하 보존은 모두 뇌터의 정리에 의해 지배되는 심오하고 근본적인 전자기 대칭에서 유도된다.

2. 일기도의 일기기호도 일종의 조그만 벡터로, 여러 지점에서의 풍속을 보여 준다. 일기도는 대개 '18,000피트 지도' 처럼 일정한 고도나 '500밀리바 지도' 처럼 일정 대기압과 관련된다(일기도는 대략 어디서나 동일한 체계를 쓰지만 고기압이자 저기압 체계들이 배치되면 약간 달라지기도 한다). 주어진 위치에서의 풍속은 대개 열린 원에 바람이 불어오는 방향을 가리키는 선분이 붙여진 형태로 표시되며, 이때 눈금 표시는 바람의 속력을 5m/s 단위(긴 빗금선)로 나타내거나 2m/s 단위(짧은 빗금선)로 나타낸다. 굵은 빗금선은 25m/s 단위이다. 선분의 화살표가 방향을 나타내고 길이는 속력을 나타낸다는 개념이 같다는 등 수학에서 표현하는 벡터와 크게 다르지 않다.
3. 벡터의 개념을 도입하지 않고는 물리학을 논할 수 없다. 벡터는 문자 꼭대기에 화살표를 달아 나타낸다. 벡터는 좌표계의 각 세 축을 따라 사영한 성분을 순서쌍으로 가지고 있다. 예를 들어 $\vec{p} = p_1 + p_2 + p_3 \ldots\ldots$ 의 경우, 각 성분은 대응되는 좌표축으로 벡터를 사영한 값이다. 벡터들은 서로 빼거나 더할 수 있으며, 0 아닌 상수를 곱하면 크기(길이)가 증가하거나 감소한다. 계의 총 운동량은 모든 구성 요소 각 운동량들의 총합이다. 보통 이를 하나의 방정식으로 기술한다. 곧, P는 계의 총 운동량이며, p_1, p_1, p_3 등은 계를 구성하는 각 부분의 운동량이다. 뇌터의 정리에 따르면 총량 p 는 보존되지만 각 $\vec{p_i}$ 는 변할 수 있다. 또한, 식 $\vec{p} = m\vec{v}$ 는 거의 점에 가까운 질량체에 적용된다. (그리고, 이 물체가 광속에 비해 매우 작은 속도로 움직인다는 가정하에) 운동량은 물체의 질량과 속도를 곱한 값이다. 물리계가 병진(이동)될 수 있는 공간상 방향은 벡터이므로 만약 뇌터의 정리를 기억하는 학생이 있다면, 그는 SAT 시험을 칠 때 운동량이 벡터라는 사실을 잊지 않을 것이다.
4. 이것은 $p^+ + e^- \rightarrow n^0 + \nu_e$ 과정, 곧 거대한 별을 파괴하여 초신성을 탄생시킨 과정의 가벼운 변형이라는 사실을 알게 될 것이다. 양성자와 전자가 서로 압착되는 현상은 붕괴하는 육중한 별 내부의 초고밀도 상태에서만 일어날 수 있다. 자유 공간의 중성자는 '베타 붕괴' 라는 과정인 $n^0 \rightarrow p^+ + e^- + \nu_e$ 에 의해 약 11분의 반감기만에 양성자, 전자, (반)중성미자로 붕괴한다.
5. 놀랍게도, 지구는 실제로 상당히 무거운 소행성과 직접 충돌한 적이 있으며, 그로부터 지구– 달 체계가 탄생했다. 이 이론의 세부 사항들은 달에 존재하는 물, 철, 규소 등의 물질의 양을 꽤 정확하게 예측하지만 초기 지구와 소행성 체계에 관한 상세한 지식이 없는 다소 제한된 형태로 남을 것이다. 벤츠W. Benz, 캐머런A. Cameron, 멜로시H. J. Melosh, 「The Origin of the Moon and the Single–Impact Hypothesis Ⅲ」, 『Icarus』 81 (1989): 113–31 ; 멜로시, 「Giant Impacts and the Thermal State of the Early Earth」, 『Origin of the Earth』 (Oxford: Oxford University Press, 1990), pp. 69–83을 참조하라. ;

멜로시의 유익한 웹 사이트 「Origin of the Moon」(http://www.lpl.arizona.edu/outreach/origin/)을 참조하라.

6. 궤도 운동을 마치 중력을 통한 지구와 태양 사이의 수많은 동시적인 상호 작용, 또는 '희미한 충돌'로 생각하면 '비틀림'을 이해할 수 있다. 이때 초기 총 운동량은 $m_{지구}\vec{v}_{지구} + m_{지구}\vec{v}_{태양}$이다. 최종 총 운동량은 $m_{지구}\vec{v}'_{지구} + m_{태양}\vec{v}'_{태양}$이다. 충돌 속에서 지구와 태양의 질량은 보존되므로(달, 목성, 화성 등을 무시한다면) $m_{지구}\vec{v}_{지구} + m_{태양}\vec{v}_{태양} = m_{지구}\vec{v}'_{지구} + m_{태양}\vec{v}'_{태양}$이다. 그러나 우리는 지구가 태양에 비해 훨씬 덜 무겁다는 사실, 곧 $m_{지구} \ll m_{태양}$ 임을 안다. 따라서 약간의 대수를 통해 우리는 '충돌' 후, 태양의 속도 변화가

$$\vec{v}'_{태양} - \vec{v}_{태양} = (\vec{m}_{지구} / \vec{m}_{태양})(\vec{v}'_{지구} - \vec{v}_{태양})$$

임을 알게 된다. 태양의 속도 변화는 미세한 양인 $m_{지구} / m_{태양}$에 비례한다. 지구와 태양의 경우 이 숫자는 대략 0.3×10^{-6} 정도로 극미하다. 따라서 태양의 속도 변화, 또는 지구의 궤도에 의한 태양 운동의 '비틀림'은 감지가 거의 불가능하다. 목성은 지구보다 훨씬 더 무거우며, $m_{목성}/m_{태양} \fallingdotseq 10^{-3}$이기 때문에, 태양의 비틀거림을 더 분명하게 일으킬 수 있지만, 목성의 궤도 반지름이 지구에 비해 더 크기 때문에, 궤도 속력이 지구보다 훨씬 작으며 따라서 그 효과는 10^{-3}보다 작게 나타난다. 그런데 이러한 결과는 우리가 땅에서 뛰어 오를 때 지구가 왜 뚜렷한 반동을 보이지 않는지를 설명해주기도 한다. 지구는 실제로 한 순간 뒤로 반동하여 운동량을 보존하며 이때 약간의 속도 변화를 겪지만, 그 차이는 독자의 질량을 지구의 질량으로 나눈 값에 독자의 점프 속도를 곱한 값에 불과하다. 이 값은 매우 매우 작다!

7. 천문학자들은 방출된 빛의 도플러 효과(후퇴하는 광원은 적색 편이를 일으키고, 다가오는 광원은 청색 편이를 일으키는 현상)를 이용하여 멀리 떨어진 별의 비틀림 여부를 알 수 있다. 비틀림 관측은 최초의 새로운 외부 행성들의 발견으로 이어졌다. 그 중에는 질량이 대략 목성과 같으며 궤도 반지름은 수성의 궤도 반지름보다 작고, 궤도 주기는 4.2일(수성은 88일)인 51 페가수스가 있다. 외부 행성들에 대한 더 많은 정보는 다음 웹 사이트들을 참조하라. 「Wobble Watching Revisited」(http://www.starryskies.com/articles/dln/5-96/newpls.html), 로렌스 도일Laurenece R. Doyle, 「Detecting Other Worlds: The Wobble Method」(http://archive.seti.org/seti/seti-science/detecting_new/wobble_method.php).

8. 편지는 유럽입자물리연구소(CERN) 파울리 기록보관소 웹 사이트(http://library.cern.ch/archives/pauli/paulimain.html)에 있다. 자료 복사를 허용해주신 CERN 파울리 기록보관소 위원회에 감사드린다. 중성미자는 여기서 괄호 표시 되어 있는데, 그입자에 이름을 붙여준 사람이 파울리가 아닌 엔리코 페르미이기 때문이다. 원래 파울리는 자신의 새로운 입자를 중성자neutron라고 불렀지만, 오늘날 이 이름은 원자핵을 구성하는 무거운 중성의 입자를 지칭할 때 쓴다.
9. 여기서는 논의를 매우 단순화했다. 스핀이나 다른 원운동의 경우, 대개 그리스 문자 오메가 ϖ로 표시되는 '각속도 벡터'를 유용하게 다룬다. 이 벡터의 크기는 초당 물체가 회전하는 라디안 수(360도는 2π라디안과 같다)이다. ϖ의 방향은 오른손 법칙으로 결정된다. 원형 궤도를 도는 행성의 경우, 속도의 크기는 $|\vec{v}| = |\varpi R|$이며 따라서 운동량의 크기는 $|\vec{p}| = |m\varpi R|$(궤도의 접선 방향을 향함)이고, 각운동량의 크기는 $|\vec{J}| = |m\varpi R^2|$이다. 각운동량은 오른손 법칙으로 결정된 방향인 궤도 평면의 밖을 향한다.
'대략적인 반지름'이 R이고 질량 m인 물체가 각속도 ϖ로 축을 돌고 있을 때, 스핀 각운동량은 $|\vec{J}| = km\varpi R^2$이다. 이때 k는 그 물체의 모양과 내부 물질 분포를 특징짓는 값이다. 예를 들어, 물체가 원반이고 평면 위에서 회전한다면 $k = \frac{1}{2}$이다. 물체가 고리라면 $k = 1$이다. K는 그 물체를 구성하는 모든 조각(원자)의 원형 궤도 각운동량을 더한 값에 의해 결정된다(이때 적분이 사용된다). 우리는 보통 물체의 '관성 모멘트'를 $I = kmR^2$으로 정의한다. 관성 모멘트는 물체의 내부 형태, 크기, 구조 등 그 물체의 '내부'와 관련된다. 회전하는 물체의 각운동량은 $\vec{J} = I\varpi$이다. 세 개 덤벨 실험에서, 일정하게 유지되는 양은 총 각운동량 $\vec{J} = I\varpi$이다. 덤벨을 몸 가까이로 가져옴으로써, 교수의 관성 모멘트 I는 R^2에 비례하므로 작아지지만 각운동량 $\vec{J} = I\varpi$는 보존되어야 하므로 ϖ는 $1/R^2$에 비례하여 증가, 곧 극적으로 증가한다. 이 실험이 그토록 인상적인 까닭은 이 때문이다. R이 반으로 줄어들면 각 진동수는 4배로 늘어난다.

6장

1. 개략적 역사는 다음을 참고하라. 윌 듀란트Will Durant와 애리얼 듀란트 Ariel Durant의 『The Story of Civilization 7 : The Age of Reason Begins』(New York: Simon and Schuster, 1983)
2. 전자와 광자의 상호작용을 정밀하게 기술하는 양자전기역학을 공동으로 발전시킨 파인만은 '파인만 다이어그램'을 개발하여 양자규모에서의 물질의 운동과 상호작용에 관한 복잡한 계산들을 도식을 이용하여 체계화했다

(11장을 보라). 파인만은 자연의 이해에 중요한 수많은 공헌을 했으며, 그 나름대로 형식화한 양자역학의 법칙들이 그 업적 중 하나이다. 그가 형식화한 법칙들은 오늘날의 입자물리학이 발전하는 데 필수적이었다. 모든 물리학자는 그 유명한 파인만 강의를 알고 있으며, 1960년대에 캘텍에서 학부 학생을 대상으로 강의한 내용을 묶은 이 세 권의 책은 40년이 지난 오늘날에 보아도 전혀 손색 없다. 파인만은 챌린저 호 사건 조사 위원회에서 활동할 때 공개적으로 정부와 잠시 관련을 맺게 되었다. 그는 텔레비전 생중계를 통해, 고체 연료 로켓 추진장치에 사용된 고무 O링 물질이 영하의 온도와 그에 동반되는 유연성 감소에 취약하기 때문에, 로켓의 측면으로 기체가 빠져나가 결국 우주선이 비참한 최후를 맞게 되었음을 그림을 이용하여 보였다. 챌린저 호 사고에 대한 그의 보고서는 17년 후에 일어난 콜럼비아 호의 사고를 예견했다.

3. 파인만이 라이턴Ralph Leighton에게 이야기한 내용. 『What Do You Care What Other People Think』(New York: W. W. Norton, 1988), p.15. (한국어판 : 『남이야 뭐라 하건!』)
4. 그리스인은 무의식적으로 특정한 운동 방정식(힘은 질량에 속도를 곱한 값과 같다, 곧 $\vec{F} = m\vec{v}$ 이다)을 생각했던 듯하다. 이 방정식에 따르면, 물체를 일정한 속도로 움직이게 하기 위해서는 힘을 가해야 한다. 물체가 무거워질수록 필요한 힘의 크기도 더 커진다. 물체의 운동은 언제나 가해진 힘의 방향을 향하게 된다. 이 방정식이 힘과 운동에 관한 올바른 식이 아님을 강조하겠다! 올바른 방정식은 뉴턴 방정식 $\vec{F} = m\vec{a}$로서, 이때 $\vec{a}$는 시간당 속도의 변화(가속도)를 의미한다.
5. 아서 쾨슬러Arthur Koestler, 『The Sleepwalkers: A History of Man's Changing View of the Universe』 (London: Penguin Press, 1959). 쾨슬러는 케플러의 옹호자였으며, 케플러가 물리학의 발전에 있어서 중심적인 역할을 했다고 본다.
6. 중세 시대 수도원의 학자들은 프톨레마이오스 이론을 미세하게 보정하여 정교한 예측을 하고자 했다. 그들은 의식하지 못하는 사이에 '푸리에 해석'을 고안해냈다. 현대의 푸리에 해석에 따르면 모든 함수는 주기 함수, 곧 삼각함수들의 합으로 근사된다. 파스초스Emmanuel Paschos, 『The Schemata of the Stars: Byzantine Astronomy form 1300 A. D』(Singapore: World Scientific Press, 1998)를 참고하라.
7. 이 강력한 진술에 대해 일부 '영리한 사람들'이 이의를 제기할 것이다. 예를 들어, 같은 질량의 다른 물체를 궤도 운동하는 물체를 보면, 어느 쪽 물체가 어느 쪽을 궤도 운동하는지 혼동이 일어난다. 그들은 서로가 서로를

궤도 운동한다. 그러면서도 움직이는 좌표계를 어느 한 물체에 두고 그 좌표계를 기준으로 다른 쪽 물체의 운동을 기술할 수도 있다. 이때 기술되는 물체가 궤도 운동하는 것처럼 다루어진다. 따라서 지구에 좌표계를 놓으면, 태양이 지구 주위를 돈다고 말할 수 있다(아인슈타인의 일반상대성이론을 따르면 어떤 좌표계든 사용이 가능하다). 그러나 다른 행성, 이를테면 금성이나 화성이 지구 주위를 돈다고 말할 수는 없는데, 이들은 지구에 놓인 좌표계에 대하여 태양처럼 행동하지 않기 때문이다. 더 정확하게 말해서, 하나의 관성 기준계에서, 모든 물체는 태양계의 질량 중심을 기준으로 궤도 운동하며, 이 질량 중심은 공간 상에 고정되어 있다고 간주될 수 있다. 질량 중심은 태양의 질량이 매우 무겁기 때문에 태양의 중심에 매우 가깝다.

8. 후에 갈릴레오는 공공연히 성서의 내용을 반박했다. 데이바 소벨Dava Sobel, 『Galileo's Daughter』(London: Fourth Estate, 1999) 등을 참고하라.
9. 오웬 깅그리치Owen Gingerich의 역사적 연구에 관한 탁월한 글을 보려면 크리스토퍼 리드Christopher Reed, 「The Copernicus Quest」, 『Harvard Magazine』(November 2003) ; 깅그리치, 『The Book Nobody Read: Chasing the Revolutions of Nicolaus Copernicus』(New York: Walker, 2004)를 참고하라.

케플러의 법칙

10. 케플러의 법칙을 더 간결하게 진술하면 다음과 같다: (1) 행성의 궤도는 타원이며, 이때 타원의 한 초점에는 태양이 위치한다. (2) 행성과 태양을 잇는 선분은 동일한 시간 동안 동일한 영역을 휩쓸고 지나간다(이것은 각운동량보존법칙과 동일한 진술이다). (3) $T^2 = kR^3$, 이때 T는 궤도 주기(년)이며, R은 타원의 궤도 장반경(AU)이고, 상수 k는 태양계의 모든 행성에 대해 일정하다.
케플러의 법칙을 설명하는 웹 사이트 중에는 움직이는 그림을 보여주는 것도 있다. 구글 검색 엔진(http://www.google.com)에서 '케플러의 법칙 Kepler's laws' 을 검색해보거나, 다음의 웹 사이트를 참고하라. 국립 타이완 보통 대학교 웹 사이트(http://www.phy.ntnu.edu.tw/java/Kepler), 빌 드레넌 Bill Drennon, 「Kepler's Law with Animation」(http://www.drennon.org/science/kepler.htm).
11. 아서 쾨슬러Koestler, 『The Sleepwalkers』 pp.446–48 참고.
12. 뉴턴과 그의 동시대인들에 관한 설명은 다음에서 찾아볼 수 있다. 듀란트 Durant 외, 『The Story of Civilization 7 : The Age of Reason Begins』, 『The Story of Civilization 8 : The Age of Louis XIV』(New York: Simon and Schuster, 1983).
13. 여기서 핵심은 시각 t에서 가속도 a로 움직이고 있는 물체의 거리 x를 정

하는 것이다. 미적분 수업을 일주일만 듣고 나면 어렵지 않게 거리를 구하는 식을 유도할 수 있지만, 답을 이야기하자면 $600\text{km} = 600{,}000\text{m} = \frac{1}{2} \times 5\text{ms}^2 \times t^2$ 이다. 이제, 뉴욕에서 시카고까지의 거리가 예를 들어 1200km라고 하자. 따라서 중간 지점까지의 거리는 600km이며, 이 지점까지 이동하는 데 걸리는 시간은 이 공식으로 구할 수 있다. $T = 2t = 980$초이므로 $t = 490$초이다. 감속하면서 뉴욕에 도착하는 데 걸리는 시간은 같기 때문에(대칭의 성질을 따라 이 운동 상태 그대로 시간을 거꾸로 돌려보기만 하면 된다), 이동에 걸리는 전체 시간 $T = 2t = 980$초, 또는 16.3분이다!

14. 중력이 얼마나 미약한 힘인지 감을 잡고 싶다면, 우유를 가득 채운 3.8리터짜리 용기를 들어 올려보자. 이 일을 할 때 가한 힘은 3.7kg이 조금 안 된다. 이는 석유가 가득한 두 유조선이 16km정도 떨어져 있을 때 서로에게 작용하는 인력과 비슷하다.
15. 실제로, 뉴턴 사후 250년이 지난 뒤, 러더퍼드는 전기 전하를 띤 알파 입자(퀴리 부부가 그 전에 발견한)를 원자를 향해 쏜 뒤, 정확히 동일한 산란 경로들이 나타난다는 사실을 발견했고, 이에 따라 원자들은 원자핵이라 불리는 일종의 태양과 같은 중심을 가진다는 생각이 확립되었다. 알파 입자는 원자핵의 전자기력 때문에 산란되었다. 전자기력은 중력과 마찬가지로 역제곱법칙의 힘이다.
16. 세드나 소행성의 발견은 2004년 3월에 발표되었다. 세드나는 태양계 10번째 행성으로 이심률이 큰 타원형 궤도를 가진다. 세드나와 비슷한, 멀리 떨어진 소행성이 그외 다수 존재하리라고 과학자들은 믿는다. 마이클 브라운Michael E. Brown, 「Sedna (2003 VB12)」(http://www.gps.caltech.edu/~mbrown/sedna/), 위키피디아 검색 결과 「90377 Sedna」(http://en.wikipedia.org/wiki/90377_Sedna) 등을 참고하라.

세드나

상대성의 발견 역사

1. 버지니아 대학교의 파울러Michael Fowler 교수가 제공하는 광속 측정을 비롯한 상대성의 역학과 역사에 관한 탁월한 웹 사이트 「Galileo and Einstein」(http://galileoandeinstein.physics.virginia.edu/) 을 참고하라. 아래쪽에 링크된 Applet과 Flashlet이 매우 흥미롭다.
2. 데이바 소벨Dava Sobel, 『Longitude』(New York: Walker, 1995)은 경도에 관한 문제와 해법의 일반적인 역사를 다룬 흥미로운 연대기이다. 실제로 천문학자들은 존 해리슨John Harrison의 영웅적이고 한결같은 노력이 보상받도록 내버려두지 않았다. 해리슨은 항해에 적합한 최초의 시계를 발명했다.
3. 같은 책 pp.11–13에서는 영국의 남서쪽 끝에 위치한 섬 실리에서 해군 대

장 쇼벨Clowdisley Shovell이 이끈 함선이 침몰한 비극적 사건을 상세히 다룬다.

갈릴레오 위성 촬영

4. 갈릴레오 위성들은 맑은 날 밤 목성이 뚜렷하게 모습을 드러낼 때 뒷마당에 놓인 싸구려 망원경으로도 관찰할 수 있다. 목성과 위성들은 태양계의 축소판으로 보일 정도로 그 구조가 상당히 비슷하다. 위성들의 궤도는 원에 가까우며, 궤도 주기와 운동은 케플러의 법칙으로 결정되고, 케플러의 법칙은 다시 뉴턴의 만유인력의법칙과 관성의 원리의 지배를 받는다. 미 항공우주국 제트추진연구소(JPL)는 접근 비행 위성 갈릴레오를 이용하여 위성들의 구체적인 모습을 촬영했다. 「Galileo : Journey to Jupiter」(http://www.jpl.nasa.gov/missions/missiondetails.cfm·mission=Galileo) 를 참조하라.
5. 원형의 궤도를 가정하자. T_E 는 지구의 궤도 주기(1년)이고, T_M 은 화성의 궤도 주기(1.88년)라고 하자. R_E 는 지구의 궤도 반지름(우리가 아는 천문단위인 AU)이고, RM은 화성의 궤도 반지름이라 하자. 충opposition의 위치에 있을 때(곧, 화성이 지구에 가장 근접했을 때), $R_M = R_E + d$ 이며, 이때 d는 카시니가 남태평양의 해군함에서 시차를 이용하여 측정한 거리이다. 케플러의 제3법칙을 이용하면, $(T_M / T_E)^2 = (R_M / R_E)^3$ 이 된다. 주어진 식에 대입하여 풀어보면, $R_E = d / [(T_M / T_E)^{2/3} - 1] = 1.91d$ 를 얻는다. 안타깝게도, 화성의 궤도는 분명한 타원형이기 때문에 문제가 그다지 단순하지 않으며, d는 5천 6백만km에서 1억km까지 변할 수 있다. 케플러의 법칙은 타원형 궤도의 궤도 장반경 길이와 관련되기 때문에, 카시니는 자신의 데이터로 문제를 해결해야 했다. 올바른 답은 가장 가까운 충일 때(2003년에 있었던)의 가장 짧은 거리와 가장 긴 거리의 평균인 7천 9백만km를 이용하여 구할 수 있다. 결과는 $R_E = 1.91 \times$ 7천 9백만 = 1억 4천 8백만 킬로미터이다.
6. 서로 다른 두 관찰자의 좌표계가 관련된 모든 논의를 단순화하기 위해 다음 사항들을 가정한다. 모든 측정 단위를 통일한다. 적어도 처음에는 두 좌표계의 축이 평행하여 x축, y축, z축의 방향이 어디인지 관찰 결과가 일치한다. 두 관찰자의 시계를 맞춘다. 운동에 관하여, $t = 0$일 때 등 특정 순간에 좌표계가 정확히 일치한다. '움직이지 않는' 관찰자(정지 관찰자)와 '움직이는' 관찰자는 동일하게 원점에 온다. 이러한 식의 조정은 시간과 공간 병진일 뿐이며, 시간과 공간 병진은 물리적 대칭이다. '조정' 을 굳이 하지 않아도 되지만, 이렇게 하면 보통 도움이 된다. 움직이는 관찰자의 좌표계는 움직이는 관찰자와 함께 이동하며, 움직이지 않는 관찰자의 좌표계는 정지 상태이다.
7. 더 일반적으로, 주어진 두 좌표계에 대한 갈릴레이 부스트는 x축을 따라 움

직이는 경우, $x' = x - vt,\ y' = y,\ z' = z,\ t' = t$이다. 이는 연속 대칭 변환이기 때문에, 그에 따른 보존 법칙이 어렵지 않게 결정된다. 힐E. L. Hill, 「Hamilton's Theorem and the Conservation Theorems of Mathematical Physics」, 『Review of Modern Physics』 23 (1953): 253을 참고하라. 공간 속에서 우리는 세 방향으로 부스트 변환을 할 수 있다. 따라서 보존되는 양은 분명 벡터이다. 수많은 질량 m_a 들을 포함한 계를 생각해 보자. 계의 질량 위치는 $\vec{Q} = \Sigma m_a\vec{r}_a$로 정의한다. 이 양은 각 입자의 질량을 그것의 위치 벡터와 곱한 값을 모두 더한 것이다(이 값은 계의 질량 중심 $\vec{X} = (\Sigma m_a\vec{r}_a)/(\Sigma m_a) = \vec{Q}/M$과 관련이 있으며, 이때 $M = \Sigma m_a$ 는 계의 총 질량이다). 또한, 계의 총 운동량은 $\vec{P} = \Sigma m_a\vec{v}_a = \dot{\vec{Q}}$로 보존되며, 병진 불변성에 의해 $\dot{\vec{P}} = 0$이다. 이때, 부스트에 대응되는 뇌터 보존량은 벡터 $\vec{K} = \vec{Q} - \vec{P}t$이며, $\dot{\vec{K}} = 0$으로서 보존된다는 사실을 쉽게 알 수 있다. 이는 계의 질량 중심이 동일한 속도로 공간 속을 움직인다는 사실을 의미한다. 더 철저히 조사해보면 계의 질량 중심이 내부의 어떤 역학적 과정에서도 일정한 속도로 움직일 것이라는 결론이 난다.

8. 아인슈타인Albert Einstein, 「On the Electrodynamics of Moving Bodies」, 『Annalen der Physik』 17 (1905):891–921 [독일어] (『The Principle of Relativity』 (New York: Dover, 1952)로 재판됨, pp.35–65.) 아인슈타인의 첫 번째 부인인 밀레바Mileva Maric가 특수상대성이론의 발견에서 맡았던 수수께끼 같은 역할은 최근 들어서야 관심을 받게 되었다. 그녀의 비극적인 운명은 위대한 과학자의 인자한 할아버지 이미지를 다소 추락시켰다. PBS 웹 사이트에 수록된 글 「Einstein's Wife: The Life of Mileva Maric Einstein」(http://www.pbs.org/opb/einsteinswife/)의 자료들을 참고하라.

밀레바

9. 이것은 아인슈타인 부스트의 단순화된 형식이며, 가장 일반적인 형태는 아니다. 움직이는 관찰자는 두 사건에 대하여 어떤 방향으로도 움직일 수 있다. 또한 지금까지 좌표계에 대한 더 긴 논의를 피하기 위해 시간과 공간 간격에 대하여 이야기했지만, 좌표계를 이용하면 더 일반적인 언어로 결과를 표현하게 된다. 정지 관찰자는 네 개의 좌표 (x, y, z, t)로 표시되는 시공간 상의 점으로 사건을 기술하게 된다. 움직이는 관찰자는 '같이 움직이는' 좌표계 (x', y', z', t')를 지니고 다닌다. 아인슈타인 부스트는 상대 속도가 +x방향으로 속력 v일 때 다음과 같이 두 좌표계를 연결시킨다.

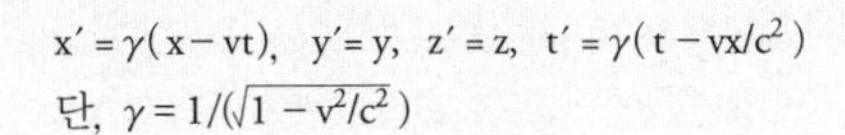
$x' = \gamma(x - vt),\quad y' = y,\quad z' = z,\quad t' = \gamma(t - vx/c^2)$
단, $\gamma = 1/(\sqrt{1 - v^2/c^2})$

이 식들은 주 7의 갈릴레이 부스트를 대체한다.

10. 계산을 통해 두 관찰자의 불변 구간이 같음을 쉽게 확인할 수 있다.

$$\tau^2 = T'^2 - L'^2/c^2 = \gamma^2(T - vL/c^2)^2 - [\gamma^2(L - vT)^2]/c^2 = T^2 - L^2/c^2$$

단, $\gamma = 1/(\sqrt{1 - v^2/c^2})$

따라서, 불변 구간 또는 고유 시간은 부스트에 대하여 불변이다. 좌표로 표현하면, 임의의 두 사건 1과 2에 대하여, 사건 사이의 구간은

$$\tau^2 = (t_1 - t_2)^2 - [(x_1 - x_2)^2 + (y_1 - y_2)^2 + (z_1 - z_2)^2] / c^2$$

이때 c는 광속이다. 움직이는 관찰자의 경우

$$\tau^2 = (t'_1 - t'_2)^2 - [(x'_1 - x'_2)^2 + (y'_1 - y'_2)^2 + (z'_1 - z'_2)^2] / c^2$$

로렌츠 변환은 다음과 같이 불변 구간을 보존한다.

$$\tau^2 = t' - [x'^2 + y'^2 + z'^2] / c^2 = \gamma^2(t - Vx/c^2)^2 - [\gamma^2(x - Vt)^2 + y^2 + z^2] / c^2 = t^2 - [x^2 + y^2 + z^2] / c^2$$

군론에서 (부록을 참조하라), 이 대칭은 4차원 구의 대칭군인 SO(4)와 유사하다. xy평면에서의 보통의 회전은 $\cos\theta$와 $\sin\theta$ 같은 인자들과 함께 x와 y좌표를 결합시킨다. x축에 대한 로렌츠 변환은 γ와 $-\gamma V/c$ 등의 인자를 써서 x와 ct를 결합시킨다. $\gamma^2 - (-\gamma V/c)^2 = 1$인 반면, 이 경우에 $\cos^2\theta + \sin^2\theta = 1$임에 유의하라. 로렌츠 변환과 '4차원에서의 회전'의 차이는 시간을 공간과 구분해주는 고유 시간에 붙은 음의 부호이다. 이 대칭군을 SO(1, 3)으로 정의한다. 다시 말해, SO(4)가 단위 구의 반지름 $1 = x^2 + y^2 + z^2 + w^2$을 불변으로 남겨두는 네 좌표들에 대한 변환들을 모아놓은 집합이라면, SO(1, 3)은 $1 = -x^2 - y^2 - z^2 + w^2$을 불변으로 남겨두는 네 좌표들에 대한 변환들을 모아 놓은 집합이다. 이것은 로렌츠군이이라는 연속 대칭군이다.

11. 길이 수축을 이해하기 위해서, 움직이는 관찰자가 자신의 관성계에서 사건들 사이의 거리를 어떻게 측정할지 생각해 보자. 그들은 실제로 길이 간격 L′과 시간 간격 T′을 다음과 같이 측정한다. $L' = -\gamma(L - vT)$. $T' = \gamma \cdot (T - vL/c^2)$ 그러나, 어떤 물체의 길이를 잴 때는, 반드시 동시에 나타난 끝점의 두 사건들 간의 거리를 측정해야 하며, 따라서 움직이는 관찰자는 $T' = 0$라고 주장한다. 따라서 $T = vL/c^2$이므로 $L' = \gamma \cdot (L - vT) = \gamma \cdot$ (L

$-[v^2/c^2]L$)이다. (단 $L' = [\sqrt{1-v^2/c^2}]L$ 이다.) 시간 지연은 메트로놈이 L = 0일 때 시간 간격 T마다 번쩍이기 때문이다. 따라서 움직이는 관찰자는 $T' = \gamma \cdot (T \cdot vL/c^2) = \gamma \cdot T$ 로 측정하며, 이때 감마 인자가 시간 지연이다. 이제 고양이 올리가 광속으로 움직일 때 그를 따라잡을 수 없는 이유를 알 수 있다. 올리는 (x, y, z, t)가 (0, 0, 0, 0)인 시공간 사건 1에서 출발하여 속력 u로 + x 방향을 향해 달린다. 시간 T가 지난 뒤, 올리는 시공간 사건 2로 정의되는 (uT, 0, 0, T)를 지나친다. 올리의 속력은 정지계에서 보았을 때, 공간 좌표의 차 uT − 0 = uT를 시간 좌표의 차 T − 0 = T로 나눈 값이다. 따라서 uT/T = u이다.

이제, 나는 정지계에 대하여 속도 +v로 +x방향을 향해 달린다. 나는 올리의 속도를 어떻게 측정할까? 주 9의 로렌츠 변환에 따라, 나의 움직이는 좌표 (x′, y′, z′, t′)은 사건 1에서 (0, 0, 0, 0), 사건 2에서 (γ(uT − vT), 0, 0, γ(T − uvT/c^2))이다. 따라서 나는 두 사건 간의 x방향 거리가 γ(u − v)T이고 시간 간격이 γ(1 − uv/c^2)T이므로, 거리/시간으로 속력을 계산하면 $u' = (u-v)/(1-uv/c^2)$ 을 얻는다. 따라서 u′은 도망치는 올리를 속력 v로 쫓아가는 내가 관찰한 그의 속력이다.

평행 운동의 특별한 경우, 이와 같은 식은 속도의 합공식이라고 불린다. 광속을 무한하다고 간주하면, 위의 식은 $u' = (u-v)$가 되어 갈릴레이 역학이 예측한 결과와 정확히 같다. 올리가 광속으로 도망치고 있다면 u = c이므로 나는 올리의 속력을 $u' = (c-v)/(1-cv/c^2) = c$로 측정한다! 나의 속도 v가 어떤 값이든 관계없이, 나는 언제나 멀어지는 올리, 곧 광파의 속력을 동일한 값 c로 측정할 것이다. 물론 이는 애초에 광속의 불변성을 이론에 확립시킨 특수상대성이론의 출발점을 재확인하는 결과에 불과하다.

12. 이 결과는, 한 관찰자가 입자의 에너지와 운동량을 (E, $\vec{p}$)로 관측하는 한편 그를 기준으로 +x 방향을 향해 속도 $\vec{v}$ 로 움직이는 다른 관찰자는 같은 입자의 에너지와 운동량을 (E′, $\vec{p}\,'$)로 다르게 관측할 것임을 의미한다. 그러나, 이들 간에는 로렌츠 변환에 의한 다음의 관계식이 성립할 것이다.

$$P_x = \gamma(P_x - vE/c^2)$$
$$P_y' = P_y$$
$$P_z' = P_z$$
$$E' = \gamma(E - vP_x)$$

움직이는 관찰자는, 비록 에너지와 운동량이 변했음에도 관성 질량은 그대로라는 사실을 알게 될 것이다.

$E'^2 - |\vec{p}|^2c^2 = m^2c^4$

13. 이는 제곱근에 대한 테일러 급수 $\sqrt{a^2 + b^2} \fallingdotseq a + x^2/2a$ (단, $x \ll a$)로부터 유도된다. 이 식을 이용하여 움직이는 입자의 에너지와 운동량에 관한 최종적인 공식들을 얻을 수 있다. 입자가 정지계에서 정지 상태라고 가정하자. 이때 에너지와 운동량은 $E = mc^2$, $\vec{p} = 0$이다. 이제 이들을 입자가 속도 $\vec{v} = (v, 0, 0)$로 움직이는 계로 부스트한다. (이때의 부스트는 $-v$ 가 됨에 유의하라.) 이때 움직이는 입자의 에너지와 운동량이 다음과 같다.

아인슈타인 : $E = mc^2 / (\sqrt{1 - v^2/c^2})$, $p = mv / (\sqrt{1 - v^2/c^2})$
뉴턴 : $E = \frac{1}{2}mv^2$, $\vec{p} = m\vec{v}$

위에 뉴턴식 표현을 같이 놓아 비교했다. 두 식 사이에는 엄청난 차이가 있다. 또 한번 우리는 정지 에너지가 $v = 0$임을 의미하며, 이때 아인슈타인의 식들은 다음과 같아짐을 알게 된다.

$E \fallingdotseq mc^2 + \frac{1}{2}mv^2$, 그리고 $\vec{p} = m\vec{v}$

특수 상대성에서, 질량을 가진 (관성 질량 m이 0이 아닌) 입자의 속력은 광속과 절대 같지 않다. $|\vec{v}| \to c$이 되면, 운동량과 에너지는 무한대가 된다. 양성자를 광속으로 가속시키려면 무한한 에너지가 필요하다. 페르미랩의 테바트론에서 양성자를 1조전자볼트의 에너지로 가속시킨다. 양성자의 정지 질량 에너지는 약 10억전자볼트이다. 따라서, 테바트론은 양성자가 로렌츠 인자 $\gamma = 1/[\sqrt{1 - v^2/c^2}]$ 의 값이 약 1,000이 되게끔 가속시키는 셈이다. 곧 $\gamma = 0.999995$, 테바트론이 양성자를 광속의 99.9995퍼센트까지 가속시킨다는 뜻이다. 양성자들은 세계 최고의 고에너지 가속기로도 광속과 같아질 수 없다! 그렇다면, 광속으로 움직이는 일이 어떻게 가능할까? $|\vec{v}| = c$ 로 놓고 입자는 질량이 없다고 한다면, 에너지는 사실상 결정 불가능한 값이 된다. 곧, $E = 0/0$이다. 그러나 이는 질량이 없는 입자(관성 질량이 없는 입자)가 일정량의 에너지와 운동량을 가질 가능성을 허용한다. 에너지와 운동량의 관계를 살펴 보면, 질량이 없는 입자는 $E = |\vec{p}|c$을 만족해야 함을 알게 된다. 실제로 이는 빛의 입자인 광자들에 관한 기술이다. 광자는 관성 질량이 절대 0이지만, 공간 속에서 에너지와 운동량을 전달한다. 광자들은 언제나 광속으로 여행한다. 이들은 정지하거나 c보다 작은 속도를 가질 수

없고, 그렇게 되면 에너지가 0이 된다.

14. 정지 상태의 입자는 관성 질량과 동등한 에너지를 가지기 때문에, 입자의 질량을 에너지의 관점에서 측정할 수 있다. 이렇게 하면 에너지의 단위로 줄을 쓰는 것보다 편리하다. 특히 우리는 매우 미세한 에너지량인 전자볼트(eV)를 사용하는데, 1전자볼트는 1볼트의 배터리가 회로 안에서 하나의 전자를 밀어내는 데 쓰는 에너지이다. 단위를 변환해보면 이 양이 얼마나 미세한지 알게 된다. 1J = 6.24150974 $\times 10^8$ eV이다. 그러나 전자볼트는 유용하다. 실제로 양성자 질량은 1.67262158 $\times$ 10^{-27}kg 이며, 전자볼트로 나타내면 $m_{양성자}c^2$ = 1.5 $\times$ 10^{-10}J = 938MeV이다. (1MeV는 1백만전자볼트이다). 보통 어림잡아 양성자와 중성자의 질량을 대략 1GeV(10억 전자볼트)로 놓는다.

탄소가 연소되면, 탄소 원자인 C와 산소 분자인 O_2 가 결합되어 CO_2가 생성되고, 대략 E = 10eV의 에너지가 방출된다(광자의 형태로). 따라서, 생성된 CO_2 분자는 처음의 C와 O_2 의 질량보다 E/c^2 만큼 미세하게 작다. 이는 탄소+산소 분자의 질량(대략 양성자와 중성자들의 질량을 합한 12 + 16 + 16 = 46GeV/c^2)에서 10eV / 46GeV ≒ 0.2 $\times$ 10^{-9} 정도의 미세한 양이 줄어든 것이다. 이는 전환 효율성을 의미하므로, 미국의 에너지 수요를 충족시키려면 연간 석유를 1000kg / (0.2 $\times$ 10^{-9}) ≒ 5 $\times$ 10^{12}kg 연소해야 한다. 핵분열에서, 우라늄 235 원자핵은 더 가벼운 원자핵들로 전환되면서 분열당 약 200MeV의 에너지를 방출한다. 이때 전환 효율성은 200MeV / (235 $\times$ 1GeV) ≒ 10^{-3} 으로, 탄소의 연소보다 훨씬 더 효율적이다. 핵융합의 경우, 우리는 수소 원자핵(양성자)과 중수소 원자핵(양성자+중성자)을 결합시켜 헬륨 동위원소 (2개의 양성자와 1개의 중성자)를 만들어 낼 수 있으며 이때 14MeV의 에너지가 방출된다. 따라서 전환 효율성은 약 4 $\times$ 10^{-3} 이다.

15. 일반 상대성에 관한 훌륭한 개론서는 다음과 같다. 로버트 왈드Robert M. Wald, 『Space, Time, and Gravity : The Theory of the Big Bang and Black Holes』 (Chicago: University of Chicago Press, 1992) ; 클리포드 윌Clifford Will, 『Was Einstein Right?』 (New York: Basic Books, 1993)을 참고하라. ; 고급 과정 학생을 위한 최고의 추천서는 스티븐 와인버그Steven Weinberg, 『Gravitation and Cosmology』 (New York: John Wiley and Sons, 1972)이다.

16. 전문적 내용이지만, 질량 m인 입자가 모든 에너지를 소모하여 질량 M, 반지름 R인 거대한 천체의 인력으로부터 벗어나려면 입자의 정지 에너지 mc^2 시 그것을 가둔 중력 위치 에너지와 같거나 그보다 커야 한다. 곧, 뉴턴의 이론에 의하면 $mc^2 = G_N Mm/R$ 이다. 뉴턴 이론 조건에 따르면 슈바르츠실트 반지름은 [2]가 없는 R=[2]$G_N M/c^2$ 이 된다. 일반 상대성에서는 이 요소

가 존재해야 올바른 계산이 된다는 사실이 밝혀졌기에 [2]를 수식에 넣었다.

8장

1. 리T. D. Lee와 양C. N. Yang, 「Question of Parity Conservation in Weak Interactions」, 『Physical Review』 104 (1956) ; 번스타인J. Bernstein, 「Profiles: A Question of Parity」, 『New Yorker Magazine』 38 (1962) ; 마틴 가드너M. Gardner, 『The New Ambidextrous Universe: Symmetry and Asymmetry, from Mirror Reflections to Superstrings』 (New York: W. H. Freeman, 1991). (한국어판 : 『마틴 가드너의 양손잡이 자연세계』)
2. 파이온 붕괴와 뮤온 붕괴에서 발견된 홀짝성 위반을 둘러싼 재미있는 일화들은 리언 레더먼, 『The God Particle』 (New York: Dell, 1993)을 참고하라.
3. 다시 말해서, 특정 거울을 가지고 계를 바라보면, 자기장의 방향은 역으로 나타나는 반면, 방출되어 나가는 전자들의 운동 방향은 그대로 나타난다. 거울의 위치를 바꾸면, 전자의 운동은 역으로 바뀌고, 자기장은 바뀌지 않는다. 운동과 자기장의 상대적인 정렬은 언제나 반대이다.
4. 곁다리로, 물리학에 묻는 질문이 가진 다른 측면을 살펴보자. 알려진 물리학의 어떤 공식도 '지금' 이라는 특정 지점과 관련되지 않는다. 그러나 인간은 '지금' 이라는 무언가를 지각한다. '지금' 은 환상인가? 이 수수께끼 같은 문제를 'N질문' 이라 부른다. 특수 상대성은 우주에 절대적 '지금' 이란 존재하지 않으며, 서로 다른 관성계(관성 좌표계)에 있는 상이한 관찰자들은 다른 장소에서 일어난 사건들 중 어떤 것들이 동시에 일어났는지에 대해 다르게 생각한다. 따라서, 심지어 사람의 머리 속에서도, 뇌를 광속으로 나눈 크기만한 극히 짧은 시간 규모와 완벽하게 동조하지 않는다. 그러나, 뇌는 상당히 느리며, 뉴런 간의 소통이 일어나기까지는 몇백만 분의 일 초가 걸리기 때문에, '지금' 이라는 경험을 산출하는 시간 평균화가 일어나는지도 모른다. 그렇다면 '지금' 은 실제로 존재하며, 물리 법칙의 일부인가? 이 질문이 상당히 애매하다는 사실 자체가 해답과 관련있는지도 모른다. 물리 법칙에서 '지금' 만이 지닌 특권은 없다. '지금' 이라는 감각의 인식은 '의식 consciousness' 이라는 모호한 영역(C질문)과 관련이 있다. 아직까지는 의식에 관한 완전한 이론(우리가 알고 있는 한에서)이나, 심지어는 예측 가능한 좋은 모형이 존재하지 않기 때문에, 우리는 더 이상 이에 관해 언급할 수 없으며, 다만 의식이란 매우 복잡한 현상이라고 말할 수 있을 뿐이다. 'N' 과 'C' 가 서로 관련이 있다는 정도만 추측된다.
5. K중간자 입자인 K^0 와 그것의 반입자 $\overline{K^0}$ 은 사실 서로가 앞뒤로 진동한다. $K^0 \leftrightarrow \overline{K^0}$. CP가 정확한 대칭이라면, K^0 에서 $\overline{K^0}$ 로의 진동 위상은, $\overline{K^0}$ 에서

K^0 로 가는 반대 방향의 진동 위상과 정확히 같아야 한다. 그러나 실험에 의해 $K^0 \leftrightarrow \overline{K^0}$ 의 진동 위상은 $\overline{K^0} \leftrightarrow K^0$ 의 위상과 비교하여 천분의 일 정도로 미묘하게 다르다는 사실이 밝혀졌다. 크리스텐슨J. H. Christenson 외, 「Evidence for the 2 Pi Decay of the K^0 Meson」, 『Physical Review Letters』 13, nos. 138–40 (1964)를 참고하라. 이는 CP 불변이 아니다. 중성의 K중간자와 관련된 정밀한 실험에서는, T대칭 위반이 직접 확인되었다. 결합 대칭 변환인 CPT는 붕괴 과정의 대칭이다. CP의 위반은 이제 B중간자라는, 무거운 바닥 쿼크를 포함한 입자에서도 나타나고 있다.

9장

1. 소녀가 N명이면 'Z_N', 곧 불연속 대칭이라 한다.
2. 폴 도허티Paul Doherty의 테크노라마 포럼 강연을 기록한 웹 사이트, 「2,000 Years of Magnetism in 40 Minutes」(http://www.exo.net/~pauld/technorama/technoramaforum.html)를 참고하라.
3. 자석의 '북극', 나침반 바늘이 '북을 향해' 가리키는 극은 지구의 '북쪽 자기극'의 방향을 따라 정렬된다. 따라서 지구를 자석으로 생각하면 '북쪽 자기극'은 사실상 '남쪽 자기극'인 셈이다!
4. 로버트 파크Robert L. Park, 「America's Strange Attraction: Magnet Therapy for Pain」(『Washington Post』 1999.09.8)와 「Magnet Therapy : What's the Attraction?」, 『Science Daily』 1999.09.09 (www.sciencedaily.com/releases/1999/09/990909071842.htm)를 참고하라.
5. 다음을 참고하라. 파크Robert L. Park, 『America's Strange Attraction』; 파크Robert L. Park, 『Voodoo Science』(Oxford: Oxford University Press, 2000) ; 미국물리학회(APS)의 주간지에 실린 기사 「What's New?」(http://www.aps.org/publications/apsnews/200607/bob-park.cfm)

10장

1. x가 파의 운동 방향 상의 위치이고 t가 시간이면, 특정 진행파를 사인 곡선 형태인 $\Psi(\vec{x}, t) = A\cos(kx - \omega t)$로 기술할 수 있다. 임의의 시각 t에서 그려졌을 때, 이것은 파열wave train이며, t가 증가할수록 파열은 오른쪽으로 이동한다. k는 파수wave number이며 ω는 파동의 각 진동수이다. 이들은 '초당 회전수'인 진동수 $f = \omega/2\pi$와 파장 $\lambda = 2\pi/k$와 관련된다. 파장 λ는 두 인접한 골이나 마루 사이의 거리이다. 진동수 f는 임의의 고정된 지점 x에서 1초 동안 파가 위 아래로 진동하는 완전한 주기의 횟수이다. 다시 말해, 파동을 긴 화물 열차라 생각하면, λ는 열차 한 칸의 길이이며 f는 열차가 완

전히 지나갈 때까지 인내심을 가지고 기다리는 당신 앞에서 일 초 동안 지나간 차량 수이다. A는 파동의 진폭이며 마루의 높이를 결정한다. 골에서 마루까지의 거리는 2A이다. 진행파의 속도는 $c = \lambda f = \omega/k$이다. 이 양은 보통 벡터로 표시되며, kx는 대개 3차원 상에서 $\vec{k} \cdot x$ 로 쓰여져 k의 방향으로 진행하는 파를 나타낸다.

2. 막스 플랑크와 같은 물리학자들은 이상적인 '흑체'를 즐겨 이야기한다. 흑체는 일종의 '뜨거운 벽으로 둘러싸인 공동'이다. 공동은 특정 온도까지 올라가며, 관찰자는 공동의 내부에 갇혀 있거나 그로부터 방출되는 빛만을 본다. 이는 꺼져가는 모닥불 장작과 같은 화학적 조성으로부터 생겨나는 불확실성을 제거한다.
3. 물리학에서는 $\hbar = h/2\pi$을 더 많이 사용하는 편이며 h와 $\hbar$를 모두 '플랑크 상수'로 언급하기도 한다.
4. 러더퍼드는 특정한 방사능 물질로부터 방출되는 알파 입자(후에 헬륨 원자핵으로 밝혀진다)를 얇은 금박에 쏘았다. 그는 커다란 면도 크림 덩어리를 관통하는 총알로 그 상황을 생각했었다. 그런데 가끔 알파 입자들이 뒤로 반사되는 모습을 보고 그는 깜짝 놀랐다. 그것은 마치 총알이 면도 크림 덩어리로부터 뒤로 반사되는 것과 같았다. 내부에 무언가가 숨어 있음이 분명했다. 러더퍼드는 알파 입자의 산란 패턴이, 원자의 중심에 양의 전하를 띠는 어떤 작고 단단한 구성물이 존재한다고 가정했을 때 예상되는 패턴과 정확히 같다는 사실을 알아냈다. 러더퍼드는 이렇게 원자핵을 발견했다.
5. 불확정성 원리의 의미는 다음과 같다. 임의의 입자를 매우 작은 길이 영역 Δx에 가두려고 하면, 운동량의 x성분이 갖는 불확정도 ΔP_x가 점점 커지며 그 불확정도는 적어도 $h/2\pi\Delta x$이다. 마찬가지로, 계의 어떤 사건을 매우 미세한 시간 간격 Δt에 가두고자 하면, 필연적으로 그 계를 교란시키고, 에너지의 불확정도 ΔE는 $\Delta E \Delta t \geq h/2\pi$이므로 Δt를 작게 만들수록 ΔE는 커진다. 전자의 원자 궤도는 대부분의 원자의 경우 주어진 모든 방향에서 대략 $\Delta x = 10^{-10}$ 미터이다. 따라서 전자는 반드시, 불확정성 원리에 따라 궤도 안의 운동량의 범위가 $\Delta P_x \geq \hbar / \Delta x$ 이어야 하므로 $\Delta P_x \fallingdotseq 10^{-24}$kg·m/s이다. 전자들은 c보다 훨씬 적은 속도로 궤도 안에서 움직이며(비상대론적nonrelativistic이다), 전자의 질량은 $m_e = 9.1 \times 10^{-31}$ 킬로미터이다. 따라서 전형적인 전자 운동 에너지가 $E = (\Delta P_x)^2 / 2m \fallingdotseq 6 \times 10^{-19}$ 줄 또는 3.8 전자볼트(1 전자볼트 = 1.6×10^{-19} 줄. 반올림하여 어림셈했다.)의 규모임을 계산할 수 있다. 따라서 전자를 궤도에 잡아 두는 힘은 이 결과값보다 크기가 더 큰 음의 퍼텐셜 에너지를 제공해야 한다. 이 에너지는 전자기력에 의해 제공되며, 전자 결합 에너지(전자들을 해방시킬 만큼 공급하는

에너지)의 대략적인 크기는 0.1에서 10전자볼트이다. 사실, 이 정도 에너지는 모든 화학 과정에서 일어나는 대략적 규모이며 가시광선의 광자들의 에너지를 포괄한다.

6. 이를 보이기 위해, 집이나 교실에서 다음 실험을 해도 좋을 것이다. 탁자에 앉아 있는 피실험자의 눈에 눈가리개를 씌운다. 탁자 위에는 연필, 나사돌리개, 시계, 딸기 같은 작은 물체들이 여럿 놓여 있다. 이제 피실험자에게 풍선을 주고, 풍선을 물체와 접촉하여 무엇인지 식별해보라고 지시한다. 모양은 어떤가? 탁자 위에 물체가 몇 개인가? 풍선만 손에 들고 작은 물체의 조사 도구로 써서 이 질문들에 답하기는 거의 불가능하다. 이제 피실험자에게 길쭉한 지푸라기를 주자. 이처럼 작고 세밀한 조사 도구로 물체를 만지면, 피실험자는 약간의 상상력과 논리를 동원하여 물체의 형상을 추측할 수 있다.
7. 슈뢰딩거에 대해 더 자세히 알고 싶다면, 오코너와 로버트슨의 「Erwin Rudolf Josef Alexander Schrodinger」(http://www-gap.dcs.st-and.ac.uk/~history/Mathematicians/Schrodinger.html)를 참고하라.
8. 여기서 수에 대해 짧게 짚고 넘어가자. 실수는 그리스인들이 발견하였다. 수가 '발견' 된다는 말이 이상하게 들리겠지만, 실제로 그렇다. 일상에서 양이나 지폐를 세다 보면 가장 단순한 양의 정수, 0, 1, 2, 3 등을 가장 먼저 알아차린다. 다음으로 −1, −2, −3 같은 음의 정수의 존재를 깨닫는다. 음의 정수는 누군가가 뺄셈을 '발명해서' 3에서 4를 빼려고 하다가 생겼다. 피타고라스주의자들은 나눗셈을 발명하여 3/4, 9/28와 같은 유리수, 곧 두 정수의 비로 나타낼 수 있는 수를 발견했다. 피타고라스인들은 소수 (2, 3, 5, 7, 11, 13, 17, ……) 곧 자신과 1 이외의 어떤 수로도 나누어떨어지지 않는 정수도 발견했다. 어떤 면에서, 소수들은 곱셈을 통해 모든 정수를 만들어내는 '원소' 인 셈이다. 소수는 수학에서 매우 중요한 의미를 가지며 오늘날에도 그들의 특성에 관한 수많은 연구가 진행되고 있다. 나눗셈을 발명한 피타고라스는 정수의 비로 표현되지 못하는 수가 존재할지도 모른다는 생각을 받아들이지 않았다. 그러나 $\sqrt{2}$ 나 π와 같은 무리수는 두 정수의 비로 표현되지 않는다. π가 무리수임을 증명하기는 매우 어렵지만 $\sqrt{2}$ 가 무리수임을 증명하기는 쉬운 편이다(유클리드가 증명했다). 증명은 인터넷에서 찾아보라. 종합하면, 양의 정수와 음의 정수, 유리수, 무리수는 실수를 구성한다. 이처럼 연속적인 수직선은 사실 놀라운 구조이다.

   이후 수학자들은 허수를 발견했다. 수학자들은 이를테면 방정식 $x^2 = -9$ 의 해를 알고 싶어한다. 어떤 실수도 이 방정식의 해가 될 수 없다. 따라서 $i = \sqrt{-1}$ 로 정의되는 새로운 수 i 를 고안한다. 따라서 방정식에는 두 개의 해 $x = 3i$ 와 $x = -3i$ 가 존재한다. 이때 a, b가 실수일 때 $z = a + bi$ 의 형태를

가진 수를 만들 수 있다. 이들을 복소수라고 한다. z의 복소 켤레를 $z^* = a - b\,i$ 라고 하고, z의 크기를 $|z| = |\sqrt{zz^*}| = |\sqrt{a^2 + b^2}|$ 로 정의한다. 허수는 관습적으로 사용한 실수직선에 수직인 축, 또는 두 번째의 차원을 나타낸다. 이에 따라 x축은 실수 직선이고 y축은 모든 실수에 i 를 곱한 수들의 집합인 복소평면이 생겨난다. 복소수들은 복소평면에서의 벡터이다. 삼각함수를 통해 허수인 지수함수를 복소수와 결합시키는 정리, $e^{i\theta} = \cos\theta + i \sin\theta$은 수학에서 매우 중요하다. 이 정리의 증명은 미적분학 강의 때 다루어지며, 테일러 급수를 이용하는데, 사실 삼각함수의 '덧셈정리' 와 지수함수의 일반적 특성을 이용하기만 해도 증명 가능하다. (시도해 보라!) 이러한 결과를 이용하면, 어떤 복소수도 ρ와 θ가 실수일 때, $z = \rho e^{i\theta}$ 의 형태로 쓸 수 있다. 따라서 $|z| = |\sqrt{zz^*}| = |\rho|$이다. 이는 복소평면의 극좌표식 표현이다.

9. 이 시점에서 많은 학생이 묻는다. "농담이시죠! 복소수는 전자 공학자가 하듯 편리를 위해 사용하는 일종의 수학적 도구이고, 물리 방정식의 복소수는 실제 물리적 의미가 없다는 말씀 아닌가요?" 여기에 대해 필자들의 대답은 "그렇지 않습니다!"이다. 농담이 아니다! 양자역학에서 복소수는 '실제로 존재' 하며, 파동함수는 '실제로' 복소수 값을 갖는 시공간의 함수이다. 물론, 모든 것을 실수 순서쌍으로 환원시켜 −1의 제곱근인 i 를 쓰지 않고도 어떻게든 계산해낼 수 있지만, 그렇게 해서 얻는 이익은 없다. 마치 칵테일 파티에서 끔찍한 질병에 대해 절대 그 병명을 사용하지 않으면서 신중하게 말하지만, 모든 사람은 이미 그 실제 의미를 이해하며, 언젠가는 누군가 무심결에 불쑥 그 병명을 언급할 수밖에 없는 상황 같다. 곧, 양자역학의 수학에서 −1의 제곱근 i 는 매우 중요한 역할을 한다. 자연은 분명 복소수로 쓰인 책을 읽는다! 그 이유는 모르지만, 적어도 그것이 진실임은 안다. 그렇다면 양자 입자 파동함수는 어떤 형태일까? 슈뢰딩거의 파동 방정식을 이용하면, 자유로이 이동하는 입자가 다음과 같은 형태의 파동함수를 갖는 파동임을 알게 된다. ($|\vec{k}| = 2\pi/\lambda$, $\omega = 2\pi f$일 때) $\Psi(\vec{x}, t) = A(\cos(\vec{k}\cdot\vec{x} - \omega t) + i \sin(\vec{k}\cdot\vec{x} - \omega t))$이다.

10. 막스 보른에 대해 더 자세히 알고 싶다면, 오코너와 로버트슨의 「Max Born」(http://www-gap.Dcs.St-and.ac.uk/~history/Mathematicians/Born.html)을 참고하라. 또한 올리비아 뉴튼존 국제 팬클럽 전기 웹 페이지인 「Only Olivia」(http://www.onlyolivia.com/aboutonj/index.html)도 참고하라.

11. 여기에는 사실상 전문적으로 까다로운 부분이 있다. 실제로 여기에서는 운동량의 크기를 의미하는데, 갇힌 파동은 진행파와 같이 일정한 운동량을 가진 상태가 아니기 때문이다. (양자역학의 언어로 말하자면, 진행 평면파

는 운동량 '고유 상태'에 있으나 갇힌 파는 그렇지 않다.) 기타 현의 정상파는 임의의 순간에 두 개의 운동량을 갖는데, 하나는 양수이고 다른 하나는 음수이지만, 크기는 동일하다. 최저 모드의 파동함수는 시간 속에서 진동하는 공간 속 기타 현의 진동 형태와 같다. 최저 모드의 형태는 함수 $\sin(\pi x/L)$이다. 파동함수의 정확한 형태에는 복소수가 관련되며 $\omega = 2\pi E/h$일 때 $\varphi(x, t) = A\sin(\pi x/L)\, e^{i\omega t}$ 라고 쓸 수 있다. 따라서 $x = 0$과 $x = L$ 사이 어딘가에서 전자를 발견할 확률은 $|\varphi(x, t)|^2 = A^2 \sin^2(\pi x/L)$이다. $0 \leq x \leq L$에서 전자를 발견할 확률은 1이므로 여기서 $A = 1/\sqrt{2}L$임을 알 수 있다.

12. 분광계는 구두 상자와 회절 격자, 알루미늄 박지 약간만 있으면 반시간 만에 만들 수 있다(회절 격자는 과학 전문 상점이나 취미 용품점에서 1달러에 구입할 수 있는 플라스틱 격자로, 대부분의 과학 교사는 화학이나 물리 실험실 뒤쪽의 서랍장에 그것들을 수백 개씩 두고 있다). 면도날이나 취미용 나이프를 가지고 박지에 좁은 틈(슬릿)을 만들어 빛이 상자의 한쪽 끝으로 들어오도록 한다. 상자의 다른 쪽 끝에는 관찰 구멍을 만들고 회절 격자를 부착시킨다. 이제 상자를 닫고 상자 내부를 어둡게 한다. 슬릿이 근처의 가로등을 향하도록 한 뒤 격자를 통해 상자 안의 슬릿을 관찰한다. 슬릿의 측면에 무지개 색으로 중첩되어 나타난 슬릿의 상이 보인다. 이는 넓게 펼쳐진 빛의 스펙트럼으로, 나트륨 증기의 전자로부터 방출된 광자들의 불연속적인 스펙트럼 선을 보여준다. 이제 더 인상적인 목표물을 공략해보자. 슬릿을 조심스럽게 태양 쪽으로 향하면, 격자를 통해 상자 안을 바라보는 관찰자는 다시 한 번 슬릿의 측면 이미지들이 연속적인 무지개 스펙트럼을 형성하는 장면을 보게 된다(절대로 태양을 정면으로 보아서는 안 된다). 그러나 자세히 보면 무지개 속에 존재하는 어두운 선이 보인다. 이 선은 태양의 코로나 구에서 나오는 수소 기체가 광자를 흡수한 선이다. 이 현상은 1800년대 중반 발견되었으며, 양자론이 나타나기 전까지 물리학자들은 이 현상을 설명하는 데 완전히 속수무책이었다.
13. 이것이 바로 과학이 이야기하는 바이다. 펄서가 사실 진화한 외계 문명의 거대한 성간 통신망에서 사용하는 의사 소통의 수단으로서, 물에 불소를 넣으려는 공산주의자들에게 메시지를 보낸다는 설도 있다. 실제로 펄서를 최초로 발견했을 때 천문학자들은 완전히 아연실색했다.
14. 양자역학과 관련하여 더 알고 싶다면, 『The Feynman Lectures on Physics, vol.3』 (Reading, MA: Addison-Wesley, 1963)이 가장 좋은 출발점이 되리라고 생각한다. (한국어판 : 『파인만의 물리학 강의 3권』)

11장

1. 전자기에 관한 교재는 수준별로 무수히 많다. 학부 기초 과정 수준으로는 『The Feynman Lectures on Physics』, vol. 2 (New York: Addison-Wesley, 1970)을 참고하라. (한국어판 : 『파인만의 물리학 강의 2』.) 대학원 수준의 교재로는 잭슨J. D. Jackson의 『Classical Electrodynamics』 (New York: John Wiley and Sons, 1999)가 있다. 웁살라 대학의 천문 · 우주 물리학과에서는 고전 전기역학 교재의 무료 다운로드를 제공하며, 관련된 수많은 사이트를 링크했다. 보 티데Bo Thide의 「Classical Electrodynamics」(http://www.plasma.uu.se/ CED/)를 참고하라.
2. 존 랠스턴John P. Ralston이 1996년 5월 크리스토퍼 힐과 나눈 사적인 대화에서 가져왔다. 잭슨J. D. Jackson과 오쿤L. B. Okun의 논문 「Historical Roots of Gauge Invariance」, 『Reviews of Modern Physics』 73 (2001):663에서 잭슨 등은 다음과 같이 썼다.

'이와 관련하여 주목할 만하지만 게이지 불변성의 역사에서 다소 지엽적인 이야기가 있다. 제임스 맥큘러는 빛이 탄력성의 에테르라는 새로운 형태 속에서 전파되는 교란으로서, 이때의 퍼텐셜 에너지는 압축과 왜곡이 아닌 매질의 국소적인 회전에만 의존하기 때문에 빛의 진동이 순수하게 횡적이라는 현상학적 빛 이론을 이른 시기에 전개해 나갔다 …… 맥큘러의 방정식은 (적절히 해석된다면) 이방성anisotropic 매질에서의 자유 장에 관한 맥스웰의 방정식에 대응된다.' (맥큘러의 연구에 관한 미발표 논문의 사용을 허락해준 랠스턴에게 감사드린다.)

따라서 맥큘러는 실제로 1839년, '에테르'라는 물질 매질 속에서 전파되는 파동 교란으로서의 빛 이론을 전개한 셈이다. 이 이론은 약 25년 후에 등장할 맥스웰의 이론과 등가이며, 관찰 불가능한 게이지 장의 개념을 담고 있다. 따라서 맥큘러는 국소 게이지 불변성이라는 대칭 원리를 발견했었던 듯하다. 그러나 여기서 물질 매질에서의 '꼬임twist' 또는 국소 회전들과 관련된, 바탕에 깔린 물리적 그림과 전기동역학은 별 관련이 없다. 그의 발견은 거의 완전히 묻혀진 채 잊혀졌다.

맥큘러는 학계의 물리학자들과 원만한 관계를 유지하지 못했으며, 자살로써 비극적으로 생을 마감했다. 시대를 지나치게 앞서 간 인물이다.

3. 복소 위상 인자란 θ가 실수일 때, $e^{i\theta}$와 같은 지수 함수로서, 크기는 1이다. ($1 = |e^{i\theta}|^2$.) 따라서 전자 파동함수에 이 인자를 곱하면 $\Psi(\vec{x}, t) \rightarrow e^{i\theta}\Psi(\vec{x}, t)$이다. 이때 전자 파동함수의 크기는 변하지 않기 때문에 측정된 확률에 영향을 주지 않는다. 국소 게이지 불변성의 핵심은 위상 인자에 나타나는 각이 시간과 공간에 관한 실수 함수, 곧 $\theta(\vec{x}, t)$라는 점이다.

이는 전자 파동함수의 겉보기 에너지와 운동량을 변화시킬 수 있다. 다시 말해, 주어진 전자의 운동량이 $\vec{p}$ 이고 에너지가 E일 때 파동함수에 위상 인자 $e^{i\theta(x,t)}$ 을 곱하면 원하는 새로운 운동량 $\vec{p}'$과 에너지 E′을 갖는 파동함수를 쉽게 찾을 수 있다. 예를 들어 $\theta(\vec{x}, t) = ax - bt$라고 놓으면, $e^{i\theta(kx-\omega t)} \rightarrow e^{i(ax-bt)}e^{i\theta(kx-\omega t)} = e^{i(k'x-\omega' t)}$ 이 된다. 이때 $k' = k + a$이고 $\omega' = \omega + b$이다. 아까 파수와 진동수를 임의로 변화시켰다. 따라서 시간과 공간에 따른 복소 위상을 곱하면, 운동량이 p이고 에너지가 E인 과거의 전자가 새 운동량 $p' = \hbar k$와 에너지 $E' = \hbar\omega'$ 를 갖는 새로운 전자로 변하게 된다. 겉으로 볼 때 이는 원래 상태의 대칭이라기 보다는, 관찰 가능한 에너지와 운동량의 값이 다른 새로운 상태를 만들어 내었다.

4. 이 새로운 게이지 상호작용은 부가적인 퍼텐셜 에너지를 제공함으로써 전자의 총 에너지를 바꾼다. 이렇게 되면 전자의 총 에너지가 수정된다. $E = \hbar\omega + e\varphi$. 특수 상대성에 따르면 부스트 하에서 에너지와 운동량은 시공간처럼 서로 뒤섞이므로, 새로운 양을 도입하여 이와 유사한 방식으로 운동량을 수정한다. $\vec{p} = \hbar\vec{k} + e\vec{A}$. 이 새로운 양 $(\varphi, \vec{A})$는 로렌츠 변환 하에서 시간과 공간 (t, x)처럼 행동한다. φ를 스칼라 퍼텐셜, $\vec{A}$ 를 벡터 퍼텐셜이라 한다. 상수 e는 전기 전하이며, 전자가 스칼라와 벡터 퍼텐셜의 존재를 얼마나 강하게 느끼는지를 결정한다. 이제, 전자 파동함수에 위상 인자를 곱하면, $\omega \rightarrow \omega'$ 과 $k \rightarrow k'$처럼 진동수와 파동 벡터가 새로운 값으로 바뀌는 동시에, 스칼라 퍼텐셜과 벡터 퍼텐셜의 값도 바뀐다. 곧, 전체적인 게이지 변환은 다음과 같다. (1) 전자 파동함수에 인자를 곱한다. $e^{i(kx-\omega t)} \rightarrow e^{i\theta(x-t)}e^{i(kx-\omega t)} = e^{i(k'x-\omega' t)}$ 이때 (2) $\omega \rightarrow \omega' + \omega + b$, $k \rightarrow k = k' + a$가 된다. 그러나 (3) 스칼라 퍼텐셜의 값도 변화되며, $\varphi \rightarrow \varphi - \hbar b/e$ (4) 벡터 퍼텐셜의 값도 변화된다. $\vec{A}_x \rightarrow \vec{A}_x - \hbar a/e$. 결국 결합 변환을 해도 총 에너지가 변하지 않는다. $E = \hbar\omega + e\varphi \rightarrow \hbar\omega' + e\varphi - \hbar b \rightarrow \hbar\omega + e\varphi = E$. 운동량 또한 결합 변환해도 변하지 않는다. $\vec{P}_x = \hbar\vec{k} + e\vec{A}_x \rightarrow \hbar k + e\vec{A}_x - \hbar a = \hbar k + e\vec{A}_x = \vec{P}_x$. 이 변환을 국소 게이지 변환이라고 한다.

12장

1. 여백이 부족하여 유감스럽지만 주기율표를 상세히 설명하지는 못하겠다. 주기율표는 인터넷에서 찾을 수 있다. 「A Periodic Table of the Elements at Los Alamos National Laboratory」(http://periodic.lanl.gov/index.shtml) 등을 참고하라. 현대의 주기율표에는 자연에서는 발생하지 않는 합성원소를 포함하여 원자 번호가 118까지 있다.
2. 1전자볼트는 1.60×10^{-19}줄에 대응되며, 광속의 제곱으로 나누면 질량 1.78×10^{-36}kg 과 등가이다. 0.938GeV의 양성자 질량에 1.78×10^{-36}kg

을 곱하면 1.67 × 10^{-27}kg 을 얻으며, 이는 양성자의 질량을 킬로그램 단위로 측정한 값이다.

3. 머레이 겔만Murray Gell-Mann, 『The Quark and the Jaguar』(New York : W. H. Freeman, 1994)를 참고하라. 복잡성, 물리학 등에 관한 매우 흥미로운 전문 서적이다. (머레이 겔만의 전기 『스트레인지 뷰티』(승산)도 흥미롭다.)
4. 겔만은 제임스 조이스의 소설 『피네간의 경야Finnegan's Wake』에 나오는 한 구절인 'three quarks for Muster Mark' 에서 빌려온 쿼크quark라는 단어를 제안했다. 이로 인해 고맙게도 모든 것에 그리스 알파벳 글자를 사용하는 입자물리학의 전통적인 명명법이 깨졌다. 유럽 입자물리연구소(CERN)를 방문한 겔만의 동료인 캘텍의 게오르그 츠바이크George Zweig도 독립적으로 쿼크 개념을 제시했다. 츠바이크는 그 유명한 미발표된 CERN의 예비 보고서에 그의 아이디어를 기술하며 에이시스aces라는 이름을 붙였다. 그는 새로이 발견된 수많은 입자가 갖는 특정한 역학적 성질들이 물질의 새로운 단계인 쿼크를 기반으로 설명될 수 있음을 깨달았다.
5. 사실 한 세대의 경입자와 쿼크들의 전기 전하량을 더하면 0이다. 이는 약한 상호작용에서 게이지 대칭들에 가해진 양자 위협인 '애들러-바딘-벨-재키브Adler-Bardeen-Bell-Jackiw 변칙적 소거 조건' 에서 유래한다. '변칙적 소거' 는 각 세대에서 관찰되는 쿼크와 경입자들의 특정 패턴에서 가장 쉽게 일어난다. 조지-글래쇼 SU(5) 이론처럼 아름답고 강력한 '통일 이론' 이 그 패턴을 '예측' 한다. 그러나 어떤 이론으로도 특정한 경입자, 예를 들면 전자가 반드시 위쿼크와 아래쿼크와 관련을 맺고, 꼭대기쿼크나 바닥쿼크, 또는 다른 무질서하게 재배열된 물질과 전혀 관계가 없는지 확신하지 못한다.
6. 입자 족을 죄다 다듬으려는 입자 비용 절감 효율성 전문가처럼 과하게 흥분하기 전에, 자연에서 관찰되는 CP 위반은 입자의 3세대가 모두 필요하며, 전문적 이유로 인해, 특정 CP 위반은 물질이 우주에서 존재하는 데 필수적이라는 사실이 발견되었다. 덧붙여, 모든 쿼크와 경입자는 초기 우주에서도 활동했으며 지금의 우주를 형성하는데 한몫을 했다. 따라서 우리는 그것들을 처분하는 일에 태만해질 것이다.
7. 사실 세대 패턴에는 경입자와 쿼크의 헬리시티, 다시 말해 광학적 카이랄성(손잡이성)도 포함된다. 곧, 어떤 세대에서든 '왼손잡이' 입자들만 약력과 결합한다.
8. 종합하면, 쿼크나 반쿼크로 만들 수 있는 다수의 합성 입자 전부를 강입자라 한다. 강입자 중에서도 세 개의 쿼크(또는 반쿼크)끼리 구성된 것은 중입

자라고, 쿼크와 반쿼크의 결합으로 구성된 강입자는 중간자라고 한다. 이렇게 쿼크를 포함한 입자에 대응되는 '들뜬 상태'는 공명resonanace이라고 불리는데, 마치 퍼텐셜 우물에 갇힌 전자와 같이 10장의 '기타현 모드'을 보여주는 다양한 양자 에너지 준위들처럼 행동한다. 중입자들은 스핀이 1/2, 3/2, 5/2 …… 이다. 중간자들은 스핀이 0, 1, 2 …… 이다.

9. 접착자의 수는 8(= 9 − 1)개이다. 논리적으로 (색깔, 반색깔) 순서쌍 수는 9개이지만 그중 $r\bar{r} + b\bar{b} + y\bar{y}$ 조합은 SU(3) 대칭군의 원소가 아니다. 곧, 색공간에서 어떤 것도 회전시키지 않으며 접착자로 나타나지도 않는다. 따라서 접착자는 여덟 개이고, 고 에너지 충돌에서 생성된 젯에서 극적으로 관측된다.
10. 일부 학자들은 힉스 보손을 가리켜 심지어는 '신의 입자'라고 했다. 힉스 입자가 우리와 우주 전체에 미치는 심오한 영향 때문이다.

1. 수학에는 호모토피homotopy라는 위상수학의 한 분야가 있는데, 상이한 평면이나 공간에서 택할 수 있는 경로들, 그리고 닫힌 구멍을 몇 번이나 둘러싸는지 등에 관하여 다룬다. 예를 들어, 구의 표면 위의 한 점 P에서 시작하고 이 점으로 다시 돌아오는 가능한 모든 폐곡선을 생각해 보자. 호모토피에서는 곡선을 파괴하거나 자르지 않는다는 전제 하에 구 위의 모든 곡선이 동일하다고 간주한다. 임의의 곡선이 다른 임의의 곡선으로 변형될 수 있기 때문이다. 이제 구가 아닌 도넛 위에 있다고 가정하자. 이때 도넛을 2번 돌려 감는 곡선은 3번 감는 곡선과 같지 않다. 따라서 도넛 위의 모든 곡선은 돌려 감기 또는 구멍을 둘러싸는 방향으로 감기를 한 횟수의 순서쌍 (N, Q)에 따라 구분된다. 도넛의 호모토피 군은 Z⊗Z으로, 정수의 집합 Z와 그 자신의 데카르트 곱(⊗)이다. 구의 호모토피 군은 항등원만 포함한 '자명한trivial' 집합이다.
2. 고렌슈타인D. Gorenstein, 「The Enormous Theorem」, 『Scientific American』, (1985. 12) p.104를 참고하라.
3. 소푸스 리는 자신의 연속군 대수가 얼마나 중요한지 동료들에게 힘들여 설득하곤 했고 결국에는 정신이 이상해졌다. 오코너와 로버트슨, 「Marius Sophus Lie」(http://www-gap.dcs.st-and.ac.uk/~history/Mathematicians/Lie.html)를 보라.

찾아보기

도 · 서 · 출 · 판 · 승 · 산 · 에 · 서 · 만 · 든 · 책 · 들

19세기 산업은 전기 기술 시대, 20세기는 전자 기술(반도체) 시대, 21세기는 양자 기술 시대입니다. 미래의 주역인 청소년들을 위해 21세기 **양자 기술**(양자 암호, 양자 컴퓨터, 양자 통신 같은 양자정보과학 분야, 양자 철학 등) 시대를 대비한 수학 및 양자 물리학 양서를 계속 출간하고 있습니다.

영재수학

경시대회 문제, 어떻게 풀까

테렌스 타오 지음 | 안기연 옮김 | 2011년 12월 출간 예정

세계에서 아이큐가 가장 높다고 알려진 수학자 테렌스 타오가 전하는 경시대회 문제 풀이 전략! 정수론, 대수, 해석학, 유클리드 기하, 해석 기하 등 다양한 분야의 문제들을 다룬다. 문제를 어떻게 해석할 것인가를 두고 고민하는 수학자의 관점을 엿볼 수 있는 새로운 책이다.

평면기하의 탐구문제들 제1권, 제2권

프라소로프 지음 | 한인기 옮김 | 328쪽 | 20,000원

기초 수학이 강한 러시아의 저명한 기하학자 프라소로프의 역작. 이 책에 수록된 정리들과 문제들은 문제해결자의 자기주도적인 탐구활동에 적합하도록 체계화한 것이다.

문제해결의 이론과 실제

한인기, 꼴랴긴 Yu. M. 공저 | 208쪽 | 15,000원

입시 위주의 수학교육에 지친 수학 교사들에게는 '수학 문제해결의 가치'를 다시금 일깨워 주고, 수학 논술을 준비하는 중등 학생들에게는 진정한 문제 해결력을 길러주는 수학 탐구서.

유추를 통한 수학탐구

P.M. 에르든예프, 한인기 공저 | 272쪽 | 18,000원

유추는 개념과 개념을, 생각과 생각을 연결하는 징검다리와 같다. 이 책을 통해 자신의 힘으로 수학하는 기쁨을 얻는다.

영재들을 위한 365일 수학여행

시오니 파파스 지음 | 김홍규 옮김 | 280쪽 | 15,000원

재미있는 수학 문제와 수수께끼를 일기 쓰듯이 하루 한 문제씩 풀어 가면서 논리적인 사고력과 문제해결 능력을 키우고 수학언어에 친근해지도록 하는 책으로 수학사 속의 유익한 에피소드도 읽을 수 있다.

GREAT DISCOVERIES SERIES

불완전성 : 쿠르트 괴델의 증명과 역설

레베카 골드스타인 지음 | 고중숙 옮김 | 352쪽 | 15,000원

괴델의 불완전성 정리는 20세기의 가장 아름다운 정리라 불린다. 이는 인간의 마음으로는 완전히 헤아릴 수 없는, 인간과 독립적으로 존재하는 영원불멸한 객관적 진리의 증거이다. 괴델의 정리와 그 현란한 귀결들을 이해하기 쉽도록 펼쳐 보임은 물론 괴팍하고 처절한 천재의 삶을 생생히 그렸다. (함께 읽는 책 : 『괴델의 증명』)

간행물윤리위원회 선정 '청소년 권장 도서'

2008 과학기술부 인증 '우수과학도서' 선정

너무 많이 알았던 사람 : 앨런 튜링과 컴퓨터의 발명

데이비드 리비트 지음 | 고중숙 옮김 | 408쪽 | 18,000원

튜링은 제2차 세계대전 중에 독일군의 암호를 해독하기 위해 '튜링기계'를 성공적으로 설계, 제작하여 연합군에게 승리를 안겨 주었고 컴퓨터 시대의 문을 열었다. 또한 반동성애법을 위반했다는 혐의로 체포되기도 했다. 저자는 소설가의 감성으로 튜링의 세계와 특출한 이야기 속으로 들어가 인간적인 면에 대한 시각을 잃지 않으면서 그의 업적과 귀결을 우아하게 파헤친다.

신중한 다윈 씨 : 찰스 다윈의 진면목과 진화론의 형성 과정

데이비드 쾀멘 지음 | 이한음 옮김 | 352쪽 | 17,000원

역사상 가장 유명한 야외 생물학자였던 찰스 다윈과 그의 경이로운 생각에 관한 이야기. 데이비드 쾀멘은 다윈이 비글호 항해 직후부터 쓰기 시작한 비밀 '변형' 공책들과 사적인 편지들을 토대로 인간적인 다윈의 초상을 그려 내는 한편, 그의 연구를 상세히 설명한다.

한국간행물윤리위원회 선정 '2008년 12월 이달의 읽을 만한 책'

〈KBS TV 책을 말하다〉 2009년 1월 테마북 선정

아인슈타인의 우주 : 알베르트 아인슈타인의 시각은 시간과 공간에 대한 우리의 이해를 어떻게 바꾸었나

미치오 카쿠 지음 | 고중숙 옮김 | 328쪽 | 15,000원

밀도 높은 과학적 개념을 일상의 언어로 풀어내는 카쿠는 이 책에서 인간 아인슈타인과 그의 유산을 수식 한 줄 없이 체계적으로 설명한다. 가장 최근의 끈이론에도 살아남아 있는 그의 사상을 통해 최첨단 물리학을 이해할 수 있는 친절한 안내서이다.

열정적인 천재, 마리 퀴리 : 마리 퀴리의 내면세계와 업적

바바라 골드스미스 지음 | 김희원 옮김 | 296쪽 | 15,000원

저자는 수십 년 동안 공개되지 않았던 일기와 편지, 연구 기록, 그리고 가족과의 인터뷰 등을 통해 신화에 가려졌던 마리 퀴리를 드러낸다. 눈부신 연구 업적과 돌봐야 할 가족, 사회에 대한 편견, 그녀 자신의 열정적인 본성 사이에서 끊임없이 갈등을 느끼고 균형을 잡으려 애썼던 너무나 인간적인 여성의 모습을 그렸다.

Quantum Man : Richard Feynman's life in Science

로렌스 크라우스 지음 | 김성훈 옮김 | 근간

『스타트렉의 물리학』의 저자 로렌스 크라우스가 들려주는 리처드 파인만의 삶과 그의 학문.

브라이언 그린

엘러건트 유니버스

브라이언 그린 지음 | 박병철 옮김 | 592쪽 | 20,000원

초끈이론과 숨겨진 차원, 그리고 궁극의 이론을 향한 탐구 여행, 초끈이론의 권위자 브라이언 그린은 핵심을 비껴가지 않고도 가장 명쾌한 방법을 택한다.

『KBS TV 책을 말하다』와 『동아일보』 『조선일보』 『한겨레』 선정 '2002년 올해의 책'

우주의 구조

브라이언 그린 지음 | 박병철 옮김 | 747쪽 | 28,000원

『엘러건트 유니버스』에 이어 최첨단의 물리를 맛보고 싶은 독자들을 위한 브라이언 그린의 역작! 새로운 각도에서 우주의 본질을 이해할 수 있을 것이다.

『KBS TV 책을 말하다』 테마북 선정, 제46회 한국출판문화상(번역부문, 한국일보사), 아-태 이론물리센터 선정 '2005년 올해의 과학도서 10권'

블랙홀을 향해 날아간 이카로스

브라이언 그린 지음 | 박병철 옮김 | 40쪽 | 12,000원

세계적인 물리학자이자 베스트셀러 『엘러건트 유니버스』의 저자, 브라이언 그린이 쓴 첫 번째 어린이 과학책. 저자가 평소 아들에게 들려주던 이야기를 토대로 쓴 우주여행 이야기로, 흥미진진한 모험담과 우주 화보집이라고 불러도 손색없는 화려한 천체 사진들이 아이들을 우주의 세계로 안내한다.

파인만

파인만의 과학이란 무엇인가

리처드 파인만 강연 | 정무광 정재승 옮김 | 192쪽 | 10,000원

'과학이란 무엇인가?' '과학적인 사유는 세상의 다른 많은 분야에 어떻게 영향을 미치는가?'에 대한 기지 넘치는 강연이 생생하게 수록되어 있다. 아인슈타인 이후 최고의 물리학자로 누구나 인정하는 리처드 파인만의 1963년 워싱턴대학교에서의 강연을 책으로 엮었다.

파인만의 물리학 강의 I

리처드 파인만 강의 | 로버트 레이턴, 매슈 샌즈 엮음 | 박병철 옮김 | 736쪽 | 양장 38,000원 | 반양장 18,000원, 16,000원(I-I, I-II로 분권)

40년 동안 한 번도 절판되지 않았던, 전 세계 이공계생들의 필독서, 파인만의 빨간 책.

2006년 중3, 고1 대상 권장 도서 선정(서울시 교육청)

파인만의 물리학 강의 II

리처드 파인만 강의 | 로버트 레이턴, 매슈 샌즈 엮음 | 김인보, 박병철 외 6명 옮김 | 800쪽 | 40,000원

파인만의 물리학 강의 I에 이어 국내 처음으로 소개하는 파인만 물리학 강의의 완역본. 전자기학과 물성에 관한 내용을 담고 있다.

파인만의 물리학 강의 III

리처드 파인만 강의 | 로버트 레이턴, 매슈 샌즈 엮음 | 김충구, 정무광, 정재승 옮김 | 511쪽 | 30,000원

파인만의 물리학 강의 3권 완역본. 양자역학의 중요한 기본 개념들을 파인만 특유의 참신한 방법으로 설명한다.

파인만의 물리학 길라잡이 : 강의록에 딸린 문제 풀이

리처드 파인만, 마이클 고틀리브, 랠프 레이턴 지음 | 박병철 옮김 | 304쪽 | 15,000원

파인만의 강의에 매료되었던 마이클 고틀리브와 랠프 레이턴이 강의록에 누락된 네 차례의 강의와 음성 녹음, 그리고 사진 등을 찾아 복원하는 데 성공하여 탄생한 책으로, 기존의 전설적인 강의록을 보충하기에 부족함이 없는 참고서이다.

파인만의 여섯 가지 물리 이야기

리처드 파인만 강의 | 박병철 옮김 | 246쪽 | 양장 13,000원, 반양장 9,800원

파인만의 강의록 중 일반인도 이해할 만한 '쉬운' 여섯 개 장을 선별하여 묶은 책. 미국 랜덤하우스 선정 20세기 100대 비소설 가운데 물리학 책으로 유일하게 선정된 현대과학의 고전.

간행물윤리위원회 선정 '청소년 권장 도서'

일반인을 위한 파인만의 QED 강의

리처드 파인만 강의 | 박병철 옮김 | 224쪽 | 9,800원

가장 복잡한 물리학 이론인 양자전기역학을 가장 평범한 일상의 언어로 풀어낸 나흘간의 여행. 최고의 물리학자 리처드 파인만이 복잡한 수식 하나 없이 설명해 간다.

천재 : 리처드 파인만의 삶과 과학

제임스 글릭 지음 | 황혁기 옮김 | 792쪽 | 28,000원

'카오스'의 저자 제임스 글릭이 쓴 천재 과학자 리처드 파인만의 전기. 과학자라면, 특히 과학을 공부하는 학생이라면 꼭 읽어야 하는 책.

2006년 과학기술부인증 '우수과학도서', 아-태 이론물리센터 선정 '2006년 올해의 과학도서 10권'

발견하는 즐거움

리처드 파인만 지음 | 승영조, 김희봉 옮김 | 320쪽 | 9,800원

인간이 만든 이론 가운데 가장 정확한 이론이라는 '양자전기역학(QED)'의 완성자로 평가받는 파인만. 그에게서 듣는 앎에 대한 열정.

문화관광부 선정 '우수학술도서', 간행물윤리위원회 선정 '청소년을 위한 좋은 책'

수학 명저

괴델의 증명

어니스트 네이글, 제임스 뉴먼 지음 | 더글러스 호프스태터 서문 | 곽강제, 고중숙 옮김 | 176쪽 | 15,000원

『타임』 지가 선정한 '20세기 가장 영향력 있는 인물 100명'에 든 단 2명의 수학자 중 한 명인 괴델의 불완전성 정리를 군더더기 없이 간결하게 조명한 책. 괴델은 '무모순성'과 '완전성'을 동시에 갖춘 수학 체계를 만들 수 없다는, 즉 '애초부터 증명 불가능한 진술이 있다'는 것을 증명하였다. (함께 읽기 : 『불완전성』)

오일러 상수 감마

줄리언 해빌 지음 | 프리먼 다이슨 서문 | 고중숙 옮김 | 416쪽 | 20,000원

수학의 중요한 상수 중 하나인 감마는 여전히 깊은 신비에 싸여 있다. 줄리언 해빌은 여러 나라와 세기를 넘나들며 수학에서 감마가 차지하는 위치를 설명하고, 독자들을 로그와 조화급수, 리만 가설과 소수정리의 세계로 안내한다.

2009 대한민국학술원 기초학문육성 '우수학술도서' 선정

리만 가설 : 베른하르트 리만과 소수의 비밀

존 더비셔 지음 | 박병철 옮김 | 560쪽 | 20,000원

수학의 역사와 구체적인 수학적 기술을 적절하게 배합시켜 '리만 가설'을 향한 인류의 도전사를 흥미진진하게 보여 준다. 일반 독자들도 명실공히 최고 수준이라 할 수 있는 난제를 해결하는 지적 성취감을 느낄 수 있다. (함께 읽기 : 『오일러 상수 감마』, 『소수의 음악』)

2007 대한민국학술원 기초학문육성 '우수학술도서' 선정

뷰티풀 마인드

실비아 네이사 지음 | 신현용, 승영조, 이종인 옮김 | 757쪽 | 18,000원

MIT에 재학 중이던 21세 때 완성한 게임 이론으로 46년 뒤 노벨경제학상을 수상한 존 내쉬의 영화 같았던 삶. 그의 삶 속에서 진정한 승리는 정신분열증을 극복하고 노벨상을 수상한 것이 아니라, 아내 앨리시아와의 사랑으로 끝까지 살아남아 성장했다는 점이다.

간행물윤리위원회 선정 '우수도서', 영화 『뷰티풀 마인드』 오스카상 4개 부문 수상

우리 수학자 모두는 약간 미친 겁니다

폴 호프만 지음 | 신현용 옮김 | 376쪽 | 12,000원

83년간 살면서 하루 19시간씩 수학문제만 풀었고, 485명의 수학자들과 함께 1,475편의 수학 논문을 써낸 20세기 최고의 전설적인 수학자 폴 에어디쉬의 전기.

한국출판인회의 선정 '이달의 책', 론폴랑 과학도서 저술상 수상

무한의 신비

애머 악첼 지음 | 신현용, 승영조 옮김 | 304쪽 | 12,000원

고대부터 현대에 이르기까지 수학자들이 이루어 낸 무한에 대한 도전과 좌절. 무한의 개념을 연구하다 정신병원에서 쓸쓸히 생을 마쳐야 했던 칸토어와 피타고라스에서 괴델에 이르는 '무한'의 역사.

수학 재즈

에드워드 B. 버거, 마이클 스타버드 지음 | 승영조 옮김 | 352쪽 | 17,000원

왜 일기예보는 항상 틀리는지, 왜 증권투자로 돈 벌기가 쉽지 않은지, 왜 링컨과 존 F. 케네디는 같은 운명을 타고 났는지, 이 모든 것을 수식 없는 수학으로 설명한 책. 저자는 우연의 일치와 카오스, 프랙탈, 4차원 등 묵직한 수학 주제를 가볍게 우리 일상의 삶의 이야기로 풀어서 들려준다.

물리학 명저

타이슨이 연주하는 우주 교향곡 1, 2권

닐 디그래스 타이슨 지음 | 박병철 옮김 | 1권 256쪽, 2권 264쪽 | 각권 10,000원

모두가 궁금해하는 우주의 수수께끼를 명쾌하게 풀어내는 책! 10여 년 동안 미국 월간지 『유니버스』에 '우주'라는 제목으로 기고한 칼럼을 두 권으로 묶었다. 우주에 관한 다양한 주제를 골고루 배합하여 쉽고 재치 있게 설명한다.

아-태 이론물리센터 선정 '2008년 올해의 과학도서 10권'

갈릴레오가 들려주는 별 이야기 : 시데레우스 눈치우스

갈릴레오 갈릴레이 지음 | 앨버트 반 헬덴 해설 | 장헌영 옮김 | 232쪽 | 12,000원

과학의 혁명을 일궈 낸 근대 과학의 아버지 갈릴레오 갈릴레이가 직접 기록한 별의 관찰일지. 1610년 베니스에서 초판 550권이 일주일 만에 모두 팔렸을 정도로 그 당시 독자들에게 놀라움과 경이로움을 안겨 준 이 책은 시대를 넘어 현대 독자들에게까지 위대한 과학자 갈릴레오 갈릴레이의 뛰어난 통찰력과 날카로운 지성을 느끼게 해 준다

퀀트 : 물리와 금융에 관한 회고

이매뉴얼 더만 지음 | 권루시안 옮김 | 472쪽 | 18,000원

'금융가의 리처드 파인만'으로 손꼽히는 금융가의 전설적인 더만! 그가 말하는 이공계생들의 금융계 진출과 성공을 향한 도전을 책으로 읽는다. 금융공학과 퀀트의 세계에 대한 다채롭고 흥미로운 회고. 수학자 제임스 시몬스는 70세의 나이에도 1조 5천억 원의 연봉을 받고 있다. 이공계생들이여, 금융공학에 도전하라!

스트레인지 뷰티

조지 존슨 지음 | 고중숙 옮김 | 608쪽 | 20,000원

20여 년에 걸쳐 입자물리학계를 지배한 탁월한 과학자이면서도, 고뇌에서 벗어나지 못했던 한 인간에 대한 다차원적 조명. 리처드 파인만에 필적하는 노벨상 수상자 괴짜 천재 머레이 겔만의 삶과 학문.

(함께 읽는 책 : 「대칭 시리즈」 전 5권)

건강과 자기계발

TMS 통증 혁명

존 사노 지음 | 신승철 옮김 | 254쪽 | 9,000원

저자는 1만 명의 환자들을 치료한 임상결과를 바탕으로 긴장성근육통증후군(TMS)의 원인이 그동안 정통 의학계가 무시해왔던 '정신(마음)'의 문제임을 밝혔다. 통증 치료 관련 산업만 이미 수천억 달러가 넘도록 커져버린 의학계의 현주소를 날카롭게 해부한다.

통증 유발자, 마음

존 사노 지음 | 승영조, 최우석 옮김 | 432쪽 | 17,000원

수술을 받아도 치료할 수 없고, 정확한 원인 없이 환자를 괴롭히는 통증의 정체를 밝힌다. 30년이 넘는 세월 동안 수천 명의 환자를 치료한 임상 경험을 토대로 통증의 원인과 치료법을 쉽게 설명하고 있다.

영원히 사는 법 : 의학 혁명까지 살아남기 위해 알아야 할 9가지

레이 커즈와일, 테리 그로스먼 지음 | 김희원 옮김 | 568쪽 | 19,000원

노화, 퇴행성 질환과 관련된 최근의 과학적, 의학적 연구성과를 포괄적이면서도 읽기 쉽게 해설했다. 기술의 진보가 가져올 놀라운 미래상을 그려내며, 불로장생을 가능케 할 진보된 미래까지 건강을 유지할 방법을 최신 자료를 바탕으로 소개한다.

엘리먼트 : 타고난 재능과 열정이 만나는 지점

켄 로빈슨 지음 | 승영조 옮김 | 353쪽 | 14,000원

인간 잠재력 계발 분야의 세계적 리더, 켄 로빈슨이 공개하는 성공의 비밀! 저자는 폴 매카트니, 『심슨가족』의 창시자 매트 그로닝 등 다양한 분야에서 성공한 사람들과의 인터뷰와 오랜 연구 끝에 성공의 비밀을 밝혀냈다. 인간은 누구나 천재적 재능을 가지고 있다고 주장하는 켄 로빈슨은 이 책에서 그 재능을 발견하고 성공으로 이르게 하는 해법을 제시한다.

대칭 시리즈

심화된 수학을 공부할 때, 현대 과학을 논할 때 빼놓을 수 없는 핵심 개념, 대칭symmetry을 다양한 분야에서 입체적으로 다룬 승산의 책을 만나보세요.

무한 공간의 왕

시오반 로버츠 지음 | 안재권 옮김 | 25,000원

쇠퇴해가는 고전 기하학을 부활시켰으며, 수학과 과학에서 대칭의 연구를 심화시킨 20세기 최고의 기하학자 '도널드 콕세터'의 전기.

미지수, 상상의 역사

존 더비셔 지음 | 고중숙 옮김 | 20,000원

인류의 수학적 사고의 발전 과정을 보여주는, 4000년에 걸친 대수학algebra의 역사를 명강사의 설명으로 읽는다. 대칭 개념의 발전 과정을 대수학의 관점으로 볼 수 있다.

아름다움은 왜 진리인가

이언 스튜어트 지음 | 안재권, 안기연 옮김 | 20,000원

현대 수학, 과학의 위대한 성취를 이끌어낸 힘, '대칭symmetry의 아름다움'에 관한 책. 대칭이 현대 과학의 핵심 개념으로 부상하는 과정을 천재들의 기묘한 일화와 함께 다루었다.

대칭 : 자연의 패턴 속으로 떠나는 여행

마커스 드 사토이 지음 | 안기연 옮김 | 20,000원

수학자의 주기율표이자 대칭의 지도책, 『유한군의 아틀라스』가 완성되는 과정을 담았다. 자연의 패턴에 숨겨진 대칭을 전부 목록화하겠다는 수학자들의 야심찬 모험을 그렸다.

대칭과 아름다운 우주

리언 레더먼, 크리스토퍼 힐 | 안기연 옮김 | 20,000원

초끈이론의 진실 : 이론 입자물리학의 역사와 현주소

피터 보이트 지음 | 박병철 옮김 | 465쪽 | 20,000원

초끈이론이 탄생한 지 20년이 지난 지금까지도 아무런 실험적 증거를 내놓지 못하고 있다. 그 이유는 무엇일까? 입자물리학이 지배하고 있는 초끈이론을 논박하면서 그 반대진영에 있는 고리 양자 중력, 트위스터 이론 등을 소개한다.

2009년 대한민국학술원 기초학문육성 '우수학술도서' 선정

로저 펜로즈

실체에 이르는 길 : 우주의 법칙으로 인도하는 완벽한 안내서 1, 2권

로저 펜로즈 지음 | 박병철 옮김 | 각권 856쪽 | 각권 35,000원

우주를 수학적으로 가장 완전하게 서술한 교양서. 수학과 물리적 세계 사이에 존재하는 우아한 연관관계를 복잡한 수학을 피하지 않으면서 정공법으로 설명한다. 우주의 실체를 이해하려는 독자들에게 놀라운 지적 보상을 제공한다. 학부 이상의 수리물리학을 이해하려는 학생에게도 가장 좋은 안내서가 된다. (함께 읽는 책 : 대칭 시리즈)

2011년 아-태 이론물리센터 선정 '올해의 과학도서 10권'

Shadows of the Mind : A Search for the Missing Science of Consciousness

로저 펜로즈 지음 | 근간

Cycles of time : An Extraordinary New View of the Universe

로저 펜로즈 지음 | 근간

마커스 드 사토이

소수의 음악 : 수학 최고의 신비를 찾아

마커스 드 사토이 지음 | 고중숙 옮김 | 560쪽 | 20,000원

소수, 수가 연주하는 가장 아름다운 음악! 이 책은 세계 최고의 수학자들이 혼돈 속에서 질서를 찾고 소수의 음악을 듣기 위해 기울인 힘겨운 노력에 대한 매혹적인 서술로, 19세기 이후부터 현대 정수론의 모든 것을 다룬다. '리만 가설'을 소개하는, 일반인을 위한 최고의 안내서이다.

대칭 : 자연의 패턴 속으로 떠나는 여행

마커스 드 사토이 지음 | 안기연 옮김 | 20,000원

수학자의 주기율표이자 대칭의 지도책, 『유한군의 아틀라스』가 완성되는 과정을 담았다. 자연의 패턴에 숨겨진 대칭을 전부 목록화하겠다는 수학자들의 야심찬 모험을 그렸다.

The Number Mysteries : A Mathematical Odyssey through Everyday Life

마커스 드 사토이 지음 | 안기연 옮김 | 근간

근간

돌아와요, 바다거북 (가제)

강대훈 지음 | 근간

국내 최초로, 바다거북의 진화와 생태를 집중 조명한 청소년 도서! 신비로운 생활 습성으로 흥미를 돋우는 동물 바다거북의 이야기를 유머러스한 문장과 익살맞은 그림으로 그려냈다. 전문 지식에도 소홀하지 않고 정확성을 기해 생물의 진화에 흥미가 있는 청소년과 일반인 모두에게 가치 있는 책이다. (함께 읽는 책 : 『미래 동물 이야기』)

증권사의 수학자, 퀀트로 살아가기 (가제)

이중희 지음 | 근간

퀀트라는 직업이 무엇인가, 퀀트의 자질은 무엇인가, 퀀트가 되기 위해서는 어떤 과정을 거쳐야 하며, 어떤 공부가 도움이 되는가를 생생하게 소개한, 국내의 현직 퀀트가 쓴 책. 금융공학을 실증적인 측면에서 조명하는 작품이다. (함께 읽는 책 : 『퀀트 : 물리와 금융에 관한 회고』)

The Number Mysteries : A Mathematical Odyssey through Everyday Life

마커스 드 사토이 지음 | 안기연 옮김 | 근간

Quantum Man : Richard Feynman's life in Science

로렌스 크라우스 지음 | 김성훈 옮김 | 근간

Shadows of the Mind : A Search for the Missing Science of Consciousness

로저 펜로즈 지음 | 근간

Cycles of time : An Extraordinary New View of the Universe

로저 펜로즈 지음 | 근간

대칭과 아름다운 우주

1판 1쇄 인쇄 2011년 12월 26일
1판 1쇄 발행 2012년 01월 02일

지은이 | 리언 레더먼, 크리스토퍼 힐
옮긴이 | 안기연
펴낸이 | 황승기
마케팅 | 송선경
편집 | 김지혜
디자인 | 박세명
펴낸곳 | 도서출판 승산
등록날짜 | 1998년 4월 2일

주소 | 서울시 강남구 역삼동 723번지 혜성빌딩 402호
대표전화 | 02 - 568 - 6111
팩시밀리 | 02 - 568 - 6118
이메일 | books@seungsan.com
웹사이트 | www.seungsan.com

ISBN
978 - 89 - 6139 - 043 - 9 93420

이 도서의 국립중앙도서관 출판시도서목록(CIP)은 e-CIP홈페이지(http://www.nl.go.kr/ecip)와 국가자료공동목록시스템(http://www.nl.go.kr/kolisnet)에서 이용하실 수 있습니다.(CIP제어번호 : CIP2011005477)